国家“十二五”规划重点图书

中国地质调查局
青藏高原1:25万区域地质调查成果系列

中华人民共和国

区域地质调查报告

比例尺 1:250 000

中扎县幅

(H45C002004)

项目名称:1:25万申扎县幅区域地质调查

项目编号:200013000139

项目负责:程立人 李 才

图幅负责:程立人

报告编写:程立人 王天武 李 才 武世忠 赵俊才
和钟铧 张予杰 朱志勇 张以春 杨德明

编写单位:吉林大学地质调查研究院

单位负责:张兴洲(院长)
孙丰月(总工程师)

内 容 提 要

测区地处青藏高原的中南部，冈底斯山脉、念青唐古拉山脉横贯测区南部。大地构造位置位于班公湖-怒江缝合带和雅鲁藏布江缝合带之间，属冈底斯-念青唐古拉板块中段之东部。

本书野外调查工作完成填图面积 15 965km^2，地质路线 3 450km，地质观察点 1 752 个，野外记录本 128 册，实测剖面长度 163.82km，采集各类分析测试样品共计 5 458 件。全面完成了基础地质资料的采集和系统整理，完成了区域地质调查报告，共 7 章，图版 20 页。本书对测区内地层、岩浆岩、变质岩、地质构造及地质发展史、矿产资源等特征进行了全面而系统的描述与总结。

本书可供从事地层古生物、构造地质和区域地质调查的生产、科研人员及高等院校相关专业师生参考使用。

图书在版编目(CIP)数据

中华人民共和国区域地质调查报告・申扎县幅(H45C002004)：比例尺 1∶250 000/程立人，王天武等著. —武汉：中国地质大学出版社，2014.9

ISBN 978-7-5625-3401-3

Ⅰ.①中…
Ⅱ.①程… ②王…
Ⅲ.①区域地质调查-调查报告-中国 ②区域地质调查-调查报告-申扎县
Ⅳ.①P562

中国版本图书馆 CIP 数据核字(2014)第 118399 号

中华人民共和国区域地质调查报告
申扎县幅(H45C002004) 比例尺 1∶250 000

程立人 王天武 **等著**

责任编辑：胡珞兰 刘桂涛　　责任校对：周 旭

出版发行：中国地质大学出版社(武汉市洪山区鲁磨路 388 号)　　邮政编码：430074
电　　话：(027)67883511　　传　　真：67883580　　E-mail：cbb@cug.edu.cn
经　　销：全国新华书店　　http：//www.cugp.cug.edu.cn

开本：880 毫米×1 230 毫米 1/16　　字数：500 千字　　印张：14.5　　图版：20　　附件：1
版次：2014 年 9 月第 1 版　　印次：2014 年 9 月第 1 次印刷
印刷：武汉市籍缘印刷厂　　印数：1—1 500 册

ISBN 978-7-5625-3401-3　　定价：480.00 元

前　言

青藏高原包括西藏自治区、青海省及新疆维吾尔自治区南部、甘肃省南部、四川省西部和云南省西北部，面积达 260 万 km^2，是我国藏民族聚居地区，平均海拔 4 500m 以上，被誉为地球第三极。青藏高原是全球最年轻、最高的高原，记录着地球演化最新历史，是研究岩石圈形成演化过程和动力学的理想区域，是“打开地球动力学大门的金钥匙”。

青藏高原蕴藏着丰富的矿产资源，是我国重要的战略资源后备基地。青藏高原是地球表面的一道天然屏障，影响着中国乃至全球的气候变化。青藏高原也是我国主要大江大河和一些重要国际河流的发源地，孕育着中华民族的繁衍和发展。开展青藏高原地质调查与研究，对于推动地球科学研究、保障我国资源战略储备、促进边疆经济发展、维护民族团结、巩固国防建设均具有非常重要的现实意义和深远的历史意义。

1999 年国家启动了“新一轮国土资源大调查”专项，按照温家宝总理“新一轮国土资源大调查要围绕填补和更新一批基础地质图件”的指示精神。中国地质调查局组织开展了青藏高原空白区 1∶25 万区域地质调查攻坚战，历时 6 年多，投入 3 亿多元，调集来自全国 25 个省(自治区)地质调查院、研究所、大专院校等单位组成的精干区域地质调查队伍，每年有近千名地质工作者，奋战在世界屋脊，徒步遍及雪域高原，实测完成了全部空白区 158 万 km^2、112 个图幅的区域地质调查工作，实现了我国陆域中比例尺区域地质调查的全面覆盖，在中国地质工作历史上树立了新的丰碑。

西藏申扎县幅(H45C002004)区域地质调查工作，开始于 2000 年 3 月，至 2001 年 9 月完成全部野外工作。经初步室内综合研究，编写了野外验收简报，于 2002 年 6 月通过了由中国地质调查局成都地质矿产研究所组织的专家组的野外验收。根据野外验收专家组的意见，项目组于 2002 年 7—8 月对验收专家组提出的问题和不足，进行了较详细的修改和补充工作。该年 9 月转入地质报告的编写工作，项目组全体人员经过 4 个月的辛勤劳动，完成了报告的编写工作。图幅内所采化石由武世忠(珊瑚)、程立人(鹦鹉螺)、吴水忠(䗴)、李良芳(苔藓虫)、段吉业(三叶虫)、文世宣(双壳)、潘华璋(腹足)、倪寓南(笔石)、许汉奎(腕足)、廖卫华(六射珊瑚)等鉴定。岩石、化石薄片制作由吉林大学地球科学学院磨片室完成；打字及排版由吉林大学地球科学学院打字室完成；地质图及鼠害图、湿地图、活动构造及湖泊退缩图由河北省地质调查院绘图室绘制完成。野外工作期间，陈爱民、任世华、王太和、白玛旺修、次仁多吉、格桑旺久等在后勤工作方面付出了辛勤的劳动。成都地质矿产研究所、中国地质调查局西南地区项目管理办公室有关领导和专家丁俊、潘桂棠、王全海、王大可、雍永源等多次给予指导，西藏地质矿产厅原副总工程师夏代祥先生、云南地质勘查局王义昭先生始终关心项目的工作，提出了许多重要的指导建议，中国地质调查局拉萨野外工作站李全文、李新涛、央金等为我们提供了诸多方便；西藏地质勘查局王保生局长、苑举斌副局长，西藏地质二队夏德全队长等给予了我们多方面的帮助和关怀。在此书出版之际，特向以上为本书（报告）完成付出辛勤劳动的单位和个人表示真诚的谢意。

2003年4月15—19日，中国地质调查局和成都地质矿产研究所在成都都江堰对申扎县幅地质调查成果进行了终审，项目组根据评审专家组提出的修改意见于2003年4月25日至5月15日对该报告和地质图件进行了认真修改，2003年5月21日修改后的报告和图件由成都地质矿产研究所技术管理处认定。

在整个项目实施和报告编写过程中，得益于许多单位和领导的大力协助、支持，尤其要感谢的是：中国地质调查局、成都地质矿产研究所、拉萨工作总站等单位；衷心感谢肖序常院士、李廷栋院士、中国地质调查局庄育勋处长等对项目工作的亲切关怀和人力支持！

为了充分发挥青藏高原1∶25万区域地质调查成果的作用，全面向社会提供使用，中国地质调查局组织开展了青藏高原1∶25万地质图的公开出版工作，由中国地质调查局成都地质调查中心组织承担图幅调查工作的相关单位共同完成。出版编辑工作得到了国家测绘局孔金辉、翟义青及陈克强、王保良等一批专家的指导和帮助，在此表示诚挚的谢意。

鉴于本次区调成果出版工作时间紧、参加单位较多、项目组织协调任务重以及工作经验和水平所限，成果出版后可能存在不足与疏漏之处，敬请读者批评指正。

“青藏高原1∶25万区调成果总结”项目组

2010年9月

目　录

第一章 绪 言

根据国土资源部国土发(1999)509号下达的国土资源大调查计划,中国地质调查局对吉林大学地质调查院下达了如下区域地质调查项目任务书。

任务来源:中国地质调查局

任务书编号:0100209083

测区名称及编号:申扎县幅(H45C002004)区域地质调查

测区面积、范围:测区面积为15 965km²,其范围是:E88°30′—90°00′,N30°00′—31°00′。北起申扎县西北的次嘎耳么—班戈县的申郎卡一线,向南越过冈底斯-念青唐古拉山主脊—谢通门县的卓雀—奶查仁勒一带,向东至班戈县的敌玛果东部一线。

一、测区交通位置

测区的交通十分不便,以公路交通为主。区内有简易公路通往各级乡政府(图1-1)。最主要的公路为申扎县城—南木林县的公路,班戈县也有公路通达申扎县。测区中南部,由于河流下切剧烈,山高谷深,通行条件十分不便,除罗扎藏布河边有一公路可通汽车外,其余地区只能通行马匹和牦牛。

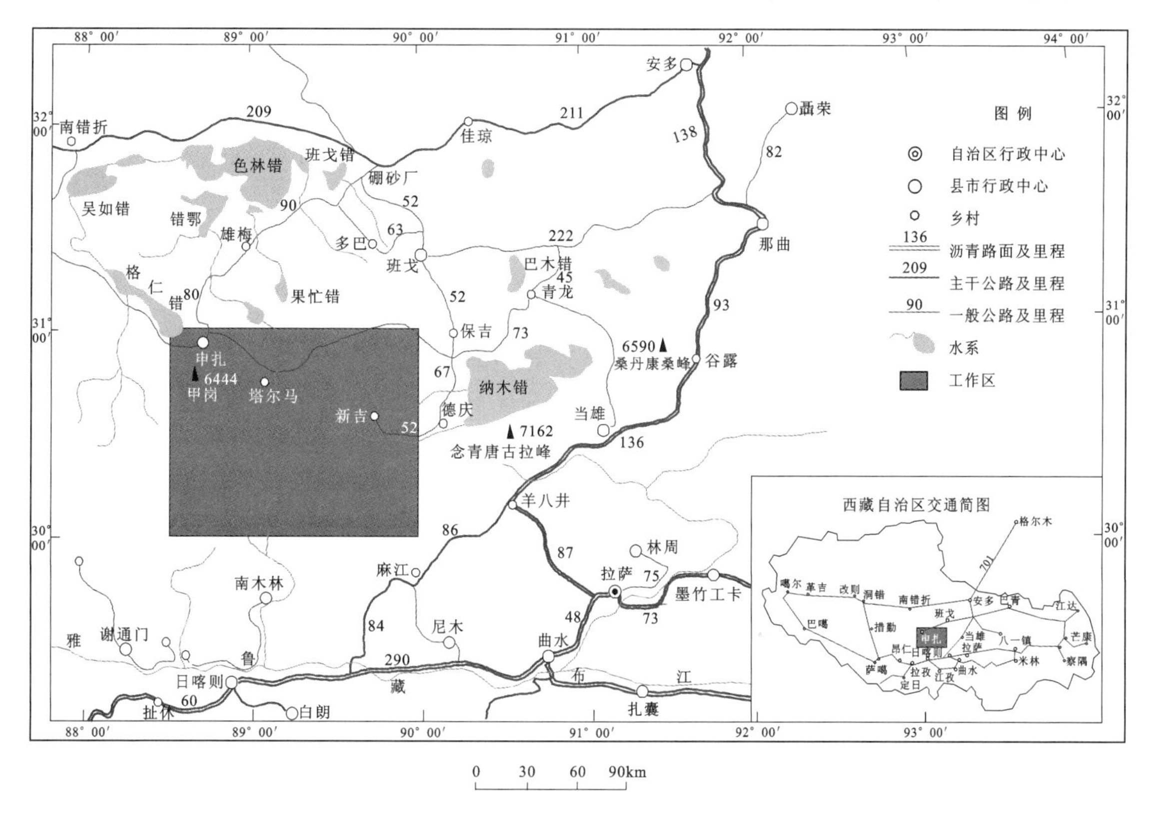

图1-1 测区交通位置图

二、自然地理及经济概况

测区位于青藏高原的中南部,冈底斯山脉、念青唐古拉山脉横贯测区南部。地势上为中南部高,南部和北部相对较低，西部高，东部低。图幅南侧的娘热藏布谷地海拔 4 400m，为图幅的最低点。图幅西北部的甲岗山海拔 6 444m，为图幅的最高点。测区南部高差可达 500～1 500m，部分地区海拔在 5 400m 以上，属常年积雪区。山体走向多为东西向，受区域构造控制明显或与其有成因联系。

测区内水系较发育。冈底斯山以北为内陆水系，河流流域面积较小，主要河流为准布藏布、他玛藏布及布曲等，它们分别流入格仁错、纳木错等内陆湖泊中。湖泊均为内陆咸水湖，较大的湖泊为仁错。湖泊的分布与区域构造有着密切的成因关系。河水和湖水的水量受季节控制明显，夏涨冬落，冬季濒于干涸，并被冰雪所覆盖。冈底斯山以南为外流水系区，主要河流为娘热藏布和罗扎藏布，它们均注入雅鲁藏布江中。

测区属高原大陆性气候，以寒冷著称，呈现以高原荒漠和高原湿地为主的自然景观。由于喜马拉雅山和冈底斯山的阻挡，南亚季风无法到达测区，因此，该区降水量较少，且多为阵雨(雪、冰雹)，年降水量平均在 200～300mm 之间，终年风沙较大。平均气温在 0℃以下，测区一年之内约 7 个月为冰雪所封冻。

区内经济以牧业为主，牲畜以牦牛、羊、马为主，盛产肉类、皮毛和酥油等牧业产品。另外还有少量的矿业生产，主要为砂金、盐类等矿产。区内经济落后，无任何工业产品。

三、任务要求

按 1∶25 万区域地质调查技术要求及其他行业有关规范、指南，参照造山带填图的新方法，应用遥感等新技术手段，以区域构造调查与研究为先导，合理划分测区的构造单元，对测区不同地质单元、不同的构造-地层单元，采用不同的填图方法进行全面的区域地质调查。对区内的沉积地层区，采用岩石地层方法，结合生物地层、年代地层和磁性地层的划分与对比，全面收集野外地质资料，并进行了层序地层的综合对比研究；对念青唐古拉群变质岩，采用构造-地层-事件法填图，并根据其岩石组合、特征变质矿物及变质程度等特征进行了详细的划分；对区内的中新生代火山岩，采用岩石地层-火山岩相双重填图方法；对区内的中新生代侵入岩，采取了以划分侵入体为基础，以时代＋岩性表示的填图方法；第四系沉积物以成因类型划分填图单位。

本着图幅带专题的原则，对测区古生代盆地应用综合地层研究方法，确定不同地质时期的沉积岩相、古地理环境及古生物群落。

四、地质调查史及研究程度概况

测区山高缺氧，交通十分不便，但是许多地质工作者还是冒着生命危险对该区做了大量的地质工作，这些工作也为我们这次的区域地质调查工作打下了坚实的基础。20 世纪 70 年代以来，该区的主要地质调查工作如下(表 1-1)。

表 1-1　测区调查历史简表

成果名称	单位或作者	调查时间	出版单位	出版时间
日喀则幅、亚东幅(1∶100 万)区域地质调查报告	西藏自治区区域地质调查队	1977—1980	内部资料	1983
申扎—那曲一带 1∶50 万路线地质调查报告	西藏自治区地质五队	1983—1987	内部资料	1987
青藏高原地质文集	地质矿产部青藏高原地质调查大队	1980—1985	地质出版社	1985
申扎县幅 1∶50 万区域化探报告	西藏自治区物探大队	1993	内部资料	1993
措勤盆地 1∶40 万航磁测量报告	核工业部七〇三所	1996	内部资料	1997
色林错—白朗大地电磁测深(TM)路线报告	中国科学院地球物理研究所	1996	内部资料	1997
色林错—白朗路线地质报告(1∶20 万)	石油大学	1996	内部资料	1997
措勤盆地沉积-构造历史研究	长春科技大学	1998	内部资料	1998

1977年前，西藏地质矿产部门开展过零星的矿产调查工作。

1977—1980年，西藏地质矿产局区域地质调查大队开展了1:100万日喀则幅区调工作，1977年为图幅设计及实地踏勘工作。1978年，西藏区调队一分队三组在多巴区幅开展区调工作，首次发现并测制申扎地区古生界剖面，引起了国内外地学界的重视。1979年西藏区调队一分队六组在申扎县幅范围内进行了区调工作。这些工作填补了这一地区地质调查的空白，为以后的工作奠定了基础。

1980—1985年，原地质矿产部青藏高原地质调查大队组织协调全国各科研、院校和生产单位组成了10个分队，其中申扎地区是重点工作区域之一，其研究成果大大提高了本区的地质研究程度。除高原地质调查大队外，中国科学院地质研究所、中国科学院南京地质古生物研究所、中国地质科学院等单位在20世纪80年代初都曾在这一地区进行过研究工作，测制了系统的地层剖面，发表有系列专著与论文（相关著述见参考文献）。主要研究者有夏代祥、倪寓南、林宝玉、喻洪津、杨式溥、范影年，以及西藏自治区地质矿产厅、西藏自治区区域地质调查大队等单位。

1983—1987年，西藏自治区地质五队开展了申扎—那曲一带1:50万路线地质调查，工作范围E80°—93°，N30°30′—32°20′，编制了这一地区1:50万地质图（内部复制）。测制了数条地质剖面，包括洛岗蛇绿岩剖面。这份材料是这一地区地质调查工作的重要参考材料。

1993年，西藏自治区地质矿产局物探大队完成了1:50万申扎县幅化探扫面工作，为进一步异常查证提供了基础资料。

1996年，青藏自治区油气勘探项目经理部委托核工业总公司航测遥感中心七〇三所对整个措勤盆地进行了1:40万航磁测量（CQ96YH-01），工作区包括在其中。形成了相应的文图材料。

1996年，青藏油气勘探项目经理部委托中国科学院地球物理研究所完成了色林错—白朗大地电磁测深（TM）路线，形成了相应的文图材料。这是目前唯一贯穿全区的TM剖面，对于了解有限深部结构提供了可靠依据。

1996年，青藏自治区油气勘探项目经理部委托中国石油大学完成了色林错—白朗路线地质报告（CQ96YZ2-02），提交了相应成果。该路线贯穿整个工作区，有重要参考价值，尤其是油气地质方面，是首次开展的系统工作。

1996年，青藏油气勘探项目经理部委托石油勘探开发研究院遥感地质研究所开展了措勤盆地区域地质解译（1:20万）工作，工作区内验证路线达400余千米，并测制了相应的地层剖面，提交了成果报告。

1998年，中国石油天然气集团公司青藏"九五"科技工程项目组委托成都理工学院完成"西藏措勤盆地地层划分与对比"项目，系统总结了措勤-申扎地区地层资料。这一份资料总结详细扎实，其中部分剖面引自工作区内。

1998年，中国石油天然气集团公司青藏"九五"科技工程项目组委托长春科技大学完成"青藏高原主要盆地措勤盆地沉积-构造历史研究"项目，1999年3月结题，被评为国际先进水平。色林错—班戈地区是重点区域之一。编制了系列图件，其中有色林错—白朗1:20万走廊域地质图和综合地质剖面。研究工作中于洛岗蛇绿岩中获得16.62亿～16.22亿年的年龄值，其对重新认识这一地区的地壳演化是一个重要信息。

西藏自治区第二地质大队、第五地质大队在工作区内进行7处砂金矿点的勘查登记，勘查工作还在进行之中。其中第五地质大队在申扎县仁错贡玛以南下吴弄巴正在开采砂金。

测区地质研究程度图如图1-2所示。

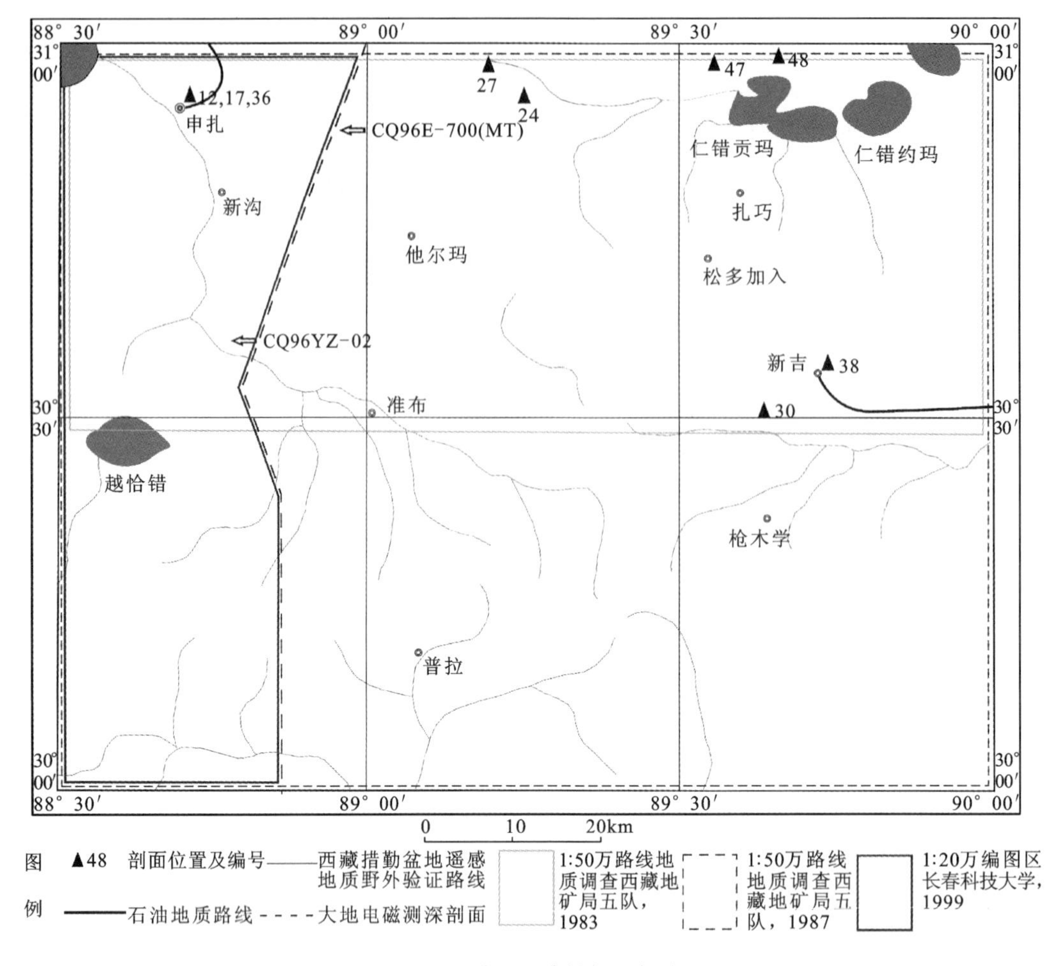

图 1-2 测区地质研究程度图

五、任务完成情况

从 2000 年 2 月接到任务至今，经过辛勤工作，完成了野外地质调查工作及各类样品的采集、分析测试等工作，地质图的编绘、报告和说明书的编写工作。完成的实物工作量见表 1-2。

表 1-2 实物工作量统计表

项目		单位	设计工作量	完成工作量	完成情况(%)
1:25 万地质调查		km^2	16 020	16 020	100
1:25 万遥感解译		km^2	16 020	16 020	100
地质路线		km	2 800	3 450	123
地质观测点		个	1 250	1 752	140
实测地质剖面	1:10 000	km	80	4.79	6
	1:5 000	km	50	157.45	315
	1:2 000	km	20	7.47	37
	1:500	km	2	0	0
	1:200	km		0.065	
	1:100	km		0.022	
	1:50	km		0.029	
	总计	km	152	169.83	111.7

续表 1-2

项目		单位	设计工作量	完成工作量	完成情况(%)
探槽		m^3	350	480	137
化学分析样		件	100	118	118
微量元素分析样		件	100	118	118
稀土元素分析样		件	100	118	118
金单项分析		件	30	77	257
水质分析		件	10	10	100
岩石制片		片	800	1 026	128
光片制片(化石)		片	50	68	136
探针制片		件	50	20	40
粒度分析		件	30	30	100
电子探针		件	50	50	100
化石制片		片	700	1 260	180
化石鉴定		件	600	1 098	183
孢粉分析		件	50	51	102
微体化石		件	50	240	480
薄片鉴定		片	800	1 026	128
光片鉴定		片	30	68	227
热释光年龄		件	2	11	500
古地磁		件	100	67	67
同位素年龄测定	K-Ar 法	件	10	29	290
	Ar-Ar 法	件	2	2	100
	Rb-Sr 法	件	2	2	100
	U-Pb 法	件	4	4	100
人工重砂		件	5	13	260
野外记录本		本		128	
区域地质报告		份	1	1	
地质图说明书		份	1	1	
古生代地层研究报告		份		1	

六、工作概况

西藏申扎县幅(H45C002004)区域地质调查工作,开始于 2000 年 3 月,至 2001 年 9 月完成全部野外工作。经初步室内综合研究,编写了野外验收简报,于 2002 年 6 月通过了由中国地质调查局成都地质矿产研究所组织的专家组野外验收。根据野外验收组的意见,于 2002 年 7—8 月对专家组提出的问题和不足,进行了较详细的补充工作。9 月转入地质报告的编写工作,全队人员经过 4 个月的辛勤劳动,完成了报告的编写工作。报告的编写分工如下:前言,第一章,第三章第一、二、四节,第四章,第七章由王天武、张予杰执笔;第二章第一、二、三、五、六节由程立人、张予杰、张以春执笔;第二章第四节由武世忠执笔，其中第四节的层序地层部分由程立人执笔；第三章第三节由赵俊才执笔；第五章由李才、朱志勇、翟庆国、和钟铧、杨德明执笔；第六章由李才、朱志勇执笔。该报告的原图和实际材料图由徐锋、王天武编绘；构造纲要图由朱志勇、徐锋编绘。图幅内所采化石由武世忠（珊瑚）、程立人（鹦鹉螺）、吴水忠（䗴）、李良芳（苔藓虫）、段吉业（三叶虫）、文世宣（双壳）、潘华璋（腹足）、倪寓南（笔石）、许汉奎（腕足）、廖卫华（六射珊瑚）等鉴定。岩石、化石薄片由吉林大学地球科学学院磨片室完成；打字及排版由吉林大学地球科学学院打字室完成；地质图由河北省地质调查院绘图室绘制完成。野外工作期间，陈爱民、任世华、王太和、白玛旺修、次仁多吉、格桑旺久等在后勤工作方面付出了辛勤劳动。报告全文最后由程立人统纂。

2003 年 4 月 15 日—19 日，中国地质调查局和成都地质矿产研究所在成都都江堰对申扎县幅地质调查成果进行了终审，项目组根据评审专家组提出的修改意见于 2003 年 4 月 25 日至 5 月 15 日对报告和地质图件进行了认真修改，2003 年 5 月 21 日将修改后的报告和图件寄往成都地质矿产研究所技术管理处认定。

第二章 地 层

第一节 概 述

调查区位于冈底斯-念青唐古拉板块之上，图幅主体位于冈底斯山北坡，南跨冈底斯山脉主脊。地层区划属冈底斯-念青唐古拉地层区，措勤-申扎地层分区。

一、地层发育及分布

测区地层是藏北地区地层发育最齐全的地区。从前震旦系至第四系，除三叠系和寒武系(?)外均有不同程度的发育(表 2-1)。尤其是古生界发育完整，出露连续，古生物化石门类齐全(三叶虫、笔石、头足类、腕足类、双壳类、珊瑚类、䗴、菊石、竹节石、苔藓虫、层孔虫及丰富的非䗴类有孔虫等诸多门类)。是进一步深入研究古生代地层多重划分的极佳地区。

表 2-1 地层划分序列表

界	系	统	群	组(段)	代号	主要岩性	主要化石或年龄值	备注
新生界	第四系	全新统		未分	Qh^{f}	沼泽沉积的淤泥、泥炭		
					Qh^{esl}	残坡积的角砾和砂土		
					Qh^{pal}	冲洪积的砾石、砂土	1 070a	剖面
					Qh^{fl}	湖沼沉积的细砂、砂、淤泥	2 460a	
					Qh^{pal+fl}	冲洪积和湖沼沉积的砾石、砂、淤泥	5 470a	
					Qh^{l}	湖泊沉积的细砾、细粉砂和淤泥	5 820a	剖面
		更新统		未分	Qp^{gl}	冰川沉积的漂砾、砾石和砂土	29 670a	剖面
					Qp^{gfl}	冰川沉积的各种砂石、砂土	58 530a	剖面
	新近系	上新统	乌郁群	上段	N_2Wy^2	灰色、紫灰色中酸性火山岩夹火山碎屑岩		剖面
				下段	N_2Wy^1	中厚层复成分砾岩、砂岩、粉岩砂岩，夹凝灰质砂岩	植物化石碎片	剖面
		渐新统		日贡拉组	E_3r	杂色砂岩、砂砾岩，夹泥岩、泥灰岩	植物化石碎片	剖面
	古近系	始新统	林子宗群	帕那组	E_2p	安山岩、英安岩夹英安质火山碎屑岩	47.86～32.62 Ma K-Ar 法	剖面
		古新统		年波组	E_1n	以砾岩、凝灰质砂岩为主夹火山碎屑岩和火山熔岩	66.45～59.82 Ma K-Ar 法	剖面
中生界	白垩系	上统		典中组	$(K_2—E_1)d$	英安岩及玄武岩为主夹安山岩	85.4～62.6 Ma K-Ar 法	剖面
		下统	则弄群	上段	K_1Zn^2	安山岩、英安岩为主，夹玄武岩、火山碎屑岩	128.54 Ma Ar-Ar 法	剖面
				下段	K_1Zn^1	中薄层微晶灰岩、生屑灰岩，夹粉细砂岩	六射珊瑚、海胆	剖面
	侏罗系	上中统	接奴群	上段	$J_{2-3}Jn^2$	玄武岩、安山岩夹少量火山碎屑岩		剖面
				下段	$J_{2-3}Jn^1$	中—厚层状复成分砾岩、含砾粗砂岩、砂岩、粉细砂岩		剖面

续表 2-1

界	系	统	群	组(段)	代号	主要岩性	主要化石或年龄值	备注
古生界	二叠系	上统		木纠错组	P_3m	中厚层状白云岩、白云质灰岩，夹薄层灰岩	有孔虫类、珊瑚	剖面
		中统		下拉组	P_2x	中—薄层泥晶灰岩	䗴、珊瑚、腕足	剖面
		下统		昂杰组	P_1a	绿灰色含砾砂岩、砂岩，含冰水砾石，局部夹灰岩透镜体	珊瑚	剖面
	石炭系	上统		拉嘎组	$(C_2—P_1)l$	灰绿色细砂岩夹中粒长石石英砂岩、灰岩透镜体	珊瑚、菊石、腕足	剖面
		下统		永珠组	$C_{1-2}y$	灰绿色细砂岩夹细粒石英砂岩	珊瑚、腕足	剖面
	泥盆系	上中统		查果罗马组	$D_{2-3}c$	中—巨厚层状泥晶灰岩	珊瑚、腕足	剖面
		下统		达尔东组	D_1d	中薄层微晶灰岩，偶夹砂屑灰岩	竹节石、珊瑚	剖面
	志留系	未分		未分	S	轻微变质的细砂岩、页岩，夹薄层灰岩	笔石	剖面
	奥陶系	上统		刚木桑组	O_3g	中薄层泥晶灰岩、泥质条带灰岩，夹粉细砂岩	头足	剖面
		中统		柯尔多组	O_2k	薄—厚层微晶泥晶灰岩	三叶虫、头足	剖面
		下统		扎扛组*	O_1z	变质的泥质粉砂岩、细砂岩，夹结晶灰岩	笔石、三叶虫	剖面
元、太古宇	前震旦系		念青唐古拉群	上段	$AnZNq^2$	绿片岩、大理岩、变质长岩石英砂岩		剖面
				下段	$AnZNq^1$	斜长角闪岩、云母片岩、蓝晶石云母片岩、片麻岩	845.15 Ma Ar-Ar法	剖面

注：* 新建组名。

全区地层出露面积(含第四系)9 947.5km²，占调查区总面积的 62%。

前震旦系主要出露在图幅的北部永珠-仁错蛇绿岩带附近；古生界主要出露在图幅的西北角申扎县城周围，在图幅南部亦有零星出露；中生界主要出露在图幅的中部，构成图幅中部的中新生代火山盆地的主体部分；新生界除第四系外多分布在图幅中部和南部，中部构成中新生代火山盆地的核部，南部构成冈底斯火山岩浆弧的组成部分(图 2-1)；第四系主要分布在大小湖泊的周围、山间洼地、河流两侧，构成现代山间、河流、湖泊等规模不等、成因各异、具一定地貌特征的第四系覆盖区，形态多样。

二、地层划分依据与原则

本次 1∶25 万区域地质调查工作中地层工作的重点是岩石地层划分和对比研究。工作中以“1∶25 万填图技术要求(暂行)(2001)”“1∶20 万区调工作暂行规范(1975)”“1∶5万区域地质调查总则(DZT001-91)”中有关地层工作的要求为指导，同时参照“沉积岩区 1∶5万区域地质填图方法指南”进行。岩石地层单位的划分严格遵照“全国地层多重划分对比研究西藏自治区岩石地层”方案进行。在执行过程中，与邻区、邻幅地层划分对比上，尽管在看法上有分歧，我们本着以大局为重的原则，参照西南项目办质监专家组提供的“青藏高原西藏自治区岩石地层单位序列表(建议稿)(2001)”予以协调，这样有利于同期或近期完成的地质图岩石地层单位的吻合。第四系划分，由于地形复杂、分布零星，亦无可参照的统一划分标准，我们采用按沉积物成因类型划分方法标绘在地质图上。其新、老关系参照野外分布特点，并依据孢粉化石和热释光测年结果为依据进行划分。

岩石地层的描述以基本填图单元(组或段)为基础。岩石地层的划分除考虑到岩石地层的岩性组合特征外，同时也考虑到生物地层特点、接触关系及区域上对比，并充分注意到所确定的岩石地层单位的可操作性、适用性，野外工作中的易识别性，区域上的可比性。

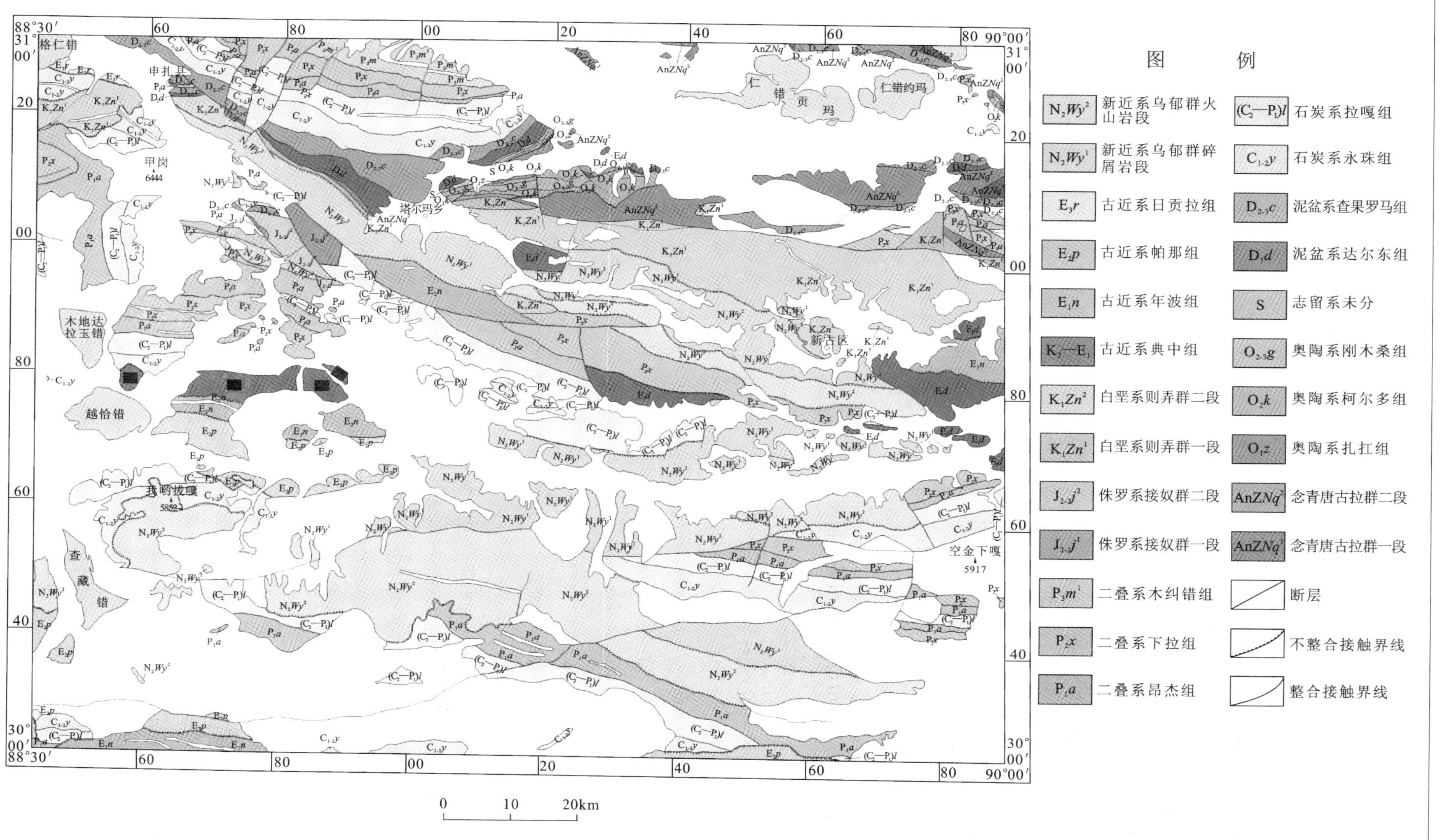

图 2-1 申扎县幅地层分布图

第二节　前震旦系

测区内前震旦系仅发育有念青唐古拉群。主要零星出露于图幅的东北角仁错贡玛、仁错约玛—他多雄一带，未见底，与上覆奥陶系“扎扛组”呈沉积不整合接触。出露最大厚度2 186m，分布面积292.90km^2。根据岩层的变质变形程度和岩石组合特点，将念青唐古拉群进一步划分成上、下两段，形成各自的独立填图单元。

该套岩层在区域上研究比较早。始见于李璞等1959年《西藏东部地质及矿产调查资料》一书，称之为“念青唐古拉片麻岩”。原指羊八井—学古拉—当雄一带组成念青唐古拉轴部的一套变质岩层。西藏地质局综合普查大队(1979)将其称为“念青唐古拉群”，1983年西藏区调队在本图幅南约20km的南木林县境内选定了层型剖面。《西藏自治区区域地质志》(1993)、《西藏自治区岩石地层》(1997)均引用其名。本次1∶25万区域地质调查也沿用其名。

一、剖面叙述

1. 班戈县节浪垭山口西侧路线地质剖面(Sp_1)(图2-2)

前震旦系(AnZ)

念青唐古拉群上段(AnZNq^2)

第四系覆盖

(未见顶)

14. 黄灰色长石石英岩	>220.0m
13. 灰白色石榴石英片岩	102.0m
12. 灰黑色变长石石英砂岩	40.0m
11. 粉灰色、灰白色薄板状石英大理岩	93.0m
10. 暗绿色阳起绿帘绿泥片岩	410.0m

——— 整合接触 ———

念青唐古拉群下段(AnZNq^1)

9. 灰色石榴黑云角闪斜长片麻岩	360.0m
8. 灰黑色中细粒辉石斜长角闪岩	110.0m
7. 灰白色石榴白云母片岩	75.0m
6. 灰色角闪斜长变粒岩	180.0m
5. 灰黑色石榴蓝晶黑云片岩	50.0m
4. 灰黑色细粒石榴斜长角闪岩	140.0m
3. 灰黑色粗粒斜长角闪岩	170.0m
2. 灰白色细粒斜长角闪岩	25.0m
1. 灰白色薄层状含长石糜棱石英片岩	>210.0m

(未见底)

═══ 断　层 ═══

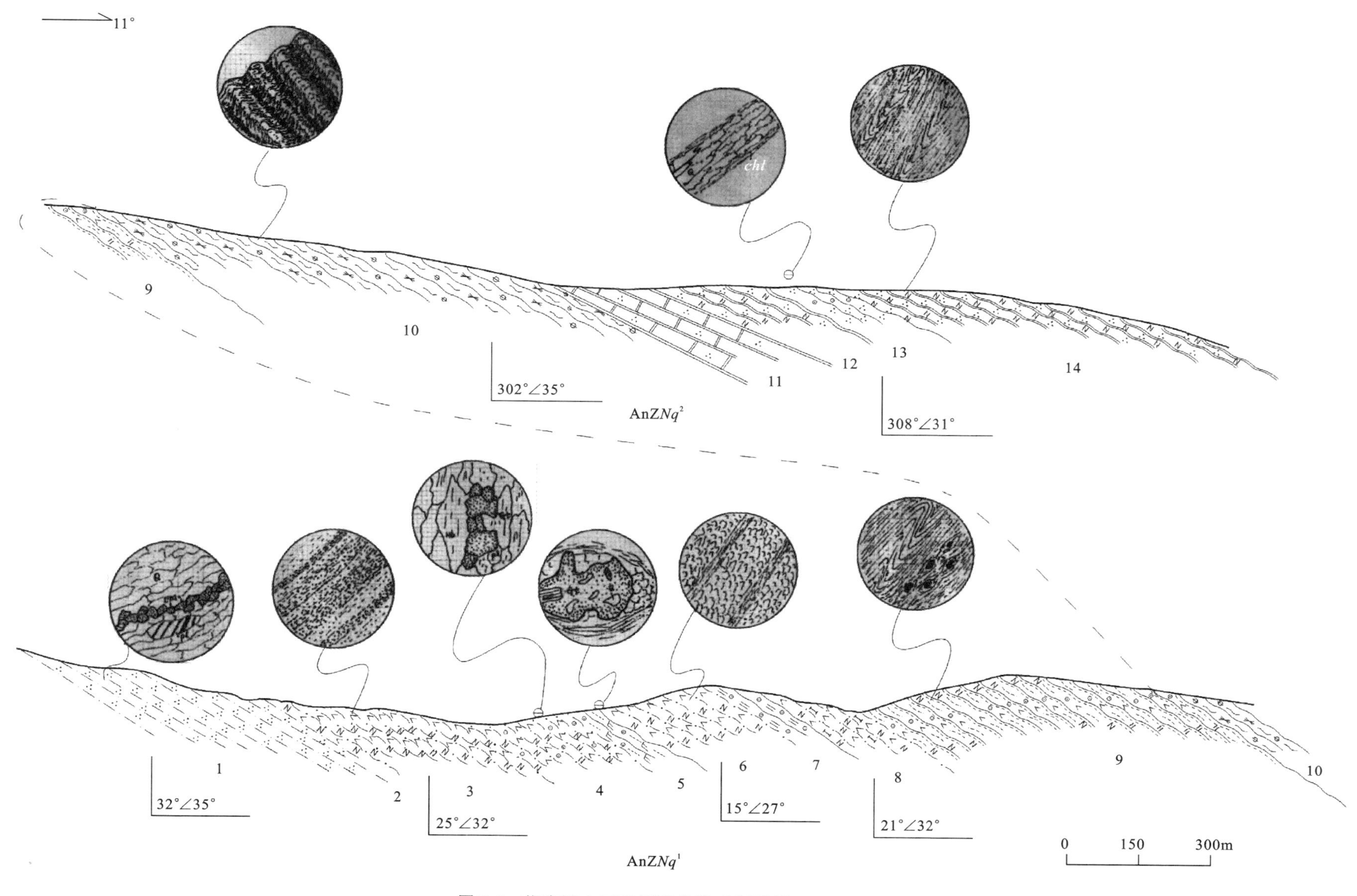

图 2-2　节浪垭山口西侧路线地质剖面图(Sp_1)

2. 扎扛念青唐古拉群上段实测剖面(P_2)(图 2-3)

上覆地层

下奥陶统扎扛组

13. 黄灰色中层状含复成分细砾长石石英砂岩	57.60m
12. 灰白色石英砾岩	0.94m

～～～～～～～ 角度不整合 ～～～～～～～

念青唐古拉群上段($AnZNq^2$)

11. 浅灰色中薄层状含凝灰质粉砂质千枚岩	75.00m
10. 灰色中层状流纹质千枚状板岩	186.80m
9. 浅灰色中厚层状变质流纹岩	99.50m
8. 灰绿色绢云绿泥片岩	32.76m
7. 灰色中层状变质长石石英砂岩	49.74m
6. 灰色千枚状板岩	41.28m
5. 灰白色流纹质凝灰岩	6.97m
4. 浅灰色、灰白色变质流纹质凝灰岩夹褐灰色中层状变质长石石英砂岩	72.40m
3. 深灰色绢云母千枚岩	19.55m
2. 灰紫色变质流纹质凝灰岩	4.55m
1. 灰色变质粉砂质泥岩	>10.26m

(未见底)

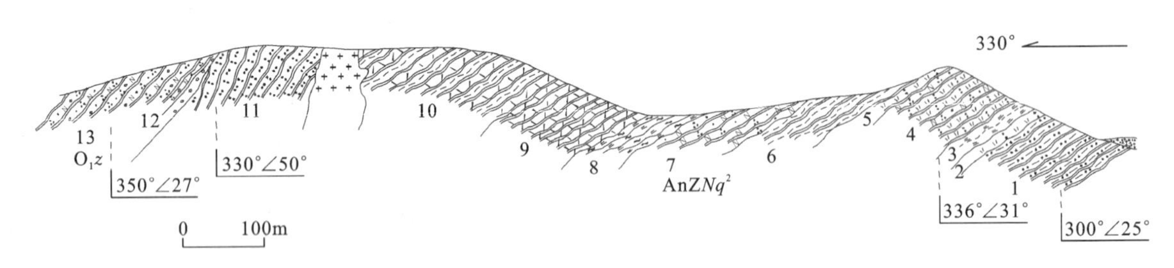

图 2-3 扎扛念青唐古拉群上段实测剖面图(P_2)

二、岩石地层

1. 念青唐古拉群下段($AnZNq^1$)

该段出露得比较零星。主要出露在图幅东北角的久如错附近和扁穷以东，出露面积 13.4km²，测得最大厚度为 1 320m。岩性以灰白色含长石石英片岩、黑灰色中细粒斜长角闪岩、条带状角闪斜长变粒岩、灰色石榴白云母片岩、石榴角闪斜长片麻岩等为主。其顶部与念青唐古拉群上段呈整合接触，底部被断层所破坏，未见底。

该套岩层虽分布较零星，出露面积亦较小，但它的特征较明显，除岩性组合特征外，其变质程度属角闪岩相，而且岩层中普遍发育以片(麻)理面为变形面的层间小型斜卧褶皱(图 2-4)。片理、片麻理基本与岩石的变余层理平行，局部可见变余层理或断续的透镜状(串珠状)构造等特点，可明显区别于念青唐古拉群上段。

2. 念青唐古拉群上段($AnZNq^2$)

该段主要出露在仁错以南的扁穷、社荣至俄如一带，另在他多雄北西、汤东花北西、仁错与久如错之间和它不多等地亦有零星分布。出露面积 279.5km²，测得最大厚度为 865.0m。以暗绿灰色阳起绿帘绿泥片岩，粉灰色、灰白色大理岩，结晶灰岩，黑灰色变长石石英砂岩，石榴石英片岩，浅灰色岩屑长石石英砂岩，灰绿色绿泥绢云母千枚岩，千枚状粉砂质泥岩，局部夹长石石英岩、变质石英砂岩和变质含砾石英砂岩。上部普遍含凝灰质。

本套岩层变质程度较浅，以原岩的层理面为片理面或变形面，整个岩段变余层理清楚可辨，尤其是粒序层理、砾石分布层及小型斜层理等均保存较好，并普遍发育膝折构造(图 2-5)。这与下段有明显区别。与下伏念青唐古拉群下段呈整合接触。

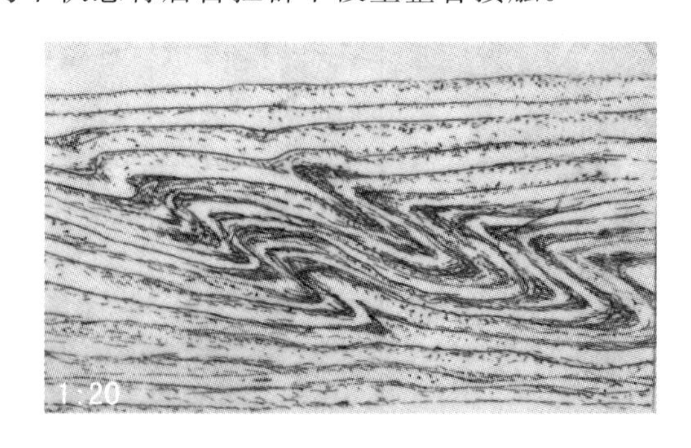

图 2-4　小型斜卧褶皱素描图

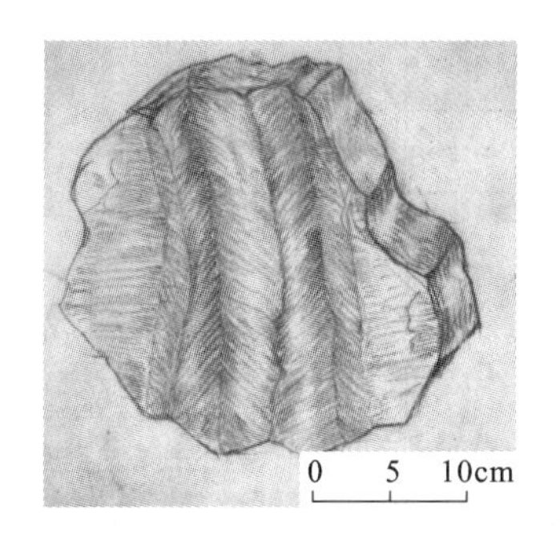

图 2-5　折劈理标本素描图

三、时代讨论

该套岩层自李璞(1959)首次称之为“念青唐古拉片麻岩”后，经西藏自治区综合队、区调队等多次研究，称之为念青唐古拉群，时代属前震旦纪。西藏自治区区域地质志编写组(1993)虽亦沿用此名，但称之为时代不明变质岩。西藏自治区岩石地层清理工作组(1997)亦沿用此名，时代定为前震旦纪。

许荣华(1981)在羊八井冷青拉附近用 U-Pb 法测得念青唐古拉群片麻岩的锆石残余年龄值为 1 250Ma，本次工作在仁错约玛南东约 20km 处采集念青唐古拉群下段斜长角闪岩样品，用 Ar-Ar 法测得角闪石年龄值为(845±15)Ma，这与李光岑(1988)在亚东地区聂拉木群上部的石榴黑云母片麻岩中选用锆石等时线测得的同位素年龄值(718±158)Ma，Krumme-nacher D(1961)在尼泊尔的纳瓦斜特推覆体的白云石英岩中用白云母测得的岩石同位素年龄值(728±2)Ma，以及在锡金的查尔群中用角闪石测得的岩石同位素年龄值(819±80)Ma 等都比较接近，其时代应属新元古代早期。我们统称该套变质地层为前震旦系。

第三节　下古生界

测区内有确切古生物化石依据的下古生界发育有奥陶系和志留系。分布比较局限。仅出露在藏雄至他多雄一线的南、北两侧，出露总面积 136.56km^2。

该区地层研究程度比较低。中华人民共和国成立前，仅有少数中、外地质工作者涉足过，多属考察性调查，未能形成系统资料。中华人民共和国成立后，于 1951 年开始，西藏工作队李璞等首先对邻区班戈一带进行了粗略的路线地质调查，首次提出与测区相关的地层划分和对比。1957 年，王文彬等对藏北碱湖和夏姑尔错等地的古生代地层有过简单的报道，对测区内塔尔玛一带的古生界进行过划分，将测区内的最老沉积地层称塔尔玛岩系，时代统称为石炭纪—二叠纪。对测区附近古生代地层较系统的报道始见于 1979 年夏代祥、徐仲勋青藏高原地质讨论会文件《藏北湖区申扎一带的古生代地层》，公开发表于 1983 年青藏高原地质文集(2)，其研究地点位于测区北约 60km 的永珠一带。继此之后，又有许多学者在上述研究区做过专题性研究工作，取得了一批可喜的成果，积累了较丰富的地层、古生物资料，但均未涉及测区。申扎地区下古生代地层划分沿革表见表 2-2。

测区内发现一条完整的古生代地层剖面由下奥陶统至上二叠统连续出露，全长 24.3km，其前半段为下古生界，并新建立扎扛组。

表 2-2　申扎地区早古生代地层划分沿革表

地层年代			夏代祥(1983)	林宝玉(1983)	中国科学院南京地质古生物研究所(1986)	《西藏自治区区域地质志》(1993)	《西藏自治区岩石地层》(1997)	本书
上覆地层			下泥盆统					
下古生界	志留系	上统		扎弄俄玛群	页岩夹灰岩*	门德俄药组		扎弄俄玛组
		中统		扎弄俄玛群	扎弄俄玛组	扎弄俄玛组	扎弄俄玛组	扎弄俄玛组
		下统	德悟卡下组	德悟卡下组	德悟卡下组	德悟卡下组	德悟卡下组	德悟卡下组
							申扎组	申扎组
	奥陶系	上统	刚木桑组	日阿觉阿布多组	申扎组	上统　日阿觉群　申扎组		刚木桑组
				申扎组	刚木桑组	上统　日阿觉群　刚木桑组	刚木桑组	
				刚木桑组				
		中统	柯尔多组	柯尔多组	雄梅组	日阿觉群　柯尔多组	柯尔多组	柯尔多组
		下统				下统		扎扛组**
	寒武系							?
下伏地层			念青唐古拉群					

注:*见《中国科学院南京地质古生物研究所丛刊》,第10号;**新建组。

一、奥陶系(O)

测区内奥陶系出露较齐全,包括下奥陶统扎扛组、中奥陶统柯尔多组、上奥陶统刚木桑组。其中下奥陶统扎扛组是本次区调工作新建立的岩石地层组级单位,是依据新发现的早奥陶世阿雷尼格阶(Arenigian)最底部笔石化石带代表分子 *Tetragraptus*(*Paratetragraptus*) *approximatus* 为依据,确定早奥陶世地层(图版 XIV)。它的发现在藏北地区尚属首次。另在该化石带之下还发现有三叶虫化石碎块。由于化石保存欠佳,不足以准确确定含三叶虫化石碎块岩层的确切时代,故暂把该套岩层归入扎扛组下部。但并不排除调查区内有阿雷尼格阶以前,甚至有寒武纪地层的存在。

1. 实测剖面叙述

扎扛-木纠错奥陶系实测剖面(P_2)(图 2-6)层序如下。

上覆地层:志留系

29 (40).[①]青灰色中薄层钙质粉砂岩　　>66.74m

—————— 整　合 ——————

上奥陶统刚木桑组(O_3g)

28 (39). 灰色、黄灰色中厚层状含粉砂质泥晶灰岩,含钙质结核泥晶灰岩,产头足类 *Armenocerina* sp.,在剖面以外相当层位产 *Sichuanoceras intermedium* Chen et Liu 1981,*S. abnormalis* sp. nov.,*S.* sp.,*Michelinoceras elongatum* (Yü)1930 等及棘皮动物腕枝?　　17.28m

27 (38). 深灰色中薄层含泥质条带灰岩夹含海百合茎碎屑灰岩,产头足类:*Sinoceras chinense* Foord 1888,*S. densum*(Yü)1930,*Columenoceras priscum* Chen 1975,*Michelinoceras* sp.。在剖面以外相应层位采得 *Actinomorpha samplex* Chen 1975,*Armenocerina samplex* sp. nov.(小型拟阿门角石)等头足类及棘皮动物腕枝?　　21.24m

26(37). 黄灰色中薄层钙质粉砂岩,局部夹含黄铁矿颗粒粉细砂岩　　38.87m

---

① 括号内数字为野外实测剖面上的原始层号,括号外数字为室内编号(后同)。

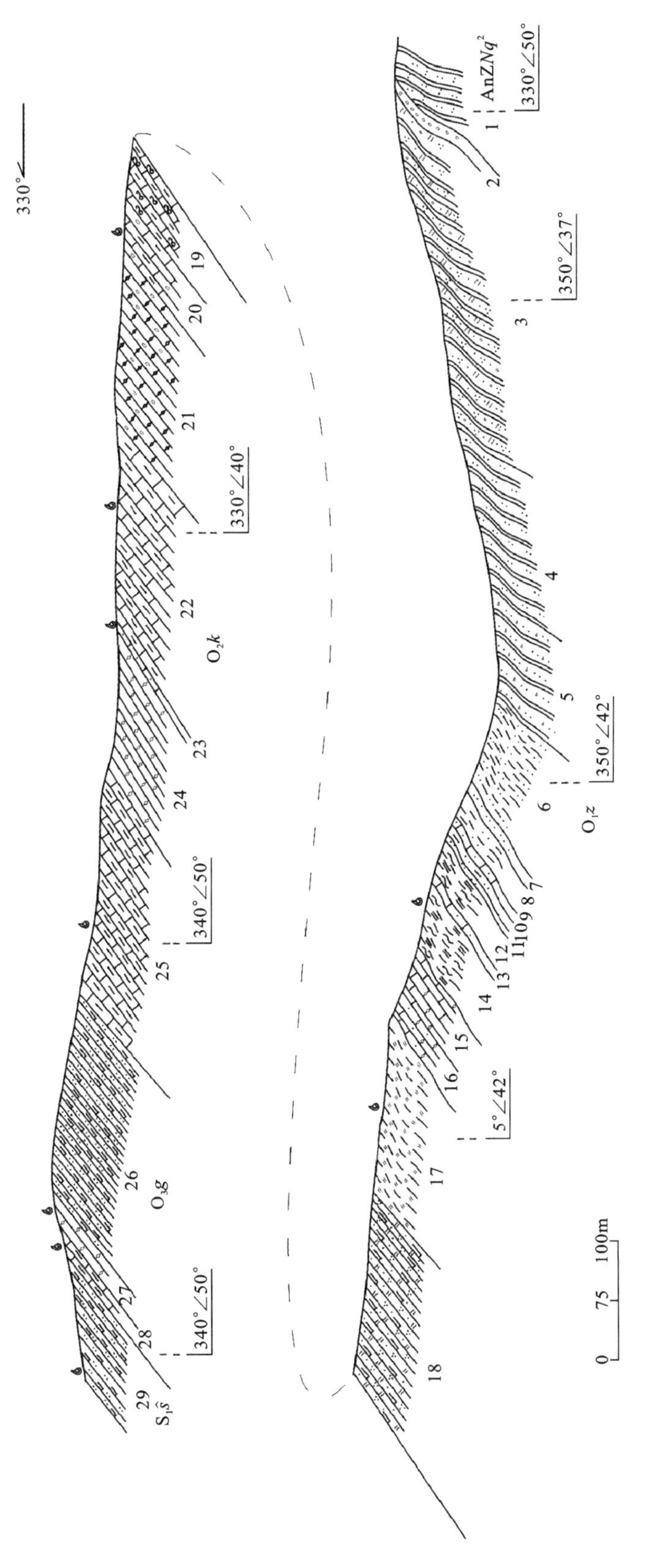

图 2-6 扎扛-木纠错奥陶系实测剖面图(P_2)

——————　整　合　——————

中奥陶统柯尔多组(O_2k)

25 (36). 灰色、深灰色中薄层状泥晶灰岩，上部夹砂质灰岩及含生物碎屑灰岩　112.22m

24 (35). 灰黑色中薄层状粉屑泥晶灰岩夹中层状铁泥质泥晶灰岩　95.22m

23 (34). 黄灰色中层状具纹层泥晶灰岩，含海百合茎化石　5.83m

22 (33). 灰黑色中薄层状砂质灰岩、粉晶泥晶灰岩夹粉细砂岩，含丰富的头足类化石：*Sinoceras chinense* Flower 1888，*S.* sp.，*Archigeisonocoras* sp.。在剖面以外相当层位采得：*Sinoceras chinense* Flower 1888，*S. densum*(Yü) 1930，*S. rudum* Zhan 1965，*Columenoceras remotum* sp. nov.，*C. priscum*，Chen 1975，*Archigeisonoceras robustum* Chen 1984，*Ar. elegatum* Chen 1984，*Ar.* sp.，*Eneoceras xiangzanse* gen. et sp. nov.，*Michelinoceras elongatum*，(Yü) 1930。*M. yüi*，Lai 1965，*M.* sp.，*Wennanoceras xizangense*，Chen 1984，*W. subcurvatum* sp. nov. 等及腹足类化石　138.91m

21(32). 深灰色、黄灰色钙质粉砂岩夹含砾屑纹层状泥晶灰岩，含生物碎屑　134.73m

20(31). 黄灰色夹深灰色含砾屑泥晶灰岩，夹泥质条带砂质灰岩，含较丰富的棘皮动物腕枝化石　36.99m

19(30). 灰黑色中层状含碳质泥质条带状泥晶灰岩　64.11m

——————　整　合　——————

下奥陶统扎扛组(O_1z)

18(29). 深灰色含碳质砂板岩夹黄灰色钙质长石石英细砂岩　122.52m

17 (28). 绿灰色绢云母千枚岩，含碳质绿泥千枚岩，绢云母绿泥千枚岩，下部产笔石化石：*Tetragraptus* (*Paratetragraptus*) *approximates* (Nicholson)(图版 XIII-4)，*T.* (*P.*) *scandens* Ruedemann(图版 XIII-5)。在剖面以外相当层位采得：*Isograptus* sp.，*Expamsograptus ensjoensis* Monson(图版 XIII-1)，*E. opimus*，Monson，*E.* sp.，*Tetragraptus quadribrachiatus*，(Hall)(图版 XIII-11)，*T.* sp.，*T.* cf. *quadribrachiatus* (Hall)，*T. decipiens*，*T.* (*Pendeograptus*) *pendens* Elles，*T. bigsbyi* (Hall)，*Acrograptus nicholsomi* Lapworth，*Corymbograptus* cf. *V-fractus* Salter，*C.* (*Corymbograptus*) cf. *V-fractus* Salter(图版 XIII-2、图版 XIII-3)，*C.* sp.，*Didymograptus eobifidus* Chen et Xia，*D.* (*Corymbograptus*) *parvus* Chen et Xia(图版 XIII-7)，*D.* cf. *incertus* Perner，*D.* sp.，*Didymograptus*(*Didymograptellus*) *ensjoensis* Chen et Xia(图版 XIII-10)，*D.* (*D.*) *protoindentus* Monsen(图版 XIII-8)，*D.* (*D.*) sp.(图版 XIII-9)，*Dichograptus octabrachiatus* (Hall)(图版 XIII-6)，*D.* sp. 及三叶虫 *Australoharpes* sp.，*Basilicus* sp.，*Menomonia* sp.，*Pelture* sp. 等　156.23m

16(27). 灰白色薄层含砂粉晶灰岩　13.83m

15(26). 灰白色薄层泥晶灰岩　28.00m

14(25). 绿灰色千枚状泥岩，千枚状泥质粉砂岩，采得三叶虫化石碎片　37.31m

13(24). 灰白色薄层状粉晶灰岩　5.67m

12(23). 灰绿色绿泥绢云母千枚岩　21.14m

11(22). 灰色薄层状变粉细砂岩　14.23m

10(21). 灰绿色千枚状粉砂质泥岩　4.82m

9(20). 灰白色中薄层含砂粉屑灰岩　6.45m

8(19). 灰绿色千枚状粉砂质泥岩　14.60m

7(18). 浅灰色薄层板状粉砂岩　11.40m

6(17). 绿灰色千枚状粉砂质泥岩　40.59m

5(16). 黄灰色中层状变质岩屑砂岩　33.76m

4(15—14). 浅灰色中薄层板状粉砂岩　57.6m

3(13). 黄灰色中层状含复成分细砾长石石英砂岩　110.81m

2(13). 灰白色石英砾岩 0.94m

~~~~~~~~~~~~ 角度不整合 ~~~~~~~~~~~~

下伏地层:前震旦系念青唐古拉群(AnZ*Nq*)

1(13). 灰色含凝灰粉砂质千枚岩 >75.0m

2. 岩石地层

1) 扎扛组(O_1z)

扎扛组是本次区域地质调查中新建立的岩石地层组级单位。在此次区调之前除1983—1987年间,西藏地质五队在测区内作过部分的1∶50万路线地质调查外,以后几乎无人涉足测区内地层研究工作。在1∶50万路线地质调查时,将该套岩层归入泥盆系。本次区调工作,发现在含丰富鹦鹉螺化石的灰岩之下,存在一套浅变质岩系,经过剖面测制,发现该套浅变质岩层中含丰富的笔石化石,尤其是采得了 *Tetragraptus* (*Paratetragraptus*) *approximatus*(近似拟四笔石= *Etagraptus appoximatus* 近似工字笔石),这在西藏尚属首次发现,在我国发现该化石的产地也为数不多。*T.* (*Para.*) *approximatus* 是世界性分布的早奥陶世阿雷尼格阶最底部的笔石化石带的代表分子。依此确定该套浅变质岩层的时代为早奥陶世中晚期。建组剖面位于申扎县塔尔玛乡北东约30km的他多雄北西,起点坐标:E89°17′49″,N30°50′53″,终点坐标:E89°17′11″,N30°51′48″,单斜岩层,底部以一层厚近1m的石英砾岩为标志,与下伏含凝灰粉砂质千枚岩角度不整合接触。总体岩性为一套浅变质的中薄层细碎岩夹结晶灰岩。下部为深灰色、黑灰色含碳质砂板岩夹土黄色变质长石石英砂岩,浅灰色钙质长石石英细砂岩,粉细砂岩;含碳质板状变质粉砂岩中产丰富的笔石化石:*Tetragraptus* (*Paratetragraptus*) *approximates* Nicholson, *T.* (*Para.*) *scandens* Ruedemann, *T.* cf. *quadnbrachiatus*(Hall)等代表分子。中部为千枚状粉砂岩,灰白色变质砂质灰岩,含砂质结晶灰岩,夹多层砂质板岩,变质岩屑长石砂岩。上部为灰色变质细砂岩、粉砂岩,夹变质含砾石英细砂岩,砂质结晶灰岩。厚679.7m。

另外,扎扛组是指含 *Tetragraptus*(*Paratelragraptus*) *approximatus* 层之上至厚层灰岩之间的一套具轻微变质的细碎屑岩,厚近300m。在上述厚679.7m的岩层中,包括含 *Tetragraptus* (*Paratetragraptus*) *approximatus* 等笔石层之下整合沉积的一套厚近400m的千枚状板岩、砂板岩及结晶灰岩、变质砂岩等。在千枚状板岩中采得三叶虫化石碎块,由于保存欠佳,数量有限,难以准确确定其地质时代,故在填图过程中将该套岩层暂时归入扎扛组下部,作为同一填图单元表示。它与下伏念青唐古拉群上段为沉积不整合接触。根据所含生物化石层位分析:它整合于 *Tetragraptus* (*Paratetragraptus*) *approximatus* 层之下,又含有三叶虫碎块,而 *T.* (*Para.*) *approximatus* 又是早奥陶世阿雷尼格阶底部笔石带化石的代表分子,证明该区至少有阿雷尼格(Arenigion)阶前的沉积地层,也不排除有寒武纪沉积地层的存在。

2) 柯尔多组(O_2k)

主要为中厚层灰岩,其中:上部为灰色、粉灰色泥晶灰岩,夹条纹状泥晶灰岩、深灰色中厚层状灰岩、含生物碎屑灰岩;下部为深灰色中层状含砾屑灰岩、灰黑色条带状灰岩,夹浅灰色泥灰岩、泥质条带灰岩,产头足类化石:*Sinoceras chinense* Flower, *S. densum* (Yü), *S. chinense* var. *eccentrion* (Yü), *Michelinoceras elongatum* (Yü), *Wennanoceras xizangense* Chen 等,还产有棘皮动物的腕枝(?)等化石。与上覆的刚木桑组和下伏的扎扛组连续沉积。厚484.79m。

在塔尔玛桥东以厚层灰岩为主夹条带状灰岩中产丰富的头足类化石:*Sinoceras chinense* Flower, *S. rudum* Zhan, *Michelinoceras elongatum* (Yü), *M. intima* Qi, *Taremaoceras regulare* gen. et sp. nov., *Columenoceras priscum* Chen, *Archigeisonoceras robustum* Chen 及三叶虫等。

3) 刚木桑组(O_3g)

下部为灰黄色中薄层状钙质细砂岩、粉细砂岩、粉砂质页岩,夹中层状泥灰岩、砂质灰岩,具韵律性沉积特点;上部为灰黑色、深灰色中厚层含粉砂质泥晶灰岩,灰色中薄层状含泥质条带灰岩,燧石结核灰
~~~~~~~~~~~~

岩，粉灰色泥晶灰岩，灰岩中产鹦鹉螺化石：*Michelinoceras huangnigangense* Chang，*Sichuanoceras intermedium* Chen et Liu，*S. abnormalis* sp. nov.，*Armenocerina* sp.，*Actinomorpha* sp. 等。与下伏柯尔多组整合接触，底部以出现钙质细砂岩为标志，与上覆志留系申扎组整合接触，以粉砂质页岩出现为结束。厚77.39m。

在塔尔玛桥东灰岩中采得鹦鹉螺化石：*Sichuanoceras intermedium* Chen et Liu，*S.* sp.，*Actinomorpha samplex* Chen，*Armenocerina exiguna* sp. nov. 及腹足类等化石。

3. 生物地层划分及对比

测区内奥陶纪动物群是典型的中低纬度暖水型动物群，绝大多数产在碳酸盐岩相中。主要类型有头足类、笔石、三叶虫及腕足类和腹足类，其中笔石和头足类种属较多、数量较大。鉴于以往无人报道，故给予简单划分。

1) 扎扛组(O_1z)

以含笔石化石为特点，笔石化石无论数量还是属种类型都较丰富，主要为早奥陶世阿雷尼格阶(Arenigina)早期 *Tetragraptus* (*Paratetragraptus*) *approximatus* 带至 *Didymograptus* (*Corymbograptus*) *deflexus* 带分子。笔石化石有 *Tetragraptus* (*Paratetragraptus*) *approximates* (Nicholson)，*T.* (*Para.*) *scandens* Ruedemann，*T. quadribrachiatus* (Hall)，*T.* cf. *quadribrachiatus* (Hall)，*T. decipiens*，*T.* (*Paratetragraptus*) *pendens* Elles，*T. bigsbyi* (Hall)，*T.* (*Para.*) sp.，*T.* sp.，*Didymograptus* (*Expamsograptus*) *ensjoensis* Monson，*Expansograptus opimus* Monson，*E.* sp.，*Acrograptus nicholsoni* Lapworth，*A.* sp.，*Corymbograptus V-fractus* Salter，*Co.* cf. *V-fractus* Salter，*Co.* sp.，*Didymograptus deflexus* Elles et wood，*D. eobifidus* Chen et Xia，*Didymograptus incertus* Perner，*D.* cf. *incertus* Perner，*D.* sp.，*Didymograptus octabrachiatus* (Hall)，三叶虫：*Menomonia* sp.，*Basilicus* sp.，*Australoharpes* sp.，*Peltura* sp. 等。从笔石动物群特点上看，酷似湘中、浙西、皖南等地的宁国期底部。层位上与湘中桃江、汉峰一带的亭子桥组，广西兴安一带的升平组，新疆霍城果子沟的新二台组上段，北祁连山东部的阴沟群上部及陕西等地桥镇组相当，与扬子区红花园组下部和华北亮甲山组下部相对比。时代属早奥陶世中晚期。

2) 柯尔多组(O_2k)

柯尔多组所产化石以鹦鹉螺类为主，本次采得 *Sinoceras chinense* Flower，*S. densum* (Yü)(图版Ⅺ-4)，*S. chinense* var. *eccentrica* Yü(图版Ⅺ-5、图版Ⅺ-18)，*S. rudum* Yu(图版Ⅺ-4)，*Michelinoceras elongatum* Yü(图版Ⅺ-7)，*M. intima* Qi(图版Ⅺ-8)，*M. yüi* Lai，*M. chaoi* chang(图版Ⅺ-19)，*Wennanoceras xizangense* Chen，*W. subcurvatum* sp. nov.(图版Ⅺ-2)，*Taremaoceras regulare* gen. et sp. nov.(图版Ⅺ-21)，*T. ovatum* gen. et sp. nov.(图版Ⅺ-12)，*Columenoceras priscum* Chen，*C. remotum* sp. nov.，*Columenoceras* sp.(图版Ⅺ-3)，*Archigeisonoceras robustum* Chen(图版Ⅺ-11)，*Ar. elegatum* Chen(图版Ⅺ-9、图版Ⅺ-17)，*Archigeisonoceras* sp.(图版Ⅺ-6)。1982年，赖才根采自测区北永珠桥西南柯尔多组鹦鹉螺化石，*Discoceras*，*Allumettoceras*，*Beloitoceras*，*Tripteroceras*，*Sinoceras*，*Lituites*，*Kordoceras*，*Orthonybyoceras*，*Armenoceras*，*Ancistroceras* 共10属。1987年，陈挺恩描述了采自测区北约15km日阿觉山东坡柯尔多组的头足类化石：*Kotoceras*，*Parormoceras*，*Ormoceras*，*Eosomichelinoceras*，*Michelinoceras*，*Pleurorthoceras*，*Sigmorthoceras*，*Jiangshanoceras*，*Centroonoceras*，*Geisonoceras*，*Paradnatoceras*，*Beloitocoras*，*Richardsonoceras*，*Richardsonoceroides*，*Actinomorpha*，*Xainzanoceras*，*Madiganella* 共17属。并自下而上建立了3个组合带：① *Lituites-Richardsonoceroides* 组合带；② *Michelinoceras paraelongatum-Sinoceras* 组合带；③*Richardsnoceras-Trocholites depressus* 组合带。

根据本次区调中所获鹦鹉螺化石，结合赖氏(1982)、陈氏(1987)所描述的鹦鹉螺化石资料分析，直角石类占主体，尤其是米契林角石更为突出，它不仅种数多(17种)，而且量亦大，约占鹦鹉螺化石总量的55%。其次是震旦角石，后者是我国特有的地方性属种。二者都是我国南方型鹦鹉螺动物群的代表分子。综上所述，测区内含上述鹦鹉螺化石地层时代属中奥陶世，层位上与我国南方宝塔组相当确切无疑。

3) 刚木桑组(O_3g)

晚奥陶世采得的化石种类不多,主要为鹦鹉螺类化石。数量较大,但种属单调,仅发现6属6种和2个未定种。包括:*Michelinoceras huangnigangense* Chang,*Sichuanoceras intermedium* Chen et Liu(图版Ⅺ-20),*S. abnormalis* sp. nov.(图版Ⅺ-16),*Armenocerina exiguna* sp. nov.,*Armenocerina* sp.(图版Ⅺ-14),*Eneoceras xiangzansis* gen. et sp. nov.(图版Ⅺ-13),*Actinomorpha simples* Chen(图版Ⅺ-15),*Ormocoras* sp.。其中 *M. huangnigangense* 数量较大。陈挺思(1987)采自距测区北约10km一带层位相当于刚木桑组,描述鹦鹉螺化石有:*Gorbyoceras*,*Paramiamoceras*,*Diestocerina*,*Trocholites*,*Eurasiaticoceras*,*Discoceras*,*Lituites*,*Ancistuoceras*,*Yushanoceras*,*xiazhenoceras* 共10属,也是直角石类居主导地位。*M. huangnigangense* 在浙西、湘西、黔北上奥陶统下部常见;*Diestocerina* 主要产于江西上奥陶统三巨山组,该属与北美、西北欧以及我国东南区常见的 *Orthonybyoceras* 共生。但在藏北未见 *Orthonybyoceras*。而 *Ormoceras* 是典型的北方型分子,时代可延续到晚奥陶世的八陡组。根据刚木桑组所含的鹦鹉螺化石特征及与上覆和下伏地层间的关系,其时代应为晚奥陶世。

二、志留系(S)

测区内志留纪地层出露较少,仅在申扎县塔尔玛乡的康古—左的德穷和藏雄—达中一带有出露,呈北东向窄带状分布,出露面积11.38km²,厚度197.24m。包括下志留统申扎组和德悟卡下组,中上志留统扎弄俄玛组。由于厚度小,出露宽度窄,难以在1:25万地质图面上表示,故在填图中未划分到组,而是将志留系作为一个填图单位表示于图上。实测剖面时划分到组。

1. 实测剖面叙述

扎扛-木纠错志留系实测剖面(P_2)(图2-7)层序构成如下。

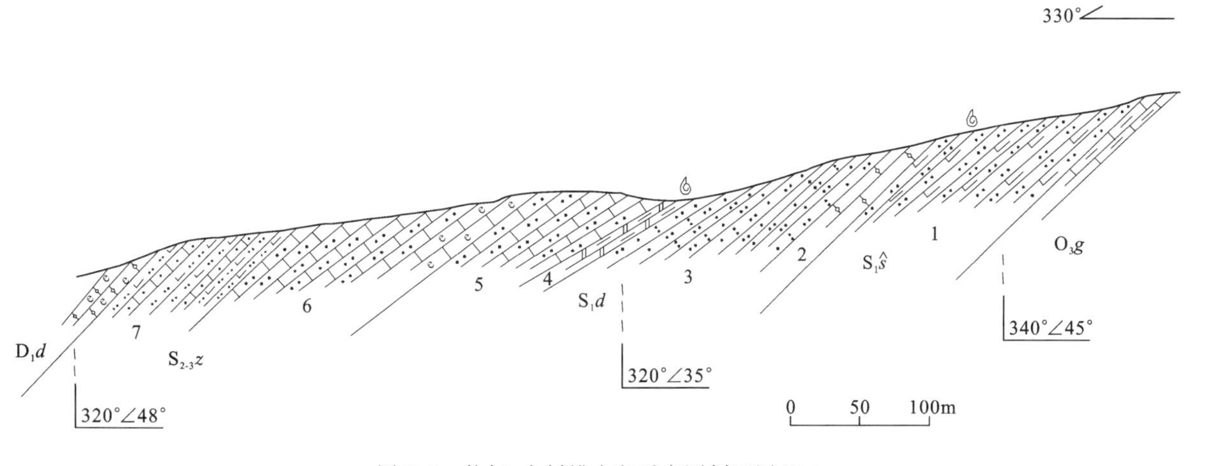

图2-7　扎扛-木纠错志留系实测剖面图(P_2)

上覆地层:下泥盆统达尔东组(D_1d)

(47).灰色中层状生物碎屑泥晶灰岩,含苔藓虫、海百合茎等化石　　>13.67m

——————　整　合　——————

上中志留统扎弄俄玛组($S_{2-3}z$)

7(46).浅灰色、粉灰色钙质粉砂岩夹砂屑灰岩,粉砂岩中含笔石断枝化石　　24.30m

6(45).灰色、深灰色中厚层状砂屑灰岩夹生物碎屑灰岩及钙质粉砂岩薄层　　46.62m

——————　整　合　——————

下志留统德悟卡下组(S_1d)

5(44).青灰色中薄层钙质粉砂岩夹砂质粉晶灰岩	14.80m
4(43).深灰色中层状具微层理灰岩,局部夹含燧石结核泥晶粉屑白云岩	13.81m
3(42).青灰色中薄层凝灰质粉细砂岩,具粒序层理,含笔石化石:*Climacograptus* sp.(栅笔石未定种),*Diplograptus* sp.(双笔石未定种),*Pristiograptus* sp.(锯笔石未定种)等	79.59m
2(41).深灰色中厚层状含白云质灰岩夹薄层菱铁矿化泥晶灰岩及含燧石结核白云质灰岩,条纹状白云质灰岩	18.12m

———— 整 合 ————

申扎组($S_1\hat{s}$)

1(40).青灰色中薄层钙质粉砂岩,具平行层理,夹紫灰色、紫红色含菱铁矿砂岩,薄层泥灰岩及含铁质结核粉砂岩	66.74m

———— 整 合 ————

下伏地层:上奥陶统刚木桑组(O_3g)

(39).黄灰色中厚层状含粉砂粉晶灰岩	>17.28m

2. 岩石地层

1) 申扎组($S_1\hat{s}$)

青灰色中薄层状钙质粉砂岩与粉灰色钙质细砂岩不等厚互层,上部夹黄灰色薄层状泥灰岩、含铁质结核粉砂岩。自下而上泥灰岩夹层增多。平行层理发育,具韵律性沉积特点。含笔石化石断枝及腕足类化石。与下伏上奥陶统刚木桑组整合接触,与上覆志留统德悟卡下组连续沉积。

2) 德悟卡下组(S_1d)

主要为一套灰岩夹碎屑岩,其中:上部以深灰色中层状为主,夹薄层状砂质灰岩和薄层状细砂岩、粉细砂岩,浅灰色泥晶白云质灰岩,含燧石结核(条带)泥晶灰岩,发育有微细层理;中部为青灰色中薄层状凝灰质粉细砂岩,平行层理发育,风化面呈条纹状;下部为深灰色中层状泥晶灰岩,泥质条带灰岩,含燧石结核(条带)灰岩夹菱铁矿化泥晶灰岩,产笔石化石。*Climacogratpus* sp.(栅笔石未定种),*Diplograptus* sp.(双笔石未定种),*Pristiograptus* sp.(锯笔石未定种)及笔石化石断枝等。与下伏申扎组连续沉积,与上覆扎弄俄玛组整合接触。

3) 扎弄俄玛组($S_{2-3}z$)

为灰色、紫灰色中厚层状微晶灰岩,夹含生物碎屑灰岩、砂屑灰岩,局部可见夹有薄层钙质粉砂岩薄层。钙质粉砂岩薄层在区域上分布不稳定,沿走向呈逐渐尖灭的长透镜状。其内可具有粒序层理。粉砂岩中含笔石化石断枝。与上覆、下伏地层均为整合接触。

3. 生物地层

测区内志留纪地层出露较少,分布集中,生物化石采集的也不多,根据它与上覆、下伏地层间接触关系,上覆、下伏的岩层中所含生物化石特点及所取得的化石资料判断,该套含 *Climacograptus*(栅笔石),*Diplogratus*(双笔石),*Pristiograptus*(锯笔石)地层的时代属志留纪是无疑的。

在测区北约 20km 处的相应层位,西藏综合地质普查大队地层古生物组吴让荣等(1979)在志留系中采得大量笔石化石。经黄枝高、鲁艳敏(1983)研究并对笔石化石有描述。*Xujiegraptus*(许杰笔石),*Neodicellograptus*(新叉笔石),*Glyptograptus*(雕笔石),*Pseudoclimacograptus*(假栅笔石),*Climacograptus*(栅笔石),*Diplograptus*(双笔石),*Orthograptus*(直笔石),*Petalolithus*(花瓣笔石),*Akidograptus*(尖笔石),*Dimorphograptus*(两形笔石),*Rhaphidograptus*(针笔石),*Bulmanograptus*(布氏笔石),*Pristiograptus*(锯笔石),*Pernerograptus*(普氏笔石),*Monoclimacis*(单栅笔石),*Paramonclimacis*(拟单笔石),*Monograptus*(单笔石),*Streptograptus*(卷笔石),*Demirastrites*(半耙笔石),*Oktavites*(奥氏笔石)等 20 属 99 个种和若干未定种,笔石带范围在 *Glyptograptus perscuptus*

带—*Monograptus sedwickii* 带(雕刻雕笔石带—赛氏单笔石带)之间，并疑有更高笔石带的存在。据此确定研究区志留系德悟卡下组与扬子区的龙马溪组、滇西的下仁和桥组及广东的连滩组应是相当层位，时代属早志留世早、中期，相当于下兰德维里—上兰德维里早期。1985 年，西藏区调队与成都地质矿产研究所重新研究德悟卡下组建组剖面。喻洪津(1985)在笔石层之上，建立了 3 个牙形石组合带，确定了扎弄俄玛组的时代属中晚志留世，并在其上建立了门德俄药组，时代属晚志留世。自此确定了研究区志留纪早、中、晚期均有沉积记录的存在。1997 年，西藏自治区区域地质志编写组采纳了黄枝高、喻洪津的划分意见。1997 年，西藏自治区岩石地层编写组认为门德俄药组与扎弄俄玛组相当，将其合二为一统称扎弄俄玛组，层位为上、中志留统并沿用至今。本次区调中虽然将志留系作为一个填图单位表示，但我们赞同西藏自治区岩石地层编写组的意见，将志留系划分为下志留统的申扎组、德悟卡下组和中上志留统的扎弄俄玛组。

三、层序地层划分及相对海平面变化分析

测区内下古生界虽然仅发育有下奥陶统中、上部至志留系。其中下奥陶统扎扛组是本次区调中新建立的岩石地层组级单位。测区内下古生界发育较好，出露连续，是藏北地区目前已知的发育最好地区。但因受自然、地理、项目工作周期等诸多因素的限制，所收集到的有关层序地层方面的材料尚不十分充分，对层序地层方面的研究尚欠深入。只能就目前所掌握的资料对调查区内下古生界层序地层作简略的划分和分析。

经过野外实测剖面、路线地质调查和室内研究，将下古生界划分 4 个Ⅲ级层序，同属一个Ⅱ级层序和Ⅰ级层序(图 2-8)。其中Ⅰ级、Ⅱ级层序的上下界面性质均为Ⅰ型层序不整合，Ⅲ级层序间界面为Ⅱ型层序不整合。各层序特点如下。

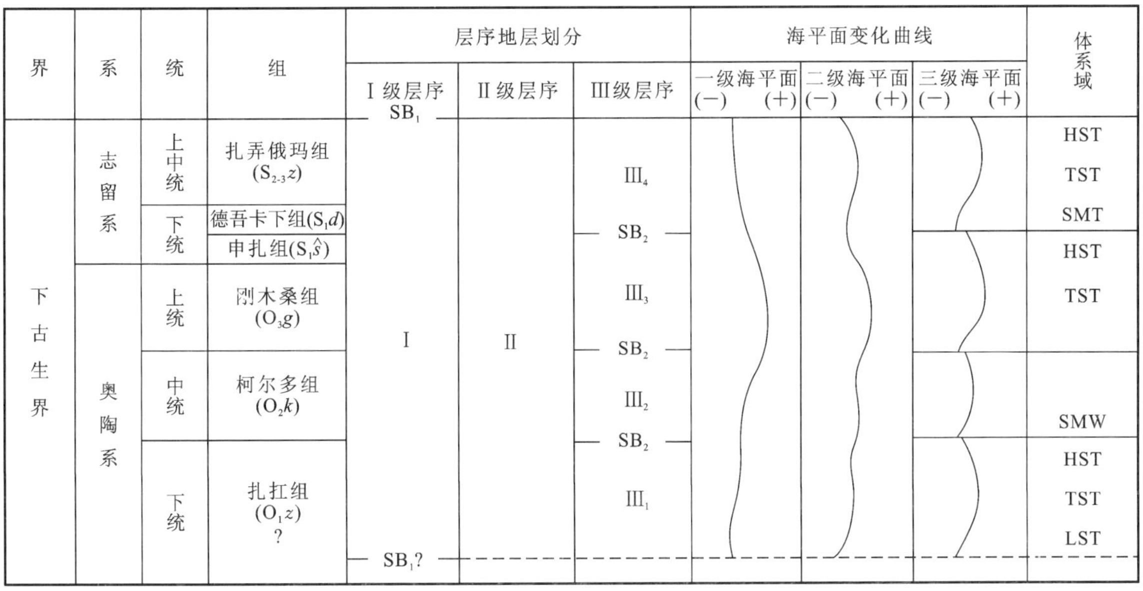

界	系	统	组	层序地层划分			海平面变化曲线			体系域
				Ⅰ级层序	Ⅱ级层序	Ⅲ级层序	一级海平面 (−)　(+)	二级海平面 (−)　(+)	三级海平面 (−)　(+)	
				SB_1						
下古生界	志留系	上中统	扎弄俄玛组 ($S_{2-3}z$)	Ⅰ	Ⅱ	$Ⅲ_4$				HST TST SMT
		下统	德吾卡下组(S_1d)							
			申扎组($S_1\hat{s}$)			SB_2				HST
	奥陶系	上统	刚木桑组 (O_3g)			$Ⅲ_3$				TST
						SB_2				
		中统	柯尔多组 (O_2k)			$Ⅲ_2$				SMW
						SB_2				
		下统	扎扛组 (O_1z) ?			$Ⅲ_1$				HST TST LST
				SB_1?						

注：SB_1.Ⅰ型层序界面；SB_2.Ⅱ型层序界面。LST.低水位体系域；TST.海侵体系域；HST.高水位体系域；SMW.陆架边缘体系域；SMT:斜坡边缘体系域。

图 2-8　下古生界层序地层及海平面变化曲线图

1. 层序 1($Ⅲ_1$)

主要由下奥陶统扎扛组构成，上与第二个基本层序之间为Ⅱ型层序界面，扎扛组下伏地层为念青唐古拉群变质岩系，二者间为角度不整合，确定其底部界面为Ⅰ型层序不整合界面。扎扛组为奥陶系—志留系Ⅰ级层序中最下部的一个Ⅲ级层序，由低水位体系域(LST)、海侵体系域(TST)和高水位体系域

(HST)构成。

低水位体系域为扎扛组底部含复成分砾石石英砂岩，是上超于前震旦系念青唐古拉群之上的一套地层(厚度大于100m)；海侵体系域由一套灰绿色、灰色板状粉砂岩或千枚状粉砂质泥岩组成；高水位体系域为碳质、砂质板岩，黄灰色钙质长石石英细粒砂岩组成，前两者由若干个次级海进—海退的副层序组组成，构成进积—退积层序结构，晚期仍表现为以稳定慢速的加积作用而结束。

2. 层序 2(Ⅲ$_2$)

由中奥陶统柯尔多组构成，底界面之下为层序 1 顶部的碳质砂板岩，已表明海平面正处于下降阶段，但下降幅度极小，属稳定的缓慢海退，这与层序 1 有所区别。层序 2 的上、下界面均为Ⅱ型层序界面，它是由斜坡边缘体系域(SMW)、海侵体系域和高水位体系域构成。

层序 2 之底部含灰岩砾屑的泥晶灰岩、砂质灰岩、含泥饼砾纹层灰岩，指示内、外源混积产物，是海平面下降之际被冲积、混积、搬运、再沉积于较深水部位，形成斜坡边缘——盆缘浊流楔状体，即斜坡边缘体系域；海侵体系域主要由灰黑色中薄层状砂质灰岩、泥晶灰岩、纹层状灰岩、粉屑泥晶灰岩组成。高水位体系域主要由灰色厚层状泥晶灰岩组成。

3. 层序 3(Ⅲ$_3$)

相当于上奥陶统刚木桑组，出露厚度仅 77.37m。由粉砂岩、细砂岩、粉砂质泥晶灰岩、生物碎屑灰岩等组成。其上、下界面均为Ⅱ型层序界面。

刚木桑组最底部为钙质粉砂岩，其产状与下伏中奥陶统柯尔多组产状一致。向上被第四系覆盖，故在 P_2 剖面上本层序不完整。不过在 P_2 剖面以外可见到其与下伏岩层连续出露地段。该层序序列自下而上为中薄层钙粉砂岩、粉砂质细砂岩逐渐过渡为中薄层泥质条带灰岩，再向上过渡到中厚层状含粉砂质泥晶灰岩、钙瘤泥晶灰岩、砂质泥晶灰岩。是一个较完整的沉积旋回，是从弱的海退快速转变到海进，而后到达最大海泛期产出有泥质条带灰岩的凝缩层，继而又有小幅度的、缓慢的海退，是一个较完整的层序，该层序早期的斜坡边缘体系域表现得不甚明显。

4. 层序 4(Ⅲ$_4$)

包括整个志留系。出露厚度为 239m，其中所赋存化石主要为少枝的正笔石类，截然区别于下伏的奥陶系。据生物化石和岩性，在实测剖面中分为下志留统申扎组、德悟卡下组和中上志留统扎弄俄玛组(填图中未划分到组)。其地层序列的结构和岩相组合可确认为一个基本层序。它与下伏层序间为整合接触，其界面为Ⅱ型层序界面。可分辨出有斜坡边缘体系域、海侵体系域和高水位体系域。

斜坡边缘体系域由志留系下部的申扎组中、下部组成，为中薄层钙质粉砂岩与钙质细砂岩不等厚互层，岩相转换为海平面下降之际的产物，向上进入黄灰色薄层状泥质岩层，结束了斜坡边缘相碎屑沉积，进入了海侵阶段。海侵体系域由德悟卡下组的下部和申扎组的顶部组成。申扎组后期迅速进入第一次海泛期，德悟卡下组沉积时因主体海进过程中有波动式的海退、海进，故在粉砂质细砂岩中又间夹有中厚层泥晶灰岩、泥质条带灰岩、燧石条带灰岩，产出深水笔石化石。总体来看沉积作用是缓慢的，海面是振荡式地升高。高水位体系域包括德悟卡下组上部至扎弄俄玛组顶部，其组成岩石主要为生物碎屑灰岩夹薄层砂质灰岩及粉细砂岩。与海侵体系域的岩性相比较，生物碎屑岩层增多，沉积环境已由陆架浅海转变为局限台地(或滨海局限台地)或浅滩沉积，海平面已在下降，但海平面并非直线下降，自海侵体系域后期，海平面主体以下降为主，并伴有次级或更次级的海侵—海退。海平面升降振荡频繁。故沉积了由灰色薄层状泥灰岩—钙质粉砂岩不等厚韵律性互层组成的进积式副层序。

第四节 上古生界

图幅内上古生界泥盆系、石炭系和二叠系发育齐全，系间均为连续沉积，其出露范围远较下古生界广泛，除了北部永珠-纳木错蛇绿岩带内以块断隆起形式分散出露外，在申扎县城以东和南部冈底斯-念青唐古拉火山岩浆弧上，则以近东西—北西西向断块弧带状呈较大面积展布，但泥盆系在中部和南部却无出露。其下与下古生界中上志留统扎弄俄玛组有一沉积间断；其顶直露地表，未见与其他地层直接接触。上古生界出露面积 3 664.46km^2，厚度大于 8 965.96m。

自 1976 年西藏地质局综合普查大队较系统地研究了申扎永珠一带古生代地层，并建立了藏北湖区古生代地层序列，1983 年，夏代祥等报道了该研究成果后，有许多地质工作者在此对地层划分、对比及古生物方面进行过研究工作，积累了宝贵的资料。在地层划分、对比研究方面各抒己见，但均未超出夏代祥等(1983)报道的研究框架。研究简史见表 2-3。

表 2-3 上古生界划分沿革表

地层年代			夏代祥(1983)	林宝玉(1983)	中国科学院南京地质古生物研究所(1986)	《西藏自治区区域地质志》(1993)	《西藏自治区岩石地层》(1997)	本书
上古生界	二叠系	上统	? 下拉组	? 下拉组	? 下拉组	? 坚扎弄组	坚扎弄组 ?	上统：? 木纠错组* 中统：下拉组
		下统		日阿组 昂杰组	昂杰组	下拉组 日阿组	下拉组	下统：昂杰组
	石炭系	上统	昂杰组	永珠群：拉嘎组	上统：永珠组	昂杰组 斯所组	上统：昂杰组 拉嘎组	上统：拉嘎组
		中统	永珠组：上组	永珠群：永珠公社组		永珠群：汤莱组 巴日阿朗组		
		下统	永珠组：下组	洛工组	下统：永珠桥组 洛工组	永珠群：朋嘎组 多那个里组	下统：永珠组	下统：永珠组
	泥盆系	上统	查果罗玛组	查果罗玛组	灰岩层	查果罗玛组	查果罗玛组	查果罗玛组
		中统	达尔东群：上组	朗玛群	查果罗玛组 朗玛组	朗玛组		
		下统	达尔东群：下组	德日昂玛组 达尔东组	德日昂玛组 日阿觉组 达尔东组	达尔东组	达尔东组	达尔东组
下伏地层			志留系					

注:*新建组。

一、泥盆系(D)

泥盆系在区内分布较为局限，仅零星出露于北部永珠-纳木错蛇绿岩带块断隆起的核部，泥盆系的上、中、下三统均有展布，以下泥盆统出露较广，沉积厚度也稍大，生物化石较为丰富。中上泥盆统沉积厚度相对较薄，所含生物化石也远不及下泥盆统。出露面积672.50 km^2，沉积总厚度933.83m。

（一）剖面介绍

申扎县扎扛-木纠错泥盆系实测剖面(P_2)(图2-9)层序构成如下。

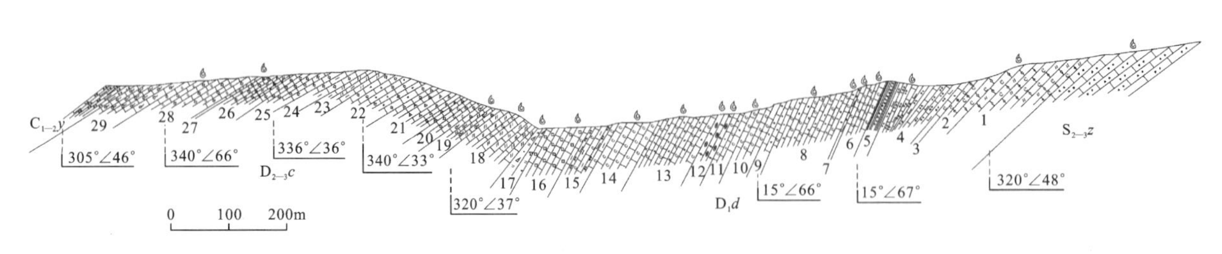

图2-9 扎扛-木纠错泥盆系实测剖面图(P_2)

上覆地层：下、上石炭统永珠组($C_{1-2}y$)

—————— 整 合 ——————

中上泥盆统查果罗玛组($D_{2-3}c$) **466.73m**

29(75). 灰色条带状夹角砾状白云质灰岩，前者在风化面上显示灰、白相间的条带 41.27m

28(74). 浅灰色中层状强重结晶灰岩 64.76m

27(73). 深灰色中厚层状含生物碎屑、砾屑灰岩，产大量皱纹珊瑚，有：*Asterodisphyllum shenzaensis* (sp. nov.)(图版Ⅱ-9)，*Sinodisphyllum* sp.(图版Ⅱ-10)，*Hunanaxonia* sp.，*Pseudopetraia* cf. *multiseptata*，*Nalivkinella* sp. *Temnophyllum* sp.(图版Ⅱ-2)，*Aphraxonia* sp.，*Truncicarinulum* sp.(图版Ⅱ-3)等 3.44m

26(72). 浅灰色中薄层状结晶灰岩夹薄层角砾状灰岩，含生物化石碎片 38.46m

25(71). 浅灰色中薄层状结晶灰岩，含腕足类和海百合茎等化石碎片 36.61m

24(70). 青灰色中薄层状泥晶灰岩，含腕足类和海百合茎等化石 18.31m

23(69). 浅灰色中层状微晶白云质灰岩夹生物碎屑灰岩，局部夹角砾状灰岩、白云质灰岩 26.77m

22(68). 浅灰色厚层状砂质结晶灰岩，下部夹生物碎屑白云质灰岩，含海百合茎 60.38m

21(67). 浅灰色角砾状灰岩夹生物碎屑灰岩，含海百合茎 56.29m

20(66). 浅灰色中薄层状含泥灰质条带结晶灰岩 26.49m

19(65). 浅灰色中薄层状含砾屑白云质灰岩。砾屑自下而上逐渐变小，由多变少，呈韵律性变化。砾屑中含海百合茎、层孔虫、苔藓虫和腕足类等化石碎片 29.01m

18(64). 青灰色中厚层状白云质灰岩夹含苔藓虫生物碎屑灰岩及含燧石团块结晶砾屑白云质灰岩 62.34m

17(63). 灰黄色中薄层状中细粒长石石英砂岩，钙质粉砂岩，含砂屑、生物碎屑灰岩构成的一个正韵律层。含砂屑、生物碎屑灰岩中产皱纹珊瑚和床板珊瑚：*Nadotia* cf. *crassa* Yü et Kuang(图版Ⅱ-1)，*Aphraxonia* sp.(图版Ⅱ-7)，*Trachypora yingtangensis* Zhou(图版Ⅶ-4)等 2.60m

—————— 整 合 ——————

下泥盆统达尔东组(D_1d) **472.12m**

16(62). 深灰色中厚层状结晶灰岩，局部夹钙质粉砂岩，构成数个不等厚韵律层。在厚层状结晶灰岩中产床板珊瑚：*Favosites eifeliensis* Nicholson，*Parathamnopora* sp. 等 17.22m

15(61). 灰白色含燧石条带生物碎屑灰岩夹钙质薄层状粉砂岩 27.93m

14(60). 灰白色厚层状生物碎屑灰岩夹白云质灰岩 27.07m

13(59). 灰白色中薄层状含生物碎屑微晶灰岩。含皱纹珊瑚：*Orassialveolites* sp.（图版Ⅵ-5），*Zaphrenthis* sp.；床板珊瑚 *Sguameobavosites zakangensis*（sp. nov.）（图版Ⅵ-1），*Parathamnopora mujiucuoensis*（sp. nov.） 70.02m

12(58). 深灰色厚层状含生物碎屑细晶灰岩。含海百合茎和珊瑚化石，其中皱纹珊瑚有：*Lyrielasma* cf. *guangxiense* Yü et Kuang，*Heterophaulactis* sp.，*Paraheliolites interstinctus-intermedium*（Wentzel），*Parastriatopora mujiucuoensis*（sp. nov.），*P.* sp.，*P. megaporata*（sp. nov.），*Mesofavosites daerdongensis*（sp. nov.），*Caliapora* cf. *liuhuiensis* Zhou，*C.* sp.，*C. hinganensis* Tchi，*Pachycanalicula sparcula*（sp. nov.），*P. sparcula minor*（sp. et subsp. nov.）等 17.84m

11(57). 灰白色中薄层状泥质生物碎屑灰岩，局部夹薄层状生物碎屑结晶灰岩。含海百合茎等化石 18.30m

10(56). 深灰色中厚层状生物碎屑结晶灰岩，风化后呈灰白色。本层产丰富的珊瑚化石。皱纹珊瑚有：*Gurievskiella cylindrica* Zheltonogova，*Cyathophyllum fossale*（sp. nov.），*Cyathophyllum* sp.（图版Ⅱ-4），*Neokyphophyllum* sp.，*Acanthophyllum* sp.，*Embolophyllum aeguiseptatum*（Hill），*Asterobillingsia* sp.，*Paraheliolites interstinctus-intermedium*（Wentzel），*P. zakangensis*（sp. nov.），*Pachycanalicula sparcula minor*（sp. et subsp. nov.），*Syringoporella densa*（sp. nov.），*Crassialveolitella xizangensis* Lin，*Parastriatopora megaporata*（sp. nov.），*Pseudopachy-favosites* cf. *rotundus* Tchi，*Dendropora dingshanlingensis* Zhou，*Caliapora liuhuiensis* Zhou 等 31.11m

9(55). 灰色中层状砂屑灰岩，含少量生物化石碎片，层理发育 13.29m

8(54). 灰色中厚层状含生物化石碎屑、砂屑灰岩，含海百合茎、珊瑚、苔藓虫及腕足类等化石。皱纹珊瑚有：*Crassophrentis* cf. *obesus* Cao，*Ellesmerelasma* sp.，Heliolitids，*Claliapora uralica* Yanet，*C.* sp. *Mesofavosites daerdongensis*（sp. nov.），*Pachycanalicula sparcula*（sp. nov.），*P. sparcula minor*（sp. et subsp. nov.）等 66.24m

7(53). 青灰色中薄层状钙质粉砂岩及中细粒长石石英砂岩。砂岩中水平层理发育，具粒序韵律 3.11m

6(52). 青灰色中厚层状生物碎屑灰岩，含丰富珊瑚化石。皱纹珊瑚有：*Hunanaxonia xizangensis*（sp. nov.），*Acanthophylum* sp.，?*Hemiaulacophyllum* sp.，*Pseudoamplexus* sp.，*Pseudoamplexus ligeriensis*（Barrois），*Palaeocyathus gansuensis* Cao，*P.* cf. *gansuensis* Cao，*Axocricophyllum* cf. *minbugouensis* Cao，*Lyrielasma* cf. *tenuiseptatum* Cao；床板珊瑚有：*Pachycanalicula sparcula*（sp. nov.），*P. sparcula minor*（sp. et subsp. nov.），*Choetetes* sp.，*Yacutiopora* sp.，*Parathamnopora grandissima*（Dubatolov），*P.* sp.，*Roemeria* sp.，*Pachyhelioplasma xizangensis* Lin，*Heliolites* cf. *wenxianensis* Z. Q. Zhang，*H.* sp.，*Paraheliolites* sp.，*Caliapora* sp.，*Klaamannipora intermedia*（sp. nov.），?*Crassialveolitella* sp. 等 27.29m

5(51). 灰绿色粉砂质页岩夹青灰色薄层状细砂岩 22.14m

4(50). 青灰色薄层状钙质粉砂岩和粉灰色薄层状泥质灰岩呈不等厚互层 79.99m

3(49). 深灰色中厚层状含海百合茎泥晶灰岩 8.22m

2(48). 青灰色薄层状生物碎屑泥晶灰岩与粉灰色中薄层状钙质粉砂岩呈不等厚互层 28.68m

1(47). 灰色中层状弱白云岩化含生物碎屑泥晶灰岩 13.67m

———— 假整合 ————

下伏地层：中上志留统扎弄俄玛组（$S_{2-3}z$）

（二）岩石地层

1. 下泥盆统达尔东组（D_1d）

该组为一套以碳酸盐岩为主的沉积地层，中间夹有少量粒级较细的碎屑岩，属于稳定陆棚浅海型沉积。根据岩性和岩相特征可以明显划分为下部和中上部。下部岩层颜色较深，以深灰色至青灰色为主，多为薄层状至中薄层状泥晶、细晶和微晶灰岩，生物碎屑灰岩夹中薄层状粉砂岩，粉砂质页岩和少量薄层状中细粒长石石英砂岩。灰岩中产有牙形石、竹节石和头足类，并含有丰富的珊瑚和腕足类化石。岩层中水平层理较发育，多属较深水的内外陆棚和台坪边缘斜坡相沉积。中上部岩层颜色较浅，以灰白色、浅灰色至灰色为主，为中薄层至中厚层状生物碎屑灰岩，局部夹微型生物礁灰岩、泥质灰岩、砾屑灰岩、含燧石结核和团块或条带状灰岩、含砂屑细晶灰岩及白云质灰岩，中间夹有水平层理较为发育的中薄层状粉砂岩、泥质粉砂岩和中细粒长石石英砂岩。含有较丰富的珊瑚、腕足类等底栖生物化石，并含有竹节石、牙形石和头足类等游移生物化石，多属碳酸盐台坪和台坪缓坡相沉积。与下伏的中上志留统扎弄俄玛组白云质结晶灰岩为平行不整合接触；与上覆的中上泥盆统查果罗玛组长石石英砂岩为连续沉积。厚度 467.10m。

本组在区域上岩性、岩相和沉积厚度较为稳定。在 P_2 剖面上，该组所夹粉砂岩、粉砂质页岩和薄层状中细粒砂岩等细碎屑岩夹层明显较图幅北侧永珠一带的层型剖面为多，但沉积厚度略小。

2. 中上泥盆统查果罗玛组($D_{2-3}c$)

查果罗玛组除在底部含有一层厚度不足 2m 的薄层状中细粒砂岩和钙质粉砂岩外，皆为颜色较浅的碳酸盐岩层。主要为浅灰色和灰色中薄层至中厚层状泥晶、微晶和细晶灰岩，白云质灰岩，砾屑灰岩，条带状白云质灰岩，含燧石结核(或团块)灰岩夹生物碎屑灰岩，很多层内含有海百合茎、竹节石和牙形石等化石。在顶、底部还含有皱纹珊瑚和腕足类等底栖生物化石。顶部与下一上石炭统永珠组为整合接触。厚度 466.85m。本组下部以陆棚台地边缘相为主；上部则为从碳酸盐缓坡相到陡峻斜坡相沉积。

该组在图幅内岩性稳定。

（三）生物地层和年代地层

1. 下泥盆统达尔东组(D_1d)

达尔东组内的珊瑚化石十分丰富，经鉴定皱纹珊瑚共有 16 属、10 种和 8 未定种，其中有 2 新种：

粗壮厚壁内沟珊瑚相似种　*Qassophrentis* cf. *obesus* Cao

爱莱斯梅尔板珊瑚未定种　*Ellesmerelasma* sp. (图版Ⅱ-5)

西藏湖南轴珊瑚(新种)　*Hunanaxonia xizangensis* (sp. nov.)(图版Ⅱ-16)

湖南轴珊瑚未定种　*H.* sp.

针珊瑚未定种 *Acanthophyllum* sp. (图版Ⅱ-13)

? 半沟闭珊瑚未定种　? *Hemiaulocophyllum* sp.

假包珊瑚未定种相似于利热假包珊瑚　*Pseudamplexus* sp. cf. *P. ligeriensis* (Bassois)

甘肃古杯珊瑚相似种　*Palaeocyathus* cf. *gansuensis* Cao(图版Ⅱ-14)

岷堡沟轴杯珊瑚相似种　*Axocricophyllum* cf. *minbugouensis* Cao(图版Ⅱ-12)

薄隔壁弦板珊瑚相似种　*Lyrielasma* cf. *tenuiseptatum* Cao(图版Ⅱ-15)

广西弦板珊瑚相似种　*L.* cf. *guangxiense* Yü et Kuang

新曲壁珊瑚未定种　*Neokyphyophyllum* sp.

内沟杯珊瑚(新种)　*Cyathophyllum fossale* (sp. nov.)

等隔壁楔叶珊瑚相似种　*Embolophyllum* cf. *aequiseptatum* (Hill)(图版Ⅱ-8)

柱形棱壁珊瑚　*Gurievskiella cylindrical* Zheltonogova(图版Ⅱ-11)

异半闭珊瑚未定种　*Heterophaulactis* sp.

脊板内沟珊瑚未定种　*Zaphrenthis* sp.

毕灵斯星珊瑚未定种　*Asterobillingsia* sp.

床板珊瑚 18 属、20 种、8 未定种，其中包括 8 新种和 1 新亚种：

稀疏厚通道珊瑚(新种)　*Pachycanalicula sparcula* (sp. nov.)(图版Ⅵ-6)

稀疏厚通道珊瑚小型亚种(新种、新亚种)　*P. sparcula minos* (sp. et subsp. nov.)(图版Ⅵ-8)

刺毛珊瑚未定种 *Chetetes* sp.

雅库特孔珊瑚未定种 *Yacutiopsra* sp.

巨大拟灌木孔珊瑚 *Parathamnopora grandissima* (Dubatolov)(图版Ⅶ-7)

拟灌木孔珊瑚未定种 *P.* sp.

埃菲尔蜂巢珊瑚相似种 *Favosites* cf. *eifeliensis* Nicholson(图版Ⅵ-2)

中间型克拉曼氏孔珊瑚(新种) *Klaamannipora intermedia* (sp. nov)(图版Ⅶ-9)

日射珊瑚类 Heliolitids

文县日射珊瑚相似种 *Heliolites* cf. *wenxianensis* Z. Q. Zhang

密集小笛管珊瑚(新种) *Syringoporella densa* (sp. nov.)(图版Ⅵ-4)

分离-中间型准日射珊瑚 *Paraheliolites interstinctus-intermedia* (Wentzel)(图版Ⅶ-2)

扎扛准日射珊瑚(新种) *P. zakangensis* (sp. nov.)(图版Ⅵ-7)

准日射珊瑚未定种 *P.* sp.

申扎厚壁小槽珊瑚 *Crassilveolitella xianzaensis* Lin

? 厚壁小槽珊瑚未定种 ? *C.* sp.

大孔准沟孔珊瑚(新种) *Parastriatoposa megaporata* (sp. nov.)

木纠错准沟孔珊瑚(新种) *P. mujiucuoensis* (sp. nov.)

准沟孔珊瑚未定种 *P.* sp.

扎扛鳞巢珊瑚(新种) *Squameofavosites zakangensis* (sp. nov.)(图版Ⅶ-8)

达尔东中巢珊瑚(新种) *Mesofavosites daerdongensis* (sp. nov.)(图版Ⅵ-9)

圆假厚巢珊瑚相似种 *Pseudopachyfavosites* cf. rotundus Tchi

丁山岭树枝孔珊瑚 *Dendropora dingshanlingensis* Zhou(图版Ⅶ-6)

六回巢孔珊瑚 *Caliapora liuhuiensis* Zhou

乌拉尔巢孔珊瑚 *C. uralica* Yanet(图版Ⅶ-10)

兴安巢孔珊瑚 *C. hinganensis* Tchi

巢孔珊瑚未定种 *C.* sp.

西藏厚壁日射珊瑚 *Pachyhelioplasma xizangensis* Lin

罗默尔珊瑚未定种 *Roemeria* sp.

从达尔东组所产的16个皱纹珊瑚属分析,除了 *Pseudamplexus* 分布于志留、泥盆两纪,*Palaeocyathus* 最早出现于晚志留世外,其他14属均出现于早泥盆世,其中只有 *Acanthophyllum*, *Asterobillingsia*, *Gurievskiella*, *Embalaphyllum*, *Ellesmerelasma*, *Zaphrenthis* 和 *Cyathophyllum* 繁盛于早中泥盆世,而其余的 *Axocricophyllum*, *Crassophyllum*, *Hemiaulacophyllum*, *Heterophaulactis*, *Lyrielasma* 和 *Neokyphyophyllum* 只分布于早泥盆世。

在只分布于早泥盆世皱纹珊瑚的6属7种中,以 *Axoerieophyllum minbugouensis* Cao 和 *Crassophrentis obesus* Cao 两种出现的层位最低,它们均产于西秦岭的甘肃文县岷堡沟下泥盆统下部的石坊群,时代大致相当于早泥盆世早期,即洛赫科夫期。其余的5个种中的 *Embolophyllum aequiseptum* (Hill), *Lyrielasma tenuiseptatum* Cao 和 *Palaeocyathus gansuensis* Cao 三种则分别发现于甘肃和青海两省交界线附近的河南、碌曲、迭部3县的下泥盆统朶拉组中,*Gurievskiella cylindrica* Zheltonogova 一种原产自俄罗斯乌拉尔地区的下泥盆统,后在我国云南丽江县的下泥盆统阿冷初组(1978)和西藏申扎县北永珠乡的达尔东组(1982)中先后被发现。产出的时代均大致相当于早泥盆世中期的布拉格期。*Lyrielasma guangxiense* Yü et Kuang 一种产出层位最高,广西武宣县二塘和象州县妙皇、大乐的二塘组中,时代为早泥盆世晚期,大致与埃姆斯期相当。*Pseudamplexus* sp. cf. *Pseudamplexus ligeriensis* (Barrois), *P. ligeriensis* 一种原产自俄罗斯乌拉尔地区的下泥盆统,俞昌民、廖卫华(1982)在西藏申扎县永珠乡的达尔东组内也发现了 *P.* sp. cf. *P. ligesiensis* (Barrois)。由上可见,藏北申扎县幅内的达尔东组时代为早泥盆世早期的洛赫科夫期至早泥盆世晚期的埃姆斯期。

产自幅内达尔东组中的床板珊瑚更为丰富，共达 18 属、20 种、8 未定种，其中包括 8 新种、1 新亚种。而这 18 个属的产出时代有的仅限于早泥盆世，有的延伸于早泥盆世。在 P_2 剖面上的达尔东组内发现床板珊瑚共有 10 个老种，其中以 *Heliolites* cf. *wenxianensis* Z. Q. Zhang 一种的产出层位最低，为陇东南文县岷堡沟的西沟组，处于下泥盆统的中部，相当于国际分阶的布拉格阶。其他 9 种则分别产自我国广西象州县的大乐组、内蒙大兴安岭的乌努尔组和藏北申扎县永珠乡的达尔东组内，其时代均为早泥盆世中晚期，即相当于下泥盆统国际分阶的布拉格-埃姆斯阶。

综上所述，达尔东组的时代应从早泥盆世早期的洛赫科夫期至晚期的埃姆斯期的整个早泥盆世，也就是说，申扎县幅内的下泥盆统（达尔东组）发育齐全，底部没有明显的地层缺失。

2. 中上泥盆统查果罗玛组（$D_{2-3}c$）

在查果罗玛组底部含砂屑、生物碎屑灰岩中产皱纹珊瑚 2 属、1 相似种、1 未定种：厚纳多塔珊瑚相似种 *Nadotia* cf. *crassa* Yü et Kuang，泡沫轴珊瑚未定种 *Aphraxonia* sp. 和床板珊瑚 1 属、1 种：应堂粗孔珊瑚 *Trachypora yingtangensis* Zhou 等。*Nadotia* 一属分布于欧亚大陆中泥盆世晚期，其模式种 *N. styifera* Tsyganko 产自俄罗斯北乌拉尔的中泥盆统上部的吉维特阶；而产于查果罗玛组底部的 *N.* cf. *crassa* 与产自我国广西横县六景中泥盆统上部民塘组的 *N. crass*，在标本的横切面特征上极为相似，只是前者缺少纵切面，暂以 *N.* cf. *crassa* 处理，故认为二者产出的层位应相当。*Aphraxonia* 主要繁育于晚泥盆世，在 P_2 剖面的查果罗玛组底部发现的 *A.* sp.，到目前为止此属尚属产出的层位最低，也就是说 *Aphraxonia* 在中泥盆世晚期即已出现。床板珊瑚 *Trachypara yingtangensis* Zhou 一种产出的层位较低，其最早产出于广西象州县大乐乡的中泥盆世早期的应堂组。

查果罗玛组上部的生物碎屑灰岩中产皱纹珊瑚较为丰富，共有 8 属、1 种、1 相似种、7 未定种，其中有 1 新种：

申扎星柱分珊瑚（新种）　*Asterodisphyllum shenzaense* (sp. nov.)
星柱分珊瑚未定种　*A.* sp.
中国分珊瑚未定种　*Sinodisphyllum* sp.
湖南轴珊瑚未定种　*Hunanaxonia* sp.
多隔壁假石珊瑚相似种　*Pseudopetraia* cf. *multiseptata* Cao（图版Ⅱ-6）
纳利夫金珊瑚未定种　*Nalivkinella* sp.
切珊瑚未定种　*Temnophyllum* sp.
泡沫轴珊瑚未定种　*Aphraxonia* sp.
卷曲脊切珊瑚未定种　*Truncicarinulum* sp.

在仁错北大庙附近，其层位大致相当于查果罗玛组中上部层位（H_4 和无 1、2、3、4 等点上）还发现皱纹珊瑚 3 属、5 种、1 亚种和 1 未定种，其中有 2 新种、1 新亚种：

申扎六方珊瑚（新种）　*Hexagonaria shenzaensis* (sp. nov.)
窄床板六方珊瑚　*H. stenotabulata* He
六方六方珊瑚少隔壁亚种（新亚种）　*H. hexagona rariseptata* (subsp. nov.)
中间型分珊瑚　*Disphyllum intermedium* Kong
特异分珊瑚（新种）　*D. peculire* (sp. nov.)
？似泡沫形珊瑚未定种　？*Aphraidophyllum* sp. 等。

从上述皱纹珊瑚 12 属的时代分布来看，除了 *Disphyllum* 分布于整个泥盆纪以外，其余 11 属均为国内外中、晚泥盆世中的常见属。其中 *Asterodisphyllum*，*Hunanaxonia*，*Nadotia* 和 *Pseudopetraia* 只分布于中泥盆世之内；*Aphroidophyllu*，*Hexagonaria* 和 *Temnophyllum* 则分布于中、晚泥盆世；而 *Aphraxonia*，*Nalivkiella*，*Sinodisphyllum* 和 *Trunciearinulum* 则仅限于晚泥盆世。

考虑到查果罗玛组与上覆和下伏地层均为连续沉积的地层层序，该组地层的形成时代属中晚泥盆世，从中泥盆世早期艾菲尔期到晚泥盆世晚期法门期。

二、石炭系(C)

石炭系在图幅内上、下两统发育齐全，两统间沉积连续，分布也最为广泛，全系出露面积居古生界各系之首，达2 721.38km²。该系因受北部永珠-纳木错蛇绿岩带、中部申扎微陆块和南部冈底斯-念青唐古拉火山岩浆弧3个构造带之间及其南、北两侧4条近东西—北西西向断裂带的影响，使石炭系在上述3个构造带内均呈北西西向弧形断带状展布；在图幅西缘的准布藏布的东、西两侧，却因受挽近期发展起来的大型南北向(准布藏布)追踪断裂带的影响，使其出露方向发生明显偏转，呈近南北向团弧状分布。

图幅内石炭系以海相碎屑岩发育占优势，中间夹少量碳酸盐岩夹层，所含的化石数量、保存程度等远不及其上覆与下伏的以碳酸盐岩为主的二叠系和泥盆系，使得本区石炭系内的岩石地层划分较为简单，自下而上划分为下—上石炭统的永珠组和上石炭统—下二叠统的拉嘎组。现分述如下。

(一) 剖面介绍

上覆地层：下二叠统昂杰组(P_1a)

—————— 整 合 ——————

上石炭统—下二叠统拉嘎组[(C_2—P_1)l](图2-10) **1 044.83m**

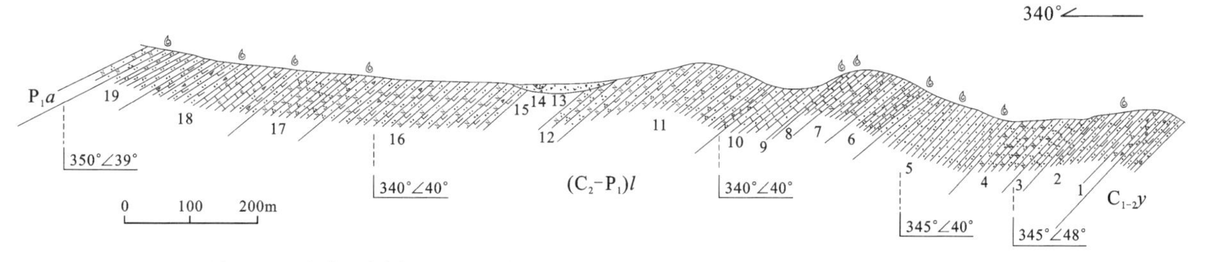

图2-10 扎扛-木纠错上石炭统—下二叠统拉嘎组[(C_2—P_1)l]实测剖面图(P_2)

19(128). 灰黑色中薄层状粉砂岩。产有腕足类化石：*Eolissochonetes* sp.，*Cancrinella* sp.，?*Unispirifer* sp.，*Marginifera* sp.，*Martinia* sp.，*Spiriferella* sp.，*Linoproductus* sp.，*Stenoscisma* sp.等 43.27m

18(127). 灰绿色中薄层状钙质长石砂岩夹生物碎屑灰岩。在靠上部的一层生物碎屑灰岩中产苔藓虫、珊瑚和腕足类等化石 112.10m

17(126). 灰绿色中厚层状中粒长石石英砂岩夹生物碎屑灰岩及粉砂岩。砂岩中层理发育，生物碎屑灰岩中含珊瑚化石 76.29m

16(125). 灰白色中层状中粒长石石英砂岩夹灰黑色中薄层状粉细砂岩 149.82m

13—15. 第四系覆盖

12(121). 灰白色中厚层状中粒长石石英砂岩夹灰绿色薄层状粉砂岩和生物碎屑灰岩及微型珊瑚礁灰岩，后者的灰岩中产珊瑚化石。皱纹珊瑚有：*Pseudopavona zangbeiensis* (sp. nov.)，*P. zangbeiensis simplex* (sp. et subsp. nov.)，*Hillia* sp.，*Paralithrostrotion* sp.，*Donophyllum fasciatum* (sp. nov.)，? *Arachnolasma* sp.，*Ibukiphyllum* sp. cf. *Ibukiphyllum sekii* (Minato)；床板珊瑚有：*Protomichelinia* sp.；䗴类：*Pseudos chwagerina* sp.等 12.35m

11(120). 灰白色中厚层状中粒长石石英砂岩与灰绿色薄层状粉砂岩构成4个明显的沉积韵律，局部夹细砾粗砂岩，砾石粒径大者5cm，一般多在2～3cm之间，砾石成分多为石英岩。岩层中发育有水平层理和单向斜层理 177.59m

10 (119). 灰绿色中薄层状含粉细砂质微晶灰岩，其中发育有水平层理，含腕足类、双壳类及腹足类等化石。腕足类有：*Spiriferella* sp.，*Stenoscisma* sp.，*Sergospirifer* sp.，*Martinia* sp.，*Athryris* sp.，*Phricodothyris* sp.，*Neoplicatifera pusilla* Zhan et Wu，*Callimarginatia* sp.，*Anidanthus* sp.，*Juressinia* sp.，*Alispirifer* sp.，*Cancrinella* sp.，? *Spinomarginifera* sp.，*Terebratuloidea xainzaensis* Zhan et Wu 等；双壳类有：*Streblopteris* sp. 等；腹足类有 *Straparollus*（*Fuomphalus*）sp. 67.74m

9 (118—117). 灰白色中层状长石石英砂岩、灰绿色中厚层状钙质长石石英砂岩和粉砂岩呈互层或韵律层 12.65m

8 (116). 灰白色中层状中粒长石石英砂岩与中薄层状粉砂岩成韵律性互层，共有 4 个韵律层，砂岩在下，粉砂岩在上，自下而上砂岩逐渐减薄，粉砂岩逐渐加厚。粉砂岩中产腕足类有：*Spiriferella* sp.，*Martinia* sp.，*Schiziphoria* sp.，*Cancrinell* sp. 等 39.94m

7 (115). 灰绿色中厚层状长石石英细砂岩和中薄层状粉砂岩构成一个明显的沉积韵律层。有的韵律层顶部含有薄层状含䗴灰岩，灰岩中的䗴类有：*Staffella sphaerica* Ozawa（图版Ⅰ-17），*Nankinella* sp.，*Ozawainella* sp.；腕足类有：*Terabratuloidea* sp.，*T. xainzaensis* Zhan et Wu，*Stenoscisma purdoni*（Davidson），*Phricodothyris* sp.，*Dielasma* sp. 1，*D.* sp. 2，*Athyris* sp. 等 39.69m

6 (114). 灰绿色中薄层状粉细砂岩夹含砾中粒砂岩，砾石磨圆较差，砾石粒径均在 10cm 以下 115.33m

5 (113). 灰紫色中厚层状含长石石英砂岩、薄层状细砂岩、粉砂岩构成 3 个明显的沉积韵律层，在大的韵律中还含小的韵律。在细砂岩的风化面上有铁质小孔 58.83m

4 (112). 灰白色中层状中粒石英砂岩及灰绿色薄层状粉砂岩构成一个明显的沉积韵律，其内还含有数个小的韵律 20.08m

3 (111). 灰绿色中薄层状钙质粉砂岩夹细砂岩，底部夹一层黄灰色粉砂质灰岩。下部细砂岩中发育有小型斜层理及波痕。灰岩中产有腕足类：*Derbyia* sp.，*Sergospirifer* sp.，?*Spiriferella* sp.；双壳类：*Wilkingia* sp.；腹足类：*Straparollus*（*Fuomphalus*）sp. cf. *S. acutus*（Sowerby）等 60.00m

2 (110). 灰白色厚层状中粒石英砂岩，水平层理发育，局部夹有岩屑长石石英粉细砂岩。产腕足类有：*Linoproductus tingkiensis* Ching，*Cancrinella* cf. *cancriniformis*（Tschernyschew），*Sergospirifer* sp. 等 21.03m

1 (109). 灰绿色中薄层状含砾砂岩夹钙质细砂岩，砾石成分中含有浑圆状灰岩砾石，砾石粒径大者达 50cm 38.12m

———— 整 合 ————

下—上石炭统永珠组（$C_{1-2}y$）（图 2-11） **2 740.22m**

43 (108). 黄绿色中薄层状粉砂岩、粉砂质页岩夹灰岩透镜体 21.98m

42 (107). 深灰色厚层状细晶生物碎屑灰岩，含有腕足类、珊瑚、有孔虫、苔藓虫、海百合茎和双壳类等化石。腕足类有：*Spiriferella salteri* Tschernyschew，*Phricodothyris* sp.，*Spiriferellina* sp.，*S.* cf. *fastigata*（Schellwier），*Stenoscisma purdoni*（Davidson），*Spinomarginifera costata* Zhan et Wu，*Schuchertella* sp.，*Linoproductus* sp.，*Callimarginatia orientalis* Zhan et Wu；有孔虫：*Tetraexia*，*Protaumlella*；皱纹珊瑚：*Caninophrentis xizangensis*（gen. et sp. nov.），*C.* sp.，*Amplexocarinia zangbeiensis*（sp. nov.），*A.* cf. *weiningensis* Wu et Zhao，*Amplexus shenzaensis*（sp. nov.），*Amplexus* sp.（图版Ⅲ-4），*Cyathaxonia minor* He et Weng（图版Ⅲ-14），*Cyathocarinia parvaxis*（sp. nov.）（图版Ⅴ-2），*Cyathaxonia* sp. 1，*C.* sp. 2，*C. cornu* Michelin，*C. minor davata*（subsp. nov.），? *Complanophyllum* sp.，*Homalophyllites* sp.，*Rotiphyllum crassothecatum*（sp. nov.），*Hapsiphyllum* sp. 等 4.40m

41 (2′). 灰绿色中薄层状细砂岩、粉砂岩和粉砂质页岩构成一个沉积韵律层 10.21m

40 (3′). 灰绿色薄层状粉砂岩 24.89m

39 (4′). 青灰色中层状细粒长石石英砂岩夹灰白色薄层状细粒长石石英砂岩 52.00m

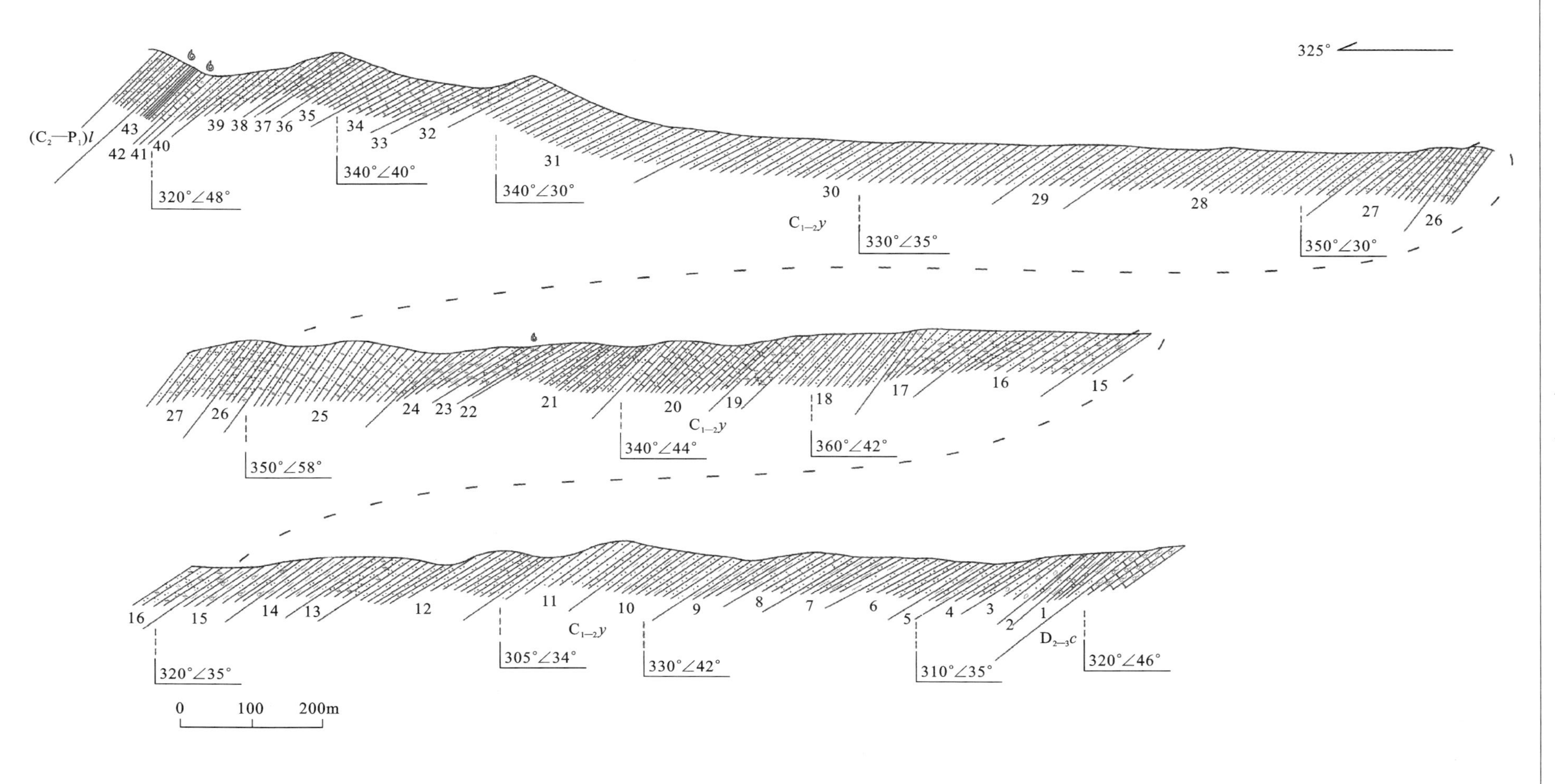

图2-11　扎扛-木纠错下—上石炭统永珠组($C_{1-2}y$)实测剖面图(P_2)

38 (5′). 灰绿色中层状细砂岩　10.37m

37 (6′). 灰白色中厚层状粗粒石英砂岩。水平层理发育，局部夹一层含砾粗砂岩，砾石呈次圆状，砾径不超过 1cm　6.38m

36 (7′). 灰绿色中层状含砾细砂岩夹长石石英砂岩，局部夹粉细砂岩　19.28m

35 (8′). 灰绿色薄层状粉砂岩，局部夹含砾粉细砂岩透镜体。砾石呈次圆状，粒径大者 5cm，一般多在 1cm 左右　39.62m

34 (9′). 灰绿色中层状细砂岩和粉砂岩构成的韵律层，中间夹灰岩透镜体　59.40m

33 (10′). 灰绿色中厚层状含砾细砂岩，砾石为长石石英砂岩，磨圆好，但分选差，砾石粒径大者 15cm，小者 4cm，愈往下砂岩的粒度愈变粗　19.22m

32 (11′). 灰白色厚层状细粒长石石英砂岩，局部夹粉细砂岩。在风化面上见有微细水平层理和斜层理　24.87m

31 (12′). 灰绿色中薄层状细砂岩、粉砂岩构成数个规模不等的正向韵律层。在每个韵律层中粉砂岩多于细砂岩　198.89m

30 (13′). 灰黑色中薄层状含碳质粉砂岩，局部夹中厚层状细砂岩，其中发育有水平层理　272.74m

29 (14′). 灰黑色中薄层状粉砂岩、细砂岩夹黄灰色岩屑长石砂岩　58.23m

28 (15′). 青灰色薄层状含碳质粗粒岩屑长石砂岩，其中发育有水平层理　201.53m

27 (16′). 青灰色中薄层状细砂岩与粉砂岩呈不等厚互层，并夹有少量含碳粉砂质页岩，三者略显韵律构造　70.41m

26 (101). 灰绿色中薄层状含灰岩透镜体粉砂岩　39.58m

25 (100). 灰色薄层状粉砂质泥晶灰岩　196.83m

24 (99). 灰褐色中层状中粒长石砂岩、中薄层状细粒石英砂岩和薄层状粉砂岩组成 3 个完整的沉积韵律。该层普遍含钙质，自下而上形成正韵律层。底部中粒砂岩中发育有小型水平层理；中部细砂岩中见有中小型单向斜层理　102.52m

23 (98). 浅灰色中层状中—细粒长石石英砂岩和青灰色薄层粉砂岩构成一个完整的正韵律层。下部砂岩中水平层理十分发育　16.49m

22 (97). 灰白色中层状钙质长石石英细砂岩与粉砂岩构成一个下粗上细的正韵律层。下部砂岩中发育有小型交错层理　7.07m

21 (96). 灰绿色薄层状粉砂岩，岩性在区域上比较稳定　121.90m

20 (95). 灰色薄层状泥晶灰岩，局部夹有细砂岩薄层。本层由于 3 组节理发育，岩石较为破碎　115.05m

19 (94). 灰黄色中薄层状长石石英细砂岩与灰绿色薄层状粉细砂岩呈韵律性不等厚互层　27.23m

18 (93). 灰绿色薄层状泥质粉砂岩夹中薄层状中细粒砂岩，其中含海百合茎化石　113.91m

17 (92). 黄绿色中层状中粒岩屑长石石英砂岩，自下而上岩屑含量有减少的趋势　56.43m

16 (91). 灰黄色中层状中粒长石石英砂岩和岩屑长石石英砂岩　93.54m

15 (90). 灰绿色中薄层状泥质粉砂岩和细砂岩。风化面呈灰黄色，略显灰白色条带状构造　55.21m

14 (89). 灰绿色中层状粉细砂岩，局部夹黄绿色中薄层状粉砂质泥岩，自下而上形成由粗到细的沉积韵律层　46.74m

13 (88). 黄灰色中厚层状细粒岩屑长石石英砂岩和粉砂岩　23.24m

12 (87). 浅灰绿色薄层状粉细砂岩　113.33m

11 (86). 深灰色中厚层状含泥质细粒砂岩，局部具微波状层理，尤以风化面上最为清晰　85.10m

10 (85). 深灰色中薄层状泥质粉砂岩，沿节理风化后呈球皮状剥落(球状风化)　89.47m

9 (84). 灰绿色中薄层状泥质粉砂岩，局部夹中薄层状中细粒砂岩。岩层风化后极易破碎成棱角状小块　45.38m

8 (83). 深灰绿色中薄层状凝灰质粉细砂岩，风化后易于破碎　37.31m

7 (82). 灰绿色中层状细粒砂岩和薄层状粉砂岩构成一个大的沉积韵律。粉细砂岩中发育有缓倾斜单向斜层理，层间并见有冲刷面及小型揉皱　64.27m

6 (81). 灰绿色薄层状粉砂岩，风化面呈浅灰绿色　　52.71m

5 (80). 灰绿色中层状泥质粉砂岩夹薄层粉砂岩　　26.24m

4 (79). 灰绿色中薄层状粉细砂岩，具微细水平层理，显示有微细的韵律性构造，中间可见有钙质条带，层面上常见冲刷面及小型揉皱　　41.51m

3 (78). 灰绿色中厚层状含砾中细粒砂岩和粉细砂岩，具微细层理。砾石呈次棱角状，砾石为灰岩、粉砂岩和石英砂岩等，中间还常夹薄层硅质层　　24.00m

2 (77). 灰绿色中薄层状具微细层理及钙质条带的粉细砂岩　　4.76m

1 (76). 灰绿色中薄层状粉细砂岩、钙质粉砂岩，含钙质结核，且水平层理发育良好　　45.98m

———— 整　合 ————

下伏地层：中上泥盆统查果罗玛组（$D_{2-3}c$）

（二）岩石地层

1. 下—上石炭统永珠组（$C_{1-2}y$）

永珠组为一套浅海相以细粒碎屑岩为主体的粒序韵律性地层地质体。根据岩性可以划分为下、中和上 3 部分：下部由灰绿色中薄层状中细粒长石石英砂岩、粉细砂岩、钙质粉砂岩和页岩组成，岩层中以水平层理和单向斜层理较发育为特征；中部为灰白色、灰色至灰绿色中薄层—中厚层状中细粒石英砂岩，长石石英砂岩，中薄层状粉砂岩、泥岩，并夹少量薄层状灰岩或灰岩透镜体构成不等厚的粒序韵律层系；上部以较细的碎屑岩层为主体，由浅灰色至深灰色中薄层—中厚层状中细粒长石石英砂岩、岩屑长石砂岩与粉砂岩、钙质粉砂岩、粉砂质页岩并夹有数层泥晶灰岩和灰岩透镜体层组成不甚规律的韵律层或不等厚互层。全组沉积厚度较大，以陆源碎屑沉积占优势，生物化石保存欠佳和粒序韵律层反复出现，以碎屑岩中富含钙质为主要特征。属于滨海潮坪、滨外楔形体至内外台坪斜坡-台盆相。该组下界较稳定，多以灰绿色钙质粉细砂岩整合覆于中上泥盆统查果罗玛组白云质灰岩之上，顶界与上石炭统—下二叠统拉嘎组青灰色薄层状细砂岩为连续沉积。厚度 2 346.2m。

本组在区域上岩性、岩相及厚度变化不大，以韵律性碎屑岩层为主，灰岩夹层较少，生物化石保存不佳，沉积厚度愈千米。向西北部申扎县永珠一带则以中粗粒石英砂岩为主，并常与细粒石英砂岩、页岩组成不等厚互层或韵律层，在个别韵律层的顶部还出现有薄层状生物碎屑灰岩。沉积厚度不足千米。从扎扛向东、向南，本组的沉积粒度有所变粗，以中粗粒岩屑长石砂岩、长石石英砂岩为主，与粉细砂岩、粉砂岩等构成互层及韵律层，所夹灰岩层数更少，且多含泥质及砂质，生物化石也少。

2. 上石炭统—下二叠统拉嘎组[（C_2—P_1）l]

拉嘎组为一套由滨岸三角洲、滨滩、潟湖到滨外台地、台地斜坡相的各种粒级碎屑岩为主体的互层系和韵律层系构成的地层地质体。下部主要岩性为灰白色、灰色、深灰色、灰绿色至青灰色中薄层—中厚层状各种粒级的砂岩，含砾砂岩，粉细砂岩，到粉砂岩、粉砂质页岩构成的互层和韵律层系，中间夹有多层含砾砂岩、细砾岩层或透镜体。下部以较粗碎屑岩为主体，含化石稀少和很少夹有灰岩层，并以滨滩、三角洲相占优势为其突出特点。上部则以由滨滩相序列转为台地至台地斜坡和潟湖相为主体的各类碎屑岩夹灰岩为特点。主要岩性为以灰白色、灰绿色至灰黑色中薄层状石英砂岩、长石石英砂岩和薄层粉细砂岩、粉砂岩夹有多层中薄层及中厚层状生物碎屑灰岩，含砂质泥晶—微晶灰岩为特点的互层和韵律层系。本组的最大特点是在各种粒级的碎屑岩层中含有砾石或漂砾，形成含砾砂岩、细砾岩的夹层或透镜体。厚度 1 044.8m。

拉嘎组岩性、岩相和沉积厚度在图幅内较稳定。为石英砂岩、长石石英砂岩、粉细砂岩、粉砂岩夹含砾砂岩，偶夹生物碎屑灰岩或透镜体。下部多属边滩相，上部则以潟湖和台地相为主，厚度愈千米。向北到申扎县幅以北永珠层型剖面附近，含砾砂岩和石英砂岩有所增加，总的岩性变化不大，沉积厚度也在千米上下。

（三）生物地层和年代地层

1. 下—上石炭统永珠组($C_{1-2}y$)

永珠组是本图幅上古生界中厚度最大、由各种粒级碎屑岩组成的韵律性岩组。由于岩性较为单一，化石不易完好保存，故整个岩组中，除了 P_2 剖面本组顶部的第 42(107)层和辅助剖面的 P_2^1H-1 层细晶生物碎屑灰岩中产较为丰富的珊瑚、腕足类、有孔虫和海百合茎等化石外，在其他层中尚未采集到较为完整的化石。

有皱纹珊瑚 12 属、6 种、5 未定种，其中包括 1 新属、4 新种和 1 新亚种：

西藏犬齿内沟珊瑚(新属、新种)　*Caninophyllum xizangensis* (gen. et sp. nov.)(图版Ⅲ-1 至图版Ⅲ-3)

犬齿内沟珊瑚未定种　*C.* sp.

平珊瑚未定种　*Homalophyllites* sp.(图版Ⅲ-5)

申扎包珊瑚(新种)　*Amplexus shenzaensis* (sp. nov.)

角状杯轴珊瑚　*Cyathaxonia cornu* Michelin

杯轴珊瑚未定种 A 和 B　*Cyathaxonia* sp. A 和 *Cyathaxonia* sp. B(图版Ⅲ-7)

小型杯轴珊瑚棒状亚种(新亚种)　*C. minor clavata* (subsp. nov.)

威宁脊板包珊瑚相似种　*Amplexocarinia* cf. *weiningensis* Wu et Zhao(图版Ⅲ-8)

藏北脊板包珊瑚(新种)　*A. zangbeiensis* (sp. nov.)(图版Ⅲ-12)

扁体珊瑚相似种　*Complanophyllum* cf. *compressum* Wu et Zhao(图版Ⅲ-13)

厚壁轮珊瑚(新种)　*Ratiphyllum crassothecatum* (sp. nov.)(图版Ⅲ-6)

表珊瑚未定种　*Hapsiphyllum* sp.

从上列的 12 属中，除了 *Amplexocarinia* 分布于晚泥盆世至二叠纪，*Hapsiphyllum* 分布于石炭纪—二叠纪这两属时限较长外，其他 6 属均仅分布于早石炭世内，尤其是 *Homalophyllum* 和 *Complanophyllum* 则产自我国华南和西南地区的早石炭世早期。上述皱纹珊瑚群中仅有的两个老种中，其一是 *Cyathaxonia cornu* 分布的时限较长，为石炭纪至中二叠世；而另外一种 *Amplexocarinia weiningensis* 则产于贵州威宁县鸭子塘的下石炭统上部的草海组鸭子塘段。综合皱纹珊瑚群的组合特点，应为早石炭世，其上限最新也不超越大塘期。时代大体相当于我国华南和西南地区的上司期。

腕足类共有 13 属、5 种、1 相似种和 10 未定种：

萨尔特小石燕贝　*Spiriferella salteri* Tschernyschew

纹窗贝未定种　*Phrieodothyris* sp.

法斯蒂加塔准小微石燕贝相似种　*Spiriferellina* cf. *fastigata* (Schellwien)

准小微石燕贝未定种　*S.* sp.

普东狭体贝　*Stenoscisma purdoni* (Pavidson)

壳脊刺围脊贝　*Spinomarginifera costata* Zhan et Wu

舒克贝未定种　*Schuchertella* sp.

线纹长身贝未定种　*Linoproductus* sp.

东方华美围脊贝　*Callimarginatia orientalis* Zhan et Wu

有螺携肋贝　*Costiferina spiralia* (Waagen)

锁窗贝未定种　*Cleiothyridina* sp.

马丁贝未定种　*Martinia* sp.

新石燕贝未定种 A 和 B　*Neospirifer* sp. A 和 *Neospirifer* sp. B

疹石燕贝未定种　*Punctospirifer* sp.

准小微石燕贝未定种　*Spiriferellina* sp. 等

从腕足类 13 属、5 种、1 相似种和 10 未定种来看，除了 *Spiriferella saltori*，*Spirifesellina* cf. *fastigata*，*Stenoscisma purdoni*，*Spinomarginifera costata*，*Callimarginatia orientalis*，*Costiferina spiralia* 均可产自申扎永珠地区的中二叠世日阿组（相当于本报告的昂杰组）和下拉组（詹立培等，1982）外，其余 12 属的未定种，就其属的时代分布均为石炭纪—二叠纪，所以从上述腕足类群来定永珠组的时代上限最新也不会超越晚石炭世初期，即西欧的纳缪尔期。本报告厘定永珠组的时代为早石炭世至晚石炭世初期。

2. 上石炭统—下二叠统拉嘎组[(C_2—P_1)l]

从所含腕足类、珊瑚、䗴类、双壳类和腹足类等几个主要门类化石群来看，可以大致分为上、下两部分：

本组下部产有腕足类 18 属、5 种、17 未定种：

小石燕贝未定种　*Spiriferella* sp.

普东狭体贝　*Stenoscisma purdoni* (Davidson)

狭体贝未定种　*S.* sp.

马丁贝未定种　*Martinia* sp.

丝石燕贝未定种　*Sergospirifer* sp.

无窗贝未定种　*Athuris* sp.

纹窗贝未定种　*Phricodothyris* sp.

极小新轮皱贝　*Neopticalifera pusilla* Zhan et Wu

华美围脊贝未定种　*Callimarginatia* sp.

阿尼丹贝未定种　*Anidanthus* sp.

朱里森贝未定种　*Juressinia* sp.

链石燕贝未定种　*Alispirifer* sp.

蟹形蟹形贝相似种　*Cancrinella* cf. *cancriniformis* (Tschernyschew)

刺围脊贝未定种　*Spinomarginifera* sp.

申扎拟穿孔贝　*Terebratuloidea xaingzaensis* Zhan et Wu

裂线贝未定种　*Schiziphoria* sp.

双板贝未定种　*Dielasma* sp.

德比贝未定种　*Derbyia* sp.

定日线纹长身贝　*Linoproductus tingriensis* Ching

线纹长身贝未定种　*L.* sp.

上列属种中除 *Stenoseisma purdoni*，*Neaplicatifera pusilla*，*Terefratuloidea xainzaensis* 三种主要产自西藏中南部中二叠统外，*Spiriferella*，*Stenoscisma*，*Martinia*，*Athyris*，*Phricodothyris*，*Dielasma*，*Callimarginatia* 均为石炭系—二叠系中常见属，时代以早石炭世为主的属种有 *Linoproduetus tingriensis*，*Cancrinella* cf. *cancriniformis*，只产于二叠纪的属有 *Spinomarginifera*，*Anidanthus*，其余的如 *Sergospirifer*，*Alispirifer*，*Schiziphoria* 等属则以产于石炭纪为主。统观上述各属种构成的腕足类组合，具有明显的石炭纪—二叠纪的过渡性质，虽然出现了许多二叠纪的新成分，但仍以石炭纪的彩色最浓。再联系产于第 3(111)层的腹足类 *Straparollus*(*Euomphalus*)sp. cf. *S.* (*Euomphalus*) *acutus*(Sowerby) 这一相似未定种只产于早石炭世和产于第 10(119)层的 *Straparollus* (*Euomphalus*) sp. 未定种的时代也只限于石

炭纪等情况，拉嘎组的下部层位的时代应以晚石炭世早期为妥，其层位大致相当于我国南方的滑石板阶或西欧的纳缪尔阶。

本组上部产有皱纹珊瑚 6 属、2 种、4 未定种，其中包括 2 新种、1 新亚种：

藏北假牡丹珊瑚(新种)　*Pseudopavona zangbeiensis* (sp. nov.)

藏北假牡丹珊瑚简单亚种(新种、新亚种) *P. zangbeiensis simplex* (sp. et subsp. nov.)(图版Ⅲ-11)

希尔珊瑚未定种　*Hillia* sp.(图版Ⅲ-16)

拟石柱珊瑚未定种　*Paralithostrotion* sp.

束状顿河珊瑚(新种)　*Donophyllum fasciatum* (sp. nov.)(图版Ⅲ-15)

? 似栅珊瑚或螺旋珊瑚未定种　?*Arachnolasma* sp. 或 ? *Spirophyllum* sp.

伊吹珊瑚未定种(相似于赛克伊吹珊瑚)　*Ibukiphyllum* sp. cf. *Ibukiphyllum sekü*(Minato,1955)(图版Ⅲ-9)

还有床板珊瑚 1 属、1 未定种：

原米楔林珊瑚未定种 *Promichelinia* sp. 等。

上述珊瑚群中除了新种、新亚种和分布时代较长的床板珊瑚 *Promichelinia* 外，就其他 5 属未定种的时代以 *Pseudapavona*, *Ibukiphyllum* 两属分布的时代最短，为晚石炭世中期的莫斯科期，*Donophyllum* 一属的繁盛期也在莫斯科期，因此从珊瑚群的分布时代上看，拉嘎组中上部层位的时代应为莫斯科期。

另外，还在本组上部的薄片内发现一可疑的假希瓦格䗴，即? 假希瓦格䗴未定种 ?*Pseudoschwagerina* sp.。该可疑假希瓦格䗴在纵切面上䗴体呈球状，外旋圈䗴壁厚，由旋壁和细密蜂巢层组成，只是䗴体已被压碎。䗴体的内旋圈紧密，䗴壁细薄，也呈球状。如果该䗴类 ?*Pseudoschwagerina* sp. 能确立，无疑该组上部层位已进入下二叠统。

在拉嘎组上部还产有腕足类 8 属未定种：

始克线戟贝未定种　*Eolissochonetes* sp.

蟹形贝未定种　*Canerinella* sp.

马丁贝未定种　*Martinia* sp.

小石燕贝未定种　*Spiriferella* sp.

线纹长身贝未定种　*Linoproductus* sp.

狭体贝未定种　*Stenoscisma* sp.

围脊贝未定种　*Marginifera* sp.

? 单一石燕贝未定种　?*Unispirifer* sp. 等。

这 8 属均为石炭纪—二叠纪的广布属，对确定拉嘎组的准确时代意义不大。

从上述各化石门类分布时代综合分析，可以确定拉嘎组是一个穿时的岩石地层单位，其时代从晚石炭世直至早二叠世。从国内分阶上看，应为上石炭统的滑石板阶到下二叠统的紫松阶，即相当于欧洲国际石炭纪—二叠纪标准时代划分的中石炭世巴什基尔期至早二叠世萨克马尔期。

三、二叠系(P)

图幅内的二叠系下、中、上三统发育齐全，三统间沉积连续。中下二叠统全区分布，出露特点与规律大体与石炭系相同，因二者以序相伴展布。只有上二叠统仅出露于图幅北部中段木纠错南岸的木纠错向斜的核部。二叠系出露面积在古生代地层中仅次于石炭系，为 1 407.10km^2。沉积厚度大于 4 381.97m。二叠系自下而上碎屑岩含量由多至少乃至无，碳酸盐岩含量则由少到多，乃至全部岩组皆为碳酸盐岩类；在碳酸盐岩类地层中，含镁质成分由少到多，最上部全为白云岩类岩层。如拉嘎组上部几乎全部为碎屑岩类；而昂杰组则为碎屑岩和碳酸盐岩大体各占其半或灰岩岩层略少，作为夹层出现；到中二叠统的上部下拉组则全由各种类型的灰岩组成。上二叠统的木纠错组自下而上则由白云质灰岩、灰质白云岩到全为白云岩岩层。上二叠统木纠错组顶部因构造剥蚀直露地表。二叠系的底界在下伏的跨统岩组——拉嘎组内，石炭系和二叠系之间为连续沉积过渡关系。现列二叠系实测剖面如下。

（一）剖面介绍

1. 申扎县扎扛-木纠错二叠系实测剖面(P_2)

上二叠统木纠错组(P_3m)(图 2-12)　　（未见顶）　　**2 447.14m**

36(203). 灰色、浅灰色厚层状微晶生屑白云岩　　>12.41m

35(202). 浅灰色中层状微晶白云岩夹角砾状白云岩　　28.09m

34(201). 浅灰色中厚层状粉晶白云岩夹黄灰色角砾状白云质灰岩　　28.01m

33(200). 浅灰色中厚层状粗粉晶白云岩夹粉灰色中层状含角砾白云质灰岩　　21.97m

32(199). 浅灰色中薄层状具微细层理粉晶白云岩夹黄灰色中层状含角砾状粗晶白云质灰岩　　19.04m

31(198). 浅灰色、灰白色中厚层角砾状白云岩，粉晶白云岩，上部夹含细角砾、砂屑白云岩　　66.65m

30(197). 灰色中厚层状粉晶白云岩　　11.28m

29(196). 浅灰白色中层状含生物碎屑白云岩，局部夹浅灰色厚层灰质白云岩　　107.03m

28(195). 浅黄灰色厚层状夹中层状残余球粒粉晶、细晶白云岩　　75.48m

27(194). 浅灰色中厚层状微球粒泥晶白云岩与灰色中薄层状具微细层理粉细晶白云岩互层　　109.72m

26(193). 深灰色中厚层状含沥青质燧石结核泥晶白云岩、含生物碎屑泥晶白云岩夹粉灰色中薄层状具微层理泥晶灰质白云岩　　10.90m

25(192). 浅灰色中厚层状硅化粉晶白云岩夹具微细层理细晶白云岩　　99.33m

24(191). 浅灰色中层状亮晶藻球粒灰质白云岩夹薄层白云质灰岩　　171.25m

23(190). 浅灰色中厚层碎裂状泥晶、细粉晶白云岩　　21.49m

22(189). 浅灰色中层状夹薄层状泥晶球粒白云岩　　94.60m

21(188). 浅灰黄色厚层角砾状粉晶白云岩与浅灰色中厚层状含生物碎屑粉晶白云岩不等厚互层　　69.77m

20(187). 浅灰色薄层状残余球粒粉晶白云岩夹含细砾屑白云岩　　56.04m

19(186). 浅灰色中厚层状细晶白云岩，局部夹含细生物碎屑白云岩、角砾状白云岩和灰质白云岩　　41.17m

18(185). 浅灰色、风化面黄灰色中厚层状粉晶白云岩，砾状白云岩夹含海百合茎的白云质灰岩　　75.87m

17(184). 浅灰色中厚层状含生屑球粒泥晶白云岩，局部夹角砾状泥晶白云岩和薄层状灰质白云岩　　185.37m

16(183). 浅灰色厚层状藻屑白云岩、白云质灰岩不等厚互层　　162.27m

15(182). 浅灰色中薄层状细颗粒生屑、砂屑晶粒白云岩夹角砾状白云质灰岩薄层　　50.91m

14(181). 浅灰色厚层状粉细晶白云岩夹砂砾屑灰岩　　45.17m

13(180). 浅灰色、灰白色中层状细粉晶白云岩，风化面上显中细角砾状构造　　27.95m

12(179). 灰色、浅灰色中厚层状白云质灰岩　　100.47m

11(178). 灰白色厚层状灰质白云岩夹角砾状白云质灰岩　　112.52m

10(177). 灰色中厚层状不等粒晶粒白云岩　　72.27m

9(176). 黄灰色厚层状中细晶粒白云岩，风化面呈褐灰色，局部夹透镜状含角砾白云质灰岩和灰质白云岩　　146.69m

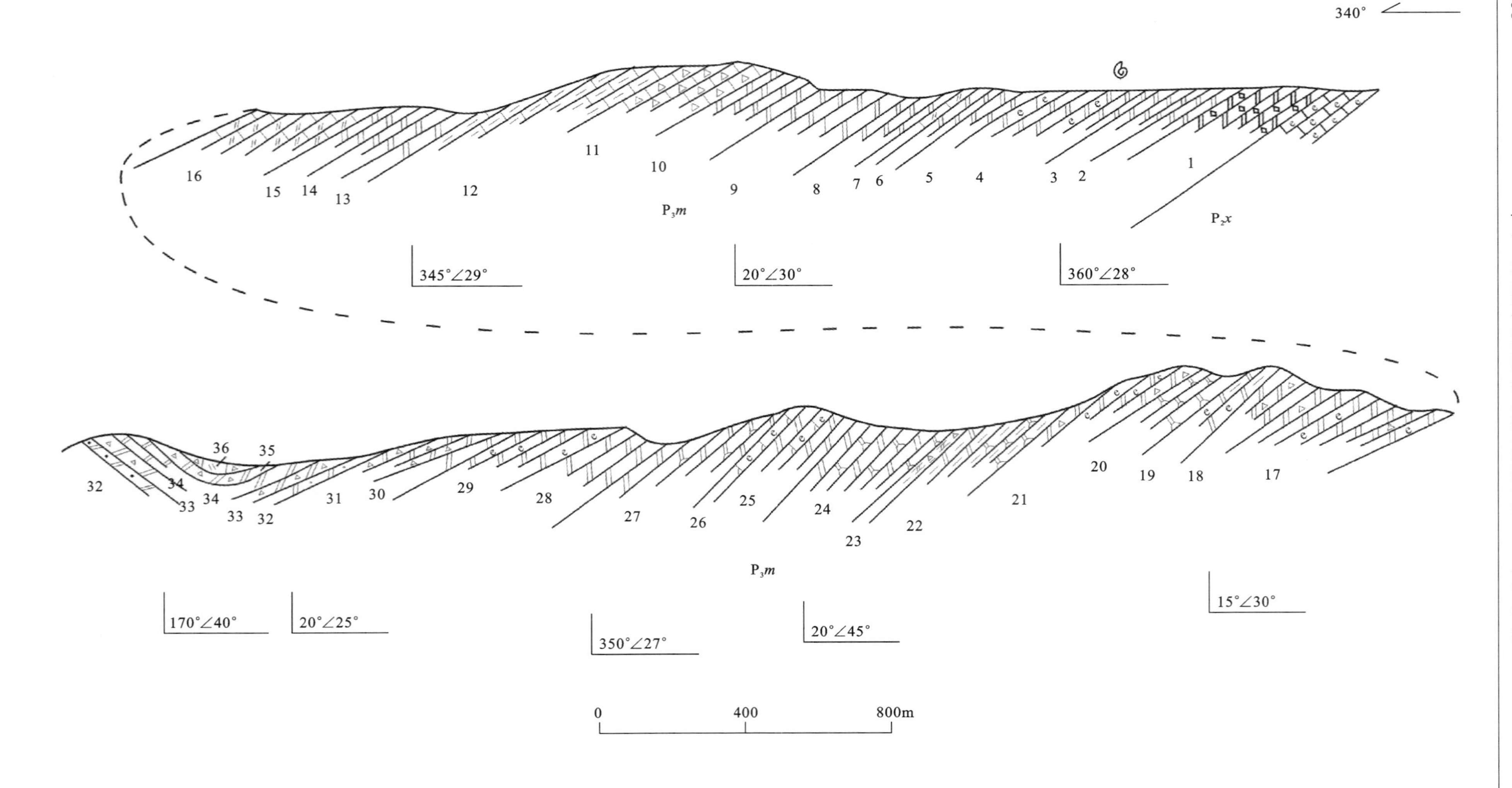

图 2-12 扎扛-木纠错上二叠统木纠错组(P_3m)实测剖面图(P_2)

8(175). 灰白色、浅灰色厚层状中粗晶粒白云岩夹中层角砾状灰质白云岩，白云质灰岩　62.25m

7(174). 灰色中厚层状中细晶粒灰岩　9.82m

6(173). 浅灰色中厚层状粗晶白云岩，自下而上粗晶递减　39.23m

5(172). 浅灰色中厚层状灰质白云岩、含燧石结核中粗晶白云岩　48.15m

4(171). 浅灰色中厚层状白云质灰岩夹中薄层状含生物碎屑白云质灰岩、碎裂状白云岩化硅质岩。含生物碎屑白云质灰岩中含皱纹珊瑚化石：*Waagenophyllum indicum crassiseptatum* Wu, *W. megacolumetum* (sp. nov.), *Liangshanopyllum streptoseptatum* H. D. Wang, *Lobatophyllum zakangense* (gen. et sp. nov.)；腹足类：*Naticopsis* sp. 1, *N.* sp. 2, *Anomphalus* sp. 及海百合茎碎块等化石　105.61m

3(170). 黄灰色厚层状灰质白云岩、中粗晶白云岩夹薄层状含燧石条带灰质白云岩　45.96m

2(169). 浅灰色中厚层状粉晶白云岩、中层角砾状白云岩和具微层理粉晶白云岩　33.37m

1(168). 浅灰色中厚层状含砂屑结晶灰岩　79.03m

—————— 整　合 ——————

中二叠统下拉组(P_2x)(图 2-13)　**1 507.8m**

28(167). 灰黑色厚层夹中层状生物碎屑灰岩、泥晶灰岩，含有珊瑚和腕足类化石。其中皱纹珊瑚：*Wentzelella* sp., *Praewentzelella floriformis* (sp. nov.)；腕足类：*Neospirifer kubeiensis* Ting, *Callimarginifera* sp., *Neoplicatifera pusilla* Zhan et Wu, *Whitspakia* cf. *diplex* (Waagen), *Phricodothyris* sp., *Choristites* sp. 等　66.38m

27(166). 灰色中薄层状含生物碎屑泥晶灰岩、微晶灰岩　47.20m

26(165). 黄灰色厚层夹中层角砾状白云质灰岩，风化面呈灰黄色。角砾的粒径 2～10cm，一般多为 4～5cm　30.54m

25(164). 灰色中厚层状生物碎屑泥晶灰岩，风化面呈浅灰色，产珊瑚和腕足类化石。皱纹珊瑚有：*Cyathocarinia parvaxis* (sp. nov.)(图版Ⅴ-2), *Wentzelella* sp., *Praewentzelella floriformis* (sp. nov.)；床板珊瑚：*Metasinopora minor* (sp. nov.)；腕足类：*Callimarginatia orientalis* Zhan et Wu 等　51.70m

24(163). 浅灰色厚层状微晶白云质灰岩夹薄层角砾状白云质灰岩，个别层段含燧石结核，风化面呈黄褐色。含腕足类化石：*Neoplicatifera pusilla* Zhan et Wu, *Dielasma itaitubense* Derty, ?*Whitspakia* sp., *Hemiptychina* cf. *inflata* (Dovidson), *Hustedia* sp., *Callimarginatia orientalis* Zhan et Wu, *Linoproductus* sp., *Cancrinella* sp. 等　102.72m

23(162). 浅灰色薄层夹中层角砾状白云岩，风化面呈灰黄色。角砾粒径多在 3～5cm 之间　77.39m

22(161). 灰色厚层角砾状含白云质灰岩，局部风化面上见沙纹层理　33.28m

21(160). 灰色中薄层状含燧石结核、条带和团块灰岩夹粉色角砾状白云质灰岩，含生物化石碎片　71.70m

20(159). 灰黑色中厚层状生物碎屑泥晶灰岩，含燧石结核和团块，向上有增多的趋势。局部有角砾状结构，含生物化石碎片　62.36m

19(158). 深灰色中厚层状含燧石结核、团块和条带微晶灰岩，燧石分布不均　54.51m

18(157). 青灰色厚层状含燧石泥晶灰岩，局部含沥青质，且见有砂状粒序层理。产腕足类化石：?*Leptodus* sp., *Neospirifer* sp., *Linoproductus* sp. 等　81.53m

17(156). 灰色中层夹薄层状生物碎屑灰岩。本层含有丰富的皱纹珊瑚和腕足类化石，前者有：*Praewentzelella puculiaris* (sp. nov.), *P. irregularis* Wu et Zhao, *Szechuanophyllum intermedium* (sp. nov.), *Iranopluyllum rotiforme* Wu et Zhao；后者有：*Pseudoantiquatonia mutabilis* Zhan et Wu, *Waagenoconcha* sp., *Hysiriculina* sp., *Orthotetes* sp., *Haydenella* sp. 等　61.57m

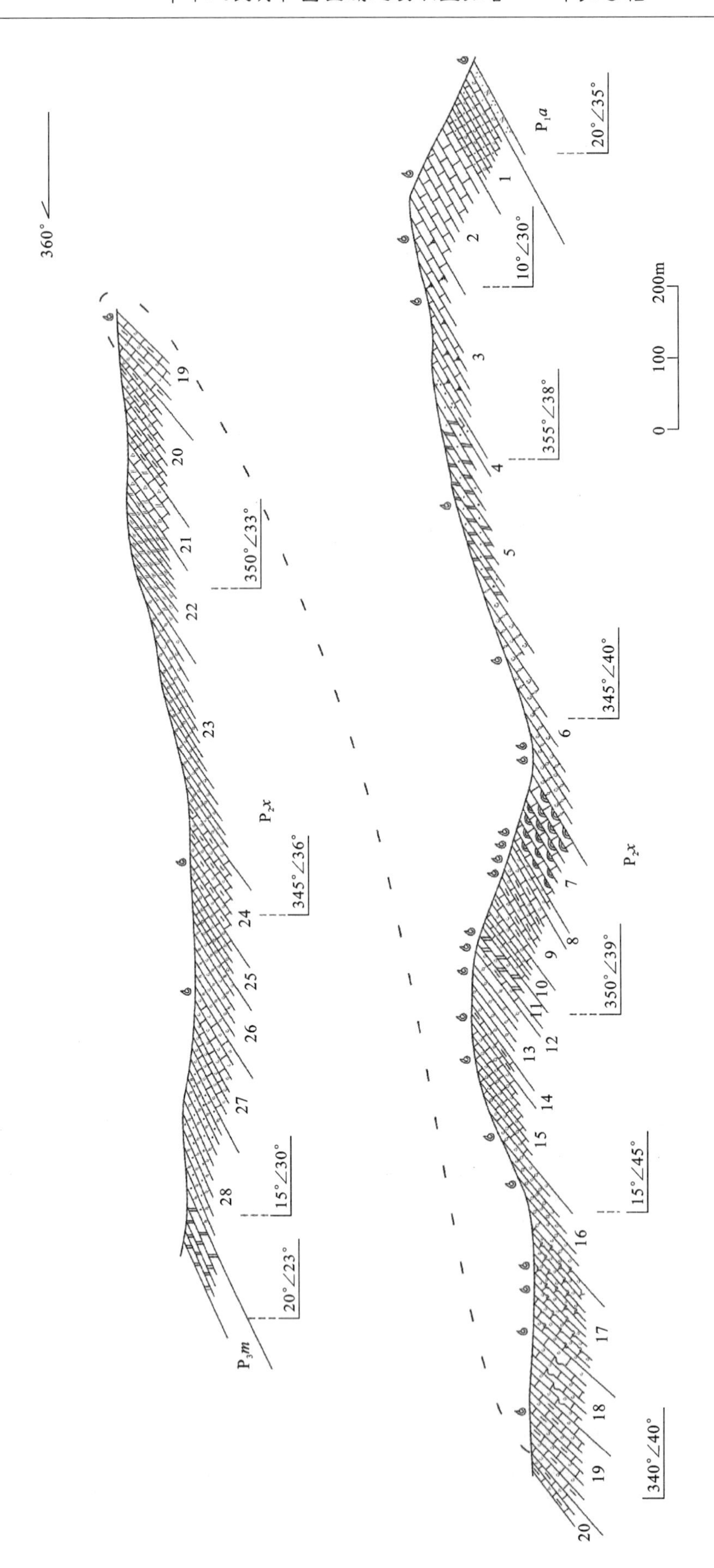

图 2-13　扎扛-木纠错中二叠统下拉组(P_2x)实测剖面图(P_2)

16(155).灰—深灰色中层状微晶灰岩,局部夹生物碎屑灰岩,含䗴、有孔虫、珊瑚和腕足类等化石。䗴类有:*Chusenella schwagerinaeformis* Sheng,*Schwagerina chihsiaensis* var. *regularis* Chen(图版Ⅰ-15),*Sch. quasiregularis* Sheng,*Sch. xianzaensis* Chu.,*Sphaerulina crassispira* Lee. *Nankinella nanjingensis* Chang et Wang,*N. xianzaensis* Chu,*N. pseudolata* Chu,*Mufushanella* sp. 1(图版Ⅰ-18),*M.* sp. 2(图版Ⅰ-21),*Ozawainella xianzaensis* Chu;皱纹珊瑚有:*Sinopora minima* Lin(图版Ⅵ-3),*Naoticophyllum typicum* Shi,*Praewentzelella floriformis*(sp. nov.),*Pavastehphyllum* sp.,*Szechuanophyllum intermedium*(sp. nov.);床板珊瑚:*Metasinopora minor*(sp. nov.),*M. minor minima*(sp. et subsp. nov.);腕足类:*Neoplicatifera pusilla* Shan et Wu,*Waagenoconcha* sp.等 61.16m

15(154).灰黑色中厚层状微晶生物碎屑灰岩,风化面上可见沙纹层理。本层产皱纹珊瑚:*Waagenophyllum ganhaiziense* Fan,*Praewentzelella* cf. *tibetica*(Reed),*Pseudoamplexus xizangensis*(sp. nov.),*Wentzelellites* cf. *liuzhiensis* H. D. Wang;床板珊瑚:*Metasinopora minor*(sp. nov.);腕足类:? *Leptodus* sp.,*Permophrico-dothyris* sp.等 12.89m

14(153).灰色中层夹薄层状含砂屑灰岩,砂屑含量约占10%,含䗴、珊瑚等化石。䗴类有:*Sphaerulina crassispira* Lee,*Nankinella najingensis* Chang et Wang,*N. xianzaensis* Chu,*N. hunanensis*(Chen),*Ozawainella xianzaensis* Chu;皱纹珊瑚:*Praewentzelella zangbeiensis*(sp. nov.),*P. irregularis crispans*(subsp. nov.),*Waagenophyllum* sp.,*Szechuanophyllum intermedium*等 54.66m

13(152).灰黑色中层状生物碎屑灰岩,含有䗴、珊瑚和腕足类化石。䗴类有:*Sphaerulina crassispira* Lee. *Nankinella* sp.,*Ozawainella* sp.;皱纹珊瑚:*Iranophyllum rotiforme* Wu et Zhao;腕足类:*Martinia* sp.等 9.47m

12(151).浅灰色中层夹薄层状含砂屑微晶灰岩、生物碎屑灰岩,含䗴和床板珊瑚。䗴类有:*Nankinella* sp.,*Ozawainella xianzaensis* Chu;床板珊瑚有:*Sinopora minima* Lin,*Metasinopora minor minima*(sp. et subsp. nov.)等 22.82m

11(150).浅灰色中层状含海百合茎生物碎屑灰岩,海百合茎全部方解石化 28.97m

10(149).深灰色中薄层状微晶含砂屑灰岩夹薄层生物碎屑灰岩,含䗴、珊瑚、腕足类化石。䗴类:*Sphaerulina crassispira* Lee,*S. hunanensis* Lin,*Nankinella nanjingensis* Chang et Wang,*N. xianzaensis* Chu,*N. hunanensis*(Chen);皱纹珊瑚:*Praewentzelella peculiaris*(sp. nov.),*Pseudowaagenophyllum* sp.,*Thomasiphyllum Spongifolium*(Smith),*Th. crassiseptatum*(sp. nov.),*Szechuanophyllum intermedium*(sp. nov.),*Sz.* sp.;腕足类:? *Marginifera* sp.,*Linoproductue* sp.(图版Ⅻ-3),*Terebratuloidea xianzaensis* Zhan et Wu,*Phricodothyris* aff. *rostrata*(Kuforga),*Permophricodothyris elegantula*(Waagen)等 62.07m

9(148).深灰色中薄层状微晶灰岩,从下往上由薄层状逐渐向中层状递增,含䗴及皱纹珊瑚化石。䗴类:*Schwagerina* sp.,*Nankinella* sp.;皱纹珊瑚:*Wentzelellites* sp.,*Iranophyllum gradefasciforme*(sp. nov.),*I. exquisitum*(sp. nov.)等 16.93m

8(147).浅灰色厚层状微晶白云质灰岩,含䗴类、珊瑚、腕足类、海百合茎、苔藓虫等化石。䗴类:*Schwagerina quasiregularis* Sheng,*Sch. xianzaensis* var. *brevis*(图版Ⅰ-11),*Nankinella hunanensis*(Chen);皱纹珊瑚:*Ipciphyllum bondongguanense* H. D. Wang,*Wentzelellites floriformis* H. D. Wang,*Szechuanophyllum intermedium*(sp. nov.),*Duplophyllum zaphrentoidium* Koker,*Thomasiphyllum spongifolium*(Smith);床板珊瑚:*Metasinopora megatubata*(sp. nov.),*M. xiushanensis* Kim,*M. crassa* Yang;腕足类:*Spinomarginifera costata* Zhan et Wu,*Hustedia ratburiensis* Waterhouse et Piyasin,*Terebratuloidea* sp.,*Hemiptychina* cf. *inflata*(Daridson),*Permophricodothyris elegantula*(Waagen);腹足类:*Bellerophon* sp.等 66.86m

7(146). 深灰色厚层状泥晶生物碎屑灰岩，产䗴、珊瑚、腕足类等化石。䗴类有：*Schwagerina* sp.（图版Ⅰ-10），*Nankinella xianzaensis* Chu，*N. quasihunanensis* Sheng，*N. pseudolata* Chu，*N. nanjingensis* Chang et Wang，*N. longgensis* Ni et Song（图版Ⅰ-5），*Chusenella schwagerinaeformis* Sheng，*Sphaerulina Crassispira* Lee，*Sph. hunanensis* Lin，*Ozewainella xianzaensis* Chu，*Oz. vozhgalica*（图版Ⅰ-4），*Oz.* sp.，*Paranankinella nankinellaeformis*（gen. et sp. nov.）；苔藓虫：*Fenstella* sp.，*Fistulipora* sp.；有孔虫：*Pachyloia*，*Glomospira*，*Hemigozdius*；腕足类：*Neoplicatifera pusilla* Zhan et Wu，*Schuzophoria* sp.，*Martina* sp.；皱纹珊瑚：*Praewentzelella trifossalis*（sp. nov.），*P. trifossalis splendens*（sp. et subsp. nov.），*Thomasiphyllum giganteum*（sp. nov.），*Monsterophyllum intermedium*（sp. nov.），*Wentzellophyllum* cf. *volzi mut. beta*（β）Huang；床板珊瑚：*Metasinopora crassa* Yang，*M. minor*（sp. nov.）等　110.14m

6(145). 灰色中厚层状含砂屑灰岩，局部夹砾屑和生物碎屑灰岩。本层含皱纹珊瑚：*Ipciphyllum* sp.，*Naoticophyllum giganteum*（sp. nov.），*Pavastehphyllum simplex*（Douglas），*P. longiseptatum*（sp. nov.），*Praewentzelella irregularis* Wu et Zhao，*Thomasiphyllum spongifolium*（Smith）；床板珊瑚：*Metasinopora minor*（sp. nov.），*Sinopara minima* Lin 等　107.79m

5(144). 灰白色中厚层状中细粒石英砂岩，局部夹角砾状灰岩透镜体或薄层　5.22m

4(143). 深灰色中厚层状微晶灰岩，含丰富的珊瑚和腕足类化石。皱纹珊瑚有：*Praewentzelella trifossalis*（sp. nov.），*P. trifossalis splendens*（sp. et subsp. nov.），*P. irregularis* Wu et Zhao，*P. irregularis crispans*（subsp. nov.），*Thomasiphyllum spongifolium*（Smith），*Th. giganteum*（sp. nov.），*Zhurihephyllum zangbeiense*（sp. nov.），*Ipciphyllum Irregulare*（Fontaine），*I. subelegans*（Eudson），*I. subtimoricum*（Huang）；床板珊瑚：*Metasinopora megatubata*（sp. nov.），*M. xiushanensis* Kim，*M. crassa* Yang；腕足类：*Callimarginatia* sp.，*C. orientalis* Zhan et Wu，*Uncinunellina* sp.，*Martinia* sp.，*Permophricodothyris elegantula*（Waagen），*Phricodothyris* aff. *rostrata*（Kutorga），? *P.* sp.，*Stenoscisma* sp.，? *Waagenites* sp.，*Neospirifer kubeiensis* Ting，*Dielasma itaitubensis* Derby，*Derbya* sp. 等　40.89m

3(142). 深灰色厚层状微晶灰岩，风化面浅灰色。顶部产珊瑚、腕足类等化石。皱纹珊瑚：*Praewentrelella irregularis* Wu et Zhao；床板珊瑚：*Metasinopora monospinea*（sp. nov.），*M. crassa* Yang，*M. xiushanensis* Kim；腕足类：*Pseudoantiquaonia mutabilis* Zhan et Wu，*Schuchertella* sp.，*Terebratuloidea xianzaensis* Zhan et Wu，*Neospirifer kubeiensis* Ting 等　92.81m

2(141). 灰色厚层—块状含生物碎屑、含砂屑细晶灰岩，局部含燧石结核和具角砾状构造。含皱纹珊瑚：*Praewentzelella simplex*（sp. nov.），*Thomaiphyllum* cf. *spongifolium*（Smith），*Iranophyllum tunicatum* 等　67.37m

1(140). 粉灰色、紫灰色薄层状含硅质、粉砂质和凝灰质灰岩，富含小型无鳞板单体珊瑚、小型腕足类等生物化石，属典型冷水动物群。小型单体皱纹珊瑚有：*Asserculinia minor* King，*A.* cf. *prima* Schouppe et Stacul，*A.* cf. *transcrinata* Zhao et Wu，? *A.* sp.，*Verbeekiella megacolumnaris*（sp. nov.），*V. rothopletzi*（Gerth），*Hexalasma crassatum*（sp. nov.），*Cyathocarinia rariseptata* Wang，*C. tuberculata* Soshkina，*C. megniaxis* Zhao et Wu，*C.* cf. *rariseptata* Wang，*C.* cf. *megniaxis* Zhao et Wu，*C. parvaxis*（sp. nov.），*C.* sp.，*Lophophyllidium curiasum*（sp. nov.），*L. zaphrentoidium uniforme*（subsp. nov.），*L.* sp.，*Cyathaxonia dilatatusa* Wang，*C. xizangensis*（sp. nov.），? *Plerophyllum* sp.，? *Pycnocoelia* sp.，*Lophocarinophyllum phymatodus* Xü，*L.* sp.，*Cravenia xizangensis*（sp. nov.）；小型腕足类：? *Compressoproductus* sp.，? *Composita* sp.，*Spiriferellina* sp. 等　6.87m

——————　整　合　——————

下二叠统昂杰组(P_1a)(图 2-14)　　**295.67m**

11(139).灰白色中厚层状中粒长石石英砂岩,底部有1m厚的中粒长石石英砂岩,层面上见有波痕,层间发育有平行水平层理　　22.89m

10(138).灰黑色中薄层状细砂岩、粉砂岩、粉砂质页岩构成数个不等厚沉积韵律层系,每个韵律层最厚不超过5m,最薄只有2cm　　61.18m

9(137).青灰色中厚层生物碎屑灰岩,层面偶见干裂,底部有2m薄层灰岩,向上原生层状构造逐渐增厚,变为中厚层。含有腕足类和双壳类化石,腕足类有:*Lichareviella* sp.,*Pseudosyringothyris* sp.(图版Ⅻ-15),*Neospirifer kubeiensis* Ting,*Cancrinella* sp.,*Spiriferella* sp.,*Phricodothyris* sp.;双壳类 *Limipecten* sp.等　　14.27m

8(136).灰绿色中层状含粉砂微晶灰岩　　30.88m

7(135).青灰色中层状中粒长石砂岩夹含粉砂质灰岩,砂岩钙质胶结;灰岩中微型交错层理发育。产单体皱纹珊瑚 *Verbeekiella megacolumnaris* (sp. nov.)(图版Ⅲ-10),砂质灰岩中还见有保存欠佳的复体皱纹珊瑚:*Wentzellella* sp.,*Praewentzelella* sp.,?*Prae wentzelella* sp.等　　4.06m

6(134).黄绿色中薄层状钙质粉砂岩夹细粒长石砂岩,向上有变粗的趋势　　29.81m

5(133).灰绿色厚层状含砾粗砂岩。砾石成分多为砂岩,次为灰岩、硅质岩。砾径大者达123cm,小者刚够砾级;磨圆好,砂质胶结,胶结物中含有生物碎屑　　18.21m

4(132).灰黄色厚层状中粒长石石英砂岩,局部发育有斜层理　　17.38m

3(131).灰黄色中厚层状含砾杂砂岩(长石占40%,岩屑占20%,棱角状砾石占10%,其他占30%,砾石成分多为花岗质岩石和砂岩等)　　57.13m

2(130).灰绿色中薄层状凝灰质粉细砂岩,局部夹含砾中细粒砂岩。砾石成分复杂,有花岗质的、石英脉、粉砂岩等,砾石为次棱角状　　26.99m

1(129).灰白色中厚层状石英砂岩夹长石石英砂岩　　12.87m

———— 整　合 ————

下伏地层:上石炭统—下二叠统拉嘎组[$(C_2—P_1)l$]

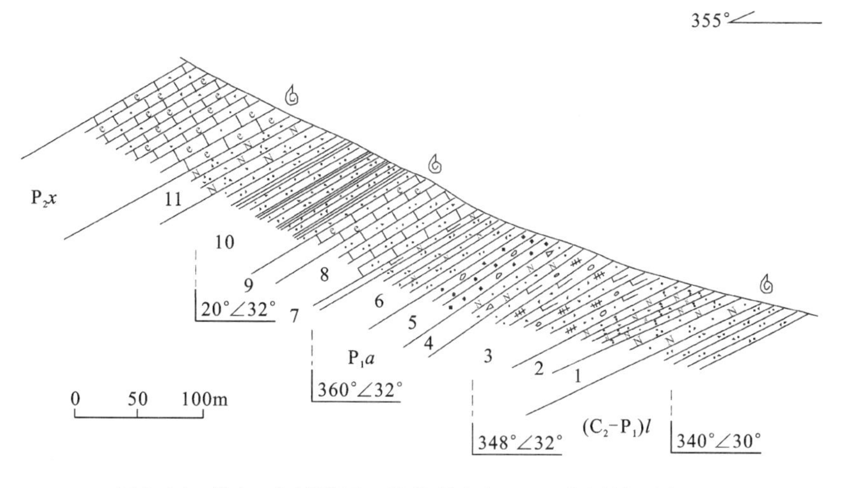

图 2-14　扎扛-木纠错下二叠统昂杰组(P_1a)实测剖面图(P_2)

2. 申扎县买巴乡玛加弄巴上二叠统木纠错组(P_3m)地层实测剖面(P_{20})(图 2-15)

此剖面为2002年夏季复查中补测的。该剖面位于P_2实测剖面西南约20km,与P_2剖面上二叠统木纠错组大致平行。木纠错组在此剖面上共划分21层,未见顶,底部与下伏的中二叠统下拉组(P_2x)中薄层状含砂屑灰岩为连续沉积,其层序如下。

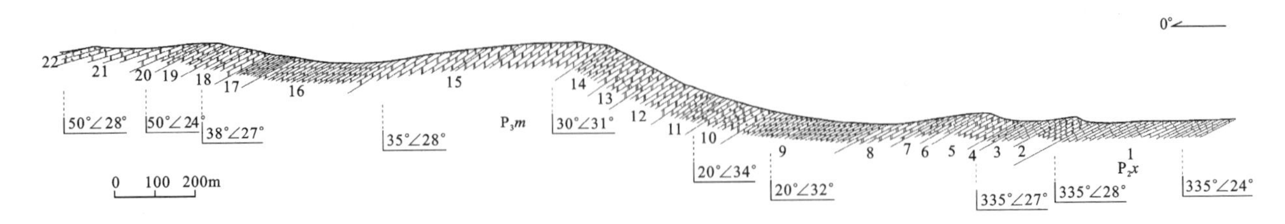

图 2-15 买巴乡玛加弄巴木纠错组实测剖面图(P_{20})

上二叠统木纠错组(P_3m) (未见顶) **厚度 1 278.87m**

22(26).浅灰黄色中厚层状碎裂白云岩	51.61m
21(25).灰白色、浅灰色中厚层状白云岩	25.22m
20(24).浅灰色中层状白云质灰岩夹灰白色中厚层状白云岩,产保存较差的珊瑚和苔藓虫等化石。珊瑚化石因破坏及重结晶等原因,只鉴定出 *Ipciphyllum* sp.	11.49m
19(23).灰白色中厚层状白云岩夹粉灰色含燧石结核白云岩,含珊瑚化石碎片	37.72m
18(22).浅灰色中厚层状白云岩夹青灰色薄层状含不规则团饼状砾屑白云岩	34.76m
17(21).灰白色薄层状白云岩	43.95m
16(20).浅灰色中薄层状微晶白云岩	107.96m
15(19).深灰色中厚层状白云岩夹含白云质灰岩薄层	178.85m
14(18).浅灰色厚层状夹中薄层状白云岩	108.86m
13(17).浅灰色中厚层状灰质白云岩	53.76m
12(16).浅青灰色具水平层理中厚层状白云岩	86.46m
11(15).灰白色中层状夹薄层状灰质白云岩	68.02m
10(14).浅灰色中厚层状碎裂白云岩	62.97m
9(13).浅灰色中薄层状白云岩	174.38m
8(12).浅灰色中厚层状白云岩夹砂质白云岩	42.12m
7(11).浅粉灰色中厚层状灰质白云岩夹含生物碎屑白云质灰岩	25.51m
6(10).灰黑色中厚层状生物碎屑灰岩,含䗴、有孔虫、菊石及珊瑚等化石	7.51m
5(9).浅灰色中厚层状含砂屑白云岩,含海百合茎白云岩,风化面上常显出角砾状构造,且自下而上角砾成分减少	51.59m
4(8).粉灰色薄层状生物碎屑白云岩,含海百合茎等化石	30.56m
3(7).黑灰色含䗴灰岩,含有孔虫类化石	37.85m
2(6).灰白色中薄层状碎裂状白云岩,夹少许含砂质白云岩薄层	37.73m

———————— 整 合 ————————

下伏地层:中二叠统下拉组

1.浅灰色中薄层状含砂屑灰岩

(二) 岩石地层

1. 下二叠统昂杰组(P_1a)

昂杰组为一套厚度不甚稳定的以碎屑岩为主夹有碳酸盐岩的混合陆架相沉积地层地质体。依岩性和岩相特征可明显分为上、下两部分:下部以灰白色、灰绿色和灰黄色中薄层—中厚层状中细至中粗粒石英砂岩,长石石英砂岩为主,中间夹有多层含砾砂岩或细砾岩透镜体,以及薄层状粉砂岩及粉细砂岩,含化石稀少。底部以一层厚近 13m 的灰白色中厚层状石英砂岩、长石石英砂岩与其下的拉嘎组黑色薄层粉砂岩呈整合接触。上部为灰色至青灰色砂质灰岩、微晶灰岩、生物碎屑灰岩与灰—深灰色中薄层至中厚层状石英砂岩、粉砂岩及粉砂质页岩组成的互层或韵律层。灰岩中含有珊瑚、腕足类和双壳类化石。该组以灰白色厚层状长石石英砂岩作为顶界，与上覆下拉组底部一层厚度不大、层位稳定的紫灰—粉灰色中薄层状含硅质—砂质生物碎屑灰岩为连续过渡关系。厚度295.67m。

本组向西到申扎县幅以北永珠一带的层型剖面上则以页岩、粉砂岩为主，上部夹几层灰岩，沉积厚度仅百米左右。向东至纳木错西岸一带，以灰绿色泥质粉砂岩和砂质泥岩为主，上部夹泥质灰岩和泥灰岩，厚度愈百米。

2. 中二叠统下拉组(P_2x)

本组为一套含有丰富、多门类化石的碳酸盐岩地层地质体。主要岩石类型为浅灰—深灰色中薄层至中厚层状泥晶—细晶灰岩、生物碎屑灰岩、砂屑灰岩、含燧石结核—团块和条带状灰岩，在各类型的灰岩中还夹有多层白云质灰岩，偶夹薄层状细粒石英砂岩和粉细砂岩，含丰富的䗴类、珊瑚、腕足类、双壳类、苔藓虫等门类化石。本组底部以一层厚度为6.8m的紫灰—粉灰色中薄层状含硅质、砂屑和凝灰质灰岩作为底界。本组以此层灰岩与下伏的拉嘎组长石石英砂岩为连续过渡关系；其上与上覆上二叠统木纠错组底部浅灰色中层状白云质灰岩为连续过渡的沉积关系。全组属典型陆棚碳酸盐岩台地至台地斜坡相沉积。厚度达1 515.95m。

3. 上二叠统木纠错组(P_3m)

这是本次区调中新建的组级地层单位，为一套巨厚的以白云岩、白云质灰岩为主体的地层地质体。该组的层型剖面在木纠错的东南岸，构成木纠错向斜的核部及其部分的东南翼。主要岩石类型为灰白色、浅灰色至淡黄色中薄层—厚层块状泥晶、细晶至粗晶白云岩，白云质灰岩，角砾状白云岩，含燧石结核或团块白云质灰岩，砾屑白云质灰岩，灰质白云岩和砂质白云岩等。该组底部以中薄层状生物碎屑白云质灰岩及细晶白云岩与中二叠统下拉组顶部的深灰色厚层状生物碎屑灰岩呈整合接触。本组顶部直露地表遭受剥蚀。厚度为2 455.9m。

此组原归属于下拉组上部。此次区调中，在木纠错向斜东南翼本组底部含生物碎屑白云质灰岩内，发现我国华南、西南和西北广大地区广泛分布的标准晚二叠世早期皱纹珊瑚组合，据此将含此类皱纹珊瑚的白云岩和白云质灰岩组成的巨厚岩系单独划出另建新组，从而结束了认为该地区缺失上二叠统的历史。

（三）生物地层和年代地层

1. 下二叠统昂杰组(P_1a)

本组中部产皱纹珊瑚，均为复体珊瑚，化石虽有一定数量，但保存欠佳。经鉴定有2属、2未定种和1可疑属种：

文彩尔珊瑚未定种 *Wentzelella* sp.

前文彩尔珊瑚未定种 *Praewentzelella* sp.

？前文彩尔珊瑚未定种 ？*P.* sp.

Wentzelella 一属分布于中、晚二叠世，*Praewentzelella* 只分布于中二叠世。

在本组中上部产有腕足类6属、1种、5未定种：

小李哈列夫贝未定种 *Licharewiella* sp.

假管孔贝未定种 *Pseudosyringothyris* sp.

库北新石燕贝 *Neospirifer kubeiensis* Ting

蟹形贝未定种 *Cancrinella* sp.

小石燕贝未定种 *Spiriferella* sp.

纹窗贝未定种 *Phricodothyris* sp.

上述6属中以 *Phricodothyris*，*Neospirifer* 两属所经的历程最长，分布于石炭纪—二叠纪；

Cancrinella，*Spiriferella* 分布时代为晚石炭世—二叠纪；只有 *Licharewiella*，*Pseudosyringothyris* 只分布于二叠纪，其中 *Neospirifer kubeiensis* 广泛分布于西藏各地的中二叠世，如喜马拉雅带的曲布日嘎组，雅鲁藏布带的浪错群上下组。冈底斯-念青唐古拉带的日阿组和下拉组，以及喀喇昆仑带的吉普组，它们在层位上均相当于华南、西南地区的栖霞组和茅口组，时代上相当于中二叠世罗甸期至冷坞期。另外在此层内还发现双壳类 1 属、1 未定种：裙海扇未定种 *Limipecten* sp. 其分布于整个石炭纪—二叠纪。

综合上述各门类化石分布的时代，并考虑该组与下伏晚石炭世—早二叠世的拉嘎组和上覆的中二叠世下拉组均为连续整合接触关系，确认昂杰组的时代应为早二叠世晚期。

2. 中二叠统下拉组(P_2x)

本组底部的粉灰色、紫灰色含硅质、粉砂质和凝灰质生物碎屑灰岩中富含小型无鳞板单体双带型皱纹珊瑚，内部多具坚实的中轴和隔壁两侧具脊板(或棘突)构造，与其共生的腕足类也多为贝体小型者，属典型冷水动物群。本层厚度不大，岩性、岩相和生物特征明显，分布广泛稳定，是中二叠统下拉组底部的"标志层"。此层以下的昂杰组为碎屑岩夹灰岩或二者呈互层；此层以上的下拉组则为灰色至深灰色各种类型的碳酸盐岩层，在本层内发现的小型皱纹珊瑚共 10 属、18 种和 4 相似种、1 亚种、5 未定种，其中包括 5 新种、1 新亚种：

小型阿苏喀林珊瑚　*Asserculinia minor* King

初始阿苏喀林珊瑚相似种　*A.* cf. *prima* Schouppe et stacul

横脊阿苏喀林珊瑚相似种　*A.* cf. *transcrinata* Zhao et Wu

阿苏喀林珊瑚未定种　*A.* sp.

罗特列茨费伯克珊瑚　*Verbeekiella rothopletzi*(Gerth)

巨柱型费伯克珊瑚(新种)　*V. megacolumnaris* (sp. nov.)

厚六隔壁珊瑚(新种)　*Hexalasma crassatum*(sp. nov.)

少隔壁脊板杯轴珊瑚及其相似种　*Cyathocarinai rariseptata* Wang 和 *C.* cf. *rariseptata* Wang

结节脊板杯轴珊瑚　*C. tuberculata* Soshnina(图版Ⅴ-4)

犬轴脊板杯轴珊瑚及其相似种　*C. megniaxis* Zhao et Wu 和 *C.* cf. *megniaxis* Zhao et Wu

脊板杯轴珊瑚未定种　*C.* sp.

内沟珊瑚型顶柱珊瑚均一亚种(新亚种)　*Lophophyllidium zaphrentoidium uniforme* (subsp. nov.)

奇异顶柱珊瑚(新种)　*L. curiosum*(sp. nov.)

顶柱珊瑚未定种　*L.* sp.

膨胀杯轴珊瑚　*Cyathaxonia dilatatusa* Wang

西藏杯轴珊瑚(新种)　*C. xizangensis* (sp. nov.)

? 满珊瑚未定种　? *Plerophyllum* sp.

? 密腔珊瑚未定种　? *Pycnocoelia* sp.

西藏克拉汶珊瑚(新种)　*Cravinia xizangensis* (sp. nov.)

瘤脊板顶柱珊瑚　*Lophocarinophyllum phymatodum* Xü

在上述的 12 个种和相似种中，除了产自陕西旬阳县小河区康坪水峡口组的 *Asserculinia minor* 与产自贵州紫云县扁平的栖霞组 *Misellina termieri* 带的 *A. Prima* 和河北康保县三面井组的 *Verbeekiella rothopletzi* 产出的时代属于中二叠世早期以外，其余的种绝大多数属华南和西藏各地的中二叠世晚期，即茅口期中的常见种；而 *Lophocarinophyllum phymatodum* 甚至产于晚二叠世吴家坪期。由上可知，第 1(140)层中所产的小型皱纹珊瑚群的时代具有从中二叠世早期向晚期过渡的性质，故由第 1(140)层开始划入中二叠世的下拉组是合适的。

自第 2(141)至第 28(167)层中产有丰富皱纹珊瑚和少量床板珊瑚，前者达 16 属、31 种、2 亚种、1

种群、6 未定种，其中包括 16 新种、2 新亚种：

简单前文彩尔珊瑚(新种) *Praewentzelella simpler*(sp. nov.)

花状前文彩尔珊瑚(新种) *P. floriformis*(sp. nov.)(图版Ⅴ-6)

三沟型前文彩尔珊瑚(新种) *P. trifossalis*(sp. nov.)

三沟型前文彩尔珊瑚华丽亚种(新种、新亚种) *P. trifossalis splendens*(sp. et subsp. nov.)

不规则前文彩尔珊瑚 *P. irregularis* Wu et Zhao

不规则前文彩尔珊瑚卷曲亚种(新亚种) *P. irregularis crispans* (subsp. nov.)

特异前文彩尔珊瑚(新种) *P. peculiaris*(sp. nov.)

藏北前文彩尔珊瑚(新种) *P. zangbeiensis*(sp. nov.)

西藏前文彩尔珊瑚相似种 *P.* cf. *tibetica*(Reed)

假卫根珊瑚未定种 *Pseudowaagenophyllum* sp.(图版Ⅴ-5)

西藏假包珊瑚(新种) *Pseudoamplexus xizangensis*(sp. nov.)

简单波瓦斯特珊瑚(新种) *Pavastehphyllum simplex*(sp. nov.)

长隔壁波瓦斯特珊瑚(新种) *P. tongiseptatum*(sp. nov.)

波瓦斯特珊瑚未定种 *P.* sp.

藏北朱日和珊瑚(新种) *Zhurihephyllum zangbeiense*(sp. nov.)(图版Ⅳ-2)

海绵状托马斯珊瑚 *Thomasiphyllum spongibolium*(Smith,1941)(图版Ⅳ-4)

海绵状托马斯珊瑚相似种 *Th.* cf. *spongifolium*(Smith)

巨大托马斯珊瑚(新种) *Th. giganteum*(sp. nov.)

厚隔壁托马斯珊瑚(新种) *Th. crassiseptatum*(sp. nov.)

级束状伊朗珊瑚(新种) *Iranophyllum gradefasciforme*(sp. nov.)

精美伊朗珊瑚(新种) *I. exguisitum*(sp. nov.)(图版Ⅴ-1)

轮状伊朗珊瑚 *I. rotibarme* Wu et Zhao(图版Ⅴ-8)

膜伊朗珊瑚 *I. tunicatum* Igô

不规则伊泼雪珊瑚 *Ipciphyllum irregulare*(Fontain)

亚雅致伊泼雪珊瑚 *I. subelegans* (Fudson)

亚帝汶伊泼雪珊瑚 *I. subtimorieum*(Huang)

板档关伊泼雪珊瑚 *I. bandangguanensis* H. D. Wang(图版Ⅳ-3)

中间型畸形珊瑚(新种) *Monsteraphyllum intermedium*(sp. nov.)

干海子卫根珊瑚 *Wangenophyllum ganhaiziense* Fan

沃尔滋似文彩尔珊瑚相似种 β 变异种群 *Wentzellophyllum* cf. *volzi* Beta(β) Huang

文彩尔珊瑚未定种 *Wentzelella* sp.

拟内沟珊瑚型双瓣珊瑚 *Duplophyllum zaphrentoides* Koker(图版Ⅴ-3)

典型庙宇珊瑚 *Naoticophyllum typicum* Shi

巨大庙宇珊瑚(新种) *N. giganteum*(sp. nov.)

花状文彩尔星珊瑚 *Wentzelellites floriformis* H. D. Wang

六枝文彩尔星珊瑚相似种 *W.* cf. *linzhiensis* H. D. Wang

中间型四川珊瑚(新种) *Szechuanophyllum intermedium*(sp. nov.)(图版Ⅳ-1)等

在上述 16 属、31 种、2 亚种、1 种群和 6 未定种中，除去未定种分布时代较长和 15 新种以及 2 新亚种外，其余所有的 15 个老种和 1 个种群全部皆为我国华南、西南、西北及西藏等地中二叠世晚期地层——茅口垭统内的常见属种。从皱纹珊瑚群分析，图幅内的下拉组时代完全相当于我国南方的中二叠世茅口垭世，或在层位上相当于二叠系国际年代地层系统的瓜德鲁普统中上部的沃德-卡匹敦阶。

在此组内还产有床板珊瑚 2 属、6 种、1 亚种，其中包括 3 新种、1 新亚种：

秀山似中国喇叭孔珊瑚 *Metasinopora xiushanensis* Kim(图版Ⅶ-5)

厚壁似中国喇叭孔珊瑚　*M. crassa* Yang(图版Ⅶ-1)

单刺似中国喇叭孔珊瑚(新种)　*M. monospinea* (sp. nov.)

大管似中国喇叭孔珊瑚(新种)　*M. megatutata*(sp. nov.)

小型似中国喇叭孔珊瑚(新种)　*M. minor*(sp. nov.)

小型似中国喇叭孔珊瑚微小亚种(新种、新亚种)　*M. minor minima*(sp. et subsp. nov.)

微小中国管珊瑚　*Sinopora minima* Lin

上列的 *Metasinopora xiushanensis*, *M. crassa*, *Sinopora minima* 三个老种均广布于我国各地的中二叠统内。

下拉组内还产有较丰富的䗴类：

南京䗴未定种　*Nankinella* sp.(图版Ⅰ-23)

申扎南京䗴　*N. xianzaensis* Chu.(图版Ⅰ-16)

假宽松南京䗴　*N. pseudolata* Chu(图版Ⅰ-3)

似湖南南京䗴　*N. quasihunanensis* Sheng(图版Ⅰ-1)

南京南京䗴　*N. nanjiangensis* Chang et Wang(图版Ⅰ-22)

龙格南京䗴　*N. longgensis* Ni et Song(图版Ⅰ-5)

似规则希瓦格䗴　*Schwagerina quasiregularis* Shang(图版Ⅰ-8)

申扎希瓦格䗴　*S. xianzaensis* Chu(图版Ⅰ-12)

希瓦格䗴未定种 1　*Schwagerina* sp. 1 (图版Ⅰ-13)

申扎小泽䗴　*Ozawainella xianzaensis* Chu(图版Ⅰ-7)

小泽䗴未定种　*Ozawainella* sp.(图版Ⅰ-2)

希瓦格状朱森䗴　*Chusenella schwagerinaeformis* Sheng(图版Ⅰ-14)

中华朱森䗴　*Ch. sinensis* Sheng(图版Ⅰ-6)

以上属种均为广布于我国各地的中二叠世地层中，另外在此组中还发现一些有孔虫类和苔藓虫类化石。

在本组很多层内还采集到丰富的腕足类化石，经鉴定共有 30 属、13 种和 26 未定种，包括：

? 扁平长身贝未定种　?*Compressoproductus* sp.

接合贝未定种　*Composita* sp.

准小微石燕贝未定种　*Spiriferellina* sp.

可变假古长身贝　*Pseudoantiguatonia mutofilis* Zhan et Wu(图版Ⅻ-6)

申扎拟穿孔贝及拟穿孔贝未定种　*Terefratutoidea xianzaensis* Zhan et Wu 和 *T.* sp.

舒克贝未定种　*Schuchertella* sp.

库北新石燕贝　*Neospirifer cubeienaie* Ting(图版Ⅻ-8、图版Ⅻ-11)

新石燕贝未定种　*N.* sp.

东方美丽围脊贝　*Callimarginatia orientalis* Zhan et Wu(图版Ⅻ-2)

美丽围脊未定种　*C.* sp.

准小钩形贝未定种　*Uncinunellina* sp.

马丁贝未定种　*Mrctinia* sp.

华美二叠纹窗贝　*Permophricodathysis elegantula* (Waagen)

有喙纹窗贝亲缘种　*Phricodothysis* aff. *rostrata* (Kuterga)(图版Ⅻ-4)

纹窗贝未定种　*Ph.* sp.

狭体贝未定种　*Stenosccima* sp.(图版Ⅻ-1)

? 似瓦冈贝未定种　?*Waagenites* sp.

伊泰图两板贝及两板贝未定种　*Dielasma itaitubensis* Derby, *Dielasma* sp.

德比贝未定种　*Derbyia* sp.(图版Ⅻ-9)

极小新轮皱贝及其未定种　*Neoplicatifera pusilla* Zhan et Wu, *N.* sp.
裂线贝未定种　*Schizophoria* sp.
壳脊刺围脊贝及刺围脊贝未定种　*Spinomarginifera costata* Zhan et Wu, *S.* sp.
劳特布利胡斯台贝及胡斯台贝未定种　*Hustedia rotburiensis* Waterhouse et Piyasin, *H.* sp.
膨胀半褶贝相似种　*Hemiptychina* cf. *inflata*(Davidson)
围脊贝未定种　*Marginifera* sp.
科拉线纹长身贝相似种及线纹长身贝未定种　*Linoproduetus* cf. *cora* (d'Orbigny), *L.* sp.
? 蕉叶贝未定种　?*Leptodus* sp.(图版Ⅻ-5、图版Ⅻ-7)
瓦冈贝未定种　*Waagcnoconcha* sp.
豪猪贝未定种　*Hustriculina* sp.
直形贝未定种　*Orthotetes* sp.
海登贝未定种　*Haydenella* sp.
双偏怀特贝相似种和？怀特贝未定种　*Whilspakia* cf. *bipler*(Waagen), *Wh.* sp.
蟹形贝未定种　*Cancrinella* sp.(图版Ⅻ-12)
分喙石燕贝未定种　*Choristites* sp. 等。
另在 P_2 剖面之外属于本组的 D064H 点上还采集到腕足类 5 属、3 种和 2 未定种：
有螺携肋贝　*Castiferina spiralis* (Waagen)
小球贝未定种　*Globiella* sp.
小锁窗贝未定种　*Cleiothyridina* sp.
链石燕未定种　*Alispinifes* sp.(图版Ⅻ-16)
壳线刺围脊贝　*Spinomarginifera costata* Zhan et Wu
库北小石燕贝　*Spiriferella kubeiensis* Chang 等

本组共产腕足类 32 属、15 种、27 未定种。上列的 32 属及其所属的 27 未定种的时限均延伸较长，绝大多数为石炭纪—二叠纪中的常见属，少数甚至是由志留纪—泥盆纪延续过来的。还有一部分为二叠纪的属，而其中的 15 种中有如 *Spinamarginifera costata*, *Neoplicatifera pusilla*, *Callimarginatia orientalis*, *Terebratuloidea xainzaensis*, *Permophricodothyris elegantula*, *Neospirifer kubeiensis*, *Spiriferella salteri*(图版Ⅻ-14), *Hustedia rotburiensis*, *Whitspakia* cf. *biplex*, *Dielasma itaitubensis*, *Hemiptychina* cf. *inflata*, *Pseudoantiquatonia mutabilis* 均产自图幅内的下拉组或西藏各处相当于茅口期的层位中，其余的 *Costiferina spiralis*, *Callimarginatia orienlalis*, *Stenoscisma purdoni*, *Phricodothyris rostrata*, *Neospirifer* cf, *kubeiensis*, *Linoproductus* cf. *cora* 则为分布于图幅内或西藏各地的相当于整个中二叠世地层中。由上可见，腕足类动物群所标识的时代与皱纹珊瑚群的时代完全一致，故图幅内下拉组的时代应为中二叠世晚期，即相当于我国南方的孤峰-冷坞期。

3. 上二叠统木纠错组(P_3m)

由于该组是以一套由巨厚的白云岩为主所组成的岩系，在其下部含有几层中薄层状白云质灰岩层，故化石很少，只在其底部含生物碎屑白云质灰岩中采集到皱纹珊瑚 3 属、4 种，其中包括 1 新属、2 新种：
印度卫根珊瑚厚隔壁变种　*Wangenophyllum indicum* var. *crassiseptatum* Wu(图版Ⅴ-7)
巨柱型卫根珊瑚(新种)　*W. megacolumetum*(sp. nov.)(图版Ⅴ-9)
弯曲隔壁梁山珊瑚　*Liangshanophyllum streptoseptatum* H. D. Wang(图版Ⅴ-10)
扎扛裂片珊瑚(新属、新种)　*Lobatophyllum zakangense*(gen. et sp. nov.)(图版Ⅴ-11)

在上述皱纹珊瑚群中，*Wangenophyllum indicum crassiseptatum* 最早发现于陕西汉中梁山晚二叠世早期吴家坪组灰岩的下部，后来也见于黔南紫云县猴坊上二叠统下部的吴家坪组中。*Liangshanophyllum streptoseptatum* 则产于黔南紫云县枫台林的同一层位内。同时考虑到产此皱纹珊瑚群的岩系底部与中二叠世晚期地层下拉组之间为连续沉积，故确定由这套巨厚的白云岩夹白云质灰岩构成岩系下部的时代为晚二叠世早期，即吴家坪期。因这套晚二叠世早期的岩系在本区发现尚属首次，所以我们项目组于 2002 年已正式命名该套岩系为木纠错组。但由于这套岩系厚度巨大，出露厚度达 2 371.93m，也不排除木纠错组上部岩系含有晚二叠世晚期沉积的可能。

在木纠错组底部中薄层状含生物碎屑和海百合茎的白云质灰岩中所产的复体笙状皱纹珊瑚 *Waagenophyllum indicum crassiscptatum*，*Liangshanophyllum streptoseptatum* 都是我国华南、西南和西北地区上二叠统下部吴家坪组皱纹珊瑚群中的重要分子，与其共生的 *Lobatophyllum zhakangense* 是本幅内木纠错组底部新发现的新属、新种。*Lobatophyllum* 新属和广泛分布于我国华南、西南和西北地区的中二叠世重要皱纹珊瑚属 *Thomasiphyllum* (Smith)，*Naoticophyllum* Shi 有很多相似性，如它们的珊瑚骸均为三带型单体，具有硕大、结构致密的网状复中柱；隔壁级(次)数都是三级或三级以上，隔壁的结构除 *Naoticophyllum* 外，其他两属都为裂片型，三属的隔壁基端均发育有程度不同的喷口状构造；床板都不完整，为内倾的长泡沫状，这说明三者间有密切的亲缘关系。不同的是产于早二叠世的 *Thomasiphyllum*，*Naoticophyllum* 珊瑚骸体积较大，为中大型；隔壁基端喷口状构造发育，而且较典型。前者裂片状隔壁为三裂片型，后者的喷口状构造极度发育，隔壁外缘较宽的边缘泡沫板浑然一体。而只产于晚二叠世的新属 *Lobatophyllum* 的单体珊瑚骸体积较小，为中小型；裂片状隔壁仅为双裂片型，隔壁基端的喷口状构造已明显退化，复中柱内的中板已不明显。由此可以认定新属 *Lobatophyllum* 为三属直系演化序列中的衰退类型，可以用下列关系表示：

早二叠世	晚二叠世
Naoticophyllum ↗ *Thomasiphyllum* ——→	*Lobatophyllum*

无疑新属、新种 *Lobatophyllum zhakangense* 是晚二叠世出现的重要新分子；*Waagenophyllum* Hayasaka，*Liangshanophyllum* Tseng 的分布时代虽为二叠纪，但它们的主要种群均分布于晚二叠世，前者鼎盛时期是晚二叠世晚期(长兴期)，而后者鼎盛时期则为晚二叠世早期(吴家坪期)。至于产在木纠错组底部的新种 *Waagenophyllum megacolumetum*，以其珊瑚骸较大的个体体积，硕大而结构复杂的复中柱，显然是 *Waagenophyllum* 属中较为进化的类型，出现于晚二叠世早期。

综合前述，3 属、4 种在图幅内上二叠统木纠错组底部出现并共生绝非偶然，而是 Waagenophyllinae 亚科皱纹珊瑚群演化到晚二叠世早期的一个自然共生组合，我们称这个组合为 *Waagenophyllum-Liangshanophyllum-Lobatophyllum* 组合，时代限定为晚二叠世早期。

最后还要说明的是，为了解决木纠错组时代的上限问题，我们项目组于 2002 年夏季野外复查期间，在古生界实测剖面(P_2)西南约 20km，与其大致平行的方向又补测了一条申扎县买巴乡玛加弄巴上二叠统剖面，并仔细对其上部逐层采集化石，只在本剖面上部的第 19 层中采集到一些保存甚差的皱纹珊瑚化石碎片，经室内制片和鉴定，确定下来的只有 *Ipcihyllum* sp. 这一未定种。*Ipciphyllum* 的时代为二叠纪。木纠错组上限时代仍不能确定，其上部是否含有晚二叠世晚期的地层，尚需今后做进一步工作。

四、层序地层划分及相对海平面变化分析

层序地层学是一种划分、对比和分析沉积岩的新方法。当与生物地层学、岩石地层学及构造沉降分析相结合时，它提供了一种更精确的地质时代对比和古地理再造。从本质上讲，层序地层学是分析提供划分名叫层序和体系域的成因地层单位的不连续面的地层格架。这些层序和体系域与特定的沉积体系、岩相、构造变动有联系。这些层序和体系域是由与海平面相对变化有关的基准面变化引起的。这些基准面变化表现为地震资料上的反射不连续性和露头剖面上相带叠置方式的变化，是当前地层学和沉积学研究的热点。

海平面的升降旋回无论是全球范畴，还是在一定区域内，有时是与构造活动同步的，尤其是表现在

局部上更为明显。但本报告未能来得及更多地与区域构造相联系。仅是基于野外收集到的资料，对晚古生代地层从层序叠置、岩相转换和古生物化石特征等予以分析。将测区内上古生界确认为1个一级层序、3个二级层序的11个三级层序（图2-16）。由于工作条件艰苦、通行条件差、露岩出露不足等因素，故某些资料收集不足，难免会在层序分析、海平面变化等诸多方面分析存在不足甚至错误之处，请读者指正。以三级层序的基本层序自下而上，各层序特点分述如下。

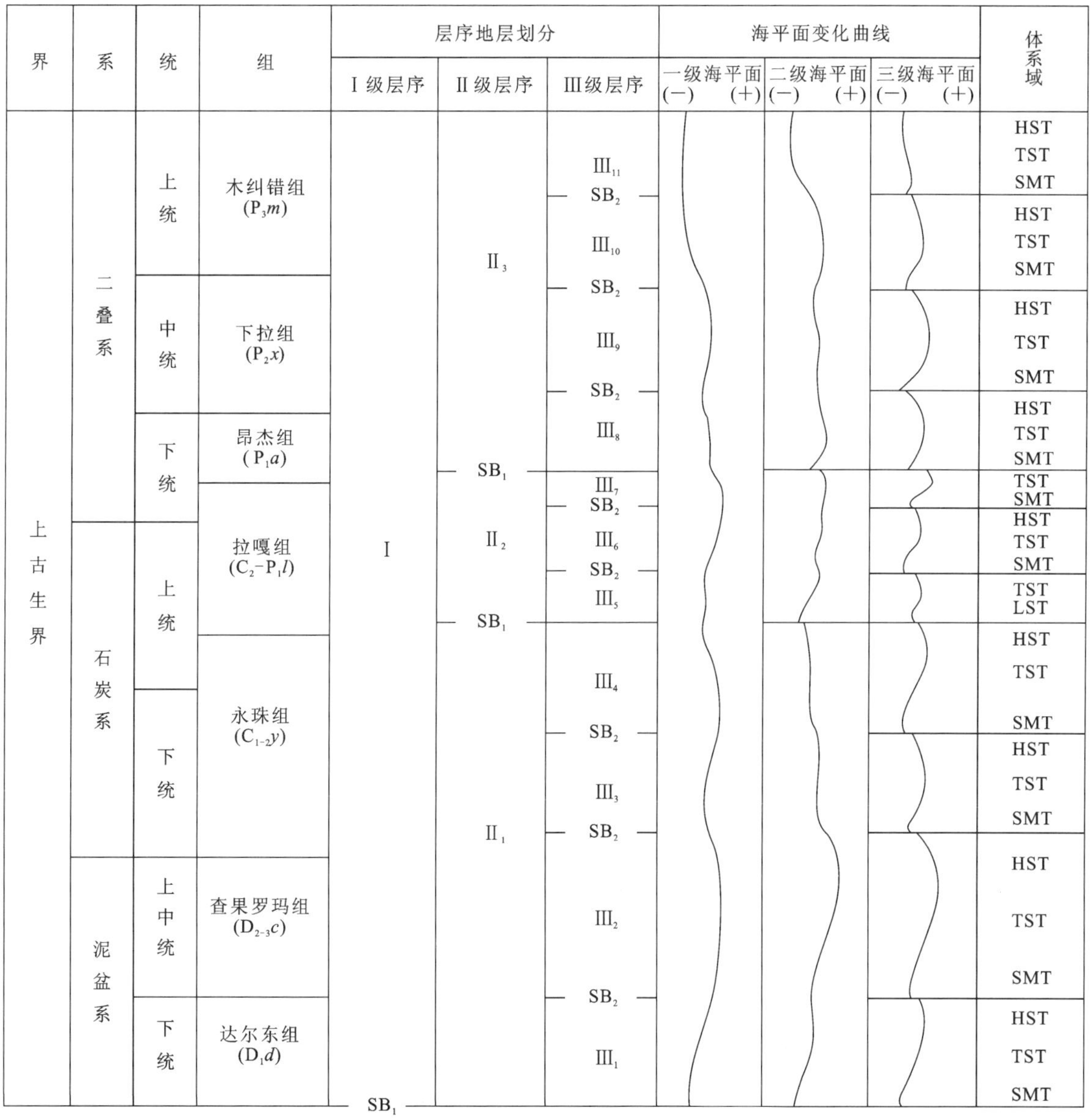

界	系	统	组	层序地层划分 Ⅰ级层序	层序地层划分 Ⅱ级层序	层序地层划分 Ⅲ级层序	海平面变化曲线 一级海平面 (−) (+)	海平面变化曲线 二级海平面 (−) (+)	海平面变化曲线 三级海平面 (−) (+)	体系域
上古生界	二叠系	上统	木纠错组 (P_3m)	Ⅰ	Ⅱ$_3$	Ⅲ$_{11}$				HST TST SMT
						SB$_2$				
						Ⅲ$_{10}$				HST TST SMT
						SB$_2$				
		中统	下拉组 (P_2x)			Ⅲ$_9$				HST TST SMT
						SB$_2$				
		下统	昂杰组 (P_1a)			Ⅲ$_8$				HST TST SMT
					SB$_1$					
			拉嘎组 (C_2-P_1l)		Ⅱ$_2$	Ⅲ$_7$				TST SMT
						SB$_2$				
	石炭系	上统				Ⅲ$_6$				HST TST SMT
						SB$_2$				
						Ⅲ$_5$				TST LST
					SB$_1$					
			永珠组 ($C_{1-2}y$)		Ⅱ$_1$	Ⅲ$_4$				HST TST SMT
						SB$_2$				
		下统				Ⅲ$_3$				HST TST SMT
						SB$_2$				
	泥盆系	上中统	查果罗玛组 ($D_{2-3}c$)			Ⅲ$_2$				HST TST SMT
						SB$_2$				
		下统	达尔东组 (D_1d)			Ⅲ$_1$				HST TST SMT
				SB$_1$						

注：SB$_1$.Ⅰ型层序界面；SB$_2$.Ⅱ型层序界面。Ⅰ$_x$.Ⅰ级层序及序号；Ⅱ$_x$.Ⅱ级层序及序号；Ⅲ$_x$.Ⅲ级层序及序号。
LST.低水位体系域；TST.海侵体系域；HST.高水位体系域；SMT:斜坡边缘体系域。

图2-16　层序地层划分及海平面变化曲线

1. 层序1（Ⅲ$_1$）

本层序由下泥盆统达尔东组组成，是测区内古生界第二个Ⅰ级层序的开始，虽然底部界面出露得不完整。但本层序的产状与下伏层序4是一致的，二者间无明显的间断面或冲刷暴露面等，且底部出露的含竹节石化石岩层与下伏层序4（志留系）顶部的岩相有较明显的差异，是海平较大幅度升降周期性变化的转折点（界）。在界面之上除含有较多的竹节石化石外，还含有十分丰富的珊瑚类化石，这明显地区别于下伏层序4，同时亦表明自志留纪以后海盆已转入另一个时期，否则古生物化石面貌不会差异如此之大，而且负沉积时限应该不短。再则《西藏自治区区域地质志》(1993)在念青唐古拉-冈底斯板片一节中也认为测区所在范围内泥盆系与志留系间为一假整合，故泥盆纪的第一个层序底界面应为Ⅰ型层序不整合界面。该层序也是测区内第二个Ⅰ级层序中最底部的一个基本层序，是由低水位体系域、海侵体系域和高水位体系域构成。

泥盆纪早期至志留纪末期，海退后转为海进，快速超覆，故沉积了含有较细粒内、外源碎屑颗粒的沉积记录，是低水位体系域的后期低水位楔沉积，结束了海退而转为海进。沉积环境开始处于较深水体之下，是相对海平面下降幅度大于盆地沉降幅度。据此确认下泥盆统底部为低水位体系域。海侵体系域主要是以深灰色、青灰色薄层—中层—中厚层的泥晶灰岩为主间夹有生屑、砂屑灰岩。自下而上古生物化石愈加丰富，显示海平面在大幅度升高，在整个主体以海侵为主的过程中，尚有若干个次级或更次级的动荡式海退，构成退积(加积)—进积的层序组。此时海水深度已较下伏层序4(志留系)更深。高水位体系域主要由下泥盆统上部的含砂质生屑灰岩、生物碎屑灰岩、泥晶球粒状灰岩组成，均表明是海平面下降后形成局限低地的产物，亦是近潮坪带的产物，是最大海泛期后的快速海退阶段的沉积记录。

2. 层序2(Ⅲ$_2$)

主要由中、上泥盆统查果罗玛组组成主体，上跨下、上石炭统永珠组的底部。该层序的底界面为层序1(Ⅲ$_1$)的顶界的Ⅱ型层序界面，其下伏岩层为层序1(Ⅲ$_1$)高水位体系域的滨浅海带局限台地沉积。其上界面发生在石炭系永珠组下部的中细粒砂岩之上，属Ⅱ型层序不整合界面。本层序为Ⅲ级层序，由斜坡边缘体系域、海侵体系域和高水位体系域构成。

斜坡边缘体系域为查果罗玛组底部含钙屑不等粒长石杂砂岩、粉砂质砂屑灰岩、含砾屑灰岩组成，是内源灰屑与陆源砂屑的混合沉积，是海面下降时冲蚀下来的碎屑越过陆架、停积于斜坡的边缘。海侵体系域由薄层状泥质条带灰岩、厚层状砂质结晶灰岩夹生物碎屑灰岩等组成，生物碎屑灰岩较发育，显示海域内水体不平静，宁静期多半是海平面升高时期。在主体海进过程中，次级海平面下降振荡较为频繁，故在海侵期产生低速沉积的泥质条带灰岩，可作为凝缩层。显示海进期海平面升高幅度不大，但持续时间较长，可是次级的海平面下降波动幅度较强，故有砾屑灰岩夹层产出，构成海进体系域中的进积—退积的副层序组合结构。高水位体系域与下伏海侵体系域的界线不明显，主要由生物碎屑灰岩组成，向上发育中小型斜层理，显示水体变浅，有砂波作用，沉积物主要为侧向加积而成。高水位体系域后期为角砾状白云质灰岩，白云石为后期交代部分灰泥而成，且有示底构造，乃为局部暴露后水淋滤交代而成。充分表明海平面下降，继而海退加剧，供给陆源中—细粒碎屑物，形成进积式结构层序。完成了又一次海进—海退旋回。

3. 层序3(Ⅲ$_3$)

由下、上石炭统永珠组的中部组成。其上、下界面均为Ⅱ型层序不整合界面。早期为中厚层含砾的中—细粒砂岩，砾石成分较杂，发育有小型斜层理，显示有定向流水作用。岩石分选差，成分成熟度和结构成熟均不高，具有反旋回结构的快速进积层序，为海退期的斜坡边缘堆积——斜坡边缘体系域。是本层序的开始，之后，沉积序列转入细屑的粉砂岩、泥质粉砂岩甚至薄层状泥质粉砂层。层序由反旋回转为正旋回结构，表明海侵开始，期后泥质粉砂岩中夹有灰质条带，是一种缓慢的加积层，表示为海侵期后的第一个海泛面，其上进入海侵体系域。高水位体系域的粉砂岩→细粒钙质长石石英砂岩，构成由细→粗的进积式层序。

4. 层序4(Ⅲ$_4$)

本层序以石炭系永珠组上部为主，上跨拉嘎组底部。本层序有别于上述诸层序，几乎全部由陆源中—细粒碎屑岩组成。就层序界面而言，下伏层序的上部高水位体系域富钙质长石石英砂岩，维持缓慢相对海平面下降特征。而到底部层序界面之上虽仍沉积长石石英砂岩，但粒度明显变粗，以中粒为主，说明进入更浅水域的沉积，显示海水较快速向盆地方向退却，构成本层序的斜坡边缘体系域。未见任何暴露、切割层序特征，故认为层序底部界面为Ⅱ型层序不整合界面。

斜坡边缘体系域的中晚期，沉积了若干个中—细粒长石砂岩→细粒石英砂岩→薄层粉砂岩叠置的正旋回结构的退积式次级层序。海侵体系域的主体岩石仍为细碎屑岩的不等厚韵律性互层。显示海平面波动式地上升，到海侵的后期才产出碳、泥质页岩夹层，是最大海泛期的凝缩层。其上进入高水位体系域，由中薄层状碳质粉砂岩向上渐变为厚层灰白色石英细砂岩夹粉细砂岩层，总体为一向上变粗的反旋回结构，是进积层序，反映海退较快。

5. 层序 5（$Ⅲ_5$）

本层序相当于上石炭统—下二叠统拉嘎组的中、下段。其下与下伏层序 4 为Ⅰ型层序不整合界面，其界面特点表现为由层序 4 顶部的灰白色细粒长石石英砂岩突变为界面之上灰褐色含砾砂岩，该砂岩发育有正递变层理，砾石成分有长石石英砂岩、暗色火山岩，磨圆好，分选差，砾石层由底向上由中粗砾递变成中细砾。其上砂岩、粉砂岩中发育有小型斜层理及浅水波痕，显然有暴露，说明层序 4 高水位体系域末期，相对海平面下降幅度大于盆地沉降幅度，滨岸线下移，潮下坪出露，在其上进积相对粗碎屑沉积，继而海平面快速下降，冲刷，上超，沉积物越过陆架，沉积于陆坡边缘，形成低水位体系域，故该层序的底界面为Ⅰ型层序不整合界面。

低水位体系域基本由 3 个含砾中细粒长石石英砂岩→细砂岩→粉砂岩的正旋回构成，海侵体系域主要由深灰色厚层细晶生物碎屑灰岩、粉砂质页岩夹灰岩透镜体等组成。在夹灰岩透镜层细粉岩之上应进入高水位体系域，但本层段未明显地表现出来，立即快速地转换为灰绿色含砾砂岩，显示相对海平面快速下降，是上超层序的低水位三角洲体系域。

6. 层序 6（$Ⅲ_6$）

该层序由上石炭统—下二叠统拉嘎组的中上段组成，上覆在层序 5 之上。底部界面为Ⅱ型层序不整合界面，界面之上形成了低水位三角洲体系域，再向上层序演变为中厚层状石英砂岩→粉砂岩→薄层粉砂岩叠置成的韵律性结构，是低水位体系域上部的退积—进积副层序组，显示相对海平面上升—下降的产物，在过了低水位体系域主体之后，转入海侵为主阶段，进入海侵体系域。海侵体系域主要由绿色长石石英砂岩、粉砂岩相互更叠形成的韵律层组成，说明在主体海进过程中常有次级海退波动，显示间歇式的海平面升高。在含䗴灰岩夹层结束后，迅速转入高水位体系域，相对海平面快速降低，冲刷，有效沉积的容纳空间缩小，继而产出灰白色中粒石英砂岩和中薄层粉砂岩的韵律层，海水快速向盆地方向移去，水体渐趋宁静，沉积速度变缓，岩相又转为较细的粉砂质微晶灰岩，有水平层理，但向上出现单向斜层理，海平面下降导致浅水处牵引流动，又结束了一次相对海平面升降旋回。

7. 层序 7（$Ⅲ_7$）

本层序系指上石炭统—下二叠统拉嘎组上部和下二叠统昂杰组底部。与下伏层序 6 间界面为Ⅱ型层序不整合界面。层序界面之上为中粒长石石英砂岩夹含砾粗砂岩透镜层，并发育有单向斜层理，为河道牵引流所示侧向加积而成。但该河道非地面暴露冲刷而成，联系下伏层序岩相，乃为斜坡边缘低水位期的下超楔状体，是海平面相对下降幅度小于盆地沉降幅度所致。构成该层序有低水位体系域、海侵体系和高水位体系域。

低水位体系域——斜坡边缘楔状体由 4 个粗—细的中粒岩屑长石砂岩、长石石英砂岩及灰绿色粉砂岩退积结构组成（由 4 个粗—细的小旋回）。证明相对海平面波动式上升；海侵体系域由一系列中厚层状中粒长石石英砂岩夹灰绿色薄层粉砂岩的海进式副层序组构成；高水位体系域早期显示出相对海平面仍在缓慢上升，并在主体上升过程中也有相对的海平面下降。故在中薄层的钙质砂岩夹生物碎屑灰岩中有石英砂岩和长石石英砂岩夹层。

8. 层序 8（$Ⅲ_8$）

本层序主要由下二叠统昂杰组构成，上跨中二叠统下拉组底部。其底部是以含砾的不等粒长石杂砂岩为标志，与下伏层序7之顶部岩相发生突然变化，二者间有冲刷界面，是斜坡边缘体系域的特点，其底部界面为Ⅰ型层序不整合界面。本层序是该Ⅰ型层序不整合界面之上的第一基本层序，由斜坡边缘体系域、海侵体系域和高水位体系域构成。

斜坡边缘体系域主要由含砾的中粒碎屑岩及少部分含砾粗碎屑岩组成。砾石成分较杂，分选、磨圆均欠佳，自下而上有变粗的趋势，具水下斜坡边缘扇的特点，是下超于下伏层序7之上的楔状体。海侵体系域主要由中厚层状生物碎屑灰岩、粉砂质灰岩组成，其间夹有陆源中—细粒碎屑岩。高水位体系域底部为生物碎屑砂质灰岩，含燧石结核(条带)，灰岩层面似因干裂而呈角砾状，角砾非挤压破碎而成，而是彼此镶嵌，显示有局部暴露现象。海平面开始下降，之后有缓慢上升。高水位体系域后期相对海平面下降，中厚层状灰岩递进为局限台地沉积的球粒泥晶灰岩，显示水体变浅而有阻挡，结束了又一次海侵—海退旋回。

9. 层序9(Ⅲ$_9$)

继层序8顶界面之后，岩相转为中厚层石英砂岩段，其间夹角砾状灰岩透镜层，向上过渡为碳酸盐岩为主的砂屑灰岩，局部夹砾屑灰岩和生物碎屑灰岩，均证实相对海平面在较快速地上升。有较强的冲刷，它不仅冲蚀陆源碎屑岩，也冲蚀碳酸盐岩。伴随海岸上超，碎屑物向下迁移，越过陆架被搬运到斜坡边缘沉积，是水下渠道式水下扇体的堆积产物，也伴有跌积滑块等现象。下超于下伏层序的高水位体系域之上，形成Ⅱ型层序不整合界面。该层序由低水位体系域、海侵体系域和高水位体系域构成。

上述斜坡前缘扇形体(或楔状体)正是本层序底部的低水位体系域。上覆的海侵体系域的开始则是以深灰色泥晶生物碎屑灰岩作为第一个海泛面的代表，海侵中期，又是以深灰色微晶灰岩→生物碎屑灰岩的退积式副层序组成，之后才演变为深灰色含燧石结核或条带状微晶灰岩，乃至于递变成黑灰色含沥青质的燧石泥晶灰岩，其中燧石条带和沥青质均为沉积速率较低时的产物，故视其为凝缩层，此时为最大海泛期。高水位体系域则为下拉组的上段，岩性为泥晶、粉晶白云岩、白云质灰岩或白云岩化的球粒状泥晶灰岩。白云岩中含有较大量珊瑚、腕足等生屑残余结构，白云岩中尚可见白云岩化的鲕粒灰岩及其他颗粒，均表明为潮坪带的局限台地式障壁滩沉积。显示海平面已相对下降，并时有暴露，经淡水淋滤作用而白云岩化。

10. 层序10(Ⅲ$_{10}$)

本层序主要由上二叠统木纠错组中、下段组成，下跨中二叠统下拉组顶部。与下伏层序之间为Ⅱ型层序不整合界面。

界面之上的内、外源浊积岩层乃是“斜坡”边缘楔状体，即低水位体系域，海侵体系域由上二叠统木纠错组下段构成，几乎全由结晶程度不等的白云岩和白云质灰岩组成，其间夹有厚近100m的白云岩化生物碎屑灰岩，该层之下的白云质灰岩中含燧石条带，代表第一次海泛期沉积；海侵体系域中期沉积了白云质灰岩和含生物碎屑白云质灰岩夹硅质白云质灰岩层，是最大海泛期的凝缩层。在主体海侵过程中，海平面波动频繁，常有次级的海退，故产出不止一层砂、砾屑白云岩，直到木纠错期中期，相对海平面下降，于浅滨海带有局限海域，产出球粒白云岩、纹层状叠层石白云岩后，已转入高水位体系域。高水位体系域的初期，相对海平面下降较快，形成细颗粒生屑白云质灰岩、砂屑晶粒白云岩及角砾状泥晶白云岩，之后海平面缓慢下降，本区处于潮坪地带。

11. 层序11(Ⅲ$_{11}$)

本层序为上二叠统第二个层序。全部由木纠错组上部岩层组成，岩性为由不同颗粒组分(或不同碎屑组分)的白云岩叠置而成。在层序10高水位体系域之后，整个海域处于潮汐作用地段，海水很浅，产出砾状白云岩，局部有暴露，显示海平面相对下降幅度较大，也显示新的一期海进—海退旋回的开始，与下伏层序10间为Ⅱ型层序不整合界面。

本层序早期低水位体系域，沉积了上述不同颗粒组分的白云岩，继而转入海侵体系域，相对海平面升高进入本旋回的最大海泛期，产出深灰色中层状含沥青质的含燧石条带(团块)白云岩夹含生物碎屑泥晶白云岩及微层状泥晶白云岩，是本层序的凝缩层段。其上进入高水位体系域，高水位体系域几乎全部由含生物碎屑白云岩、角砾状白云岩、砂质白云岩等构成的3个次级海进—海退旋回的层序组成，持续时间长，海域广阔而水浅，相对海平面缓慢退降，但直至晚二叠世末期海域仍没关闭，一直持续到早、中三叠世(测区北邻图幅有早、中三叠世海相地层)。但从大区域来看，晚二叠世其他海域多处于深海、半深海环境，而本区却处于湖坪-潮下坪环境。

第五节　中生界

图幅内的中生界出露不完整，仅有侏罗系、白垩系的零星出露，缺失三叠系。

一、侏罗系(J)

图幅内的侏罗系发育不全，只有中上侏罗统，称接奴群($J_{2-3}Jn$)，分布也较为局限，仅出露于瓦昂错以西的断陷内，四周均为北西向和北东向两组断裂围限，与周围的地层皆呈断层接触。出露面积为77.83km^2，出露厚度为3 295m。

(一) 中上侏罗统接奴群($J_{2-3}Jn$)剖面(P_{12})

中上侏罗统接奴群($J_{2-3}Jn$)

上部火山岩段($J_{2-3}Jn^2$)(图2-17)　　(未见顶)　　**厚度>2 433.49m**

23. 深灰色块状安山质凝灰岩夹橄榄玄武岩　>57.58m
22. 紫灰色含角砾凝灰岩夹英安质凝灰岩　437.37m
21. 紫褐—紫灰色块状凝灰质英安岩夹英安质凝灰岩和角砾凝灰岩　718.05m
20. 灰色块状英安岩夹具假流纹构造的英安质熔结凝灰岩及绿色含角砾英安质凝灰熔岩　208.69m
19. 紫灰色块状含角砾英安岩夹英安质凝灰岩　75.67m
18. 灰绿色英安质晶屑凝灰岩、凝灰质英安岩、含角砾凝灰质英安岩及具假流纹构造的熔结凝灰岩　254.68m
17. 紫灰色中薄层状含砾中粗粒岩屑长石砂岩、紫色薄层状粉细砂岩和钙质凝灰岩构成的韵律层　55.27m
16. 深灰色块状英安岩夹流纹质凝灰岩及流纹岩。英安岩呈斑状结构，斑晶以半自形石英和自形长石为主(粒径1～3mm)　323.09m
15. 褐紫色块状英安岩夹灰白色至浅灰色流纹质凝灰岩及晶屑凝灰岩。英安岩常含有气孔构造，斑状结构显著。石英、长石斑晶粒径多在1～3mm之间。流纹质晶屑凝灰岩中的长石晶屑多有绿帘石化现象　303.09mm

——————　整　合　——————

下部砂砾岩段($J_{2-3}Jn^1$)(图2-18)　　**厚度1 685.27m**

14. 中薄层状含砾和粗砂的粉细砂岩夹灰色至紫灰色块状英安岩、英安质熔结凝灰岩夹英安岩。具发育的斑状结构，英安质熔结凝灰岩中假流纹构造发育　140.59m
13. 第四系覆盖
12. 紫红色厚层状细砾岩夹含砾中粗粒钙质杂砂岩，砂岩中斜层理及粒序层理发育　215.42m

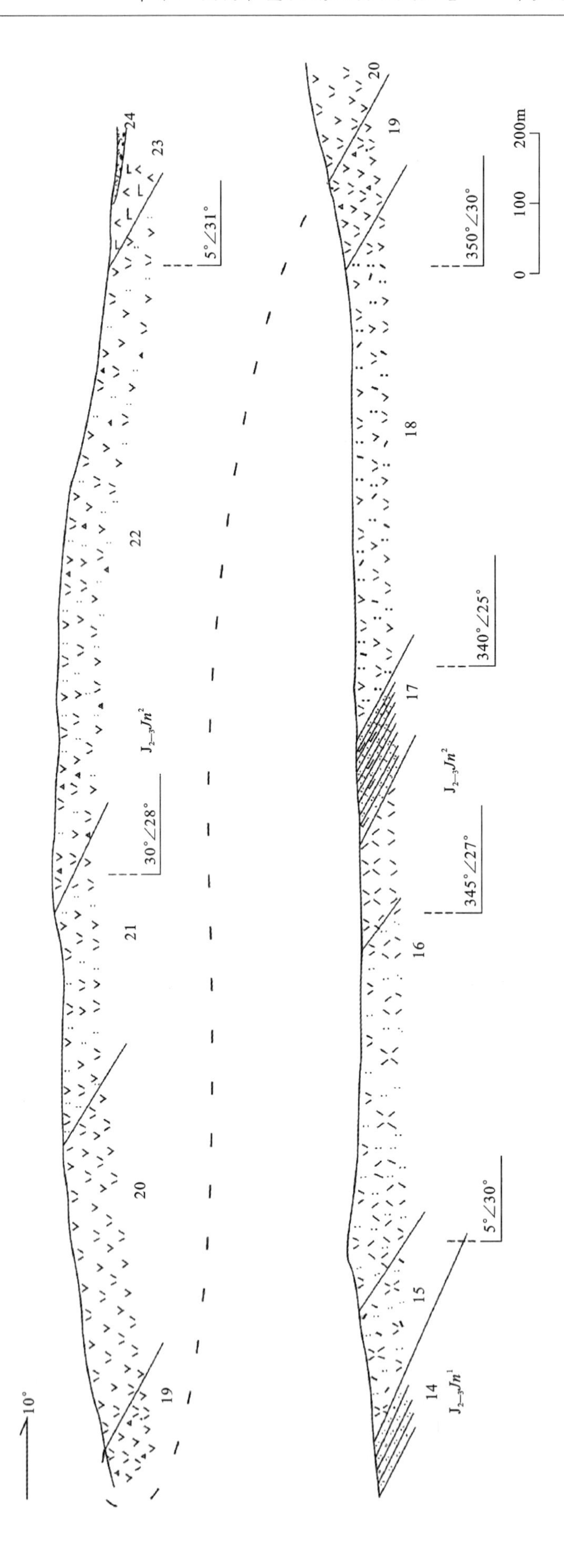

图 2-17　郎定玛吉-加让中上侏罗统接奴群上段实测剖面图(P_{12})

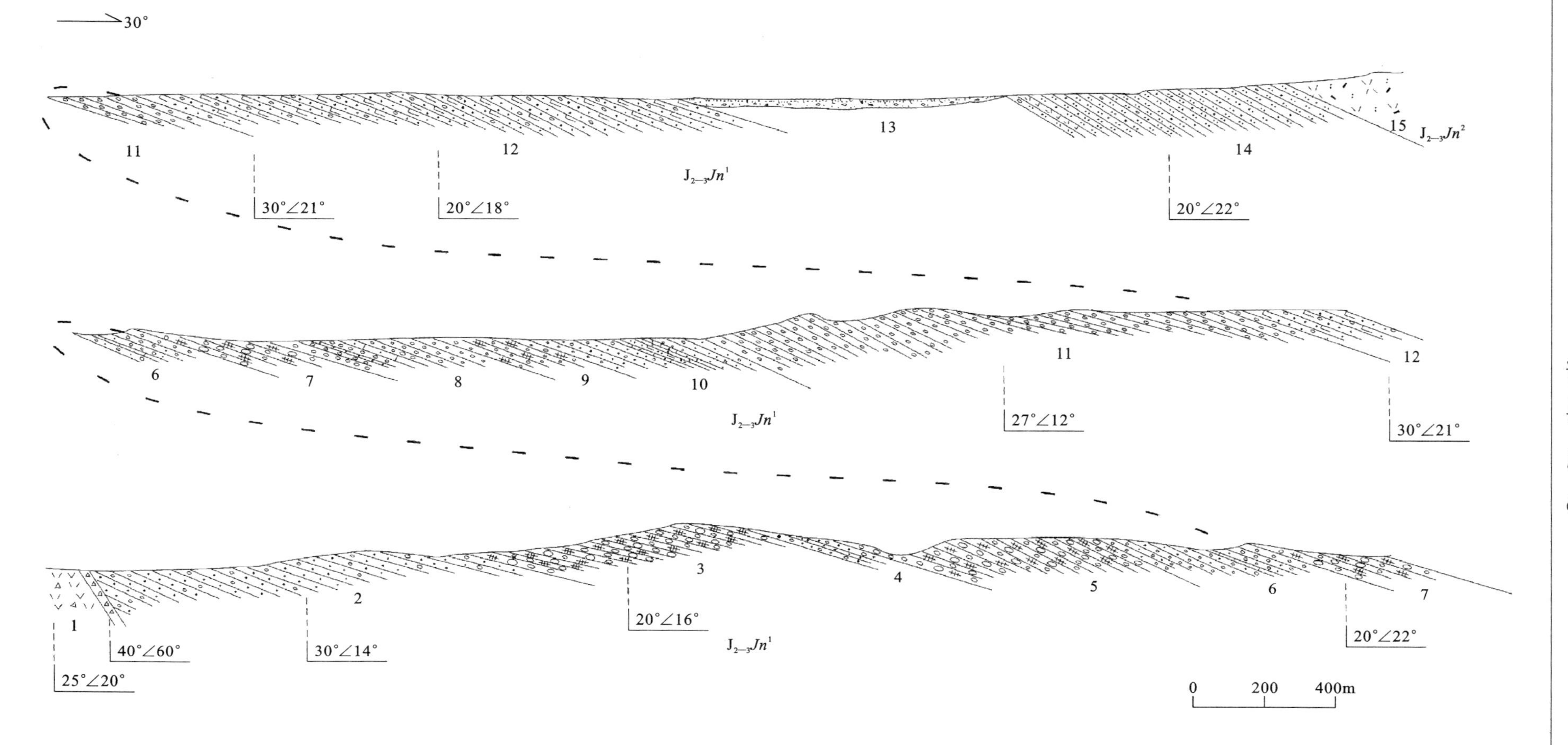

图2-18　朗定玛吉-加让中上侏罗统接奴群下段实测剖面图(P_{12})

11. 紫红色中厚层状砾岩夹含砾长石石英砂岩。砾石成分以灰岩为主,其次为砂岩和火山岩,砾径多在0.5～3.0cm之间,少数大者可达20cm。砂岩具明显韵律性 262.17m
10. 紫红色和紫灰色中厚层状含砾粗砂岩、中细粒岩屑长石石英砂岩夹中薄层状粉细砂岩,三者间常形成粒序性韵律层 83.01m
9. 紫灰色中厚层状复成分砾岩。砾石成分以灰岩为主,其次为火山岩和砂岩;砾径多在2～20cm之间,灰岩砾石中含有生物碎屑、单体珊瑚、腕足类和苔藓虫等化石 44.93m
8. 紫灰色中层状细砾岩与含砾细—粗粒岩屑长石砂岩互层或组成韵律层。砂岩中常发育有水平层理和单向斜层理 74.73m
7. 紫灰色中厚层状砾岩。砾石成分以灰岩为主,其次为火山岩、火山碎屑岩和砂岩,此外还有脉石英等。砾石有一定磨圆度,砾径大者可达数十厘米,灰岩砾石中可见腕足(石燕贝)类和珊瑚等化石 69.49m
6. 紫灰—紫红色中厚层状砾岩、粗砂岩和中薄层状含砾岩屑长石粗砂岩。砾石有一定磨圆度(浑圆状) 99.27m
5. 紫灰色中厚层状砾岩和含砾粗砂岩透镜体,后者中发育有单向斜层理 174.12m
4. 紫灰色中层状复成分细砾岩和中薄层状含砾复成分粗砂岩互层 59.84m
3. 紫灰色中厚层状复成分中粗砾岩。砾石以灰岩成分为主,且其中含有皱纹珊瑚和腕足类等化石 181.02m
2. 紫灰色中厚层状砾岩夹中薄层状含砾复成分中粗—中细粒砂岩,或二者呈互层 280.68m

(未见底)

———— 断层接触 ————

(二) 岩石地层

中上侏罗统接奴群($J_{2-3}Jn$)在图幅内仅出露于瓦昂错西南岸的一个北西西向的断块凹陷中,四周均为断层所限,出露不全,可分上、下两段。下部为砂砾岩段($J_{2-3}Jn^1$),上部为火山岩段($J_{2-3}Jn^2$),二者间为沉积接触。现分述如下。

1. 下部砂砾岩段($J_{2-3}Jn^1$)

该段主要为灰紫色、紫灰色和紫红色各种粒级的砾岩组成,中间夹有含砾岩屑长石粗砂岩和粉细砂岩层。该岩段特点:①出露不完整,顶部为断层所截。②岩性以紫灰色各种粒级的砾岩为主体,中间夹有各种粒级的岩屑长石砂岩和粉细砂岩夹层。砾石中以含有古生代海相化石的灰岩为主,其次为各类成分较杂的沉积岩、岩浆岩和脉岩。钙砂质胶结。砾石的磨圆和分选一般,砾岩及其夹层有一定的成层性。③在粉细砂岩中,见有水平层理和单向斜层理。④该砂砾岩段虽出露不全,但沉积厚度、岩性和岩相在空间上变化迅速。该砂砾岩段属于内陆山间或山前河流相,在河流相以河床亚相为主,并发育有心滩、漫滩亚相,牛轭湖、湖沼亚相等。厚度大于1 673.20m。

2. 上部火山岩段($J_{2-3}Jn^2$)

该段以杂色的英安岩、英安质火山碎屑岩为主体,中间夹有中性的安山岩及与其相关的中性火山碎屑岩。上部还夹有数层玄武岩。总的是以中酸性成分为主,熔岩和各类火山碎屑岩参半。特别要强调的是,在中酸性熔岩间发育有大量凝灰角砾岩、角砾凝灰岩及熔结凝灰岩,夹正常沉积岩夹层,岩相厚度变化较大,说明该段火山岩属中酸性爆发相夹短暂溢流相火山岩系列。出露厚度大于1 621.80m。

二、白垩系(K)

图幅内白垩系只有早白垩世中晚期和部分晚白垩世晚期地层出露,前者统称为则弄群(K_1Zn)。其分布范围远较侏罗系广泛，主要分布于塔尔玛—新吉中、新生代火山岩盆地北缘，沿普强断裂带南侧呈宽狭不一的断带状近东西向至北西向展布。出露面积为928.51km^2，厚度大于5 254m。

（一）剖面介绍

在实测地层剖面(P_4)上，则弄群分为上、下两个岩性段：下段称灰岩夹砂岩段；上段称火山岩段。现将申扎县你阿章-雄欠白垩系则弄群实测剖面(P_4)叙述如下。

白垩系则弄群(K_1Zn)

火山岩段(K_1Zn^2)(图2-19)　　（未见顶，被第四系覆盖）　　**厚度>3 295.57m**

27(21).灰紫色块状英安岩。斑状结构，斑晶为石英(15%)和呈聚晶状的斜长石(20%)，基质为隐晶质，风化后呈浅灰色　67.51m

26(22).紫色块状英安质火山角砾岩和晶屑凝灰岩。火山角砾主要为英安岩和安山岩，火山角砾的粒径为0.5～15cm，呈棱角状　138.27m

25(23).灰紫色块状英安岩。斑状结构，斑晶为粒状石英(5%)及半自形板状斜长石(10%)，具流纹构造，基质为霏细结构，局部为石泡球粒结构　18.44m

24(24).第四系覆盖

23(25).灰色厚层至块状英安岩。斑状结构，斑晶为粒状石英和半自形板状斜长石，基质为隐晶或霏细结构，风化面呈灰白色　482.70m

22(26).第四系覆盖

21(27).紫灰色块状安山岩。斑状结构，斑晶以斜长石为主，半自形板状，局部呈聚晶状(30%)，此外还有少量(3%)暗化的黑云母，基质为隐晶质　6.58m

20(28).灰紫色英安质熔结凝灰火山角砾岩。角砾成分主要为英安岩和安山岩，棱角状，角砾粒径为0.5～6.0cm，基质为含斜长石、黑云母晶屑的火山灰，呈基底式胶结，部分可相变为含角砾凝灰岩　102.89m

19(29).花岗斑岩岩脉

18(30).第四系覆盖

17(31).灰紫色块状英安岩。斑状结构，斑晶为石英(10%)和斜长石(35%)，基质为隐晶质，风化后呈灰色　80.63m

16(32).第四系覆盖

15(33).灰绿色含黑榴石安山岩。斑状结构，斑晶为白色半自形板状斜长石(15%～25%)，黑榴石，粒状，粒径为0.2mm左右，呈集合体状(3%)。基质为玻璃质，局部可见脱玻化。岩石蚀变较强，主要为碳酸盐化和绿泥石化　125.93m

14(34).花岗斑岩岩脉

13(35).灰绿色块状安山岩。斑状结构，斑晶只见半自形板状斜长石(0.5～2.5mm)，可见清楚的聚片双晶，表面有不同程度的绢云母化，含量约占40%，基质为玻璃质，有不同程度的绢云母化和绿泥化现象　700.45m

12(36).第四系覆盖

11(37).灰绿色含辉石安山岩。斑状结构，斑晶以斜长石为主(40%)，半自形(粒径0.5～2mm)，表面有绢云母化。此外斑晶中还含有半自形的单斜辉石(2%)，基质为玻璃质(脱玻化，含量56%)　33.52m

10(38).灰绿色块状含角砾辉石安山岩和含角砾晶屑、浆屑熔结凝灰岩　198.60m

9(39).紫灰色块状英安质角砾凝灰岩和凝灰角砾岩，火山角砾为安山岩、英安岩和凝灰岩，胶结物为含石英、斜长石晶屑的火山灰　210.85m

8(40).灰紫色块状凝灰岩、安山岩和英安质晶屑凝灰岩。后者斑状结构，斑晶为自形较好的板状斜长石　229.20m

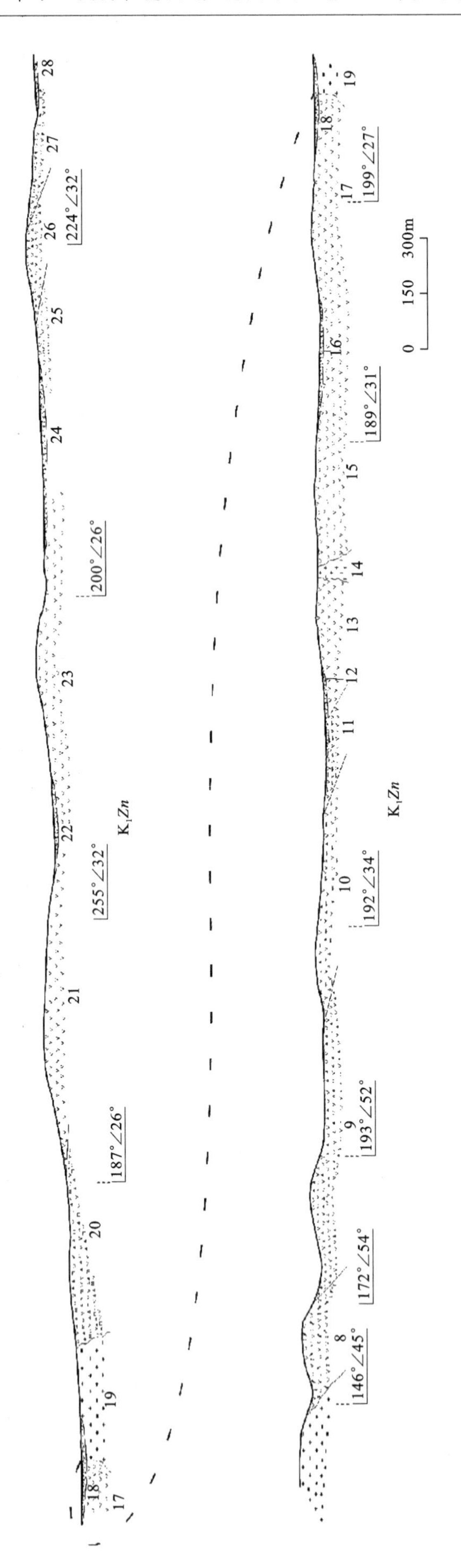

图2-19 你阿章-雄欠白垩系则弄群上段实测剖面图(P_4)

——————　为花岗斑岩岩体所截(沿断层)　——————

灰岩夹砂岩段(K_1Zn^1)(图 2-20)　　**厚度 997.78m**

(未见顶)

7(53).	灰白色厚层状微晶灰岩,局部夹砂质灰岩,含少量层孔虫化石	64.86m
6(52).	深灰色薄层状泥晶灰岩,局部夹砂质灰岩,含少量层孔虫化石及双壳类	138.92m
5(51).	灰色薄层状细粒岩屑砂岩,岩屑多为绢云母和绿泥石、泥岩和粉砂岩碎屑	53.74m
4(50).	灰色薄层状微晶灰岩,中间夹一层 3m 的含磁铁矿石英砂岩	193.96m
3(49).	灰白色薄层状中细粒岩屑石英砂岩	11.99m
2(48).	浅灰色厚层状泥晶灰岩,含海峨螺、马蹄蛤、层孔虫等化石	82.59m
1(47).	深灰色薄层状微晶灰岩,局部夹角砾状灰岩,产腹足类和海峨螺等化石	451.72m

(未见顶)

——————　断层接触　——————

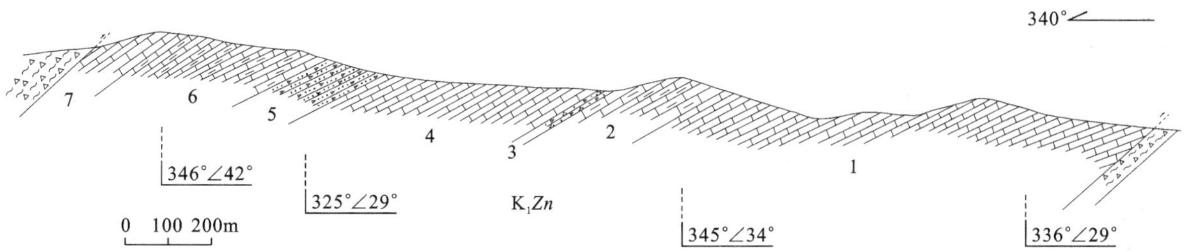

图 2-20　你阿章-雄欠白垩系则弄群下段实测剖面图(P_4)

(二) 岩石地层

下白垩统则弄群(K_1Zn)可进一步划分为上、下两个岩性段,上部火山岩段和下部灰岩夹砂岩段。分述如下。

1. 下部灰岩夹砂岩段(K_1Zn^1)

该岩段以浅灰—深灰色中薄层至中厚层状泥晶—微晶灰岩、砂质灰岩为主,夹有岩屑砂岩、石英砂岩和砂屑灰岩透镜体,属滨浅海碳酸盐台地相及较深水的台地斜坡相。出露厚度为 997.80m。含化石双壳类的马蹄蛤、固着蛤及层孔虫类。在 D121 点属于该岩段的灰岩中发现了丰富的石珊瑚,粉细砂岩中含双壳类和腹足类等化石。

2. 上部中酸性火山岩段(K_1Zn^2)

该岩段主要以紫灰色、灰紫色、灰绿色和深灰色块状—中厚层状英安质角砾凝灰岩,凝灰角砾岩,熔结凝灰岩,岩屑—晶屑凝灰岩为主,夹有多层巨厚的中厚层至块状构造、斑状结构的英安岩和安山岩。根据区域上的地层层序将此岩系置于下、上白垩统则弄群的上段。该岩段出露厚度为 4 256.20m,岩性和堆积厚度变化较大,有的地方熔岩较多;有的地方也可出现各种(火山的或沉积的)巨厚的火山质砾岩、角砾岩、沉积砾岩,甚至有火山-沉积的过渡性细屑沉积岩夹层。

(三) 生物地层和年代地层

图幅内的白垩系只出露有早白垩世中晚期至部分晚白垩世地层,称则弄群(K_1Zn),依岩性和层序划分为上、下两个岩性段:上部火山岩段(K_1Zn^2);下部灰岩夹砂岩段(K_1Zn^1)。

1. 下部灰岩夹砂岩段(K_1Zn^1)

下部灰岩夹砂岩段在 P_4 实测剖面仅见较丰富的? 马蹄蛤、? 固着蛤等化石,但是在实测剖面附近,在层位上相当于此岩性段的 D121 点上发现有较多的海相石珊瑚、双壳类和腹足类化石。其中珊瑚化石共有 7 属、3 种、1 亚种和 3 未定种:

道萨始峰峦珊瑚　*Eohadnophora tosaensis* Yabe et Eguchi

棒槌高壁珊瑚　*Montlivaltia mallens* Liao et Xia

高壁珊瑚未定种　*M.* sp.

假微小克星珊瑚较大亚种　*Actinotrea pseudominima major* Morycowa

轴剑珊瑚未定种　*Axosmilia* sp.

假通珊瑚未定种　*Pseudocoenia* sp.

西藏真脑珊瑚　*Eugyra tibetana* Liao

切布拉枝状叶珊瑚　*Cladophyllia qebulaensis* Liao

根据上述石珊瑚群特点确定则弄群下部岩段的时代为早白垩世中、晚期的阿普第(Aptian)-阿尔比(Albian)期。

D121 点的双壳类有 6 属、1 亚属、2 种、4 未定种和 1 目、1 科内的属种未定类型:

尾翼三角蛤　*Pterotrigonia* (*Pterotrigonia*) *caudata* (Agassiy) (图版Ⅷ-6)

叠瓦蛤未定种　*Inoceramus* sp.

斯皮通笋海螂　*Pholadomya speetonensis* Woods(图版Ⅷ-1)

东方等盘蛤　*Isognomon orientalis*(Hamlin) (图版Ⅷ-3)

申扎似荚蛤　*Gervillaria xainzaensis* Wen(图版Ⅷ-4)

似荚蛤(未定种)　*Gervillaria* sp. (图版Ⅷ-5)

扭翼海扇(未定种)　*Streblopteria* sp. (图版Ⅷ-2)

? 箱帽蛾未定种　?*Arcullaea* sp.

此外还有三角蛤科属种不能确定类型　Trigoniidae gen. et sp. indet.

异齿类属种不能确定类型　Heterodonta gen. et sp. indet.

根据双壳类上列属种类型,将所含化石层位的时代定为早白垩世晚期(K_1^2),这与石珊瑚所确定的时代是吻合的。

在相当于则弄群下部岩段的相应层位采集到较多的腹足类化石,有如下属种:

? 单环螺未定种　?*Monoplocus* sp.

周角假黑螺　*Pseudomelania periangula* Wang et Yang(图版Ⅸ-5、图版Ⅸ-6)

球状假暗螺相似种　*Pseudamaura* cf. *bfulbiformis* (Swerby)

? 蝾螺未定种　?*Turbo* sp.

保氏海峨螺　*Nerinea pauli* Coquand(图版Ⅹ-1)

海峨螺未定种　*N.* sp.

叙利亚近银锥螺相似种　*Paraglauconia* cf. *syrica*(Frech)

丹氏小海峨螺　*Nerinella dnayi* Blanckanhom(图版Ⅸ-1、图版Ⅸ-2)

小海峨螺未定种　*Nerinella*. sp. (图版Ⅹ-2)

坛螺未定种　*Ampullina* sp.

伊氏螺未定种 1 和 2　*Itruvia* sp. 1 和 *I.* sp. 2(图版Ⅹ-3)

亚福假暗螺　*Pseudamaura subfournaeti* (Pcelincev) (图版Ⅹ-6、图版Ⅹ-7)

假暗螺未定种　*Ps.* sp.

康氏假双枝褶螺　*Adizoptyxis coquandiana* (d'Qrbigny)

新圆筒螺未定种　*Trochactaeon* (*Neocylindrites*) sp. (图版Ⅸ-3、图版Ⅸ-4)

兰慈岩鬓螺比较种　*Cassiope* cf. *lanzingensis* (Mennessier)(图版Ⅸ-7)
海峨螺未定种　*Nerinea* sp.
伊氏螺未定种　*Itruvia* sp.
复螺未定种　*Tectus* sp.
班戈中银锥螺　*Mesoglauconia bagoinensis* (Yü)(图版Ⅹ-4、图版Ⅹ-5)
斯氏小海峨螺　*Nerinella schieki* Freas
叙利亚近银锥螺相似种　*Paraglauconia* cf. *syrica* (Frech)
轮捻螺未定种　*Trochactaeon* sp.(图版Ⅹ-8、图版Ⅹ-9)
？大宝贝螺未定种　？*Megalocypraea* sp.
关联双枝褶螺　*Adizoptyxis affinis* Gemmelaro
海峨螺未定种　*Nerinea* sp.

上列相应层位中共有腹足类 17 属、10 种和相似种、9 未定种。在这 17 属中除 *Nerinea* 分布于侏罗纪—白垩纪外，其他 16 属均分布于白垩纪，其中只有 *Pseudamaura subfournaeti*，*Adizoptyxis affinis*，*A. coquandiana*，*Mesoglauconia bagoinensis*，*Nerinella schicki* 只产于早白垩世。则弄群下部岩段的时代应为早白垩世。

综合石珊瑚、双壳类和腹足类 3 个门类的化石，可以肯定则弄群下部岩段的时代为早白垩世中晚期的阿普第-阿尔比期。

2. 上部火山岩段(K_1Zn^2)

在 P_4 剖面的上部中酸性火山岩段中没有采集到生物化石。在 D342 点上，采集了安山岩同位素年龄样，经中国科学院地质矿产研究所测定的 Ar-Ar 法同位素年龄值为 128.54Ma。另在 P_4 剖面第 16 层所采集到的同位素年龄样，经中国地质科学研究院地质矿产研究所测定的 K-Ar 法同位素年龄值为 81.51Ma。前一个数据大致处于早白垩世早期的凡兰吟期；后一个数据则相当于晚白垩世赛诺初期。

据下部灰岩夹砂岩段所含生物化石，结合叠置其上的上部中酸性火山岩段 K-Ar 法同位素年龄值 81.51Ma 和 Ar-Ar 法同位素年龄值 128.54Ma 综合考虑，确认图幅内的则弄群时代应为早白垩世中晚期。

第六节　新生界

测区内新生界发育比较全，包括古近系、新近系、第四系。出露面积也大，几乎遍及全区。沉积类型多而复杂。尤其是第四系沉积类型多、分布广，但均为陆相。

一、古近系(E)

测区内古近系可划分为上白垩统—古新统的典中组[(K_1—E_1)d]，古新统年波组(E_1n)，始新统的帕那组(E_2p)，统称林子宗群及渐新统的日贡拉组(E_3r)。林子宗群主要集中分布在测区的东侧中部洛得以东，错果—罗普一带和测区中西部昂扎—鲁日、越恰错以东巴扎—米地之间。其他地方尚有零星出露。日贡拉组仅在甲岗山以北，格仁错南东，那扎—卓雀一带有出露。古近系出露面积 893.36km²。其中林子宗群以错果—罗普一线出露最好。岩层连续，产状稳定，接触关系较清楚。故选择了布曲-杂弄和鲁祥玛-宗多勒两地测制了剖面。

(一) 实测剖面叙述

1. 班戈县布曲-杂弄林子宗群实测剖面(P_9)

剖面选择在测区东侧的中部，古近系出露较宽，露头相对较好，两岩石地层单元间接触关系相对清楚的布曲—杂弄一线由新到老测制的。起点坐标：E89°56′40″，N30°36′36″；终点坐标：E89°54′56″，N30°28′45″。连续测制了林子宗群的典中组、年波组。不足的是未见顶、底。

林子宗群[(K_2—E_2)*Lz*]

断　层

年波组(E_1*n*)(图 2-21)　　（未见顶）

14. 黑灰色凝灰质细砾岩　>4.67m
15. 暗灰绿色凝灰质英安岩　107.09m
16. 褐紫色玄武岩　21.29m
17. 紫红色英安质岩屑晶屑凝灰岩　1.81m
18. 青灰色中薄层状细粒长石岩屑砂岩　2.07m
19. 灰黑色玄武岩　40.08m
20. 紫红色英安质晶屑凝灰岩　12.18m
21. 灰紫色气孔状玄武岩　7.26m
22. 含角砾玄武岩　16.50m
23. 褐灰色玄武岩夹英安质晶屑凝灰岩　4.48m
24. 褐紫色英安质晶屑凝灰岩　0.86m
25. 灰绿色气孔状玄武岩　8.61m
26. 细粒闪长岩脉
27. 第四纪残坡积物覆盖
28. 灰紫色中薄层状细粒石英砂岩　31.49m
29. 褐紫色熔结凝灰岩，具韵律性沉积特点的含砾凝灰质砂岩　30.03m
30. 灰褐色火山角砾岩　4.20m
31. 浅灰色中层状粉细砂岩夹含砾岩屑中砂岩，不等粒砂砾岩　152.29m
32. 灰紫色英安质晶屑凝灰岩　27.92m
33. 灰紫色英安质凝灰岩　37.95m
34. 浅灰色英安质岩屑玻屑凝灰岩，底部夹一层厚约 1.2m 的紫红色砂砾岩层　156.00m
35. 灰绿色中薄层细粒石英砂岩夹薄层中粒石英砂岩　36.66m
36. 紫灰色中厚层状凝灰质细砾岩夹薄层状凝灰质岩屑砂岩　30.98m
37. 青灰色中薄层状细粒长石石英砂岩　24.38m
38. 灰白色中层状细粒长石石英砂岩夹具斜层理岩屑长石砂岩　69.14m
39. 紫灰色、黑灰色中厚层状凝灰质细砾岩夹中薄层青灰色凝灰质砂岩　14.44m
40. 紫灰色、紫色中厚层状砾岩，含砾粗砂岩，中粗粒砂岩，呈韵律性沉积，自下而上总体粒度变细　405.41m

～～～～～～ 角度不整合 ～～～～～～

典中组[(K_2—E_1)*d*](图 2-22)

41. 灰紫色英安岩，局部具气孔构造　527.89m
42. 灰色英安质晶屑凝灰岩夹一层 20cm 左右厚的砂砾岩　20.10m
43. 紫红色流纹岩　97.78m
44. 灰白色含凝灰质流纹岩　23.74m
45. 浅灰色流纹岩　63.88m
46. 花岗斑岩脉
47. 灰色流纹质晶屑凝灰岩　16.31m
48. 灰绿色英安岩、黑云母英安岩　37.04m

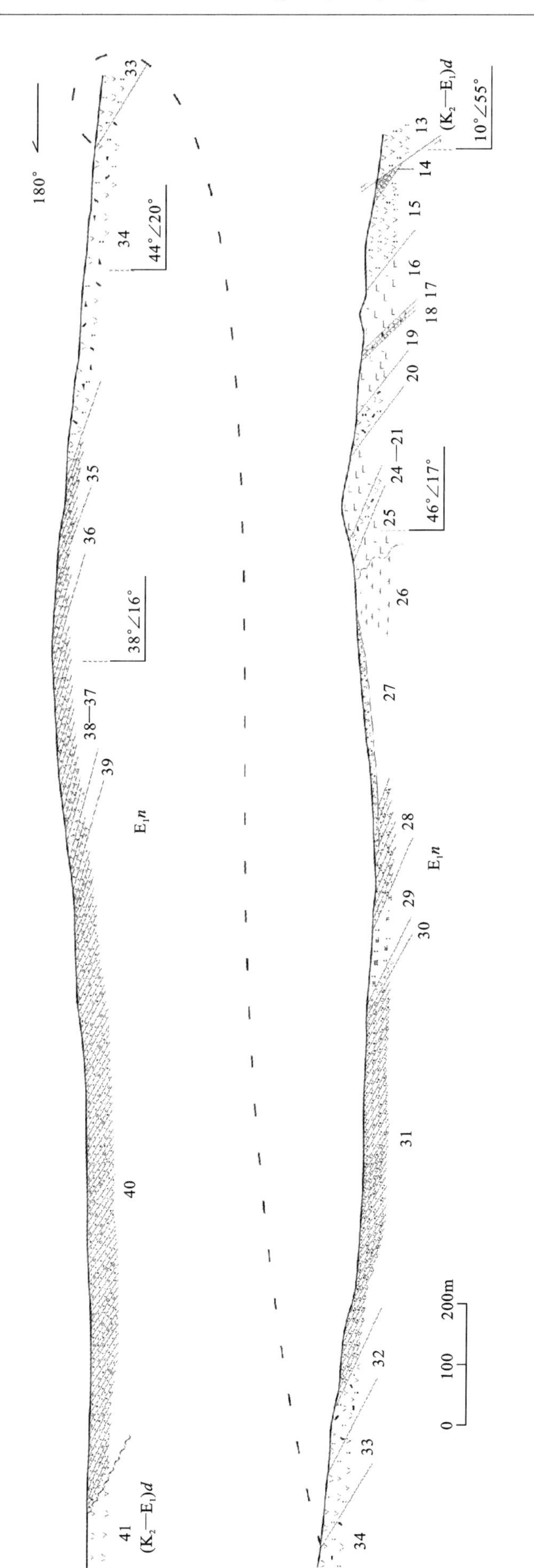

图 2-21 林子宗群年波组实测剖面图(P_9)

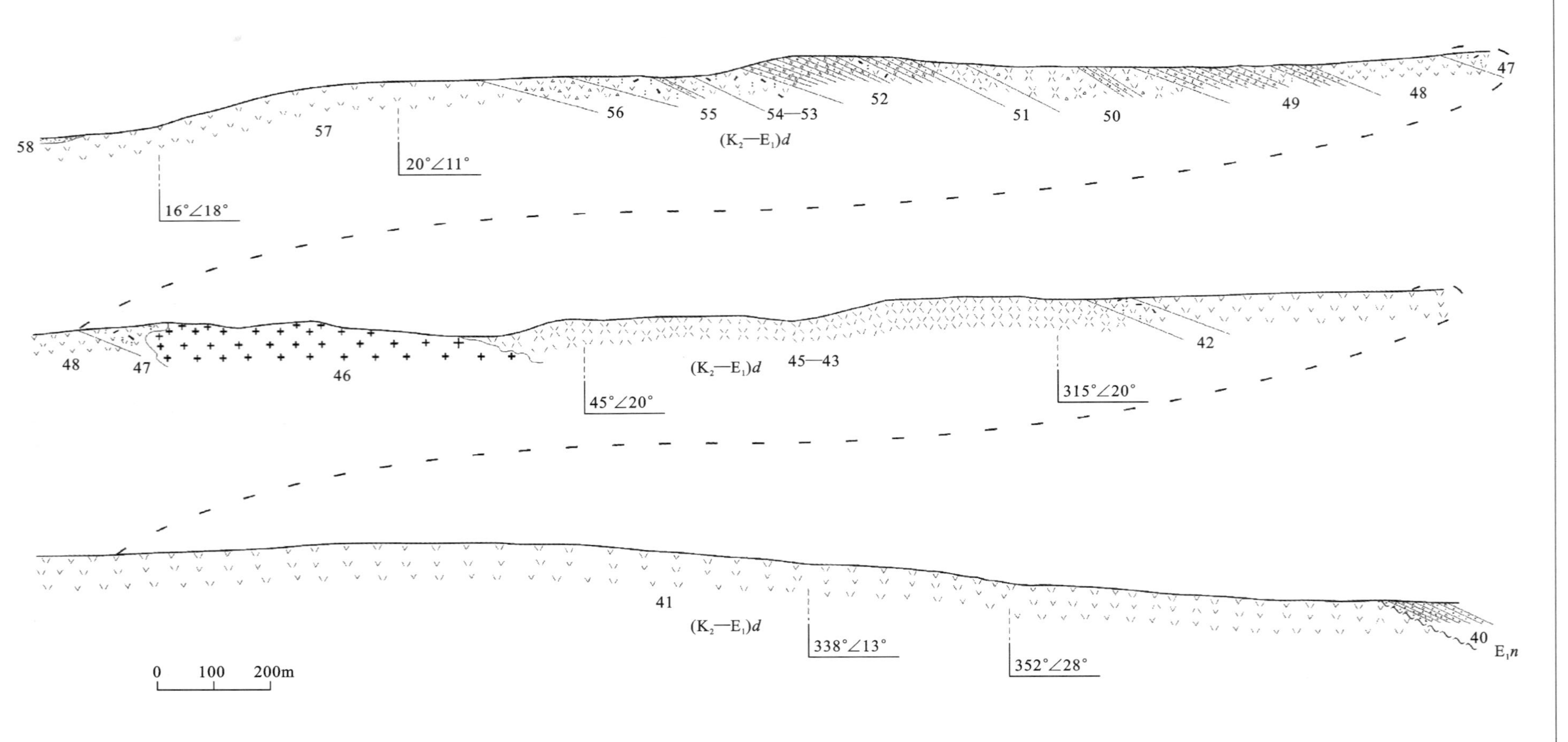

图 2-22　林子宗群典中组实测剖面图(P_9)

49. 灰紫色中厚层状凝灰质中细砾岩夹紫灰色英安质凝灰岩　55.91m
50. 深灰色含角砾流纹岩夹凝灰质粉砂岩薄层　46.88m
51. 紫灰色含角砾流纹岩　8.34m
52. 紫色英安质晶屑凝灰岩夹含砾粗粒长石砂岩　36.97m
53. 灰色英安质晶屑凝灰岩　0.33m
54. 紫灰色英安质晶屑凝灰岩　5.41m
55. 灰紫色含晶屑英安质凝灰岩夹薄层粉砂质泥岩　30.51m
56. 灰色英安岩夹含角砾英安岩　25.14m
57. 紫色英安岩，偶具气孔构造　101.67m

（未见底，被第四系覆盖）

2. 鲁玛祥-仲多勒林子宗群帕那组实测剖面(P_{22})(图 2-23)

上新统：乌郁群下段(N_2Wy^1)

1. 灰色、黄灰色中厚层状中细砾砾岩夹含砾粗砂岩透镜体　>11.50m
2. 灰色厚层状中粗砾砾岩　>42.36m

═══　断　层　═══

始新统：帕那组(E_2p)　（未见顶）

3. 灰紫色安山岩　>204.97m
4. 紫灰色含气孔状安山岩　284.35m
5. 安山质晶屑凝灰岩　170.35m
6. 黑灰色黑云母安山岩　130.00m
7. 黑灰色安山质玄武岩　145.18m
8. 紫灰色气孔状安山质凝灰岩　154.27m
9. 灰色、灰黄色中层状石英砂岩夹凝灰质砂砾岩层　19.15m
10. 褐灰色、黑灰色辉石安山岩　348.32m
11. 灰色、绿灰色安山质凝灰岩　171.09m
12. 灰黑色黑云母安山岩　107.59m
13. 深灰色、黑灰色安山质凝灰岩　88.08m
14. 黑灰色橄榄石玄武岩　43.80m
15. 黑云母安山岩　39.85m
16. 灰色、褐灰色安山质凝灰岩　74.58m
17. 灰色、深灰色安山质晶屑凝灰岩　44.93m
18. 深灰色黑云母安山岩　57.39m
19. 灰色、粉灰色砂质凝灰岩　>217.06m

（未见底）

═══　断　层　═══

下二叠统：昂杰组(P_1a)

20. 长石岩屑中细砂岩

3. 申扎县金荣勒日贡拉组实测剖面(P_{14})(图 2-24)

渐新统：日贡拉组(E_3r)

（未见顶，第四系覆盖）

18. 紫红色中层状夹薄层状细粒长石岩屑砂岩，微细层理发育　>26.26m

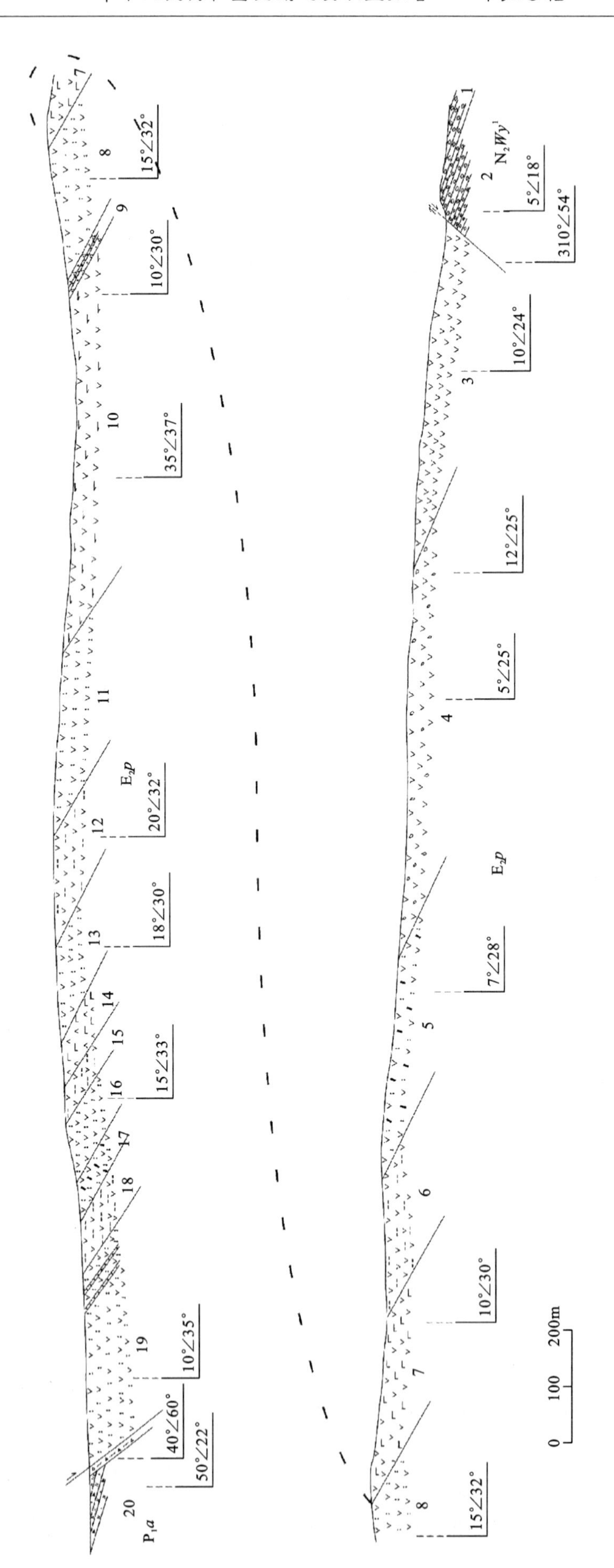

图2-23　鲁玛祥-仲多勒林子宗群帕那组实测剖面图(P_{22})

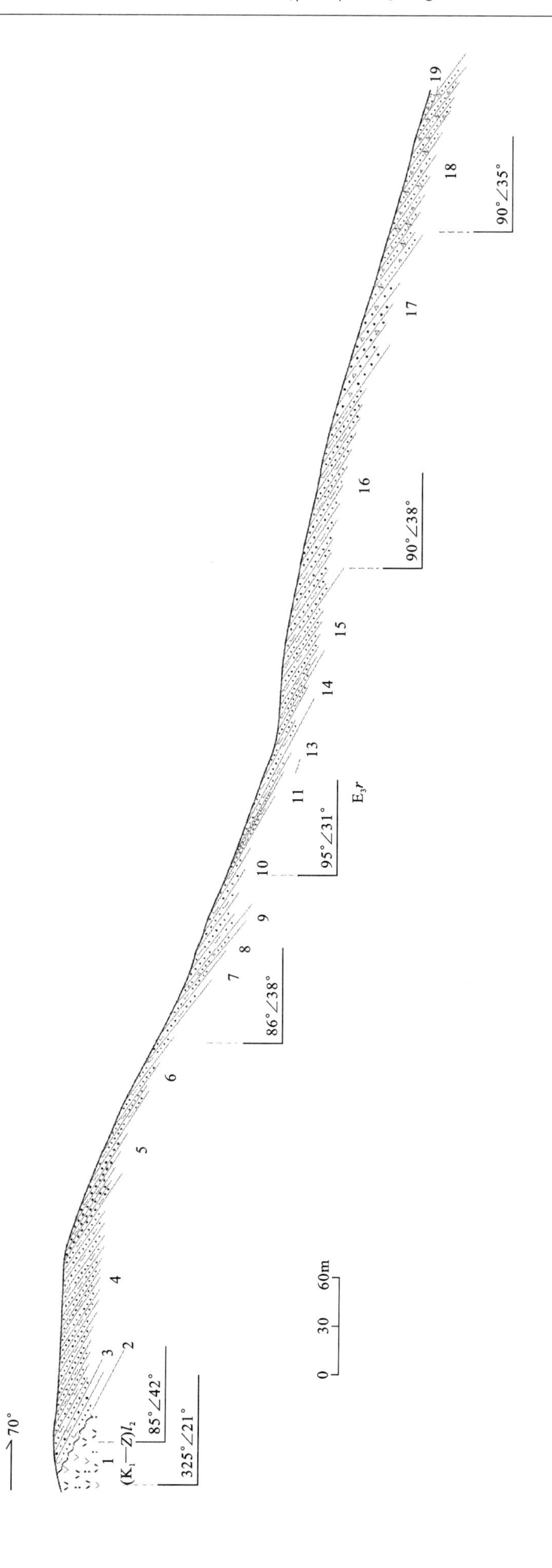

图 2-24　日贡拉组实测剖面图(P_{14})

17. 紫红色中薄层状中粗粒岩屑砂岩夹薄层状细粉砂岩，含植物化石碎块	23.59m
16. 紫褐色中层状钙质中粒砂岩	44.92m
15. 灰绿色中薄层状钙质细粒砂岩夹薄层含细砾钙质中粒岩屑砂岩	30.20m
14. 灰绿色中层状钙质细砂岩夹紫色中薄层状长石岩屑粉细砂岩，含植物化石	9.21m
13. 褐灰色厚层含细砾粗粒岩屑砂岩、钙质不等粒岩屑砂岩	4.91m
12. 紫红色薄层细粒长石砂岩	0.49m
11. 灰绿色中薄层状中粗粒岩屑砂岩夹钙质细砂岩薄层	1.60m
10. 褐紫色中层状钙质中细粒岩屑砂岩，夹粉细砂岩薄层，局部具单斜层理	30.78m
9. 灰绿色中厚层状含砾钙质砂岩	3.99m
8. 紫灰色中层状钙质粉细砂岩	3.81m
7. 灰绿色中层状中粒钙质中粒砂岩，发育有较大型单向斜层理	3.81m
6. 紫红色中层状含凝灰质中粒岩屑砂岩夹薄层钙质粉细砂岩	15.42m
5. 紫红色中层状钙质中粒砂岩	39.38m
4. 紫色、褐紫色中薄层状钙质细砂岩，具微细层理，夹中层状钙质细砂岩，具斜层理、小型交错层理，中层状岩屑细砂岩、中细粒砂岩，局部可见小型波痕	60.15m
3. 黄绿色中层状钙质中细粒砂岩	3.02m
2. 黄绿色中层状中粒长石岩屑砂岩，底部具沿层不连续分布的砾石	4.84m

~~~~~~~~~~~~ 角度不整合 ~~~~~~~~~~~~

下伏地层：下白垩统则弄群上段

1. 凝灰质英安岩

（二）岩石地层

1. 林子宗群[K_2—E_2)*Lz*]

林子宗群是由李璞(1959)所称“林子宗火山岩”演变而来。西藏区调队(1990)1∶20万拉萨幅和曲水幅地质报告将林子宗群解体，自下而上分别称为典中组、年波组和帕那组。自西藏岩石地层清理认同后，沿用至今。其主体地质时代置于古新世—始新世。局部可下跨到晚白垩世。本次区调中根据同位素年龄测试结果，认同上述时代归属意见。

典中组[(K_2—E_1)*d*]

主要以英安岩、流纹岩为主体，夹有沉积砂砾岩层。其中：上部以灰紫色英安岩为主夹少量英安质凝灰岩及流纹质晶屑凝灰岩。英安岩厚达500m以上，并发育有柱状节理(图2-25)。中部以流纹岩、流纹质凝灰岩含角砾流纹岩为主，夹具韵律性沉积的砂砾岩层，砾石多呈棱角状—次棱角状，胶结物中含有凝灰质成分，而且自下而上砂砾岩夹层变少，单层厚度变小，粒(砾)度变细，沿岩层走向单层厚度不稳定，远距离追溯有尖灭的趋势。下部为英安岩、含角砾英安岩，夹薄层状含砾粗粒岩屑长石砂岩，英安岩中发育有气孔构造或杏仁构造。

图2-25　火山岩柱状节理素描图

典中组在测区内分布不稳定，东部出露宽，厚度也大，向西出露宽度变窄，厚度变小，而且直接覆盖在二叠系—石炭系之上，顶部被上覆年波组以角度不整合覆盖。
~~~~~~~~~~~~

年波组(E_1n)

主要岩性为各种碎屑岩夹少量中酸性凝灰岩。其中:下部以紫色、紫灰色细砾岩,含细砾粗砂岩,中细粒砂岩,细粒石英砂岩不等厚互层为特点,构成一个较大的沉积韵律层。该韵律层内含若干小型韵律层,各韵律层总体自下而上变薄、变细,具厚薄不等的韵律性沉积特点。而且个别小韵律层内发育有平行层理,较大型单向缓斜层理等,斜层系一般在15～30cm之间。底部砂砾岩中可见较多的棱角状、次棱角状英安岩砾石,该砾石来源于下伏岩层。中部为灰紫色英安质晶屑凝灰岩、英安质凝灰岩、层凝灰岩。上部为灰白色中层状粉细砂岩,灰紫色中细粒石英砂岩,含砾砂岩夹凝灰岩、熔结凝灰岩、火山角砾岩等。具有韵律性沉积特点,自下而上,碎屑岩粒度略显变粗的趋势。火山岩夹层主要出现在中上部,自熔结凝灰岩(第29层)开始向上出现的夹层增多。单层厚度也增大,相对碎屑岩则减少变薄。

年波组在区域上与下伏典中组间为角度不整合接触。在P_9剖面上第40与第41层间的角度不整合接触。向西至测区中部塔尔玛以东的昂扎—曾日一带上部被上新统乌郁群下段以角度不整合直接覆盖。

帕那组(E_2p)

主要由安山岩、具气孔状玄武岩、英安质晶屑凝灰岩、英安质火山角砾岩夹凝灰岩及少量凝灰质细砂岩、细砾岩组成。其中安山岩有灰绿色安山岩、灰紫色辉石安山岩、灰色黑云母辉石安山岩,分布极广;其次是玄武岩,有黑灰色具气孔玄武岩,块状具气孔、杏仁构造玄武岩(图2-26),灰绿色浅灰色玄武岩;英安质岩石有英安质火山角砾岩、含角砾英安岩、英安质晶屑凝灰岩、熔结凝灰岩、凝灰岩等。凝灰岩多以薄层状夹于熔岩之间;细砾岩、含细砾砂岩、粉细砂岩多分布在中下部,而且自下而上单层变薄,层数减少,粒(砾)度变细。局部夹层中具粒序层理,呈夹层产出。

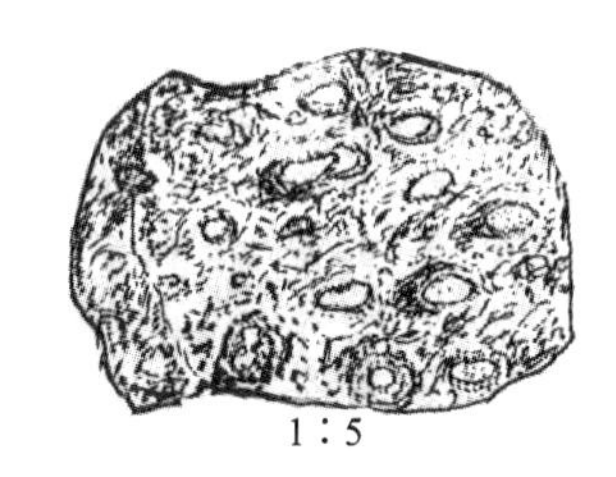

图2-26 杏仁构造标本素描图

本套中酸性熔岩自东向西厚度变薄,而自北向南也有厚度变薄的趋势。相反碎屑岩由东向西、由北向南,无论在厚度上、粒(砾)度上,还是在层数上都有增厚、变粗、增多的趋势。与下伏地层呈角度不整合接触。

2. 日贡拉组(E_3r)

日贡拉组最早是由西藏地质三队吴一民(1973)创名,创名地点在测区南,南木林县东的日贡拉山脚下,指下部以火山岩为主,上部为杂色粉砂岩、泥岩夹泥灰岩和凝灰岩,厚30～60m。1983年,西藏区调队将日贡拉组重新定义为全部由碎屑岩组成的一套地层。测区内日贡拉组仅见于甲岗山北山脚那扎—卓雀一带,出露面积15.83km^2,测得最大厚度303.4m。

岩性主要以一套紫色中细粒碎屑岩夹黄绿色细碎屑岩为特征,与下伏下白垩统则弄群上段为角度不整合接触。其中:下部为紫色、褐紫色中层状含砾岩屑砂岩,中细粒钙质砂岩为主,近底部夹黄绿色中层状含细砾钙质中粗砂岩、钙质中细粒砂岩及粉砂岩,发育有斜层理及槽型交错层理,在斜层理及交错层理中具由粗到细的粒序层理。紫色碎屑岩中平行层理发育。中部为紫色、褐紫色中薄层状钙质中细砂岩,粉砂岩与黄绿色、灰绿色中层状钙质细砂岩不等厚互层。黄绿色粉砂岩中含植物化石碎片。局部发育有斜层理。上部为紫色、紫红色中薄层状钙质细砂岩,细粒长石岩屑砂岩,具韵律性沉积特点,个别韵律层的底部含有细砾石。未见顶。在区域上它应与上覆乌郁群不整合接触。

(三)时代讨论

林子宗群一名是由李璞(1955)所称"林子宗火山岩"演变而来。李璞创"林子宗火山岩"宗旨是指发育在林周地区的一套火山岩夹砂岩、泥质灰岩为主体的岩层,其时代为白垩纪。1964年,全国地层会议称该套岩层为“林子宗组”，时代为晚白垩世。章炳高(1979)、夏金宝(1982)称之为“林子宗火山岩”，其时代分别置于古新世和始新世。西藏综合队(1979)称之为“林子宗火山岩组”，将其时代归属为晚白垩世，西藏区调队(1991)在1:20万拉萨幅和曲水幅地质调查报告中将“林子宗群”解体为典中组、年波组和帕那组。《西藏自治区区域地质志》(1993)将申扎-措勤地区的原“达多群”和拉萨地区的原“林子宗火山岩”统称为“林子宗群”，首次将林子宗群一名引用到藏北地区，将其时代置于古新世—始新世。《西藏自治区岩石地层》(1997)沿用西藏区调队(1991)的划分方案，将“林子宗群”自下而上解体为典中组、年波组和帕那组，将其主体地质时代置于古新世—始新世，局部可能会下跨入晚白垩世，沿用至今。

前人在“林子宗群火山岩”中测得(88±2.0)～(86±1.6)Ma(Rb-Sr 等时线法)和 60～50Ma(K-Ar 法，^{39}Ar-^{40}Ar 和 Rb-Sr 等时线法)等同位素年龄数据(Coulon C, Wang S et al.,1986)。

我们在本次1:25万区域地质调查中为能较准确地查清“林子宗群”这套以火山岩为主体、中部夹有碎屑岩的岩层的地质时代，在其中的不同层位，采用同一方法，选择不同测试单位测试了10个同位素年龄数据，其中典中组5个，年波组3个，帕那组2个(表2-4)。

表 2-4 林子宗群火山岩同位素测年值一览表

样品号	采样层位	测试岩性	运用矿物	测线方法	测试结果(Ma)
K334-1	帕那组	黑云母安山岩	全岩	K-Ar 法	47.86±8.8*
K334-2		玄武岩	全岩	K-Ar 法	32.62±7.32*
TP4-10	年波组	玄武岩	全岩	K-Ar 法	84.24±1.28*
TP4-15		流纹状英安岩	全岩	K-Ar 法	59.82±1.03*
TP9-22		英安岩	全岩	K-Ar 法	66.45±1.9*
TP9-57	典中组	英安岩	全岩	K-Ar 法	62.6±1.04*
TP9-12		玄武岩	全岩	K-Ar 法	77.05±1.16*
P9-57		英安岩	全岩	K-Ar 法	78.5±1.3△
P9-T2		辉石安山岩	全岩	K-Ar 法	85.4±2.6△
P9-T2		辉石安山岩	全岩	K-Ar 法	83.4±2.5△

注：*地质矿产部地质研究所测试；△成都地质矿产研究所分析测试中心测试。

根据我们所测试的同位素年龄值，结合前人所测得的同位素年龄结果，综合考虑，认定该套岩层的总体地质时代为晚白垩世至始新世。其中：采自 P_9 剖面典中组的5个火山岩样品所测的同位素年龄值均在(85.4±2.6)～(62.60±1.04)Ma之间。证实典中组的地质时代为晚白垩世到古新世早期。年波组的碎屑岩为主夹火山岩，所测同位素年龄样品均采自火山岩夹层，虽然采自 P_9 剖面玄武岩夹层中的样品测得年龄值偏老[(84.24±1.28)Ma]，但根据野外路线地质观察和实测剖面研究，它以角度不整合覆盖于典中组之上。其层位自然是高于典中组，区域上它又以角度不整合伏于帕那组火山岩之下，无疑它的层位应介于典中组和帕那组之间。而采自 P_4 剖面的同位素年龄测试样品，测得(66.45±1.9)Ma和(59.82±1.03)Ma，其年龄值是古新世范畴，但该段岩层底部被断层所截，顶部被上新统乌郁群上段火山岩所盖。那么对年波组这套碎屑岩夹火山岩地层，若不单纯考虑同位素年龄测试结果，结合其与下伏、上覆岩层三者间的空间关系，年波组的时代应属古新世中晚期无疑。采自帕那组的2个火山岩样品测得同位素年龄值分别为(47.86±8.8)Ma和(37.62±7.32)Ma，证明其地质时代属始新世。

日贡拉组(E_3r)的主体岩性为一套紫色碎屑岩，并超覆在下白垩统则弄群之上。含有较多的植物化石碎块(以茎干为主)。郭双兴、李浩敏(1976)曾在与此相当层位上采得孢粉化石，其组合面貌为渐新统。本次在申扎县金荣勒实测剖面(P_{14})采集了7个孢子花粉分析样品,经大庆油田微体古生物分析室分析,未获得任何孢子花粉化石。前人亦曾在革吉县的鄂玛剖面测得相当层位的流纹岩夹层同位素年龄值为31.4Ma(K-Ar法),属渐新世。

本次1∶25万申扎县幅区域地质调查区内,日贡拉组出露面积较小。未获得任何有时代意义的化石资料。据其岩性组合特点,与乌郁盆地(正型剖面所在地)日贡拉组岩性类同。参照前人研究结果,故将该套岩层置于林子宗群之上,时代为渐新世。

二、新近系(N)

按照西藏岩石地层划分方案(全国地层多重划分对比研究),测区内新近系只发育有乌郁群。

乌郁群是宁英毅(1975)创名,创名地在测区南,南木林县城东的乌郁盆地。自创该名后,对其含义、进一步划分对比,几经修改,分、合变动,并未达成共识,直到1997年,西藏自治区岩石地层清理编写组又将其统称为乌郁群,而废除了以前在乌郁群"定义"内进一步分、合所建立的7个岩石地层组级名称。时代定为新近纪、上新世。

测区内新近系乌郁群,主要分布在塔尔玛乡以东,新吉乡以西与罗扎乡以北的广大地域。出露面积2 674.41km^2。岩层走向呈北西西向延伸,按其岩性和岩相特点可分上、下两部分(段),填图时是将其按两个岩石地层单元独立填绘的。

(一)实测剖面叙述

1. 班戈县新吉乡山嘎实测剖面(P_{10})(图2-27)

乌郁群火山岩段(N_2Wy^2)　(未见顶)

19. 灰色、浅灰色英安岩　>132.96m
18. 紫褐色英安岩　327.57m
17. 紫灰色含角砾英安岩　163.11m
16. 灰黑色具气孔构造英安岩　441.82m
15. 褐紫色含角砾英安岩夹砂质凝灰岩　24.89m
14. 暗紫色具孔气状英安岩　85.16m
13. 紫色含角砾流纹质凝灰岩　102.51m
12. 紫灰色凝灰质粗砂岩夹中粒砂岩　202.20m
11. 褐紫色含角砾英安岩　101.41m
10. 黄褐色薄层状钙质、凝灰质细粉砂岩　16.33m
9. 紫灰色含角砾英安岩夹灰褐色具气孔状英安岩　141.66m
8. 灰褐色、深灰色凝灰质英安岩夹凝灰质流纹岩,英安质晶屑凝灰岩　133.15m
7. 青灰色中薄层状钙质粉砂岩夹凝灰质粉细砂岩　104.62m
6. 灰黑色厚层状凝灰质砂岩夹砂质泥晶灰岩层　65.48m
5. 粉灰色凝灰质角砾岩夹黑灰色含砾粗粒岩屑长石砂岩　14.95m
4. 紫灰色凝灰质英安岩　35.59m

～～～～～～　角度不整合　～～～～～～

下伏地层:乌郁群碎屑岩段(N_2Wy^1)

3. 紫红色中层状细砾粗砂岩　31.86m
2. 灰紫色厚层状中细砾砾岩与紫红色含砾粗砂岩呈韵律性互层　197.44m
1. 紫红色中层状中粗粒岩屑长石砂岩　>29.29m

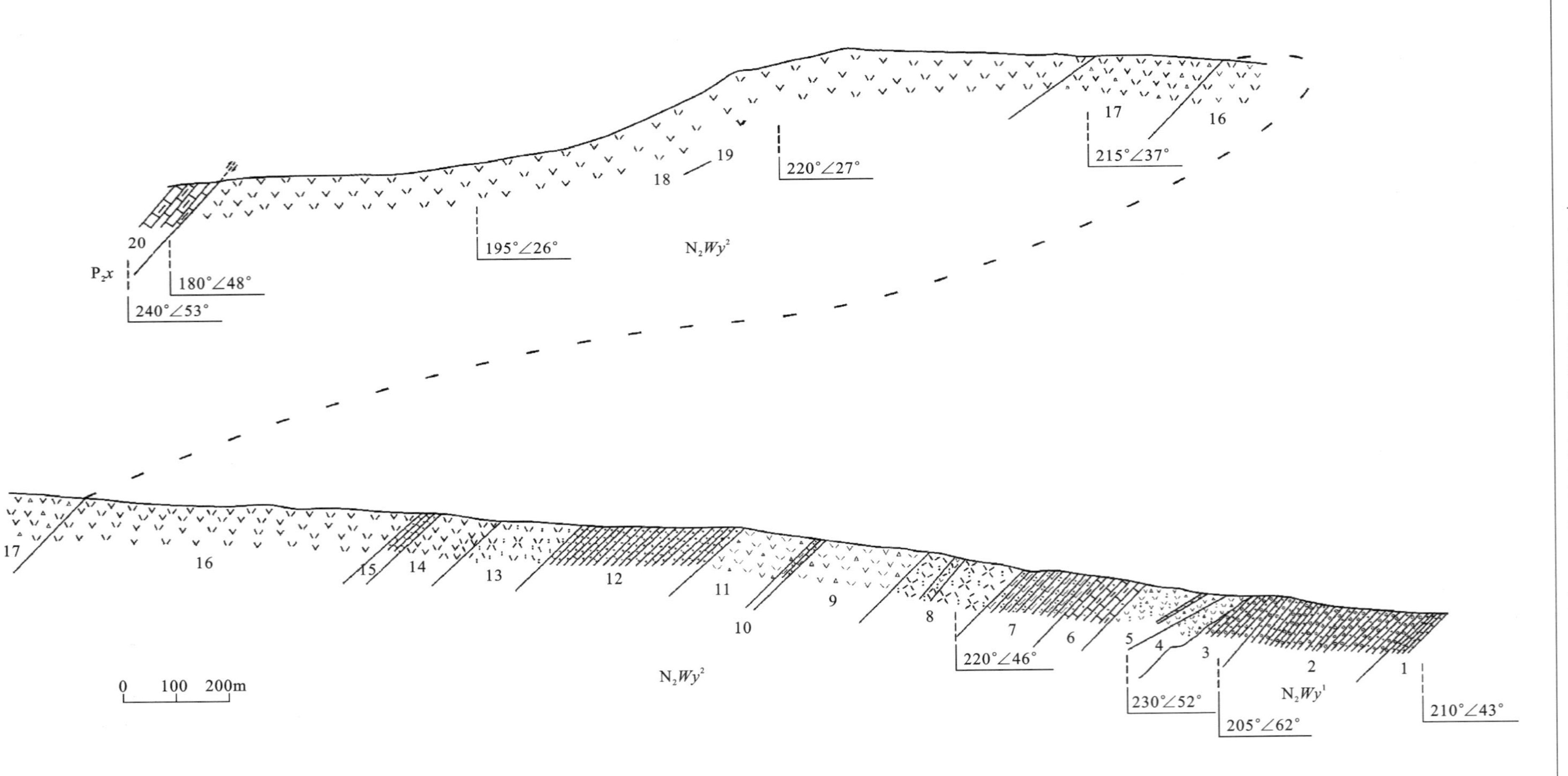

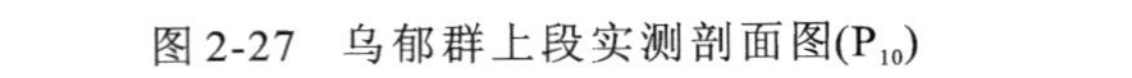
图 2-27　乌郁群上段实测剖面图(P_{10})

2. 班戈县新吉乡同布波实测剖面(P_8)(图 2-28)

上覆地层:乌郁群火山岩段(N_2Wy^2)

76. 紫灰色凝灰质英安岩　>3.8m

～～～～～～ 角度不整合 ～～～～～～

乌郁群碎屑岩段(N_2Wy^1)

75. 紫灰色中层状细砾岩,局部夹薄层状粗砂岩,含砾粗砂岩　23.05m
74. 紫灰色中砾岩、细砾岩、含砾粗砂岩呈韵律性互层　90.28m
73. 紫灰色中层状中细粗砂岩夹中薄层含砾粗粒岩屑砂岩　40.34m
72. 紫灰色中层状含砾岩屑粗砂岩与中细粒岩屑砂岩呈韵律性互层　30.73m
71. 紫灰色中厚层状细砾岩与紫色、灰紫色薄层状粗粒岩屑砂岩韵律性互层　32.65m
70. 紫色中层状含细砾岩屑长石粗砂岩与粗粒岩屑砂岩韵律性互层　35.02m
69. 紫灰色中层状含细砾中粗粒岩屑砂岩　58.51m
68. 紫红色中薄层状细粒岩屑砂岩　24.38m
67. 紫红色中层状细砾岩,含砾粗粒岩屑砂岩　15.61m
66. 紫红色中厚层状中、细粒岩屑砂岩　32.19m
65. 褐灰色、紫灰色中层状细砾岩与灰紫色中层状中粒岩屑砂岩韵律性互层　35.71m
64. 紫灰色中厚层状中砾砾岩　129.79m
63. 紫红色中薄层状钙质粉砂岩　176.76m
62. 紫红色中层状含砾中细粒岩屑砂岩,局部发育有小型斜层理　21.61m
61. 紫红色中层状细粒钙质岩屑砂岩夹含泥饼砾细粒岩屑砂岩,小型斜层理、交错层理、波痕等均较发育　334.64m
60. 粉紫色薄层状含细砂钙质粉砂岩夹中层状钙质细砂岩,微层理发育,具小型不对称波痕,干裂　49.92m
59. 紫红色中层状中粒岩屑砂岩夹薄层状中细粒岩屑砂岩,发育小型槽型层理、中小型单向斜层理及波痕、干裂等。局部含虫迹化石　27.36m
58. 紫灰色中厚层状中粒岩屑砂岩夹细粒钙质岩屑砂岩,斜层理、平行微细层理十分发育,局部夹含泥饼砾岩屑砂岩,并发育波痕和干裂　64.06m
57. 紫红色中层状中细粒岩屑砂岩夹薄层钙质粉砂岩　49.26m
56. 紫红色薄层状细粒钙质岩屑砂岩夹中层状中粒岩屑砂岩　59.52m
55. 褐紫色中薄层状细粒钙质岩屑砂岩夹中层状细粒岩屑砂岩　38.32m
54. 紫红色薄层状细粒岩屑长石砂岩　11.03m
53. 紫红色中薄层状中粒岩屑砂岩与中层状钙质粉砂岩不等厚互层　42.74m
52. 褐紫色中薄层状岩屑长石砂岩、中细粒岩屑砂岩、钙质粉砂岩呈韵律性互层,由 5 个较大的韵律层组成　27.71m
51. 紫灰色中层状中、细粒钙质岩屑砂岩　16.06m
50. 粉紫色薄层状具微层理岩屑粉细砂岩　27.75m
49. 紫红色中厚层中细粒岩屑砂岩夹中薄层细粒钙质岩屑砂岩　42.04m
48. 紫红色薄层状粉细粒岩屑砂岩　14.55m
47. 紫红色中薄层状细粒钙质岩屑砂岩　15.84m
46. 粉紫色中层状中细粒钙质岩屑砂岩,微层理发育,夹具斜层理中粒岩屑砂岩,偶含泥饼砾。由 4 个中—细的韵律层组成　27.20m
45. 粉紫色中层状岩屑细砂岩夹紫红色薄层状钙质粉砂岩　13.92m
44. 紫红色中薄层状中细粒岩屑砂岩与紫褐色薄层钙质粉砂岩不等厚互层,偶见虫迹化石,由两个韵律层构成　9.62m

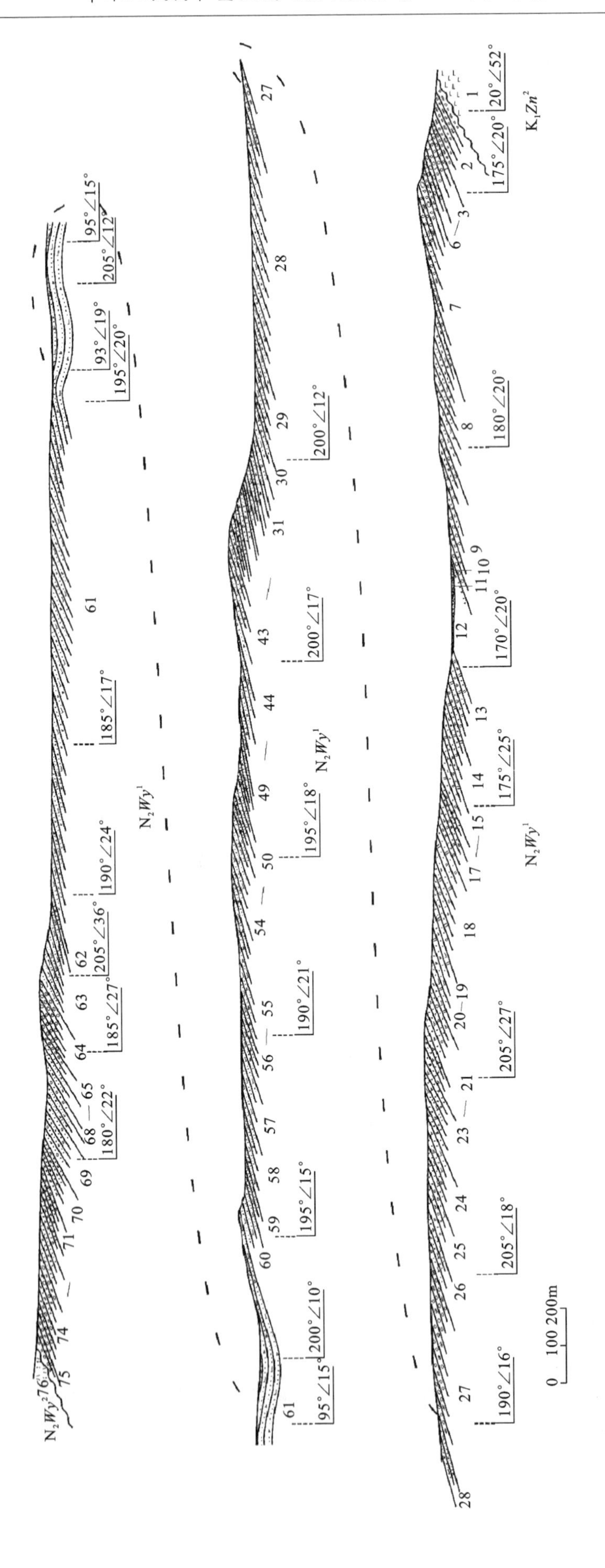

图 2-28　新吉乡同布波乌郁群下段实测剖面图(P_8)

43. 灰紫色薄层钙质岩屑粉砂岩夹紫红色中层状细粒钙质岩屑砂岩，发育有板状斜层理及不对称波痕 16.46m
42. 褐紫色中薄层状含云母质中粒岩屑砂岩，发育有交错层理、小的粒序层理 20.73m
41. 粉紫色中薄层状细粒钙质岩屑砂岩，发育有波痕、干裂，偶见虫迹化石 21.22m
40. 紫红色中层细粒岩屑砂岩夹中粒岩屑砂岩，具板状斜层理 8.63m
39. 紫红色中层状中粒岩屑砂岩，细粒岩屑砂岩及薄层粉砂岩构成韵律性沉积 30.01m
38. 紫灰色具微细平行层理中厚层状中细粒长石岩屑砂岩 7.72m
37. 紫红色中薄层状中细粒岩屑砂岩夹中层状中粗粒岩屑砂岩 26.23m
36. 灰紫色中层状中细粒长石岩屑砂岩，具较大型交错层理，底部含泥饼砾 3.09m
35. 灰紫色中薄层状具微斜层理细粒钙质粉砂岩 31.84m
34. 青灰色中层状中细粒岩屑砂岩，层面具小型不对称波痕 4.82m
33. 紫红色中薄层状粉细砂岩与灰紫色中层状细粒岩屑砂岩构成一个沉积韵律层，岩层中偶见含细碳屑 15.61m
32. 紫红色薄层钙质粉砂岩夹中薄层状细粒岩屑砂岩 7.97m
31. 青灰色中层状中细粒钙质岩屑砂岩与紫色薄层状粉细砂岩不等厚互层，其间夹有具斜层理(板状为多)中细粒砂岩层 18.55m
30. 青灰色薄板状中细粒岩屑长石砂岩 38.71m
29. 青灰色中薄层粉细砂岩夹紫灰色中层状中细粒钙质岩屑砂岩 86.68m
28. 紫红色中层状夹厚层状含砾长石岩屑砂岩夹细粒钙质长石岩屑砂岩，含砾粗砂岩层局部发育有缓斜单向斜层理 284.45m
27. 紫灰色、褐灰色中厚层状中砾复成分砾岩夹透镜状中细砾复成分砾岩，含砾粗砂岩。透镜层中发育有中小型斜层理及交错层理；中砾岩层中局部发育有较大型单向缓斜层理。灰岩砾石中含较丰富的六射珊瑚、圆笠虫、苔藓虫等化石 159.85m
26. 紫红色中薄层中细粒钙质岩屑砂岩夹薄层状粉细砂岩，局部夹含紫色泥饼砾中粒砂岩层。具韵律性沉积特点 60.16m
25. 紫红色、紫灰色中层状含砾粗粒钙质岩屑砂岩 48.60m
24. 灰紫色薄层状中细粒钙质岩屑砂岩，微细层理发育，具小型不对称波痕 62.39m
23. 紫灰色中层状细砾岩、灰紫色含细砾粗砂岩、中薄层中粒钙质岩屑砂岩，局部夹含紫色泥饼砾，细砾粗砂岩层 62.45m
22. 紫灰色中薄层中细粒长石岩屑砂岩，顶部夹含泥饼砾中粗粒长石岩屑砂岩，局部可见斜层理 64.75m
21. 紫灰色中厚层状砾岩、中细砾岩、含砾粗砂岩韵律性互层 72.48m
20. 紫灰色中层状中细粒钙质长石岩屑砂岩夹含紫色泥饼砾岩屑砂岩 58.11m
19. 褐黄色中层状含砾长石岩屑砂岩夹中细砾岩、紫灰色中薄层状中细粒钙质长石岩屑砂岩，具韵律性沉积 36.77m
18. 褐紫色中层状细砾岩、含砾中细粒长石岩屑砂岩与中厚层中细长石岩屑砂岩构成 4 个沉积韵律层 118.02m
17. 褐灰色中层状砾岩、中细砾岩、含细砾粗粒长石岩屑砂岩夹黄绿色中薄层状岩屑粉细砂岩 39.25m
16. 紫红色中厚层状细砾岩屑粗砂岩、岩屑粗砂岩 20.15m
15. 紫灰色中层状中细砾岩夹中薄层状含砾中、粗粒长石岩屑砂岩及粉细砂岩薄层，具韵律性沉积特点，发育有较小型缓斜单向斜层理，各斜层系内也具韵律性—粒序层理 54.26m
14. 紫灰色中层状中细粒长石岩屑砂岩，平行层理发育，自下而上粒度变细 55.71m
13. 紫红色中厚层状含砾中粗粒长石岩屑砂岩，含细砾中粒砂岩，中细粒岩屑长石砂岩呈韵律性沉积，总体自下而上粒度变细 43.85m
12. 第四纪坡积物

11. 第四纪冲洪积物

10. 第四纪残坡积物

9. 褐紫色中厚层状中砾岩、细砾岩、含砾中粗粒长石岩屑砂岩呈韵律性沉积 6 个韵律层，个别韵律层顶部具中粗粒长石岩屑砂岩，自下而上粒度变细　104.13m

8. 灰紫色中厚层状含砾中粗粒钙质岩屑长石砂岩夹中粗—中细粒长石岩屑砂岩薄层　107.95m

7. 褐紫色中厚层状中细砾岩、含砾粗砂岩、含砾中细砂岩及钙质粉砂岩呈韵律性互层　70.01m

6. 紫灰色厚层状含巨砾中粗砾岩夹细砾岩、含细砾粗砂岩、中粗粒砂岩组成的透镜体（层），透镜层内发育有斜层理，各斜层系间由平行层理相隔　25.78m

5. 紫红色中厚层状细砾岩　16.48m

4. 灰紫色厚层中砾岩　23.48m

3. 紫红色中厚层状中砾岩，具韵律性，胶结物中含凝灰质成分　38.02m

2. 黑灰色、褐灰色中厚层复成分中粗砾岩夹中细砾岩，胶结物中含凝灰质　75.45m

〰〰〰〰〰〰 角度不整合 〰〰〰〰〰〰

下伏岩层：下白垩统则弄群火山岩段（K_1Zn^2）

1. 黑灰色气孔状玄武岩

（二）岩石地层

1. 乌郁群碎屑岩段（N_2Wy^1）

测区内乌郁群碎屑岩段（N_2Wy^1）主要集中分布在 3 个区域：①分布在果酒—果布究一带的低山区，在大面积第四系覆盖区内呈孤立的低山丘状出露；②分布在枪木学以南的高山区北山脚的折那—打宁一带，穿露在第四系覆盖区内，呈近南北向的北尖南连的似指状出露；③自卡松向南东经查布勒、达弄日苦果到拳吉南西，呈宽带状分布，它构成了塔尔玛-新吉北西向槽型中、新生代火山盆地的中部。分布面积 1 231.89km²，出露厚度 3 671.5m。

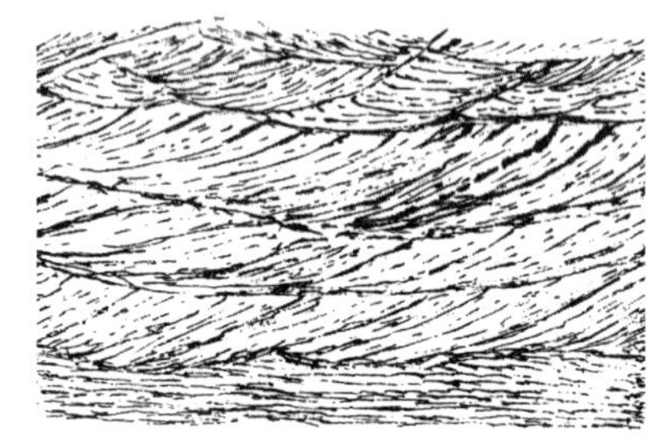

图 2-29　韵律性沉积及透镜层中发育的斜层理素描图

岩性为一大套陆源碎屑岩。其中：下部以厚层状紫灰色、紫褐色中粗砾复成分砾岩为主，夹中薄层状或透镜状灰色、褐灰色含砾岩屑长石砂岩，砂砾岩，及中、细粒长石岩屑砂岩。夹层中发育平行层理及较大型单向缓斜层理，透镜层中发育有斜层理、交错层理。砾石成分以灰岩为主，约占砾石总量的 70%。灰岩砾石中含有皱纹珊瑚、腕足类、六射珊瑚、圆笠虫及海百合茎等化石。砾岩中具韵律性沉积特点，并普遍发育有较大型斜层理。中部以紫色、紫红色、褐紫色中层状中—粗粒岩屑砂岩，钙质粉细砂岩为主体，夹薄层含细砾粗砂岩、砂砾岩岩层。粉细砂岩中普遍发育小型交错层理，局部可见水平层理，并向斜层理及小型交错层理连续韵律性发育（图 2-29）。局部可见中、小型对称和不对称波痕及干裂。具韵律性沉积特点。在较大韵律层系中包括数个小的韵律层（图 2-30），在个别韵律层的顶部可见有冲刷构造。上部为紫灰色中厚层状粗砾岩、中粗砾岩、细砾岩等，夹含砾中粗粒岩屑砂岩及中粗粒岩屑长石砂岩、薄层状细砾岩等具韵律性沉积特点。在厚层中、粗砾砾岩层中可见具斜层理的砂砾岩透镜层（图 2-31）。砾石中含六射珊瑚、圆笠虫及海百合茎等化石。本套砾岩层具较明显的韵律性，总体构成 3 个较大的韵律层。

乌郁群下段底部与下伏岩层呈沉积不整合接触，并超覆在不同时代的老岩层之上。其中在塔尔玛-新吉中、新生代火山岩盆地中，多沉积在白垩系则弄群之上，而在枪木学一带多沉积覆盖于石炭系之上。

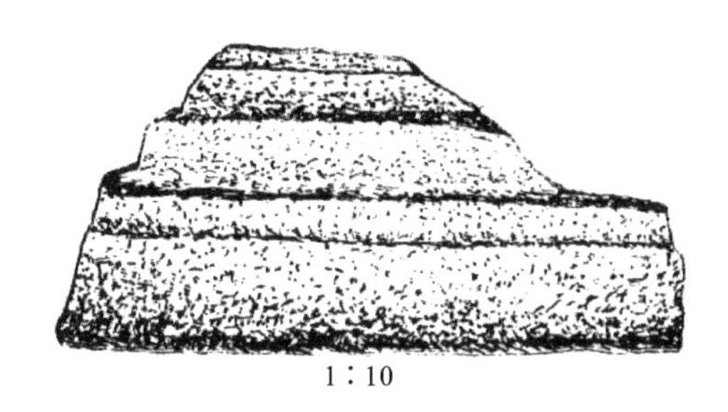

图 2-30　粒序层理素描图

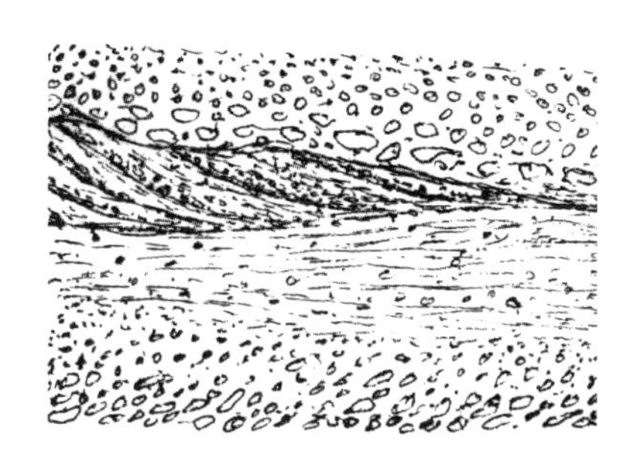

图 2-31　韵律性沉积及透镜层中发育的斜层理素描图

2. 乌郁群火山岩段(N_2Wy^2)

主要分布在塔尔玛-新吉中、新生代火山岩盆地的核心地带，枪木学以南多分布在高山区的北坡及查藏错南东中低山山顶。分布面积 1 442.52km²，出露厚度达 4 290.24m。

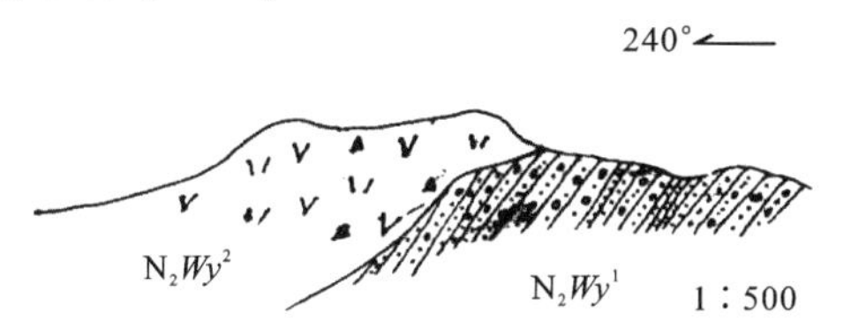

图 2-32　乌郁群上、下段间接触关系

岩性以中酸性火山熔岩、火山碎屑岩为主体。其中：上部为灰黑色、青灰色、紫褐色火山熔岩。包括具气孔、杏仁构造的英安岩，辉石英安岩，夹角砾状英安岩、含角砾凝灰质英安岩，具流纹构造凝灰岩及少量凝灰质砂岩，含凝灰质中粒、中细粒岩屑砂岩。下部：以火山碎屑岩为主，包括灰绿色、灰黑色角砾状英安岩，含角砾英安岩、凝灰质英安岩，凝灰质含角砾英安岩，凝灰质火山角砾岩，夹灰绿色含凝灰质岩屑粗粒砂岩，钙质粉细砂岩，含砾长石岩屑砂岩，近底部夹浅灰色、灰绿色中薄层状泥晶灰岩，与下伏乌郁群碎屑岩段不整合接触(图 2-32)。

(三) 时代讨论

关于乌郁群的地质时代，在南木林县乌郁盆地乌郁群细碎岩中，前人曾分析出孢子花粉。有 *Piceaepollenites*, *Cedripites*, *Tsugaepollenites*, *Laricoidites*, *Abiespollenites*, *Eptiodripites*, *Chenopodium*, *Typha*, *Renuculaceae*, *Polygonaeae* 等。属针叶类和草本植物为主的孢粉组合，并以具双囊的松科花粉占优势(45%～55%)。《西藏自治区区域地质志》(1993)和《西藏自治区岩石地层》(1997)以此为据将乌郁群的地质时代锁定为上新世。另前人在措勤附近的火山岩中也曾测得同位素年龄值 10.3Ma。

本次 1∶25 万区域地质调查中，曾经对乌郁群的地质时代研究作过努力，但由于所采集的孢粉分析样品经大庆石油管理局地质试验室分析，未获得任何孢子、花粉化石证据，而所测试的同位素年龄值也非常不理想，均较其下伏地质体中所测得的同位素年龄值高很多，无法利用，只能根据野外观察到的乌郁群分布特点及与上覆、下伏地体间关系来分析和探讨测区内乌郁群形成的地质“时代”。

测区内乌郁群分布范围较大，其底部除断层接触外，均以沉积不整合覆盖于不同时代的地质体之上。其中下段以角度不整合沉积在下白垩统则弄群上段之上的界线特点最为明显，出露得也最为普遍。乌郁群上段火山岩以堆积不整合超覆在碎屑岩之上。上述两现象在塔尔玛-新吉北西向槽型中、新生代火山岩盆地中表现得最为清楚。上段火山岩在测区的西部也有广泛分布，它多分布于地势较高的山峰。尤其在西南部，它多呈帽状，以堆积不整合分布在较高山顶，呈一系列的、或连或断的丘状，其下伏为不同时代的地质体。它所覆盖的最新岩体是中新世花岗闪长斑岩体(K-Ar 同位素年龄值为 21.1Ma)。

综合分析上述诸多分布特点后，认为该套岩层可能属测区内成岩较好、地质时代最新的岩层。但由于没有获得有利于确定其地质时代的可靠证据。参照《西藏自治区区域地质志》和《西藏自治区岩石地层》的意见，本次 1∶25 万区域地质调查中将该套岩层置于渐新统日贡拉组之上，所属地质时代暂定为上新世。

三、第四系(Q)

测区内第四系覆盖面积较大，总分布面积 4 372.6km²，多集中分布在 4 个较大的区域内(图 2-33)。

(1) 自久如错向西经仁错转向北西至木纠错分布区。

(2) 自格仁错向南东过申扎到朗奇新沟，再转向南西过将给淌到水勒木地，然后转向正南经越恰错到查藏错分布区。基本沿格仁错-查藏错活动断裂分布。

(3) 沿塔尔玛-新吉中、新生代槽型火山盆地长轴呈北西向带状分布区。

(4) 自巴扎向南东经德雄-罗普分布区。

除上述 4 个较大集中分布区外，在一些高山区的沟谷中、山口处还有零星分布。

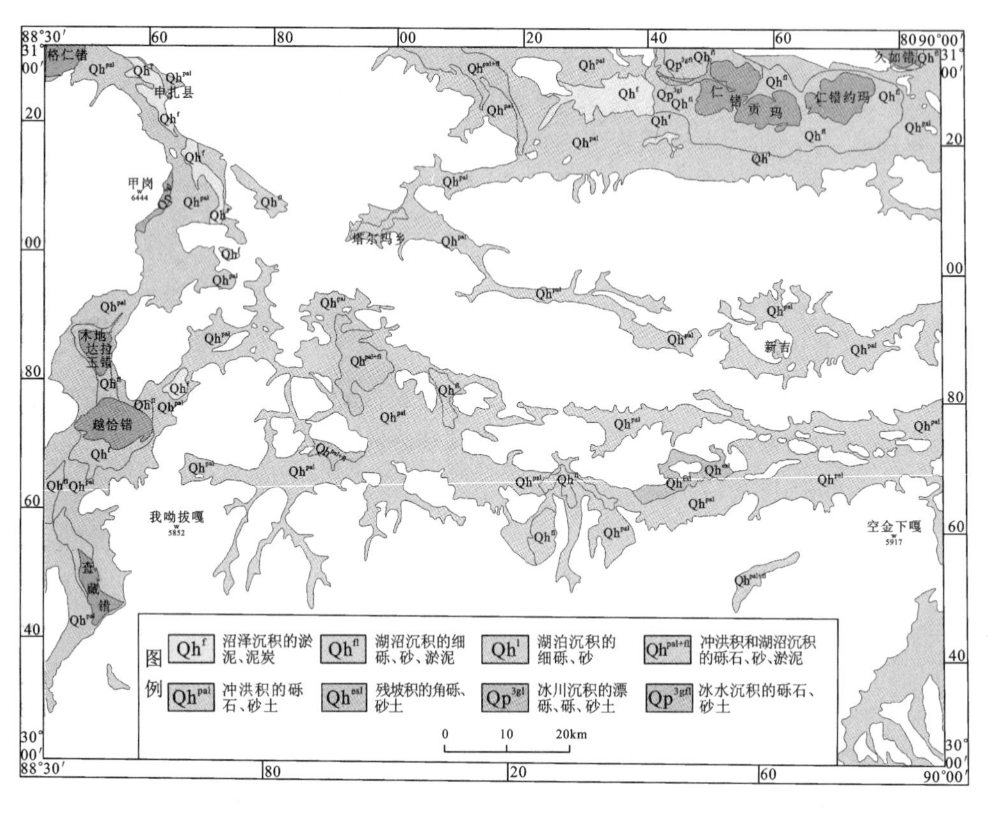

图 2-33　第四系分布图

根据测区内第四纪堆积物的空间分布规律，所形成的现代地形、地貌，成因类型，堆积物的物质组成及形成环境等特点，将测区内第四纪堆积物划分为冰水沉积(Qp^{3gfl})、冰川沉积(Qp^{3gl})、湖泊沉积(Qh^{l})、冲洪积物(Qh^{pal})、湖沼沉积(Qh^{fl})、冲洪积和湖沼沉积(Qh^{Pal+fl})、残坡积物(Qh^{esl})、沼泽沉积(Qh^{f})8 种类型。各沉积类型均是独立作为一个填图单元填绘的。

(一) 沉积类型

1. 冰水沉积(Qp^{3gfl})

主要分布于仁错北西岸伸向湖内的舌形隆起的前缘及仁错北侧，呈似层状含泥砂砾沉积。砾石大小不均，无序分布，但局部略显定向排列。成分复杂，分选、磨圆较差，砾石多为次棱角状—浑圆状，砾石表面常见刻痕、压坑及挤压变形等特征。砾石间“胶结物”为泥砂混杂，并显示有类糜棱岩化特点。较大砾石对其下部沉积层有砸实现象。

班戈县且龙第四系冰水沉积物实测剖面(P_6)(图 2-34)

14. 浅灰色、黄灰色砾、砂砾层 15.0m
13. 褐黄色砂砾石层 4.2m
12. 砾石层 4.8m
11. 灰色含砾细砂层 2.6m
10. 灰黄色含砾粉砂层 3.8m
9. 中、粗砾石层 1.9m
8. 浅灰色含砾细砂层 4.5m
7. 含巨砾(漂砾)砾石层 4.0m
6. 中砾石层,夹 30cm 厚的粗砾层 3.2m
5. 粗砾石层 4.0m
4. 中砾石层夹含砾粗砂层 3.0m
3. 含砾粗砂层 1.1m
2. 中细砾石层 2.2m
1. 含巨砾砾石层 7.0m

(未见底,被残坡积物掩盖)

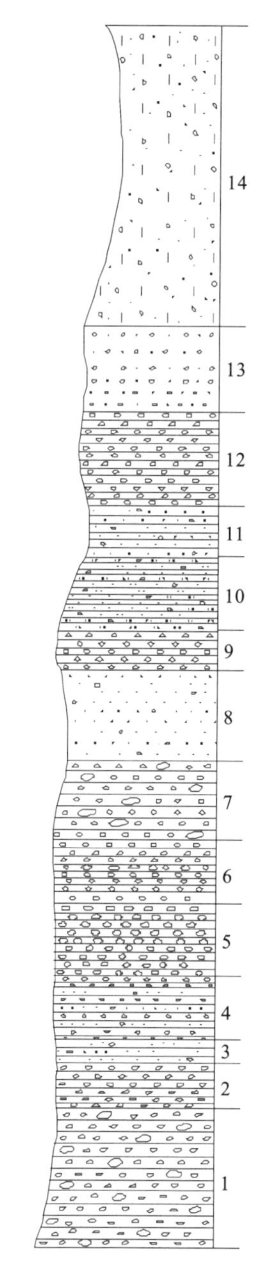

图 2-34 冰水沉积物实测柱状剖面图(P_6)

该剖面中采集了 10 个孢子花粉分析样品,经大庆石油管理局地质试验室分析。在 8 个样品中发现了孢粉(野外编号分别为 P_6B_{1-2}、P_6B_{3-1}、P_6B_{6-1}、P_6B_{7-1}、P_6B_{11-1}、P_6B_{12-1}、P_6B_{13-1} 和 P_6B_{14-1}),其中 P_6B_{6-1}、P_6B_{7-1} 两个样品中见到较丰富的孢子花粉化石。从分析结果看,这套沉积物中含孢子花粉化石数量较多,但种类单调。其中草本植物占绝对优势,占孢粉总量的 55.7%,而草本植物中又以 *Artemisia* 为主体;其次是裸子植物,占孢粉总量的 26.8%。裸子植物中 *Larix* 含量最高。

2. 冰川沉积(Qp^{3gl})

主要分布在仁错西北的日布扎和甲岗山南东坡沟谷中。分别呈近东西向和南北向展布。特点是分布轮廓具一定的方向性。沿长轴方向中间部位微隆,向两侧缓平。沉积物粗细混杂,而且相差悬殊。砾石无分选,无磨圆,整体上不显层理。沉积物中砾石呈无序状分布。局部砾石略显定向排列,成分复杂,具泥包砾现象。

申扎县列嘎洛玛第四系冰川沉积物实测剖面(P_{16})(图 2-35)

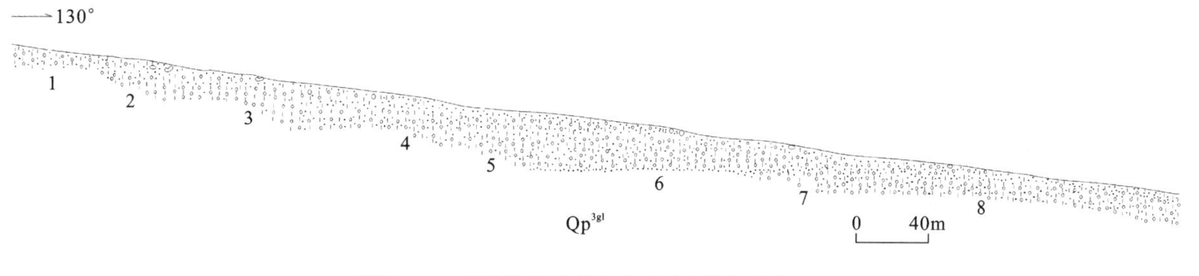

图 2-35 列嘎洛玛冰川沉积物实测剖面图(P_{16})

1. 含巨砾(漂砾)砂土砾石层 1.4m
2. 含砂土砾石层夹巨砾 2.3m

3. 砾石砂土层 3.1m
4. 含砂土砾石层 2.7m
5. 含巨砾(漂砾)砂土砾石层 3.3m
6. 含巨砾(漂砾)砾石层 1.5m
7. 砂土砾石层 0.8m
8. 砾石层 3.6m

取自冰川沉积物中的4个孢粉分析样品,均见到较多的孢粉化石,其中蕨类植物占37.5%,裸子植物占55.1%,木本植物占9.2%,草本植物占8.0%。孢粉组合特点是裸子植物花粉占绝对优势,其次是蕨类植物,再者为被子植物。裸子植物中主要为耐寒的针叶植物。蕨类植物中主要是湿生草本植物,并以水龙骨科植物含量为高。

3. 湖泊沉积(Qh^l)

主要分布在仁错周围,而且在仁错南、北两侧发育较好。沉积物以灰白色、浅灰色细砂、粉砂及浅灰白色粘土为主,局部夹含中、细砾粗砂层及中粗粒砂层。成层性较好,具韵律性沉积特点,并发育有较大型单向缓斜层理。在粉、细砂层中含有已碳化的植物根系和干茎碎块。含脊椎动物骨骼碎块。

班戈县贡玛沟口实测剖面(P_5)(图2-36)

22. 地表腐土层,由土壤、砂、砾及植物根系组成 0.30m
21. 砂砾石层,砾石多为次圆状,分选较差,砾径在2~6cm之间,个别者可达15cm,成分复杂,成层性差 2.60m
20. 黄灰色中、细粒砂层,磨圆较差,以棱角状、次棱角状为主,成分以石英砂、长石砂及岩屑砂组成,分选较好,具较明显的成层性 1.50m
19. 褐灰色粗砂层,成分以岩屑砂为主,分选差,磨圆极差,具成层性 0.60m
18. 灰色含砾粗砂层,砾石磨圆分选较好,砾径在0.2~1.5cm之间为多,偶见2cm左右的砾石,砾石成分有灰岩、粉细砂岩、火山岩、片岩等,粗砂以长石、岩屑为主,分选较好,磨圆一般 0.20m
17. 浅灰色细砂层,具成层性 0.80m
16. 黄灰色中粗砂层,可发育有较大型单向缓斜层理 0.60m
15. 褐灰色中、细砂层,具韵律性 0.45m
14. 褐黄色粗砂层 0.25m
13. 灰色细砂层,成层性较好,局部具小型透镜状斜层理,其顶部具有水下冲刷构造 0.45m
12. 灰白色薄层状细砂层,砂粒间充有钙质,使砂显有固结状 0.60m
11. 黄灰色细砂层夹中、细砂层,具韵律性沉积特点,并发育有平行层理 1.15m
10. 灰绿色薄层状细砂层,砂粒间充填有钙质物质,显示略有固结状 1.10m
9. 浅灰色细砂层夹含细砾中粒砂层,具韵律性沉积特点 1.20m
8. 黄绿色粘土层,内含植物根系 0.80m
7. 黄绿色中薄层细砂岩 0.90m
6. 灰绿色含钙质粉细砂层 1.20m
5. 灰白色含砂、粘土层 1.36m
4. 灰白色薄层状粉砂层,含脊椎动物骨骼碎块,断口细腻光滑 1.50m
3. 白色厚层状含砂粘土层 1.80m
2. 灰色粘土层 1.00m
1. 深灰色粘土层 1.00m

(未见底)

在本剖面上取了8个孢粉分析样品,经大庆石油管理局地质试验室分析,有6个样品见有孢粉化石(P_5B_{1-1}、P_5B_{6-1}、P_5B_{8-1}、P_5B_{15-1}、P_5B_{17-1}、P_5B_{3-1})。孢粉化石含量较多,但类型不多。据可见孢粉化石看,裸子植物花粉占绝对优势(77%)。该类型沉积面积要较实际标绘在图上的大。因其上多被其他类型的沉积所掩盖,图面上所标绘出的均是实际暴露的范围。

4. 冲洪积和湖沼沉积(Qh^{pal+fl})

主要发育在沼泽、湖泊与陡峭山地接壤带和较大山出口处。多为扇形冲洪积堆积体。其堆积前缘多延伸至沼泽内乃至到湖泊中。由角砾、砂砾、泥土等混积而成。成分复杂,物质多与上游物源区物质相关。无磨圆或磨圆较差,无分选,无层理,并常被季节性小河或溪流冲积切割、分离成不同形状、不同规模的、低矮的岛状或弧岛状,其长轴方向沿流水方向延伸。

5. 湖沼沉积(Qh^{fl})

主要分布在已干涸的湖盆和现代湖泊周边地带及与区域性湖平面下降相关地域。属现代无植物生长的低洼地域。其中:下部是细砾、细角砾、砂、泥砂的混积物;上部多覆盖厚薄不等的淤泥。地形上显示为向湖心缓倾或微倾的微坡地貌。雨季人、畜难以通行,旱季可显示含过量的盐、碱成分。

6. 冲洪积物(Qh^{pal})

测区内冲洪积物分布面积较大,主要分布在各较大山川、低地、高山间沟谷、山口前平地及现代河流的两岸等广大地域。由砂、砂砾、砂土等混积而成。略显成层性和韵律性,沿走向常呈楔状层或不同规模的透镜层,而且粒(砾)度,甚至组成物质也常有较明显的变化。砾石均有不同程度的磨圆,分选极差,成分复杂。地貌上多显示为阶地及不同规模的陡坎(图2-37、图2-38)。

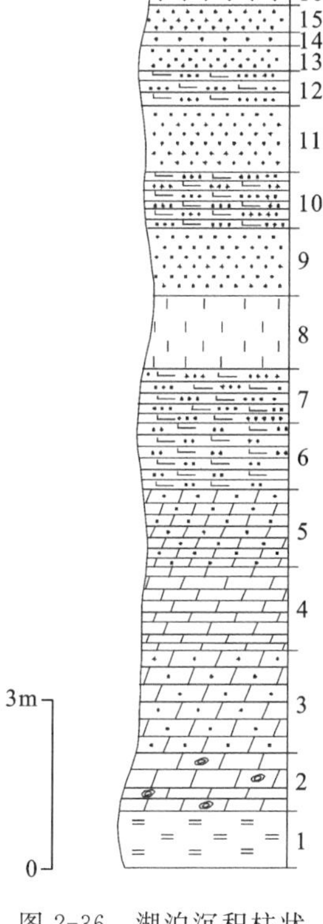

图2-36 湖泊沉积柱状实测剖面图(P_5)

图2-37 阶地及冲积扇素描图

图2-38 河流阶地及蛇曲河床素描图

申扎县打个隆弄巴沟北坡第四系实测剖面(P_{15})(图2-39)

1. 含砾砂土层及地表腐殖土壤层 1.0m
2. 含砂土砾石层 0.2m
3. 含砾砂土层 1.5m
4. 含砂土砾石层 1.0m
5. 含砾砂土层 0.6m
6. 砂土砾石层 0.4m

7. 含砾砂土层　1.6m
8. 砂土砾石层　0.1m
9. 含砾砂土层　0.2m
10. 砂土砾石层　0.2m
11. 砂土层　0.25m
12. 砂土砾石层　1.8m
13. 含砾砂土层　0.1m
14. 砂土砾石层　1.2m
15. 含砾砂土层　0.8m
16. 砂土砾石层　1.5m
17. 含砾砂土层　0.4m
18. 含砂土砾石层　4.8m
19. 含砾砂土层　1.2m
20. 含砂土砾石层　3.8m
21. 含砾砂土层　0.8m
22. 砂土砾石层　3.0m
23. 含砾砂土层　3.0m

~~~~~~~~~~ 不整合接触 ~~~~~~~~~~

24. 紫红色中薄层细砂岩(E_3r)

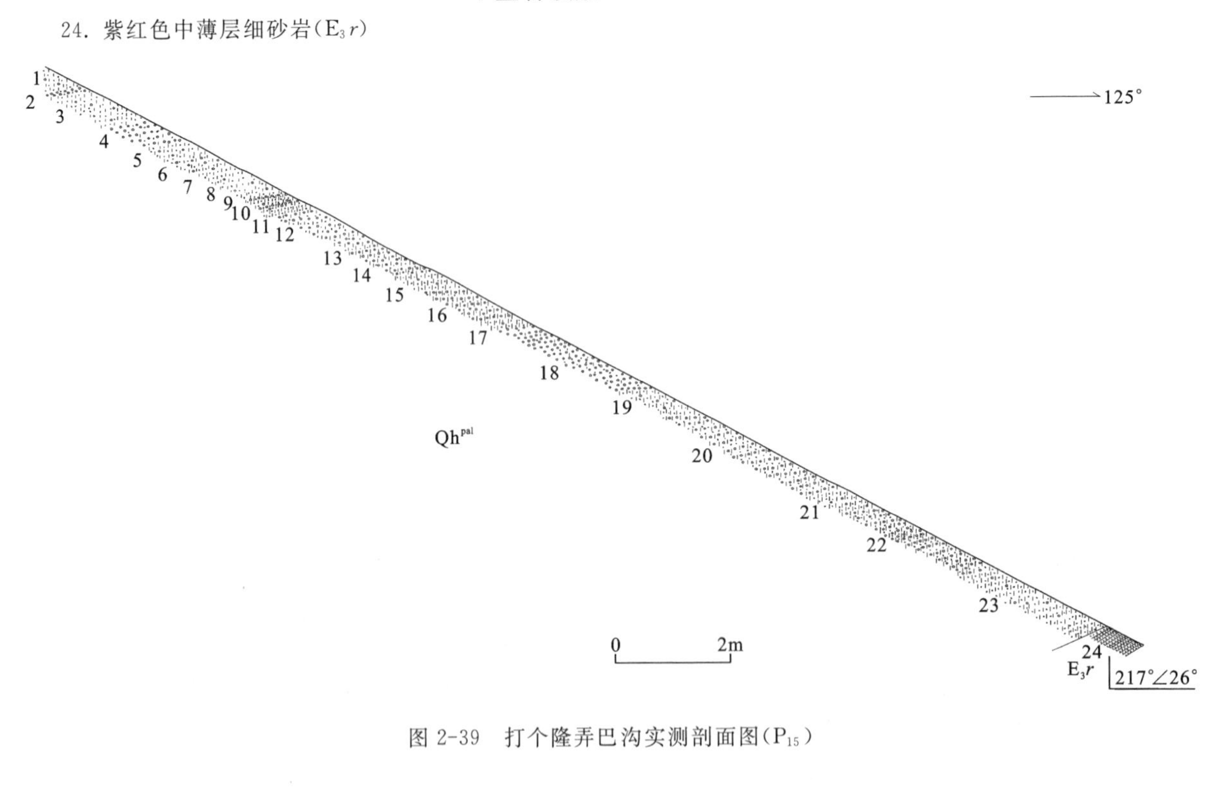

图 2-39　打个隆弄巴沟实测剖面图(P_{15})

7. 残坡积物(Qh^{esl})

分布面积有限,仅在高山脚处、陡坡坡底有分布。由大小不等和形状各异的角砾、砂土混积而成。物质成分与高峻处岩石密切相关,常形成沿陡坡低洼处呈上尖、下宽的锥状式扇状体。其尖端粒(砾)度相对较细,而堆积前缘砾度粗,大小不等,相差悬殊。

8. 沼泽沉积(Qh^{f})

主要分布于湖沼沉积带的外围及相对较低洼地域。由淤泥、泥炭、泥砂、砾及草炭等构成。地貌上为现代沼泽地。
~~~~~~~~~~

(二)时代讨论

测区内第四系分布比较广泛,填图中将其划分成 8 种成因类型分别填绘。由于成因类型较多(实际沉积类型可能不止 8 种),各成因类型又相对分布得较零散,所以各成因类型间的相互叠置关系并不完全清楚。为解决各成因类型的相对生成顺序,我们采集了孢子花粉分析样品、热释光测年龄样品及古地磁样品,根据这些样品的测试结果,再结合野外观察到的实际情况,将其各成因类型的相对形成时代,新老顺序作一讨论。

1. 根据孢子、花粉分析结果分析

1) 采自湖泊沉积物中的孢子花粉(P_5)

共采集了 8 个样品,经大庆石油管理局地质试验室分析,有 6 个样品中分析出孢粉化石。其中:

蕨类植物占 7.68%,包括 *Polypodium*(水龙骨属),*Selaginella*(卷柏属)等。

裸子植物占 73.2%,包括 *Cedripites*(雪松属),*Pinus*(松属),*Abies*(冷杉属),*Picea*(云杉属),*Larix*(落叶松属),Taxodiaceae(杉科),Cupressaceae(柏科)等。

木本植物占 15.36%,包括 *Alnus*(桤木属),*Tiliac*(椴属),*Belula*(桦属),*Meliaceae*(楝属)等。

草本植物占 3.84%,主要为 Caryophyllaceae(石竹科)等。

从上述孢粉分析结果来看,该剖面中裸子植物花粉数量多一些,而主要为寒温性针叶树种,阔叶树种相对少一些。草本植物种蕨类植物更少一些。据其孢子花粉的组合特点来分析,所含上述孢子花粉沉积物的形成时代均为第四纪早期。

2) 采自冰川沉积物中的孢子花粉

冰川沉积物中共采集了 4 个孢粉分析样品(编号为 gl-01、gl-02、gl-03、gl-04)。孢粉含量很高,不仅数量多,而且种类也多,其中:

蕨类植物:*Sphagnum*(泥炭藓属),*Lycopodium*(石松属),*Selaginella*(卷柏属),*Lygodium*(沙金砂属),*Pteris*(风尾蕨属),*Plogiogy*(瘤足蕨属),*Polypodiaceae*(水龙骨属)等。

裸子植物:*Pinus*(松属),*Larix*(落叶松属),*Tsuga*(铁杉属),Taxodiaceae(杉科),Cupressaceae(柏科)等。

木本植物:*Salix*(柳属),*Betula*(桦属),*Alnus*(桤木属),*Magnolia*(木兰属),Ericaceae(杜鹃花科)等。

草本植物:*Artemisia*(蒿属),Compositae(菊科),Chenopodiaceae(藜科),Caryophyllaceae(石竹科),*Ophioglossum*(瓶尔小草属)等。

从上述孢粉分析结果来看:孢粉组合中是以裸子植物花粉占优势,占孢粉总量的 55.1%。而在裸子植物花粉中,落叶松属花粉又占绝对优势,占裸子植物花粉总量的 78%,裸子植物花粉又主要是耐寒的针叶植物,其花粉量占孢粉总量的 49%;其次是蕨类植物孢子,占孢粉总量的 27.5%,蕨类孢子中又主要是湿生草本植物,如水龙骨科、凤尾蕨、海金砂、石松、瘤足蕨等;被子植物花粉占孢粉总量的 17.4%(内含 8.0%的草本植物)。在所分析出的孢子花粉组合中,阔叶成分有桦、桤木、木兰等,草本植物主要有蒿、菊、藜、石竹等。这一孢粉组合可与贵州盘县坪地包寨剖面晚更新世第Ⅲ孢粉带相对比。组合特点是以裸子植物占优势,其次是蕨类植物,尤其是蕨类植物孢子中都是以水龙骨科含量高为特点。草本植物出现的都有蒿、菊、藜等。因此我们认为含这一孢粉组合面貌的沉积物应与贵州盘县坪地包寨剖面一致,地质时代属晚更新世。

3) 采自冰水沉积物中的孢子花粉(P_6)

测制且龙第四系冰水沉积剖面(P_6)时,采集了 10 个孢粉分析样品。经大庆石油管理局地质试验室分析,有 8 个样品中含有较丰富的孢粉化石。其中:

蕨类植物:*Selaginella*(卷柏属),*Cyathea*(桫椤属),*Osmunda*(紫萁属),*Sphagnum*(泥炭藓属),

Polypodiaceae(水龙骨科),*Adiantium*(铁线蕨属),*Hicriopteris*(里白属)等。

裸子植物:*Pinus*(松属),*Larix*(落叶松属),*Ginkgo*(银杏属),*Cycas*(苏铁属),Cupressaceae(柏科)等。

木本植物:*Salix*(柳尾),*Betma*(桦属),*Alnus*(桤木属),*Quercus*(栎属),*Liquidambar*(枫香属),Polygonaceae(廖科),Myrtaceae(桃金娘科),*Engelhardtia*(黄杞属),*Lonicera*(忍冬属),Palmae(棕榈科),Liliaceae(百合科),*Magnolia*(木兰属)等。

草本植物:Vebenaceae(马鞭草科),Chenopodiaceae(藜科),Compositae(菊科),*Artemisia*(蒿属)等。

上述所分析的样品,孢粉含量很多,但类型较单调。其中草本植物花粉占绝对优势,达孢粉总量的55.7%。在草本植物中又主要以蒿的含量为最高,约占草本植物花粉量的95%;其次为裸子植物花粉,占孢粉总量的26.8%。在裸子植物中又以落叶松的含量最高,约占裸子植物花粉量的50%;木本植物花粉占8.3%;蕨类植物孢子占8.7%。据其组合特点分析,反映了第四纪更新世的孢粉组合面貌,可与松嫩平原第四纪更新世孢粉组合相比较。松嫩平原白土山组地层中的孢粉组合特点是被子植物中草本植物占绝对优势,而在草本植物中又以蒿、藜居首位。木本花粉含量低,只有少量桦、榆、松等参杂。通过对比,不难看出,两孢粉组合颇为相似。故含这一孢粉组合沉积物的地质时代应为更新世。

2. 热释光测年分析

在第四纪各沉积类型中采得热释光测试年龄样品11个。经国家地震局地质研究所分析测试中心测得的年龄结果为:

取自冰川堆积物 OsL^1 测得年龄值29 670a。

取自冲积物(Ⅱ级阶地)OsL^2 测得年龄值1 070a。

取自冲积物(Ⅰ级阶地)OsL^3 测得年龄值5 740a。

取自湖积阶地 OsL^5 测得年龄值2 460a。

取自湖积砂土 OsL^6 测得年龄值5 820a。

取自冰水沉积物 OsL^7 测得年龄值58 530a。

取自湖积阶地 TL^3 测得年龄值6 800a。

根据上述两种方法所测试、分析的各种成因类型沉积物形成的地质时代结果综合分析,确认测区内第四系各沉积类型形成的相对地质时代,由老至新依次为更新世中晚期:冰水沉积、冰川沉积;全新世:湖泊沉积、冲洪积和湖沼沉积、湖沼沉积、冲洪积、残坡积和沼泽沉积。各沉积类型(尤其是后5种)肯定有更新的沉积、堆积相叠置,甚至于现代还在发生,所确认的先后顺序,仅是根据热释光测年和孢子花粉分析结果而推定的,只是相对顺序而已。

第三章　岩浆岩

测区内岩浆岩分布较广，出露总面积约为 5 487.36km²，其中蛇绿岩主要分布于永珠-纳木错蛇绿岩带中；中酸性侵入岩主要分布于图幅西部的甲岗山和冈底斯山南坡一带；中新生代火山岩主要分布于图幅中部的塔尔玛—新吉一带；新生代花岗岩类则主要分布于图幅东南角的果东一带。上述的岩浆岩与地层一样受区域构造控制，呈近东西向分布。

第一节　蛇绿岩

测区内的蛇绿岩是永珠-纳木错蛇绿岩带的一部分，分布于图幅东北角部分（图 3-1）仁错湖的南、北岸地区。该区构造十分发育，大小断裂纵横交错，蛇绿岩与围岩均呈冷侵位状态，各岩石单元间呈断层或侵入接触关系。测区内出露面积为 163.59km²。占岩浆岩出露总面积的 2.98%。

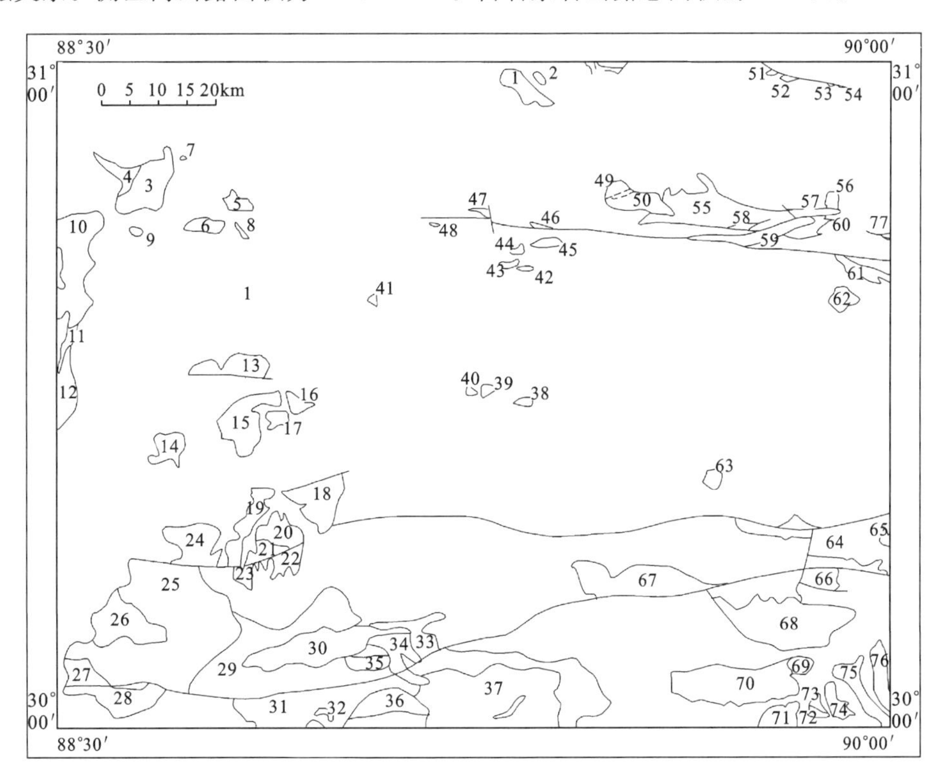

图 3-1　申扎县幅侵入岩分布图

（图中数字为各岩体的编号）

一、岩石学特征

区内的蛇绿岩发育较为齐全，除零星出露的硅质岩和偶见似层状辉长质堆晶岩外，变质橄榄岩、席状岩墙群、玄武岩等均比较发育。

变质橄榄岩在蛇绿岩带中很少见到，所见基本上为蛇纹石化的橄榄岩。岩石常呈银灰色或绿灰色，显微纤状变晶结构，块状构造，局部可见片状构造。矿物成分以蛇纹石为主，呈细小片、纤状集合体。由于岩石遭到强蚀变作用，橄榄石已全部蚀变为蛇纹石，能见到的只有铬铁矿等不透明矿物，约占 10%。

深成杂岩岩石单元包括了辉石岩、辉长岩、辉长辉绿岩及含辉斜长岩，它们多侵入于玄武岩中。在 P_1 剖面上见细—粗粒辉长岩、辉绿岩、辉长辉绿岩与玄武岩之间的侵入关系十分清楚，其中辉长辉绿岩、辉绿岩是最晚侵入的。

辉长岩呈灰黑色，细—粗粒半自形结构，块状构造。矿物成分主要为辉石和斜长石，个别岩石中还含有少量的角闪石。辉长岩的平均矿物含量为单斜辉石 35%左右、角闪石 5%左右、斜长石 60%左右。其中斜长石都可见清楚的聚片双晶，斜长石的详细分类多为中、拉长石，个别样品(014)中虽不含有辉石，暗色矿物以角闪石为主，但其斜长石的牌号为 An=55，也属辉长岩类。

辉长辉绿岩为绿灰色、黑灰色，半自形中细粒结构，块状构造。矿物成分主要由半自形的辉石和斜长石组成，其中辉石含量 40%左右、斜长石含量 55%左右，还含有少量细脉充填的石英，副矿物主要为磁铁矿。值得注意的是岩石中细粒辉石常充填于斜长石格架中构成辉绿结构，因此称该类岩石为辉长辉绿岩。

喷出岩单元主要为玄武岩，野外没见有好的枕状构造，但其常呈各种形状的块体堆积在一起。岩石呈绿黑色，斑状结构，基质为间粒结构，也见有间隐结构，块状构造，矿物成分：斑晶由单斜辉石组成，含量一般在 10%左右，斜长石斑晶则变化较大，含量在 5%～20%之间，基质由细—微粒的斜长石和辉石组成，细粒辉石常充填于半定向的斜长石格架中，构成间粒结构(图 3-2)(图中及此章中的矿物代号见页下注①)。岩石常遭受后期的蚀变作用，主要为绢云母化和绿泥石化，副矿物以不透明的铁质物质为主。

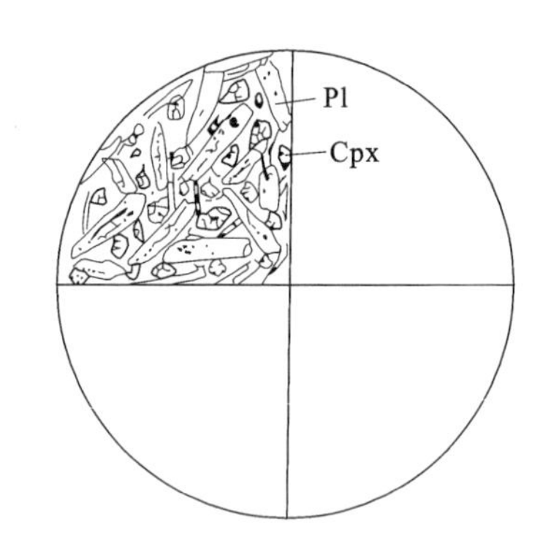

图 3-2　玄武岩基质的间粒结构①
(+)×40

硅质岩呈暗红色或暗灰紫色，泥晶结构，致密块状构造，似层状构造，成分主要为微粒的石英和藻类残骸组成，石英含量达 90%以上。该岩石出露极少，只在仁错北岸见有少量出露。

综上所述，测区内的蛇绿岩虽然出露面积小，构造破坏严重，层序混乱，但蛇绿岩应有的单元在区内均有零星出露，具有明显的蛇绿岩组合特征。

二、岩石地球化学特征

1. 主元素特征

对区内蛇绿岩样品进行了分析，分析结果见表 3-1 至表 3-3。

从表 3-1 中可以看出，本区蛇绿岩的样品均较富镁，超镁铁质岩的 m/f 比值均在 8.2～9.1 之间，而镁铁质岩的 m/f 比值也在 1.3～2.4 之间。SiO_2 在超镁铁质岩中为 39.53%～41.43%，在镁铁质岩中则在 47.95%～51.18%之间，变化区间不大，贫硅是其共同特征。Al_2O_3 在镁铁质岩中较富，在 14.48%～19.50%之间，而在超镁铁质岩中则较贫，在 0.88%～1.87%之间。CaO 与 Al_2O_3 显示了同样的特点，在超镁铁质岩中只含有 0.18%～0.44%，而在镁铁质岩中占 7.21%～10.45%，TiO_2 和 K_2O 含量均较

① Gt. 石榴石；Gro. 钙铝榴石；And. 钙铁榴石；Ura. 钙铬榴石；Alm. 铁铝榴石；Spe. 锰铝榴石；Pyr. 镁铝榴石；Bit. 黑云母；Mus. 白云母；Ser. 绢云母；Hb(Am). 角闪石；Tre. 透闪石；Act. 阳起石；Pl. 斜长石；Kfs. 钾长石；Ab. 钠长石 And. 红柱石；Ky. 蓝晶石；Sill. 矽线石；Opx. 斜方辉石；Cpx. 单斜辉石；Di. 透辉石；Epi. 绿帘石；Chl. 绿泥石；Zo. 黝帘石；Cc. 方解石；Q. 石英；Mat. 磁铁矿。

低。在 Al_2O_3-CaO-MgO 图上(图 3-3),本区的辉长岩和玄武岩均落入镁铁堆积岩区及其附近,而超镁铁质岩则投影于变质橄榄岩区内,与岩石学特征一致。

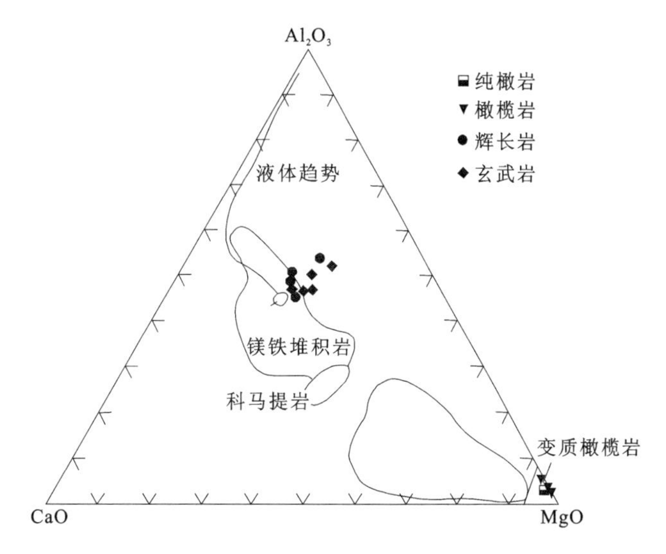

图 3-3 蛇绿岩的 Al_2O_3-CaO-MgO 图解

(据 Coleman, 1977)

表 3-1 蛇绿岩样品分析结果(主元素)表 (%)

样品号	岩石名称	SiO_2	TiO_2	Al_2O_3	Fe_2O_3	FeO	MnO	MgO	CaO	Na_2O	K_2O	P_2O_5	LOI	m/f
Plyq10	玄武岩	50.63	1.41	14.48	2.92	7.02	0.18	8.22	8.56	3.37	0.57	0.15	2.28	1.5
Plyq11	辉长岩	50.63	0.39	17.25	1.99	4.47	0.12	8.06	10.31	2.96	0.93	0.03	2.64	2.3
Plyq16	角闪玄武岩	50.17	1.55	14.76	3.05	7.80	0.18	7.55	9.30	3.16	0.41	0.17	1.70	1.3
Plyq22	辉长岩	47.95	0.19	19.50	1.98	5.20	0.12	9.31	7.55	3.14	0.91	0.02	3.92	2.4
Plyq29	玄武岩	50.81	1.05	15.13	2.70	5.87	0.13	9.11	8.37	3.61	0.47	0.12	2.41	1.9
Plyq8	玄武岩	50.90	1.40	14.86	2.98	7.00	0.17	7.19	8.85	3.71	0.48	0.16	2.10	1.3
Plyq9-1	辉长岩	51.18	0.53	15.71	2.25	4.37	0.13	8.82	10.33	3.18	0.73	0.03	2.56	2.4
Yq2004	纯橄岩	39.19	0.03	1.24	7.68	1.07	0.11	37.14	0.22	0.04	0.01	0.02	12.61	8.2
Yq2004-1	橄榄岩	40.24	0.03	0.88	6.21	1.83	0.12	37.64	0.18	0.06	0.06	0.01	12.08	8.9
Yq2004-2	橄榄岩	39.53	0.03	1.22	6.47	1.70	0.13	36.98	0.18	0.13	0.09	0.02	12.81	8.7
Yq331-2	玄武岩	49.04	1.58	14.90	3.50	7.37	0.18	7.71	7.21	3.17	0.94	0.38	3.79	1.3
Yq417	橄榄岩	41.43	0.03	1.87	6.10	1.37	0.15	35.53	0.44	0.18	0.14	0.01	12.08	9.1
Yq014	辉长岩	48.93	0.35	19.13	1.83	5.07	0.11	8.36	10.45	2.90	0.20	0.03	2.23	2.2

注:由湖北省地质实验研究所分析。

表 3-2 蛇绿岩微量元素分析结果表 ($\times 10^{-6}$)

样品号	岩石名称	Ba	Rb	Sr	Ga	Ta	Nb	Hf	Zr	Y	Th	U	Cr	Ni	Co	Sc	V	Cu	Zn	Ge	Be
Plyq10	玄武岩	123	10.3	258	15.3	0.5	4.9	3.0	108.5	26.53	4.2	0.1	299.4	135	33.6	29.5	235	56.4	95.3	1.3	1.5
Plyq11	辉长岩	91	20.1	304	11.4	0.5	3.3	1.1	32.7	9.11	2.0	0.2	257.2	87	29.8	29.9	140	45.7	68.3	1.2	0.7
Plyq16	角闪玄武岩	67	7.8	221	16.4	0.5	5.8	3.1	120.8	29.7	2.0	0.2	228.9	108	35.5	31.7	274	45.3	59.3	1.4	1.7
Plyq22	辉长岩	69	19.2	331	10.2	0.6	2.1	0.6	26.9	5.53	2.0	0.2	294.4	161	38.7	15.2	68.2	56.8	54.0	0.7	0.4
Plyq29	玄武岩	100	11.4	231	14.2	0.5	3.6	2.1	89.8	20.00	2.0	0.2	321.0	135	34.5	30.3	196	28.6	42.6	1.3	1.2
Plyq8	玄武岩	78	10.0	254	16.6	0.7	4.8	2.8	115.3	26.44	2.0	0.1	208.8	88	34.9	29.5	256	61.9	82.8	1.4	2.2
Plyq9-1	辉长岩	59	15.0	284	10.6	0.5	3.3	1.3	39.1	11.89	2.0	0.2	225.5	102	30.4	36.4	172	17.4	37.6	1.2	0.9

续表 3-2

样品号	岩石名称	Ba	Rb	Sr	Ga	Ta	Nb	Hf	Zr	Y	Th	U	Cr	Ni	Co	Sc	V	Cu	Zn	Ge	Be
Yq2004	纯橄岩	223	1.7	12	1.0	0.5	2.4	2.4	21.5	0.65	2.0	0.1	2 899.4	2 040	100.0	8.4	45.7	20.0	62.1	0.9	0.3
Yq2004-1	橄榄岩	35	2.1	5	1.0	0.5	2.9	0.3	21.5	0.46	2.0	0.6	3 500.6	1 920	93.5	7.5	37.5	21.3	42.6	0.8	0.2
Yq2004-2	橄榄岩	43	2.2	10	1.0	0.5	2.1	0.3	22.9	0.97	2.2	0.4	4 195.1	1 850	90.9	8.0	37.9	21.8	46.1	0.9	0.2
Yq331-2	玄武岩	363	36.1	269	18.6	1	11.2	4.8	209.1	30.32	3.2	0.5	221.4	118	33.8	24.4	190	43.4	103.0	1.6	2.1
Yq417	橄榄岩	43	5.8	15	1.0	0.5	2.8	0.7	26.6	1.55	2.0	0.1	3 790.4	1 750	85.4	10.2	51.0	11.5	216.0	0.3	0.3
Yq014	辉长岩	42	7.9	168	11.0	0.5	2.3	0.7	28.7	6.38	1.9	0.1	105.4	148	38.1	15.7	86.1	13.2	56.5	1.1	0.7

注:由湖北省地质实验研究所分析。

表 3-3　蛇绿岩稀土元素分析结果表　　($\times 10^{-6}$)

样品号	岩石名称	La	Ce	Pr	Nd	Sm	Eu	Gd	Tb	Dy	Ho	Er	Tm	Yb	Lu	∑REE
Plyq10	玄武岩	5.21	12.46	2.28	10.52	3.16	1.12	4.17	0.75	4.92	0.98	2.99	0.46	2.90	0.44	52.36
Plyq11	辉长岩	2.72	4.94	0.83	3.04	1.01	0.51	1.36	0.28	1.74	0.35	1.04	0.17	0.99	0.15	19.13
Plyq16	角闪玄武岩	8.14	14.73	2.51	11.36	3.55	1.25	4.63	0.84	5.54	1.10	3.31	0.52	3.28	0.48	61.24
Plyq22	辉长岩	11.56	15.52	1.55	3.66	0.86	0.44	0.90	0.17	1.03	0.21	0.63	0.10	0.61	0.09	37.33
Plyq29	玄武岩	6.88	13.41	2.08	8.44	2.52	0.92	3.12	0.60	3.81	0.76	2.32	0.36	2.20	0.33	47.75
Plyq8	玄武岩	4.93	12.40	2.1	10.44	3.15	1.13	4.06	0.74	4.98	0.98	2.98	0.46	2.90	0.43	51.68
Plyq9-1	辉长岩	2.44	5.92	0.98	4.14	1.41	0.53	1.75	0.36	2.28	0.46	1.36	0.21	1.31	0.19	23.34
Yq2004	纯橄岩	1.17	1.55	0.19	0.72	0.17	0.05	0.13	0.02	0.12	0.03	0.09	0.01	0.09	0.02	4.36
Yq2004-1	橄榄岩	0.51	1.02	0.11	0.31	0.08	0.02	0.10	0.02	0.10	0.03	0.08	0.01	0.09	0.02	2.50
Yq2004-2	橄榄岩	1.05	1.72	0.22	0.77	0.19	0.04	0.17	0.03	0.21	0.05	0.12	0.02	0.13	0.02	4.74
Yq331-2	玄武岩	21.82	48.48	6.76	26.63	5.91	1.69	5.68	0.98	5.75	1.14	3.29	0.51	3.10	0.47	132.21
Yq417	橄榄岩	1.28	5.47	0.29	1.17	0.25	0.06	0.25	0.04	0.28	0.05	0.17	0.03	0.20	0.03	9.57
Yq014	辉长岩	1.03	2.40	0.43	2.12	0.73	0.48	0.94	0.21	1.22	0.25	0.74	0.12	0.73	0.11	11.51

注:由湖北省地质实验研究所分析。

在 SiO_2-(Na_2O+K_2O)和 FeO^*-(Na_2O+K_2O)-MgO 图中(图 3-4),本区玄武岩样品的投影点落入了亚碱质玄武岩区内和钙碱性玄武岩区内,有两个样品为拉斑玄武岩,表明测区内存在两个系列的玄武岩,以钙碱性玄武岩为主。

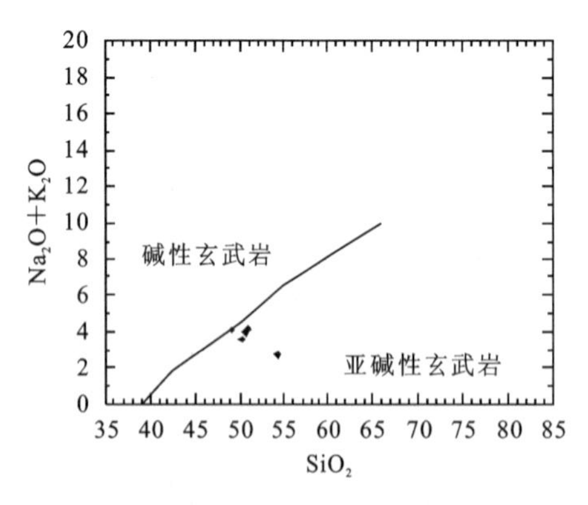

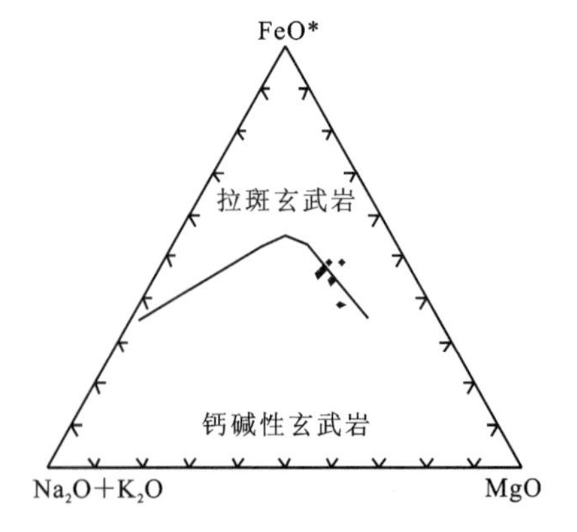

图 3-4　玄武岩的 SiO_2-(Na_2O+K_2O)和 FeO^*-(Na_2O+K_2O)-MgO 图解

(图例同图 3-3)

2. 微量元素特征

蛇绿岩带中各类岩石的微量元素分析结果见表 3-2,从表中可以看出,超镁铁质岩中的亲石元素

Sc、V 和 Cr 在岩石中的平均含量分别为 8.5×10^{-6}、43.0×10^{-6} 和 $3\ 596\times10^{-6}$，与超镁铁质岩平均含量比较，Sc 相对亏损，而 Cr 强烈富集，V 与其相当(图 3-5)。亲铁元素 Co、Be、Ge 在岩石中的平均含量分别为 92.5×10^{-6}、0.25×10^{-6} 和 0.73×10^{-6}，与超镁铁质岩平均含量相比，均略有亏损。亲硫元素 Cu、Ni、Zn 在岩石中的平均含量分别为 18.7×10^{-6}、$1\ 890\times10^{-6}$ 和 91.7×10^{-6}，与超镁铁质岩平均含量相比较，Cu 和 Zn 略有富集，而 Ni 略有亏损。从图 3-5 中可以看出，Ba、Th、Cr 强烈富集，Sr 稍有富集，而 Ce、Zr、Sm、Y、Yb 有不同程度的亏损，显示了超镁铁质岩特有的微量元素蛛网图形式。

辉长岩和玄武岩的微量元素蛛网图形式见图 3-5。从图中可以看出，它们具有强烈的 Rb、Ba、Th 富集，Sr 具有弱富集，而 Hf、Sm、Y、Yb 稍有亏损。亲硫元素 Cu、Zn 在岩石中的平均含量为 42.1×10^{-6} 和 66.4×10^{-6}，比镁铁质岩的平均含量均低，显示了亏损的特征。玄武岩的微量元素蛛网图则显示了洋中脊玄武岩的微量元素蛛网图特点，K_2O、Rb、Ba、Th、Ta、Nb 呈选择性的富集形式。

3. 稀土元素特征

蛇绿岩稀土元素分析结果见表 3-3。从表中可以看出，超镁铁质岩的稀土元素总量很低，在$(2.50\sim9.57)\times10^{-6}$之间，平均为 $\sum REE=5.27\times10^{-6}$；辉长岩的稀土总量在$(11.51\sim37.33)\times10^{-6}$之间，平均为$\sum REE=22.82\times10^{-6}$；玄武岩的稀土总量在$(47.75\sim132.21)\times10^{-6}$之间，平均为$\sum REE=69.10\times10^{-6}$。显示出从橄榄岩—辉长岩—玄武岩，稀土总量逐渐增加的特征。蛇绿岩的稀土配分形式见图 3-6。从图 3-6 中可以看出，本区蛇绿岩中的橄榄岩、辉长岩和玄武岩的稀土配分模式分别相对集于图的下、中、上部，证明其稀土总量相对呈低、中、高的变化。

橄榄岩类的稀土配分形式略呈右倾型，轻稀土相对富集，而重稀土稍亏损，具有不明显的负 Eu 异常，这种配分形式可能与地壳物质的混染有关。

辉长岩类的稀土配分形式则在图 3-6 的中部，显示其稀土总量比超镁铁质岩高。配分曲线形式呈平坦型，具有不太明显的正 Eu 异常，这种形式可能与其中斜长石含量高而富集了铕有关系。

玄武岩的稀土配分模式在图 3-6 的上部，显示出稀土总量相对较高。配分曲线呈平坦型，轻稀土略有富集，无 Eu 异常或有不明显的负 Eu 异常，显示出岛弧或洋岛玄武岩的稀土配分形式。稀土元素分馏较弱。

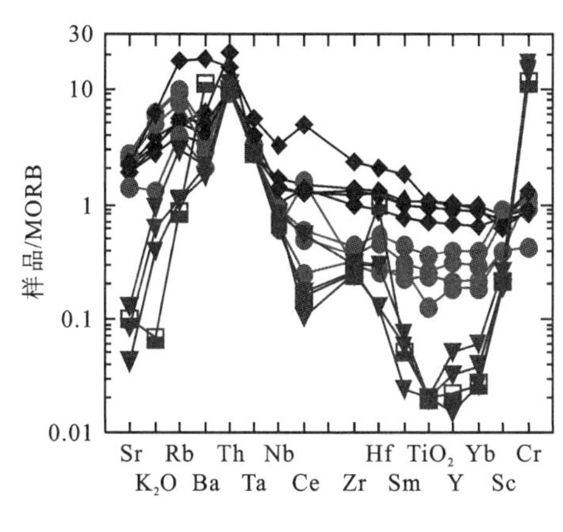

图 3-5　蛇绿岩的微量元素蛛网图

(图例同图 3-3)

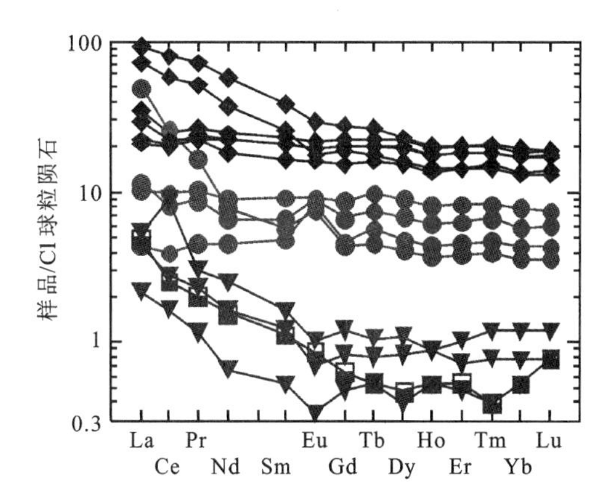

图 3-6　蛇绿岩的稀土配分形式图

(图例同图 3-3)

4. 与典型蛇绿岩地区的对比研究

众所周知，雅鲁藏布江带(以下简称雅江带)和班公湖-怒江蛇绿岩带(以下简称班-怒带)是地学界公认的较典型的蛇绿岩带，本区出露的永珠-纳木错蛇绿岩带恰好位于这两条蛇绿岩带之间。通过岩石地球化学的对比研究，可以看出它们之间的异同点，从而推测它们的成生联系。

1) 超镁铁质岩

测区蛇绿岩带中的超镁铁质岩与雅江带和班-怒带一样，主要为纯橄岩和橄榄岩类，但缺少南、北两带中的堆晶超镁铁质岩。它们的化学成分对比见表3-4。

表3-4 与邻区超镁铁质岩成分对比表

成分	测区	班-怒带	雅江带	成分	测区	班-怒带	雅江带
SiO_2	40.49	36.69	39.82	Cr	3 596	1 510.000	—
TiO_2	0.03	—	—	Sc	8.53	4.800	—
Al_2O_3	1.30	0.53	0.80	Sr	10.20	21.200	—
Fe_2O_3	6.62	5.28	5.40	Nb	2.55	—	10.00
FeO	1.49	2.52	1.55	Y	0.91	—	0.44
MgO	36.82	37.96	37.02	Th	2.05	—	10.00
CaO	0.26	1.11	0.67	La	1.00	0.065	0.22
Na_2O	0.08	0.03	0.18	Ce	2.44	—	0.73
K_2O	0.07	0.01	0.02	Sm	0.17	0.036	0.02
Ba	86.00	88.00	23.00	Eu	0.42	0.025	0.06
Co	92.50	100.00	—	Gd	0.16	0.060	0.19
Ni	189.00	2400.00	—	Yb	0.13	0.055	0.07
V	43.03	27.00	—	Lu	0.02	0.010	—

从表中的主量元素、微量元素、稀土元素的对比可以看出，测区内的永珠-纳木错蛇绿岩带中，超镁铁质岩的SiO_2、Al_2O_3、Fe_2O_3和K_2O的含量高于南、北两带的含量，而FeO、MgO、CaO则低于南、北两带的含量。在成分对比图上(图3-7)，可以清楚地看出，MgO和全铁的含量随SiO_2含量的增加而降低，而碱质含量则随SiO_2含量的增加而增加，3条不同的蛇绿岩带均表现出相同的趋势。这可能暗示它们在成因上的相似性。

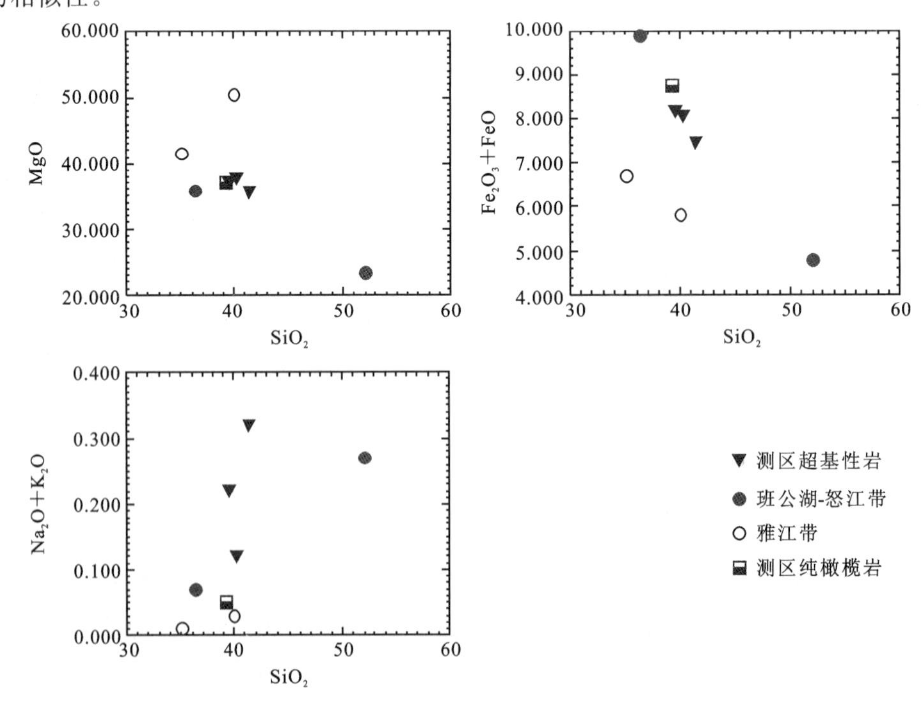

图3-7 超镁铁质岩SiO_2分别对MgO、(Fe_2O_3+FeO)、(Na_2O+K_2O)的变异图

微量元素对比显示出，大离子亲石元素 Th、Nb、Ta 相对富集，过渡元素 Sc、Cr、Ni 也相对富集，Cr 表现出强烈的正异常(图 3-8)。测区南、北两带的超镁铁质岩，由于分析项目较少，其微量元素蛛网图呈不规则状。

稀土元素对比结果表明，永珠-纳木错蛇绿岩带超镁铁质岩的稀土元素总量较南、北相邻两带稍高，曲线形式较平坦(图 3-9)，轻稀土稍有富集，显示出 Ce 的正异常和 Eu 的负异常；雅江带超镁铁质岩显示出 Eu 的正异常，这可能说明它们来源于地幔的不同深度。后者显示了富集地幔的特点。

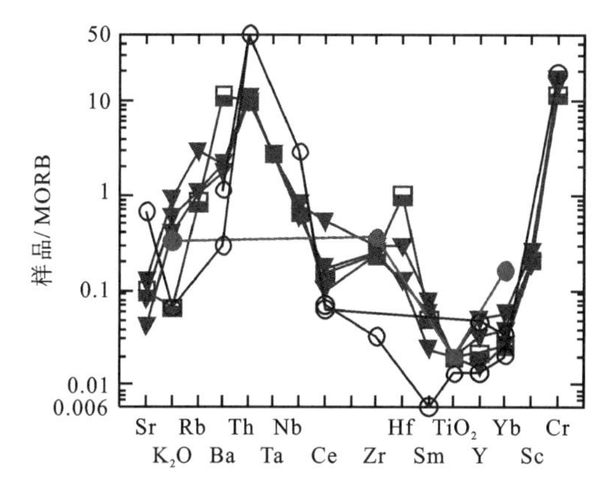

图 3-8　超镁铁质岩的微量元素蛛网图
(图例同图 3-7)

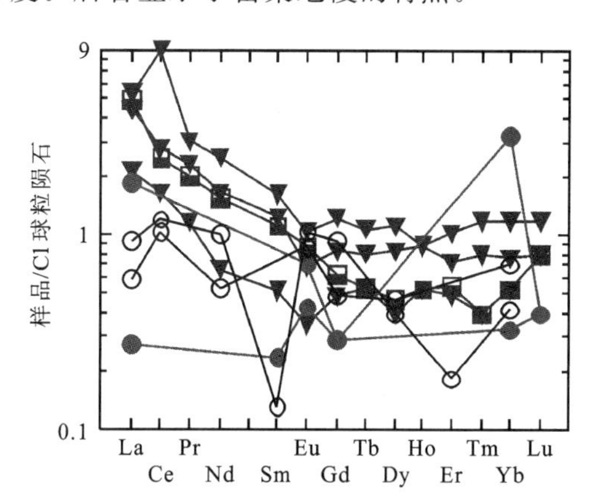

图 3-9　超镁铁质岩的稀土配分形式
(图例同图 3-7)

2) 辉长岩类

辉长岩类在测区内多呈脉体侵入于玄武岩中，区内没有发现堆晶岩，永珠一带见有较好的堆晶辉长岩。其化学成分对比如表 3-5 所示。

表 3-5　与邻区辉长岩成分对比表

成分	测区	班-怒带	雅江带	成分	测区	班-怒带	雅江带
SiO_2	50.39	48.59	46.04	Sr	271.50	115.00	124.00
TiO_2	0.42	0.23	—	Nb	2.75	2.10	10.00
Al_2O_3	17.32	15.91	14.73	Y	8.23	2.20	2.00
Fe_2O_3	1.89	0.63	0.90	Th	2.00	6.00	11.00
FeO	4.59	4.68	4.08	La	4.44	0.53	1.97
MgO	8.32	11.37	8.36	Ce	7.20	1.88	6.37
CaO	10.37	15.55	8.30	Sm	1.00	1.52	2.65
Na_2O	3.01	1.02	3.33	Eu	0.49	0.22	0.78
K_2O	0.70	0.10	4.27	Gd	1.24	0.45	3.13
Ba	65.30	64.00	36.00	Tb	0.26	0.34	—
Ni	108.50	571.80	—	Ho	0.32	0.93	—
V	136.50	112.00	—	Yb	0.91	0.75	2.03
Cr	208.50	1 207.30	752.00	Lu	0.14	0.13	0.50
Sc	24.30	20.50	—				

从表中可以看出，在主量元素上，测区辉长岩的 SiO_2、Al_2O_3、Fe_2O_3 较其相邻的南、北两带均高，而 K_2O+Na_2O 较北带高，较南带低；MgO、CaO 则较南带高，较北带低。但它们都显示出随 SiO_2 的增加，全铁和碱质增加，而 MgO、CaO 降低的特点(图 3-10)。

微量元素上，显示出 Th 相对富集的相同特点，而南、北两带的辉长岩还富集了 Cr(图 3-11)。

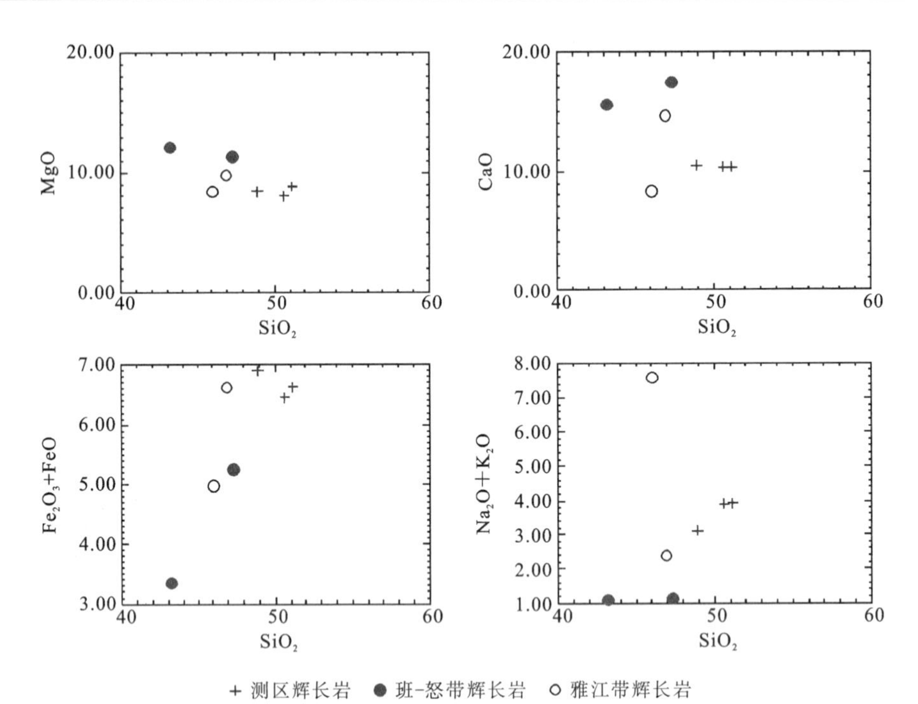

图 3-10 辉长岩 SiO_2 分别对 MgO、CaO、(Fe_2O_3＋FeO)、(Na_2O＋K_2O)变异图

稀土元素总量上，测区内的辉长岩相对较高，而班-怒带的辉长岩最高，其余的均较低。测区的辉长岩均出现了不同程度的铕正异常，而班-怒带和雅江带的辉长岩则多呈无异常或负异常的特点。只有一个辉长岩呈正异常(图 3-12)。这种正铕异常的出现，表明岩石形成的过程中有斜长石的堆晶作用，而相邻的南、北两带中，只有班-怒带的堆晶辉长岩具有铕的正异常。

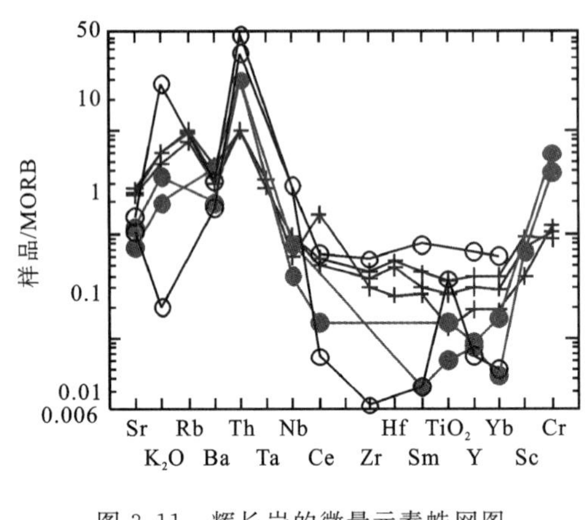

图 3-11 辉长岩的微量元素蛛网图

(图例同图 3-10)

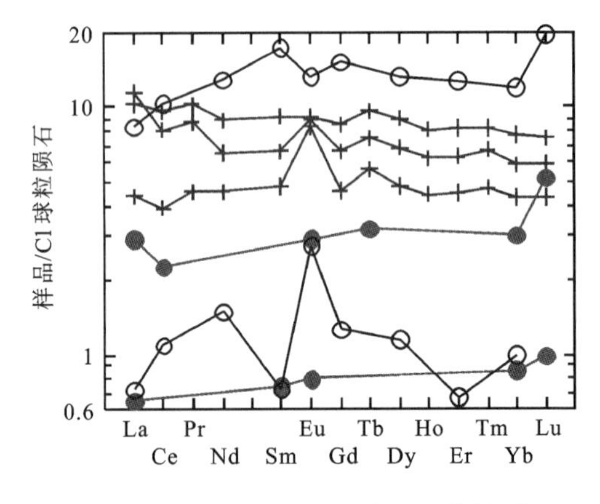

图 3-12 辉长岩稀土元素配分曲线图

(图例同图 3-10)

3) 玄武岩

在永珠-纳木错蛇绿岩带中，玄武岩的含量是相当多的，可占其出露面积的 1/3 以上。玄武岩的平均成分对比见表 3-6。

表 3-6 玄武岩平均化学成分对比表

化学成分	测区	洋中脊	岛弧的	钙碱性的	雅江带	班-怒带
SiO_2	50.26	49.80	51.10	50.20	50.35	47.94
Al_2O_3	14.81	16.00	16.10	17.70	14.76	14.59
Fe_2O_3	2.91	2.00	3.00	3.90	4.43	3.65

续表 3-6

化学成分	测区	洋中脊	岛弧的	钙碱性的	雅江带	班-怒带
FeO	6.92	7.50	7.30	6.30	4.67	6.08
TiO_2	1.35	1.50	0.83	1.00	1.14	0.96
MgO	8.02	7.50	5.10	5.40	6.69	6.86
CaO	8.77	11.20	10.80	9.80	8.39	9.86
MnO	0.17	—	—	—	0.14	0.22
Na_2O	3.46	2.80	2.00	2.70	4.13	3.15
K_2O	0.48	0.14	0.30	0.90	0.39	0.57
m/f	0.82	0.79	0.48	0.53	—	—
Rb	14.16	1.00	5.00	10.00	—	—
Ba	67.40	11.00	60.00	100.00	123.75	123.75
Nb	3.26	—	—	—	5.27	5.27
Ta	0.52	—	—	—	0.80	0.14
Sr	261.20	135.00	225.00	300.00	104.00	164.25
Hf	1.34	—	—	—	2.70	1.56
Zr	49.54	100.00	60.00	100.00	78.00	65.74
Y	12.42	30.00	20.00	23.00	23.00	18.50
Co	35.20	32.00	20.00	40.00	—	41.00
Ni	123.20	100.00	25.00	50.00	281.00	186.75
V	149.70	—	—	—	—	247.00
Cr	220.00	300.00	50.00	50.00	245.00	433.00
Sc	26.02	—	—	—	23.00	23.72
La	6.29	3.50	3.90	9.20	1.96	2.15
Ce	13.25	12.00	7.00	25.00	7.09	7.21
Sm	3.10	3.90	2.20	3.80	2.51	2.36
Eu	1.11	1.50	0.90	1.30	84.00	0.96
Tb	0.73	1.20	0.40	0.80	0.60	0.78
Yb	2.82	3.00	2.00	2.50	2.43	2.91
La/Yb	2.28	1.17	1.95	3.68	0.81	0.74

注：除微量和稀土元素含量单位为$\times10^{-6}$外，其他成分含量单位均为%。

从表中可以看出，主量元素中的全铁、SiO_2 和 Al_2O_3 含量与相邻的两带及洋中脊、岛弧玄武岩相当，Al_2O_3 比洋中脊、岛弧玄武岩低一些；MgO 低于班-怒带而与雅江带相当，碱质高于班-怒带而低于雅江带；CaO 与相邻两带相当(图 3-13)。

微量元素方面，大离子亲石元素 Th、Nb、Ta 高于班-怒带，低于雅江带，Ba 则高于雅江带而略低于班-怒带；高场强元素 Nb、Zr、Sr、Y、Hf 则高于南、北相邻两带。在微量元素蛛网图上(图 3-14)，显示出较强的 Th 正异常，Rb、Sr、Ba、Ta、Nb 显示出不明显的正异常的特点。该微量元素蛛网图形式相似于洋中脊玄武岩的微量元素蛛网图形式。

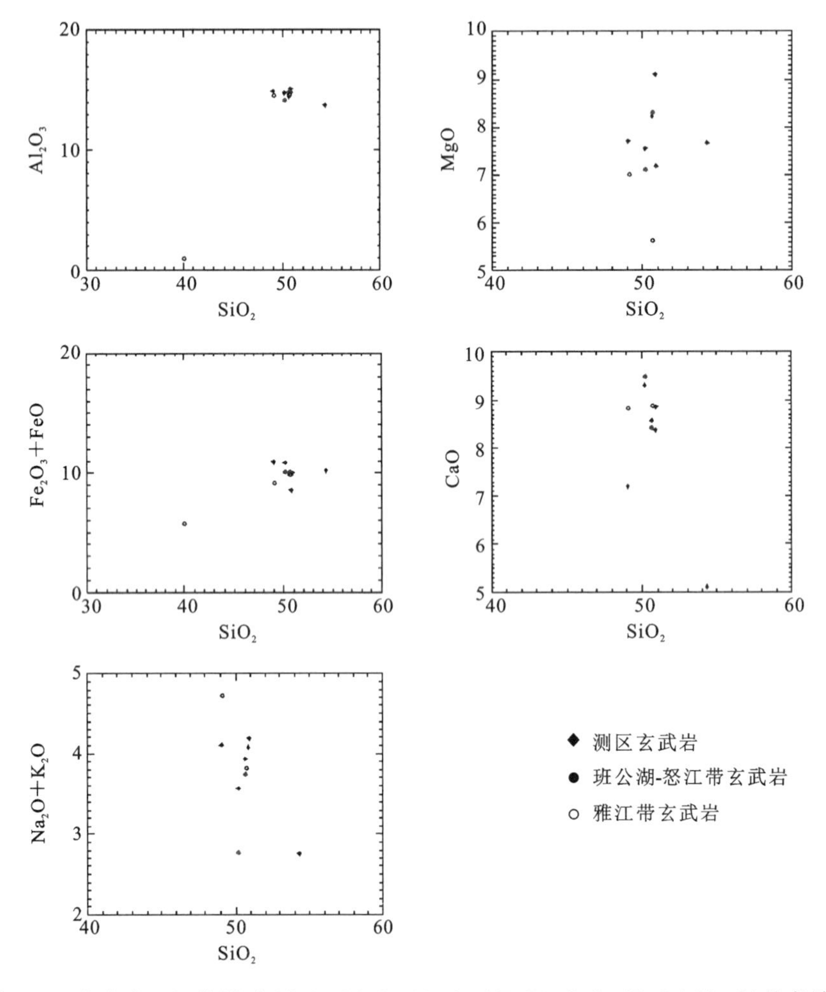

图 3-13　玄武岩 SiO_2 分别对 Al_2O_3、MgO、(Fe_2O_3＋FeO)、CaO、(K_2O＋Na_2O)的变异图

稀土元素分析结果显示，测区内的玄武岩稀土元素总量较相邻的南、北两带高一些，且配分曲线为右倾形式，轻稀土元素富集，而相邻的南、北两带均显示出轻稀土元素亏损的形式（图 3-15）。具有不明显的铕负异常，与南、北两带相似，表明其源区为亏损的地幔岩。

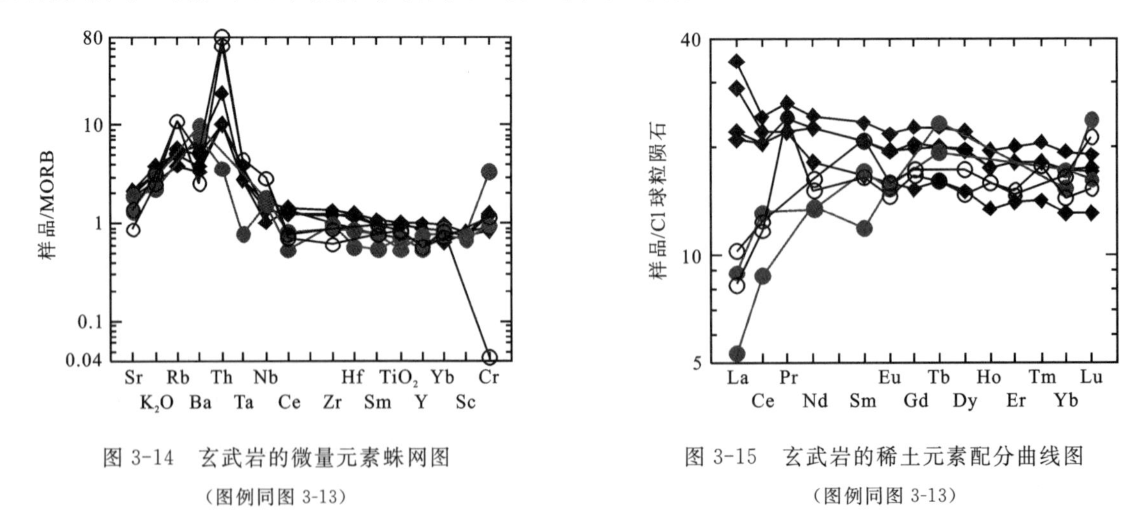

图 3-14　玄武岩的微量元素蛛网图
(图例同图 3-13)

图 3-15　玄武岩的稀土元素配分曲线图
(图例同图 3-13)

在玄武岩的构造环境判别图中(图 3-16)，测区内的玄武岩多投影于洋中脊玄武岩区内，而南、北两带的玄武岩则多落入洋岛或岛弧玄武岩区内。在图 3-16(b)中，测区玄武岩与南、北两带的玄武岩无一例外地投影于洋中脊和洋底玄武岩区内。综上所述，我们认为永珠-纳木错蛇绿岩带的玄武岩与相邻的南带(雅江带)和北带(班公湖-怒江带)蛇绿岩中的玄武岩，虽在蛛网图上有一定的差异性，

但差异程度较小，而相似性更多一些，其形成环境基本一致，属洋中脊或洋底玄武岩。岩石化学上的诸多差异性，有些可能是源区的不同特点所致，有些可能与其形成时的扩张速率等条件有关。这些不同的特征可能暗示，永珠-纳木错蛇绿岩带并非是班公湖-怒江蛇绿岩带的一部分，而可能是一条独立形成的蛇绿岩带。

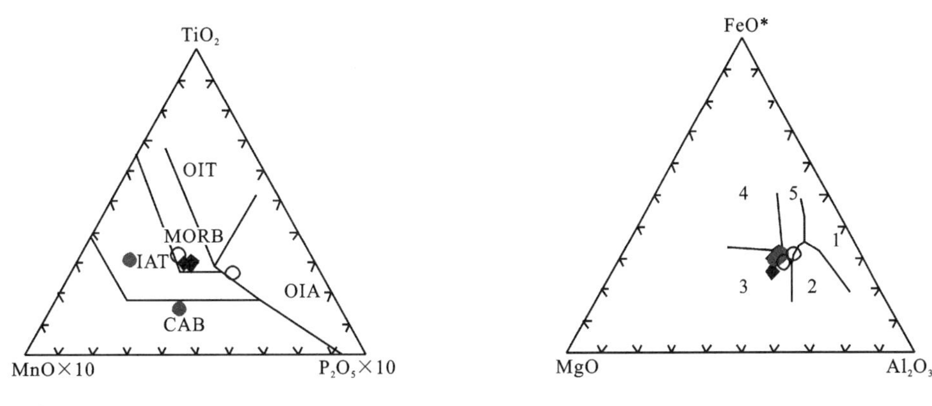

图 3-16　玄武岩形成环境判别图

（图例同图 3-13）

1. 扩张中央岛；2. 造山的；3. 洋中脊或洋底；4. 大洋岛；5. 大陆

MORB. 洋中脊拉斑玄武岩；IAT. 岛弧拉斑玄武岩；OIT. 洋岛拉斑玄武岩；CAB. 碱性玄武岩；OIA. 洋岛碱性玄武岩

三、蛇绿岩构造环境的判别

本区内的玄武岩发育于蛇绿岩带中，是永珠-纳木错蛇绿岩带的重要组成部分。从板块构造理论上讲，蛇绿岩形成于洋中脊、边缘海盆、岛弧及弧后盆地等扩张环境，它代表了初始的或发育成熟的古大洋岩石圈残片。

永珠-纳木错蛇绿岩带中玄武岩的岩石地球化学特征显示了岛弧或洋岛玄武岩的特点。在 Hf/3-Th-Ta 和 Hf/3-Th-Nb/16 的图解上（图 3-17），本区的玄武岩均投影于火山弧玄武岩区内。从这一点来说，本带内的玄武岩可能与岛弧构造环境有关。

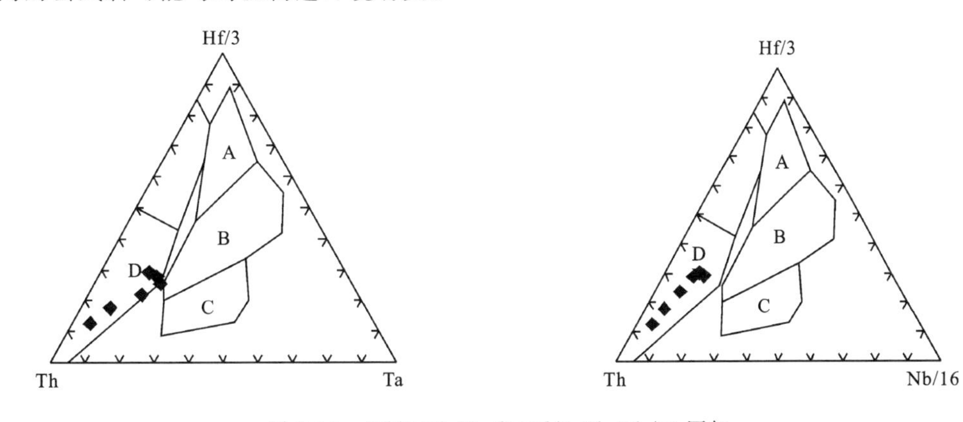

图 3-17　Hf/3-Th-Ta 和 Hf/3-Th-Nb/16 图解

A. 洋中脊玄武岩；B. 洋中脊＋板内玄武岩；C. 板内玄武岩；D. 火山弧玄武岩

在 TiO_2-MnO×10-P_2O_5×10 和 FeO^*-MgO-Al_2O_3 的图解中（图 3-16），本区的辉长岩、玄武岩均投影于大洋玄武岩区内，只有一个玄武岩样品投影点落入岛弧拉斑玄武岩区内。在图 3-16 中，辉长岩也同样投影于洋中脊和洋底玄武岩区内。据此基本可以证实，本区蛇绿岩形成于洋中脊而偏于岛弧一侧。

综上所述，蛇绿岩中 Nb、Ta 略有亏损，可能显示岩石产出时受到俯冲作用的影响。Th 的高度富集和 Zn、Hf 无负异常与大洋玄武岩特征相似。稀土配分曲线呈平坦型，配合各种构造环境判别图的解释，认为永珠-纳木错蛇绿岩带中的玄武岩形成于靠近岛弧的大洋或洋岛环境。

第二节　中酸性侵入岩

一、概述

测区内中酸性侵入岩产出规模较大，而主要集中于冈底斯山主脊及其以南地区(图 3-1)，甲岗山、阳定及当肩中地区亦有零星出露。出露总面积为 2 701.33km^{2}左右，占岩浆岩出露总面积的 46.5%。

区内中酸性侵入岩主要沿近东西向逆断层分布，受断裂构造控制明显。冈底斯地区的花岗岩主要受娘热藏布断裂和空金下嘎断裂控制，而甲岗及当肩中地区的花岗岩则受普强断裂和格仁错-查藏错断裂的控制。

区内中酸性侵入岩的形成时期大致可分为 5 个时期：即晚三叠世、早白垩世、晚白垩世、始新世和中新世。

岩体产状多呈岩株状，只有少量的岩基。娘热藏布一带为一大型的复式岩基，此次工作中已将其解体，按不同岩性划分了侵入体。

测区内中酸性侵入岩的岩石类型较多，有巨斑花岗闪长岩、花岗闪长岩、闪长岩、黑云母花岗岩、黑云母二长花岗岩、斜长花岗岩、白云母花岗岩、二云母花岗岩、花岗闪长斑岩、花岗斑岩及石英斑岩等。其中晚三叠世中酸性侵入岩占中酸性侵入体总面积的 11.48%；早白垩世中酸性侵入岩占中酸性侵入岩的 14.77%；晚白垩世中酸性侵入岩占中酸性侵入岩的 56.61%；始新世中酸性侵入岩占中酸性侵入岩的 1.67%；中新世中酸性侵入岩占中酸性侵入岩的 15.46%。

在花岗岩类的填图中，根据中国地质调查局下发的填图技术要求的精神，对花岗岩类的填图采用了时代加岩性的表示方法，对不同时代的各类花岗岩均较详细地划分了侵入体并赋予其时代意义。

二、中酸性侵入岩的特征

(一) 晚三叠世花岗岩

本图幅的巨斑花岗闪长岩($T_3\gamma\delta$)主要出露于图幅南部的扛波乌日和下波一带(图 3-1 的 30、37)，出露面积约 292.94km^2，占中酸性侵入岩总面积为 11.48%。图幅内只见到两个岩体。K-Ar 法同位素年龄为 172.0Ma，锆石 U-Pb 年龄为(217.0±3.4)Ma。

1. 地质特征

巨斑花岗闪长岩以其岩石中含有巨大的长石斑晶为特点，出露区均为高山地区，高程在 5 500m 的山峰较多，常年积雪，因此我们工作的地质路线多沿沟谷穿行。该岩体侵入于石炭系的永珠组中，内接触带可见岩石有小于 10m 的冷凝边，岩石粒度稍细，斑晶也由内部的 6～10cm 变为 2～3cm。外接触带的细粉砂岩均有热接触变质现象，形成板状绢云母千枚岩、云母片岩等。岩体常有细脉沿细粉砂岩之层面或节理裂隙侵入于细粉砂岩中。岩体边部常含有大小不等的砂岩捕虏体，并有轻微的硅化现象。

在与白云母花岗岩和二云母花岗岩的接触带附近，可见巨斑花岗闪长岩被其侵入的烘烤现象，常见暗色矿物角闪石、黑云母蚀变较强烈，岩石具有铁染现象，部分石英颗粒边部出现铁染薄膜。中细粒的白云母花岗岩和二云母花岗岩及黑云母花岗岩均有不厚的冷凝边，岩石中矿物粒度较细些，并常可见其细脉进入巨斑花岗闪长岩中，该类岩体均呈岩基产出。

2. 岩石学特征

巨斑花岗闪长岩的岩石呈灰白色或浅灰色，矿物成分主要为角闪石、黑云母、石英、钾长石和斜长石，斑状结构，基质为半自形中细粒结构，块状构造。其中，斑晶为钾长石和斜长石，多为半自形晶—自形晶，矿物个体粗大，长可达6～10cm，宽也可达1.0cm左右。斑晶在岩石中分布比较均匀，手标本上就可以看见长石的聚片双晶和卡氏双晶。显微镜下，基质由石英、斜长石、钾长石、角闪石和黑云母组成，多呈半自形晶。钾长石粒度较大，可达0.8～3.5mm，其中常含有斜长石的包体，斜长石包体边缘具有交代净边结构。晶体常有高岭土化。斜长石有较强的绢云母化，角闪石和黑云母均有不同程度的绿泥石化。部分薄片中还见有交代蠕英结构。副矿物为磁铁矿、磷灰石和锆石。

3. 岩石地球化学特征

巨斑花岗闪长岩样品常量元素的分析结果见表3-7。从表中可以看出，岩石中的SiO_2含量中等，富Al_2O_3和碱质。CIPW计算中出现紫苏辉石和刚玉等矿物，刚玉标准分子含量平均为1.0，紫苏辉石标准分子含量平均为9.0，这种计算结果与含Al_2O_3较高是一致的。

表3-7　巨斑花岗闪长岩分析结果及CIPW计算结果表　　(%)

样品号	岩石名称	SiO_2	TiO_2	Al_2O_3	Fe_2O_3	FeO	MnO	MgO	CaO	Na_2O	K_2O	P_2O_5
1628	巨斑花岗闪长岩	65.14	0.82	14.75	0.70	4.37	0.08	2.15	3.41	2.53	4.00	0.26
1667	巨斑花岗闪长岩	70.50	0.16	14.77	0.52	2.15	0.08	1.10	1.89	3.16	4.79	0.15

样品号	岩石名称	H_2O	CO_2	LOI	Q	C	Or	Ab	An	Hy	Mt	Ap	DI	A/CNK
1628	巨斑花岗闪长岩	1.52	0.05	—	22.96	0.73	24.08	21.76	15.35	11.81	1.03	0.58	68.80	1.01
1667	巨斑花岗闪长岩	—	—	0.65	27.14	1.26	28.54	26.90	8.56	6.19	0.76	0.33	82.59	1.07

注：由湖北地质实验研究所测试。

微量元素分析结果见表3-8，其微量元素蛛网图见图3-18。从表和图中可以清楚地看出，该岩石中，Rb和Th强烈富集，而Ba和Ce略有富集。Zr、Sm、Y、Yb则相对亏损。该岩石微量元素蛛网图形式图显示出同碰撞花岗岩的模式。

表3-8　巨斑花岗闪长岩微量元素分析结果表　　($\times10^{-6}$)

样品号	Rb	Sr	Nb	Ta	Zr	Hf	Th	V	Ba	Ga	Y
1628	240	53	22.2	2.5	84	3.2	45.8	10.10	95	14.6	28.46
1667	237	121	10.2	—	174	—	26.5	5.38	460	20.6	20.10

稀土元素分析结果见表3-9。从表中可以看出，岩石中的轻稀土含量较高，比较富集。图3-19所示为岩石稀土元素的配分模式。从图中可以看出，曲线呈明显的右倾型，且斜率较大，具有不太明显的Ce负异常和Eu负异常。而重稀土相对亏损，轻、重稀土分馏较明显，显示了酸性岩的稀土地球化学特征。

表3-9　巨斑花岗闪长岩稀土元素分析结果　　($\times10^{-6}$)

样品号	La	Ce	Pr	Nd	Sm	Eu	Gd	Tb	Dy	Ho	Er	Tm	Yb	Lu	∑REE
1628	35.97	72.18	7.71	26.09	5.61	0.44	4.83	0.82	5.25	1.08	2.88	0.45	3.05	0.44	166.80
1667	25.80	30.60	5.43	17.50	4.19	0.98	3.62	0.75	3.57	0.78	2.92	0.19	1.18	0.36	97.87

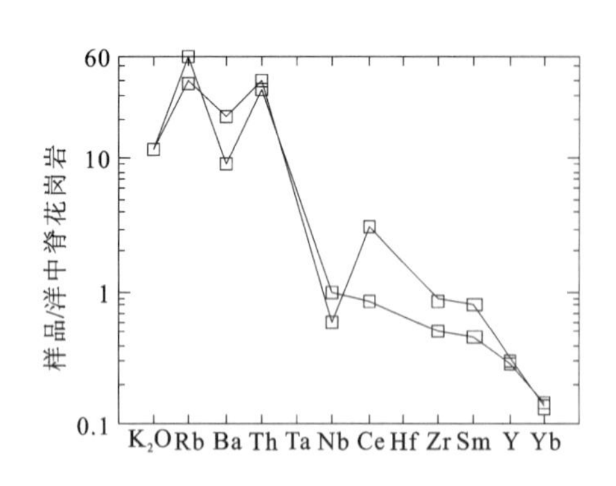

图 3-18　巨斑花岗闪长岩微量元素蛛网图

(据 Pearce 等,1984)

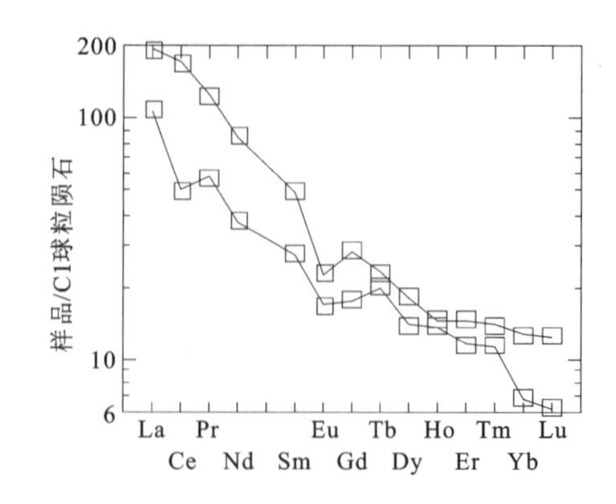

图 3-19　巨斑花岗闪长岩的稀土配分模式图

4. 副矿物特征

在巨斑花岗闪长岩中采集了人工重砂样。全分析结果表明,其中含有的副矿物种类有锆石、磷灰石、方铅矿、磁铁矿、钛铁矿、黄铁矿和辉铋矿,其含量均在 0.3g 以下,其中锆石呈淡黄—浅淡黄色,主要呈{110}和{111}的聚形(图 3-20),长宽之比在(2∶1)～(4∶1)之间。

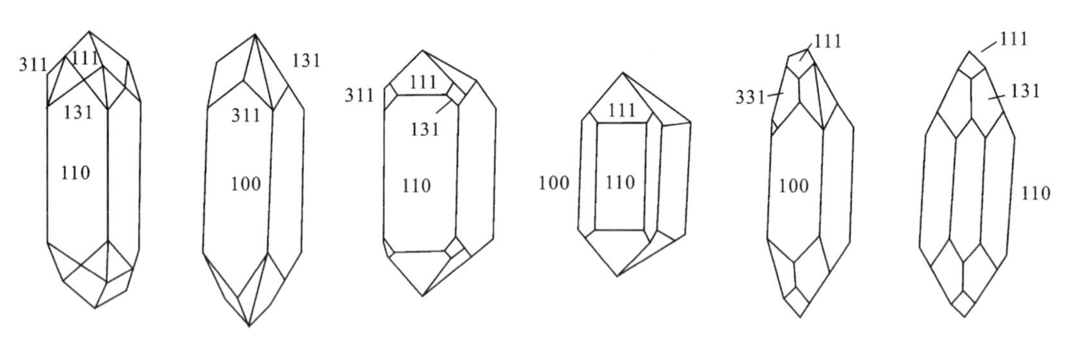

图 3-20　锆石的主要晶型

5. 成因环境分析

从野外地质特征及区域大地构造环境分析,区内的巨斑花岗闪长岩可能为火山弧花岗岩或同碰撞花岗岩。在 Rb-(Y+Nb)和 Nb-Y 图解中(图 3-21),该岩石的投影点均落入火山弧花岗岩和同碰撞花岗岩的交界处,二者仍然无法准确区分。

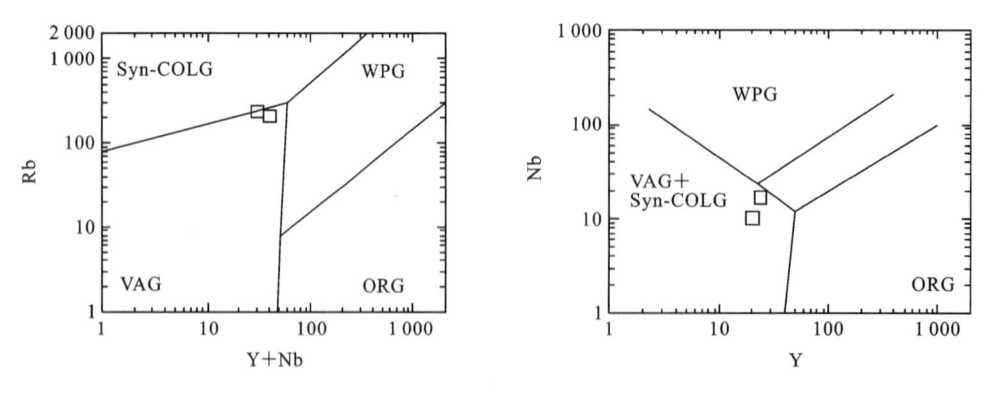

图 3-21　Rb-(Y+Nb)和 Nb-Y 图解

(据 Pearce,1984)

Syn-COLG. 同碰撞花岗岩;WPG. 板内花岗岩;VAG. 火山弧花岗岩;ORG. 洋中脊花岗岩

在 R_1-R_2 图解中，本区的巨斑花岗闪长岩均落入了板块碰撞前花岗岩区内(图 3-22)。

综合上述特点，我们认为本区的巨斑花岗闪长岩产于冈底斯地区，微量元素蛛网图显示了同碰撞花岗岩的特点，在上述图解中，虽难以区分是火山弧或同碰撞花岗岩，但据其上述特征，我们认为其应属板块碰撞前形成的花岗岩，为陆-陆碰撞造山作用以前的产物。

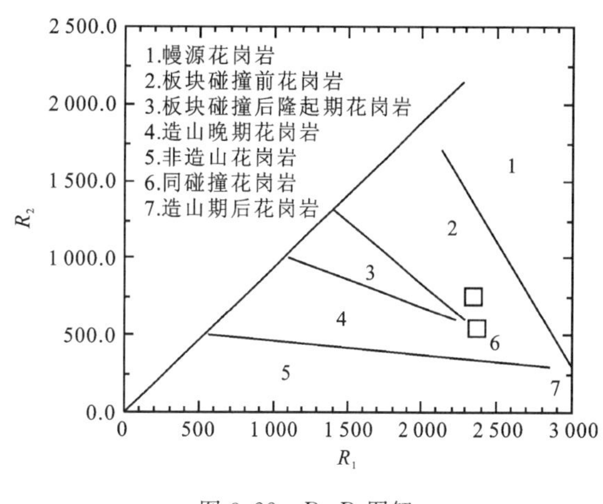

图 3-22 R_1-R_2 图解

(据 Batchelor 等，1985)

(二) 早白垩世侵入岩

1. 地质特征

早白垩世侵入岩包括闪长岩、花岗闪长岩、二云母花岗岩、黑云母花岗岩和花岗斑岩。

闪长岩多呈花岗岩中的包体产出，或呈花岗闪长岩中的深源包体产出。在测区南部娘热藏布南侧的闪长岩体(见图 3-1 中 32)，则被二云母花岗岩所包围，呈一大包体产出，被花岗岩侵入，岩石边部均有轻微的硅化现象。

花岗闪长岩分布于测区西南角(见图 3-1 中 27、28)和甲岗山一带(见图 3-1 中 3、5、6、7、8)，出露面积为 158.01km^2，约占中酸性侵入岩出露总面积的 6.19%。

该岩石侵入于石炭系—二叠系的砂岩、粉砂岩中。外接触带岩石有轻微变质并有轻微的硅化现象，岩石已变为绢云母千枚状板岩或黑云母角岩。内接触带岩石粒度较细。另外，该岩体与林子宗群火山岩呈沉积接触关系，火山岩与花岗闪长岩间有一薄层小于 2cm 的氧化铁薄膜，接触面也不规则，偶见英安岩底部有花岗闪长岩的砾石。花岗闪长岩中常含有大小不等的细晶闪长岩的包体，包体以其岩性、粒度及其颜色与岩体区别。二者之间的界线呈过渡状。在包体附近，岩石中角闪石的含量明显增加，这可能是同化不彻底的结果。

二云母花岗岩主要分布于测区南部的罗扎乡一带，呈东西向延伸的长条状。出露面积为 163.38km^2，占中酸性侵入岩出露面积的 6.41%左右。二云母花岗岩与石炭系、二叠系和巨斑花岗闪长岩、白云母花岗岩接触。与石炭系、二叠系呈侵入接触关系。在外接触带，石炭系—二叠系的砂岩已受热接触变质作用的改造，成为绢云母板状千枚岩或黑云母角岩、斑点状板状千枚岩等。地层中常见有花岗岩细脉侵入其中，在靠近岩体部分见有轻微的硅化和帘石化。在内接触带，除见花岗岩粒度稍变细以外，还见有大小不等的砂岩捕虏体，其间的侵入关系明显。与巨斑花岗闪长岩之间的关系比较清晰，野外见二云母花岗岩侵入于巨斑花岗闪长岩中，白云母花岗岩侵入于二云母花岗岩中。在接触带附近，可见白云母花岗岩边部具冷凝边，粒度变细。外接触带则见二云母花岗岩具烘烤现象，具有不同程度的硅化现象。局部可见白云母花岗岩细脉沿节理侵入于二云母花岗岩中。

黑云母花岗岩主要分布于测区北部的阳定、测区东部的扁前浦南一带。该岩石侵入于念青唐古拉群变质岩和则弄群火山岩中，外接触带见有硅化现象，内接触带则见有细粒花岗岩。总面积 38.5km^2，占中酸性侵入岩总面积的 1.51%左右。

花岗斑岩主要分布于阳定和新吉北山一带，岩体出露面积 17.25km^2，占中酸性侵入岩面积的 0.67%左右。岩石侵入于念青唐古拉群和则弄群火山岩中，外接触带见有轻微的硅化现象。

在这些岩体中采集了同位素样品，获得了锆石 U-Pb 同位素年龄为[116～(133.9±0.9)]Ma，K-Ar 同位素年龄 97.4Ma、96.2Ma。

2. 岩石学特征

闪长岩 岩石呈灰白色，半自形中细粒结构，块状构造。矿物成分主要由角闪石、斜长石组成，个别岩石中含有少量的石英和钾长石，细粒的斜长石和角闪石常构成清楚的柱粒结构。局部角闪石蚀变为黑云母。其矿物量统计见表3-10。

表3-10　早白垩世侵入岩矿物量统计表

岩石名称	平均矿物量(%)					
	Q	Pl	Kfs	Hb	Bit±Mus	基质
闪长岩	6.6	67.0	3.4	23.3	—	—
花岗闪长岩	20.0	55.0	15.0	—	10.0	偶见角闪石
黑云母花岗岩	30.0	20.0	40.0	10.0	—	—
花岗斑岩	15.0	10.0	20.0	—	3.0	52.0
二云母花岗岩	26.8	29.1	38.5	—	5.6	—

花岗闪长岩　岩石呈灰白色，中细粒半自形结构，块状构造。矿物成分主要由石英、斜长石、黑云母组成，钾长石在多数岩石中存在，含量不等。偶尔亦可见含少量的角闪石。细粒的斜长石常成为钾长石的包体。钾长石含量一般较少，多为微斜长石，有时也有条纹长石。黑云母含量不稳定，多的可达10%以上，少的也可在5%以下。

二云母花岗岩　主要组成矿物为石英、钾长石、斜长石、白云母和黑云母，副矿物为磁铁矿、锆石、磷灰石，有时也含有少量的榍石。岩石中石英粒度一般较小，呈它形晶，少数薄片中见有波状消光现象；斜长石多为半自形晶，双晶纹细而直，多为更长石；钾长石以微斜长石和条纹长石为主，其中常包含有细粒斜长石的包体，包体边部常出现交代净边结构；黑云母和白云母在岩石中含量一般较少，二者的相对含量基本相等，在岩石中分布往往不均匀，其平均的矿物量为石英26.8%、斜长石29.1%、钾长石38.5%，黑云母和白云母的平均含量为5.6%左右。

黑云母花岗岩　岩石呈灰白色或淡红色，半自形中细粒结构，块状构造，矿物成分主要由石英、斜长石、钾长石和黑云母组成。该岩石中，黑云母含量一般在10%左右，钾长石多为条纹长石和微斜长石，条纹长石中常含有斜长石的细粒包体，并见有交代净边结构。

花岗斑岩　岩石呈淡肉红色，斑状结构，斑晶一般占30%～50%。斑晶由石英、钾长石和斜长石组成，有时也见有少量黑云母斑晶。基质呈隐晶质状，局部出现霏细结构，可见微粒的长英质矿物。

3. 岩石地球化学特征

早白垩世侵入岩的岩石化学全分析及CIPW计算结果列于表3-11中。

闪长岩SiO_2偏低，富Al_2O_3、CaO和Na_2O；计算标准矿物中出现紫苏辉石，其中一个样品还出现刚玉，与其富Al_2O_3特点一致。分异指数(DI)则相对较低(51.95,69.18)，说明其分异程度较差。

二云母花岗岩的SiO_2、Al_2O_3和K_2O含量较高，贫TiO_2和Fe_2O_3。CIPW标准矿物计算结果中可以看出，其中出现了标准分子刚玉和紫苏辉石，与岩石分析结果符合。刚玉标准分子在岩石中的平均含量为2.9，属过铝质花岗岩类。分异指数(DI)为88.86～90.99，说明该岩石的分异程度较高。

花岗闪长岩、黑云母花岗岩和花岗斑岩则显示出富SiO_2、Al_2O_3和碱质，而贫FeO、MgO和CaO，与矿物成分一致。标准矿物计算出紫苏辉石标准矿物，应是正常钙-碱系列花岗岩。花岗岩和花岗斑岩中的还有标准矿物刚玉，亦与其岩石化学分析的特点一致。

早白垩世侵入岩的微量元素分析结果见表3-12，其微量元素蛛网图见图3-23。从图中可以看出，Rb和Th强烈富集，K_2O、Ba有不同程度的富集。而花岗闪长岩的Ta、Ce和Sm都有富集。闪长岩和花岗岩中的Ce有少量富集，Y、Yb有不同程度的亏损。这些特征显示了同碰撞花岗岩的微量元素蛛网图特点。

早白垩世侵入岩的稀土元素分析结果见表3-13，其配分形式图见图3-24。从表中可以看出，早白垩世侵入岩的稀土总量较高。配分曲线图呈右倾型，轻稀土相对富集，而重稀土相对亏损。花岗斑岩具有

表 3-11 早白垩世侵入岩岩石化学分析及 CIPW 计算结果表 (%)

样品号	岩石名称	SiO_2	TiO_2	Al_2O_3	Fe_2O_3	FeO	MnO	MgO	CaO	Na_2O	K_2O	P_2O_5	H_2O	CO_2	Q	C	Or	Ab	An	Hy	Mt	Il	Ap	DI	A/CNK
Yq1385	闪长岩	63.99	0.74	15.70	1.36	2.85	0.06	2.11	4.31	3.89	2.71	0.28	1.30	0.45	19.50	0.16	16.28	33.39	17.17	8.40	2.00	1.43	0.62	69.18	0.91
Yq1387	闪长岩	55.42	0.76	17.69	5.03	3.68	0.16	3.23	6.39	4.03	1.62	0.30	—	—	7.80	—	9.69	34.46	25.65	7.06	7.38	1.46	0.66	51.95	0.85
Yq395	黑云母花岗岩	75.38	0.27	12.50	1.50	0.28	0.04	0.20	0.36	4.29	4.28	0.04	0.61	0.09	33.62	0.44	25.51	36.54	0.99	0.50	0.25	0.52	0.09	95.66	1.02
P_3Yq1	花岗斑岩	74.24	0.16	13.25	0.50	1.37	0.01	0.29	0.35	3.66	5.11	0.03	0.82	0.02	31.79	1.12	30.54	31.25	1.58	2.61	0.73	0.31	0.07	93.59	1.08
Yq066	花岗闪长岩	67.47	0.47	14.33	1.32	2.77	0.08	1.68	3.71	2.76	3.67	0.09	—	—	26.50	—	22.07	23.72	16.09	6.84	1.95	0.91	0.20	72.29	0.93
Yq067	花岗闪长岩	73.35	0.17	13.26	0.94	1.27	0.05	0.53	1.19	3.35	4.92	0.05	—	—	31.51	0.35	29.37	28.58	5.67	2.72	1.38	0.33	0.11	89.45	1.02
Yq068	花岗闪长岩	67.74	0.46	14.48	1.47	2.67	0.08	1.70	3.91	2.73	3.53	0.09	—	—	27.03	—	21.12	23.34	16.98	6.56	2.16	0.88	0.20	71.49	0.94
Yq069	花岗闪长岩	71.89	0.34	13.17	0.86	2.47	0.05	1.02	2.90	2.57	3.55	0.07	—	—	34.09	—	21.23	21.96	14.03	5.92	1.26	0.65	0.15	77.89	0.99
Yq449	黑云母花岗岩	66.38	0.54	14.21	1.56	3.03	0.11	1.86	3.88	2.70	3.48	0.11	—	—	25.97	—	21.03	23.32	16.69	7.47	2.31	1.05	0.25	70.32	0.92
Yq055	花岗闪长岩	72.02	0.23	13.75	0.76	1.77	0.07	—	1.73	3.58	4.24	0.07	0.81	0.02	29.62	0.26	25.35	30.58	8.26	4.21	1.11	0.44	0.15	85.55	1.01
Yq057	花岗闪长岩	77.37	0.19	11.19	0.24	1.63	0.03	0.37	1.30	2.52	4.06	0.04	0.85	0.02	43.26	0.36	24.27	21.53	6.29	3.49	0.35	0.36	0.09	89.05	1.05
Yq062	花岗闪长岩	73.37	0.23	13.44	0.68	1.43	0.06	0.60	2.07	3.27	3.78	0.05	0.76	0.06	34.23	0.30	22.59	27.92	10.09	3.33	1.00	0.44	0.11	84.74	1.00
P_{11}Yq23	二云母花岗岩	72.20	0.31	14.09	0.16	1.77	0.02	0.63	0.91	2.64	5.69	0.25	1.13	0.05	32.17	2.60	34.09	22.60	2.77	4.27	0.24	0.60	0.55	88.86	1.11
P_{11}Yq26	二云母花岗岩	72.16	0.30	14.40	0.20	1.67	0.02	0.59	0.79	2.61	5.59	0.21	1.26	0.05	33.04	3.22	33.54	22.37	2.41	3.97	0.29	0.58	0.47	88.96	1.18
P_{11}Yq29	二云母花岗岩	73.60	0.16	14.01	0.01	1.43	0.02	0.42	0.74	3.18	4.96	0.29	1.03	0.07	34.14	2.87	29.67	27.18	1.55	3.48	0.01	0.31	0.64	90.99	1.11

表 3-12　早白垩世侵入岩微量元素分析结果表

（$\times 10^{-6}$）

样品号	岩石名称	Rb	Sr	Nb	Ta	Zr	Hf	Th	U	Ba	Ga	Ge	Sc	Co	Cu	Ni	V	Zn
Yq1385	闪长岩	116.0	233	9.9	0.5	290	7.8	15.8	0.5	1 088	16.5	2.4	—	—	—	—	—	—
Yq1387	闪长岩	38.8	408	2.6	—	122	—	2.36	1.6	355	16.9	—	—	—	—	—	—	—
Yq395	黑云母花岗岩	413.0	159	28.5	4.5	140	4.5	48.7	3.5	482	26.6	2.8	—	—	—	—	—	—
P_3Yq1	花岗斑岩	265.9	34	16.4	1.8	184	5.7	22.6	3.0	233	27.4	1.9	—	—	—	—	—	—
Yq066	花岗闪长岩	192.0	163	11.2	1.3	136	4.0	28.1	3.0	385	16.3	—	11.0	12.1	14.9	8	81.9	57.1
Yq067	花岗闪长岩	233.4	102	14.5	2.2	141	4.1	19.2	25	580	15.6	—	3.7	4.2	5.7	7	12.9	29.8
Yq068	花岗闪长岩	194.0	168	11.9	1.6	126	4.0	27.0	4.2	371	15.7	—	10.8	11.0	9.3	10	82.2	62.5
Yq069	花岗闪长岩	182.1	140	10.0	1.4	97	2.9	24.4	2.7	417	14.5	—	5.6	8.7	10.0	8	51.3	74.7
Yq449	黑云母花岗岩	178.7	179	12.0	1.5	137	4.1	24.5	2.9	395	16.7	—	12.5	13.1	9.8	10	95.9	73.9
Yq055	花岗闪长岩	220.6	123	16.6	2.2	155	4.9	23.2	3.2	578	20.0	2.0	—	6.6	—	14	—	—
Yq057	花岗闪长岩	192.1	51	13.0	1.9	155	5.2	55.1	3.8	166	14.6	1.6	—	4.7	—	6	—	—
Yq062	花岗闪长岩	169.8	152	13.0	1.8	126	3.8	18.6	3.1	596	17.7	1.8	—	5.4	—	6	—	—
P_{11}Yq23	二云母花岗岩	347.0	68	16.3	2.9	132	3.8	38.8	—	406	24.0	2.7	—	—	—	—	3.5	—
P_{11}Yq26	二云母花岗岩	340.0	69	15.2	1.5	126	4.0	35.8	—	363	25.1	2.3	—	—	—	—	4.2	—
P_{11}Yq29	二云母花岗岩	366.0	42	16.4	5.2	58	2.1	8.6	—	184	26.6	3.4	—	—	—	—	3.5	—

表 3-13　早白垩世侵入岩稀土元素分析结果表

（$\times10^{-6}$）

样品号	岩石名称	La	Ce	Pr	Nd	Sm	Eu	Gd	Tb	Dy	Ho	Er	Tm	Yb	Lu	Y	ΣREE
Yq1385	闪长岩	66.82	117.40	12.09	37.69	5.71	1.48	3.91	0.56	2.79	0.53	1.57	0.25	1.57	0.24	14.80	267.41
Yq1387	闪长岩	23.20	35.40	5.25	19.30	4.19	1.23	3.92	0.75	3.48	0.75	2.70	0.17	1.05	0.30	20.60	122.29
Yq395	黑云母花岗岩	31.93	89.61	6.91	22.31	4.78	0.89	4.30	0.78	4.84	1.14	3.58	0.64	4.59	0.72	28.92	205.94
P_3Yq1	花岗斑岩	15.32	20.89	3.66	12.97	2.79	0.18	3.05	0.69	4.66	0.99	3.20	0.53	3.58	0.54	27.22	100.27
Yq066	花岗闪长岩	32.09	56.86	6.56	20.00	3.42	0.81	3.18	0.50	3.00	0.62	1.82	0.31	1.99	0.31	16.84	148.31
Yq067	花岗闪长岩	31.61	60.99	7.32	24.56	4.71	0.72	4.06	0.77	4.44	0.87	2.73	0.46	2.96	0.46	25.69	172.35
Yq068	花岗闪长岩	29.04	51.85	5.88	19.22	3.62	0.81	3.33	0.60	3.29	0.67	2.01	0.34	2.19	0.35	18.70	141.90
Yq069	花岗闪长岩	27.99	43.26	4.63	13.65	2.34	0.68	2.09	0.36	2.14	0.45	1.39	0.25	1.68	0.27	12.39	113.57
Yq449	黑云母花岗岩	37.41	63.40	7.01	22.44	4.07	0.83	3.56	0.62	3.52	0.72	2.12	0.36	2.28	0.36	19.71	168.41
Yq055	花岗闪长岩	39.11	72.03	9.01	30.06	5.84	0.88	5.03	0.90	5.16	1.02	3.17	0.53	3.52	0.54	29.82	206.62
Yq057	花岗闪长岩	49.65	103.80	13.29	46.52	8.92	0.65	7.06	1.19	6.17	1.21	3.44	0.55	3.35	0.49	32.9	279.19
Yq062	花岗闪长岩	31.55	56.72	6.77	22.57	4.13	0.80	3.75	0.69	3.96	0.82	2.51	0.43	2.80	0.43	23.76	161.69
P_{11}Yq23	二云母花岗岩	43.87	89.22	11.31	39.65	7.90	0.73	5.09	0.67	2.59	0.43	1.07	0.16	0.92	0.13	12.22	215.96
P_{11}Yq26	二云母花岗岩	49.53	107.60	14.38	49.12	9.49	0.82	5.98	0.78	2.83	0.46	1.13	0.17	0.93	0.13	12.73	256.08
P_{11}Yq29	二云母花岗岩	16.48	30.88	4.23	14.82	3.96	0.47	3.51	0.49	1.90	0.25	0.59	0.08	0.43	0.05	8.13	86.27

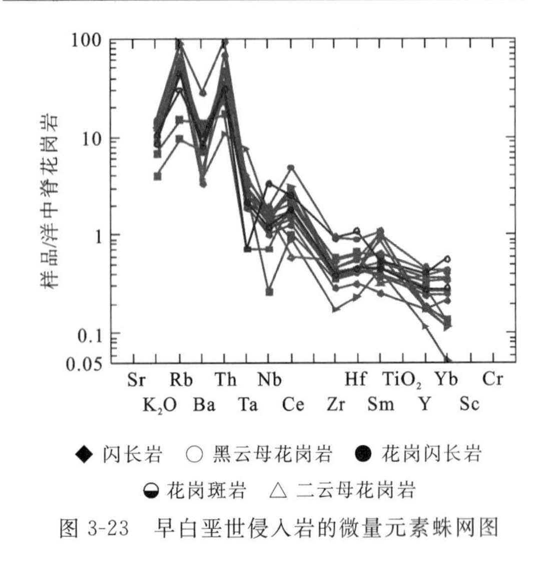

图 3-23　早白垩世侵入岩的微量元素蛛网图

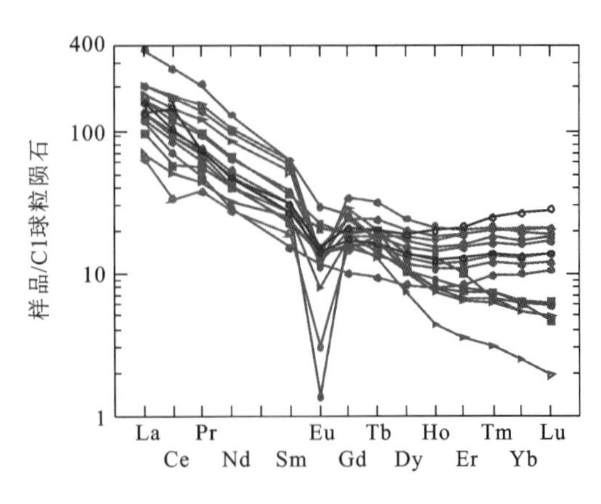

图3-24　早白垩世侵入岩的稀土元素配分形式图

(图例同图 3-23)

明显的负 Eu 异常，而闪长岩、花岗闪长岩和黑云母花岗岩具有不太明显的负 Eu 异常。表现出这些岩石均经过了较好的分馏作用。

4. 副矿物特征

早白垩世花岗岩人工重砂分析鉴定结果表明，甲岗山和新沟花岗闪长岩中的副矿物组合主要由锆石、磁铁矿、黄铁矿构成，甲岗山花岗闪长岩中还含有磷灰石、方铅矿、褐帘石和辉锑矿。在锆石特征上，两岩体中存在的锆石矿物特征基本相同。锆石的颜色呈淡黄色，锆石晶体的长宽比均为 2∶1，锆石晶型主要由(100)(111)组成的聚形，少数锆石晶形还存在(131)(311)锥面组成的聚形(图 3-25)。从其矿物组合判断，该花岗闪长岩体的副矿物组合类型属锆石-磁铁矿型。

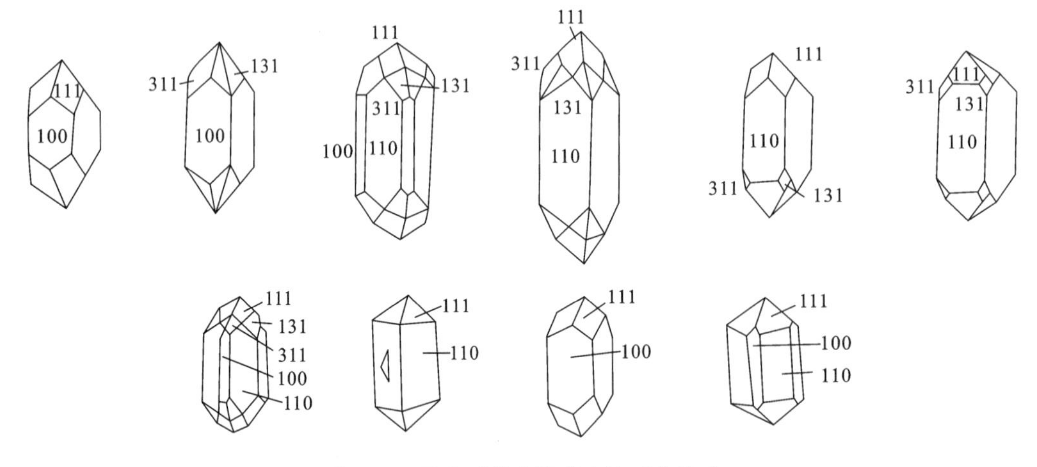

图 3-25　早白垩世花岗岩中锆石的晶型

在二云母花岗岩中采集了人工重砂样。详细的鉴定表明，二云母花岗岩中重砂矿物有锆石、磷灰石、方铅矿、磁铁矿和黄铁矿。其中的磷灰石含量最高，可达 10.17g，其余矿物含量均较少。锆石呈淡粉—淡褐色，金刚光泽，少数晶体中见黑色微粒包体。锆石晶体的长宽比一般为 2∶1，少数可达(3∶1)～(4∶1)。主要为由柱面{100}{110}和锥面{111}构成的聚形，其主、次要晶型见图 3-25。

5. 矿物化学及形成的温压条件

早白垩世花岗岩中含有大量的角闪石和斜长石类矿物，通过显微镜及电子探针手段对上述两种矿物进行了较为详细的研究。

1) *矿物学特征*

显微镜下的研究证明，早白垩世花岗闪长岩、闪长岩中的角闪石多呈绿—黄绿色的多色性，可见两组斜交的解理，消光角($Ng' \wedge C$)在17°～23°之间，最高干涉色为二级蓝。它们均呈半自形晶产出，在岩石中无定向排列。部分角闪石沿解理和边缘可见轻微的纤闪石和黑云母化。斜长石多为半自形晶，双晶发育，双晶纹细密且较平直。斜长石在花岗闪长岩中也常呈包体，被包含于钾长石中，并可见交代净边结构。闪长岩中的斜长石常见环带结构。斜长石在岩石中均有不同程度的绢云母化。

2）矿物化学特征

对早白垩世闪长岩、花岗闪长岩中的角闪石和斜长石进行了电子探针分析，对矿物化学特征进行了研究。

角闪石　角闪石的电子探针分析和计算结果列于表3-14中。从表中可以看出，闪长岩和花岗闪长岩中的角闪石富铁、镁、钙，而贫碱和铝，闪长岩中的角闪石极贫铝。

表3-14　角闪石电子探针分析及计算结果　(%)

样品号	矿物	SiO_2	TiO_2	Al_2O_3	FeO	Cr_2O_3	MnO	MgO	CaO	Na_2O	K_2O	Total	TSi	TAl^{IV}	Sun_T
b066	Hb	51.16	0.21	6.84	16.73	—	0.66	11.19	10.44	1.19	0.58	99.00	7.440	0.560	8.00
b069	Hb	53.92	0.27	4.83	15.56	0.06	0.80	12.48	10.12	0.62	0.31	98.91	7.730	0.270	8.00
b456	Hb	50.05	0.61	7.88	15.23	0.13	0.54	11.48	10.08	1.43	0.57	97.87	7.323	0.677	8.00
b499	Hb	52.29	0.48	7.77	14.4	0.10	0.31	12.67	10.62	1.45	0.59	100.58	7.406	0.594	8.00
B1385	Hb	53.34	0.36	2.42	12.81	0.03	0.42	17.44	10.56	0.35	0.15	97.85	7.651	0.349	8.00
样品号	矿物	CAl^{IV}	CCr	CFe^{3+}	CTi	CMg	CFe^{2+}	CMn	CCa	Sum_C	BMg	BFe^{2+}	BMn	BCa	BNa
b066	Hb	0.611	—	0.236	0.023	2.426	1.664	0.040	—	5	—	0.135	0.041	1.627	0.166
b069	Hb	0.545	0.007	0.318	0.029	2.667	1.386	0.048	—	5	—	0.161	0.049	1.554	0.085
b456	Hb	0.681	0.015	0.236	0.067	2.504	1.464	0.033	—	5	—	0.164	0.034	1.580	0.200
b499	Hb	0.702	0.011	0.163	0.051	2.675	1.378	0.018	—	5	—	0.164	0.019	1.612	0.196
B1385	Hb	0.060	0.003	—	0.039	3.729	1.169	—	—	5	—	0.367	0.051	1.582	—
样品号	矿物	Sum_B	ACa	ANa	AK	Sum_A	Sum_oxy								
b066	Hb	1.968	—	0.170	0.108	0.278	23.190								
b069	Hb	1.850	—	0.088	0.057	0.144	23.208								
b456	Hb	1.978	—	0.206	0.106	0.312	23.229								
b499	Hb	1.991	—	0.202	0.107	0.308	23.240								
B1385	Hb	2.000	0.041	0.097	0.027	0.166	22.999								

注：由吉林大学电子探针室分析。

根据角闪石成分的计算结果投影于角闪石分类图中(图3-26)，早白垩世花岗闪长岩和闪长岩的角闪石均为钙质角闪石类。其中，花岗闪长岩中的角闪石均为阳起角闪石，闪长岩中的角闪石为阳起石。

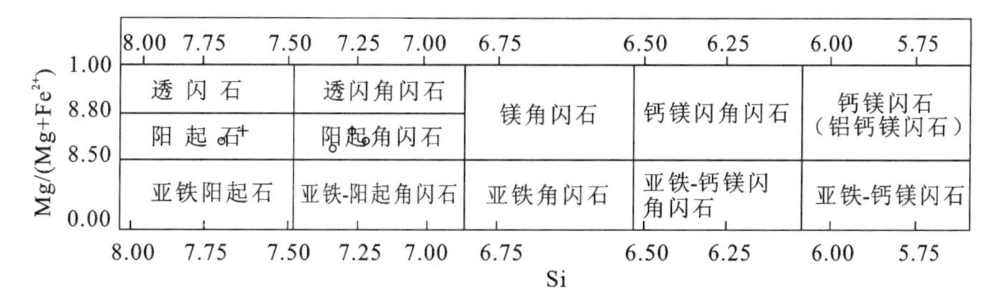

图3-26　钙质角闪石的分类图

角闪石的晶体化学式为：

阳起角闪石(b066)$(Na_{0.17}K_{0.108})_{0.278}(Na_{0.166}Ca_{1.627}Fe^{2+}_{0.135}Mn^{2+}_{0.041})_{1.969}$
$(Mg_{2.426}Fe^{2+}_{1.664}Mn_{0.04}Al^{3+}_{0.611}Fe^{3+}_{0.236}Ti_{0.023})_5(Si_{7.44}Al_{0.56})_8O_{22.19}(OH.F.Cl)_2$

阳起石(b069)$(Na_{0.088}K_{0.057})_{0.145}(Na_{0.085}Ca_{1.554}Fe^{2+}_{0.161}Mn^{2+}_{0.049})_{1.849}(Mg_{2.667}Fe^{2+}_{1.386}$
$Mn_{0.048}Al^{3+}_{0.545}Fe^{3+}_{0.318}Ti_{0.029}Cr_{0.007})_5(Si_{7.73}Al_{0.27})_8O_{22.208}(OH.F.Cl)_2$

阳起角闪石(b456)$(Na_{0.206}K_{0.106})_{0.312}(Na_{0.2}Ca_{1.58}Fe^{2+}_{0.164}Mn_{0.034})_{1.978}(Mg_{2.504}$
$Fe^{2+}_{1.464}Mn_{0.033}Al^{3+}_{0.681}Fe^{3+}_{0.236}Ti_{0.067}Cr_{0.015})_5(Si_{7.323}Al_{0.677})_8O_{22.229}$
$(OH.F.Ce)_2$

(b499)$(Na_{0.202}K_{0.107})_{0.309}(Na_{0.196}Ca_{1.162}Fe^{2+}_{0.164}Mn_{0.019})_{1.991}(Mg_{2.675}Fe^{2+}_{1.378})$
$(Mn_{0.018}Al^{3+}_{0.702}Fe^{3+}_{0.163}Ti_{0.051}Cr_{0.011})_{4.998}(Si_{7.406}Al_{0.594})_8(OH.F.Cl)_2$

阳起石(B1385)$(Na_{0.097}K_{0.027})_{0.124}(Ca_{1.582}Mn_{0.051}Fe^{2+}_{0.367})_2(Mg_{3.729}Fe^{2+}_{1.169}Al_{0.06}Ti_{0.039}Cr_{0.003})_5$
$(Si_{7.651}Al_{0.349})_8O_{21.999}(OH.F.Cl)_2$

斜长石　区内早白垩世花岗岩中均含有斜长石。多呈半自形晶，与角闪石、黑云母等共生。斜长石双晶发育，双晶纹多呈平直状，细而密，大部分为更中长石。闪长岩中的斜长石还发育环带结构，中心较酸性，而边缘偏基性，属反环带结构。斜长石的电子探针分析和计算结果见表3-15。

表3-15　斜长石电子探针分析和计算结果表　(%)

样品号	矿物	SiO_2	TiO_2	Al_2O_3	Fe_2O_3	FeO	MnO	MgO	CaO	Na_2O	K_2O	Σ	Si	Al	Fe^3	Ti
b066	Pl	63.31	—	22.10	—	0.13	0.04	—	6.73	7.46	—	99.77	11.237	4.620	—	—
b069	Pl	65.28	0.16	21.40	—	—	—	—	3.91	8.32	0.05	99.12	11.546	4.457	—	0.021
b456	Pl	67.93	0.12	20.34	—	0.09	0.02	—	2.19	9.04	0.20	99.93	11.857	4.181	—	0.016
b499	Pl	58.00	0.04	25.95	—	0.22	0.06	0.02	9.43	5.98	0.24	99.94	10.411	5.486	—	0.005
B1385-j	Pl	52.75	—	32.03	—	0.36	—	—	9.82	4.77	0.16	99.89	9.500	6.793	—	—
B1385-n	Pl	56.17	0.18	27.96	—	0.69	—	—	8.52	5.71	0.15	99.38	10.133	5.940	—	0.024
B1385-w	Pl	49.79	0.09	34.77	—	0.58	—	0.03	12.79	1.83	0.03	99.91	8.990	7.394	—	0.012
样品号	矿物	Fe^2	Mn	Mg	Ca	Na	K	Cations	Ab	An	Or	—		—		—
b066	Pl	0.019	0.01	—	1.280	2.568	—	19.730	66.7	33.3	—	—		—		—
b069	Pl	—	—	—	0.741	2.853	0.044	19.629	79.1	20.6	0.3	—		—		—
b456	Pl	0.013	—	—	0.410	3.059	0.045	19.584	87.1	11.7	1.3	—		—		—
b499	Pl	0.033	0.01	0.005	1.814	2.081	0.055	19.899	52.7	45.9	1.4	—		—		—
B1385-j	Pl	0.054	—	—	1.895	1.670	0.040	19.900	46.3	52.7	1.0	—		—		—
B1385-n	Pl	0.104	—	—	1.647	2.000	0.040	19.900	54.3	44.8	1.0	—		—		—
B1385-w	Pl	0.088	—	0.008	2.474	0.640	0.010	19.600	20.5	79.2	0.2	—		—		—

注：由吉林大学电子探针室分析。

从表中可以看出，花岗闪长岩和黑云母花岗岩中的斜长石均为更长石和中长石。而闪长岩中的斜长石发育环带结构，无环带结构的斜长石牌号为An=52，而环带斜长石的中心部分为An=45，边缘部分斜长石牌号为An=79，为培长石，属反环带结构。

3）形成的温压条件

根据角闪石和斜长石电子探针分析与计算结果，利用角闪石中的Al对NaM_4的变异图估算了早白垩世侵入岩的压力条件(图3-27)。压力估算结果如下：

b066样品：0.22GPa　　b069样品：0.56GPa　　b456样品：0.25GPa

b499样品：0.29GPa　　B1385样品：0.2GPa

根据电子探针分析和计算结果，投影于共存的角闪石和斜长石之间 Ca 分配等温线图中(图 3-28)，估算出各岩体的温度条件如下：b066 为 490℃，b069 为 420℃，b456 为 545℃，b449 为 495℃，b1385 样品的无环带斜长石形成温度为 450℃，环带斜长石中心部分形成温度为 460℃，而环带斜长石边部形成温度约为 450℃。

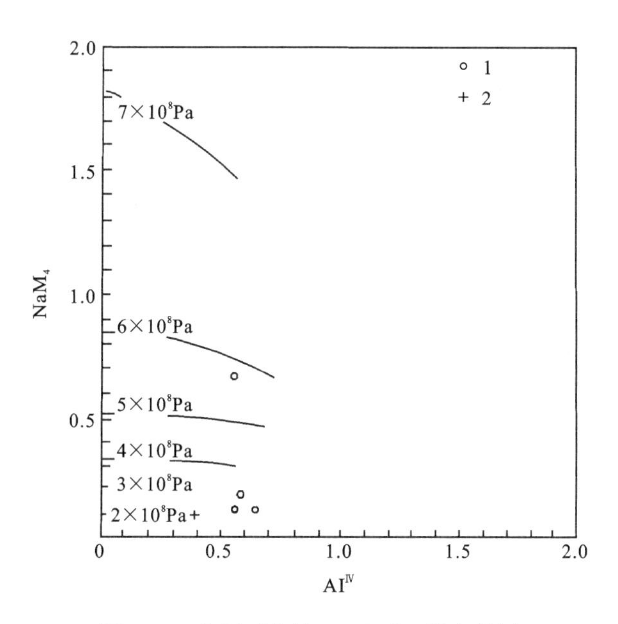

图 3-27　角闪石中的 NaM_4 对 Al^{IV} 变异图

(据 Brown，1977)

1. 花岗闪长岩；2. 闪长岩

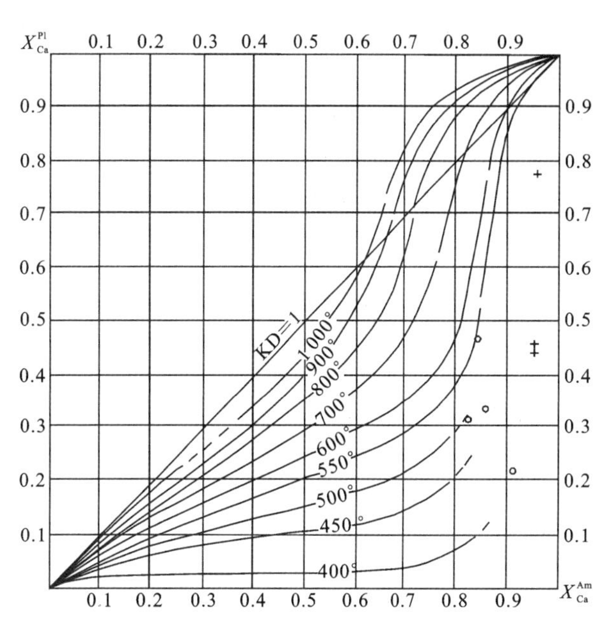

图 3-28　共存的角闪石和斜长石之间 Ca 分配等温线图

(据别尔丘克，1966)

综合上述可以看出，不同岩体形成的温压条件都不相同，甚至同一岩体形成的温压条件也有较大的差别。出现这种差异的原因可能是样品采自不同岩体和同一岩体不同产出部位所致。

根据上述温压条件估算出各岩体的形成深度：甲岗花岗闪长岩体的形成深度为 8.06～20.5km，郎夺花岗闪长岩体约为 9.16km，而娘热藏布闪长岩的形成深度大约为 7.33km。

6. 成因环境分析

野外地质调查结果表明，早白垩世侵入岩侵入于前震旦系念青唐古拉群中，或侵入于晚古生界地层中，多沿近东西向或南北向断裂分布。在 Rb-(Nb＋Y) 和 Nb-Y 图上，闪长岩投影于火山弧花岗岩区中，而花岗闪长岩落入同碰撞和火山弧花岗岩的边界附近。只有两个黑云母花岗岩投影点落入火山弧花岗岩和板内花岗岩的交界线处(图 3-29)。

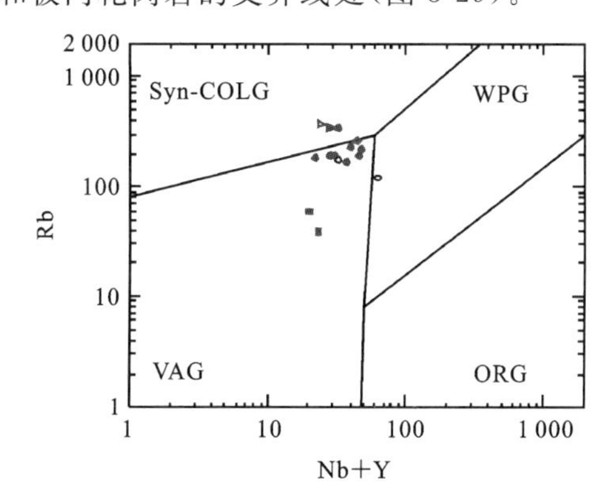

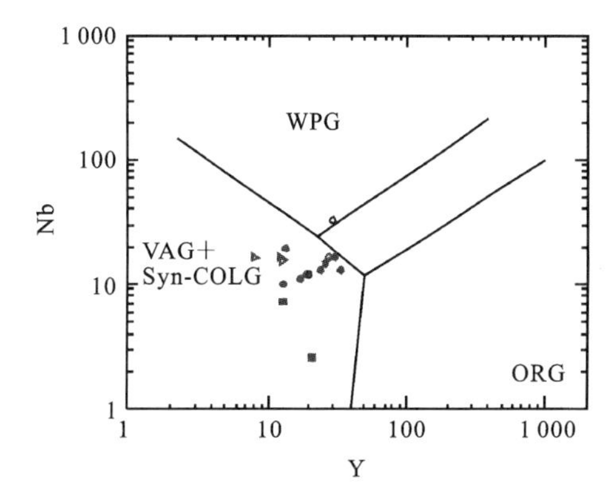

图 3-29　Rb-(Nb＋Y) 和 Nb-Y 图解

(据 Pearce，1984)(图例同图 3-23)

Syn-COLG. 同碰撞花岗岩；WPG. 板内花岗岩；VAG. 火山弧花岗岩；ORG. 洋中脊花岗岩

在 R_2-R_1 图上，闪长岩及部分花岗闪长岩投影点落入板块碰撞前花岗岩区内，另一部分花岗闪长岩落入同碰撞花岗岩区中，二云母花岗岩、黑云母花岗岩落入同碰撞花岗岩中(图 3-30)。

综合上述特点我们认为，测区南部娘热藏布的闪长岩及部分花岗闪长岩可能为火山弧花岗岩与板块碰撞前的产物；甲岗山花岗闪长岩和黑云母花岗岩均为同碰撞花岗岩，是在陆块相互碰撞造山时期形成的，可能与永珠-纳木错海的消失、弧-陆碰撞作用有关。

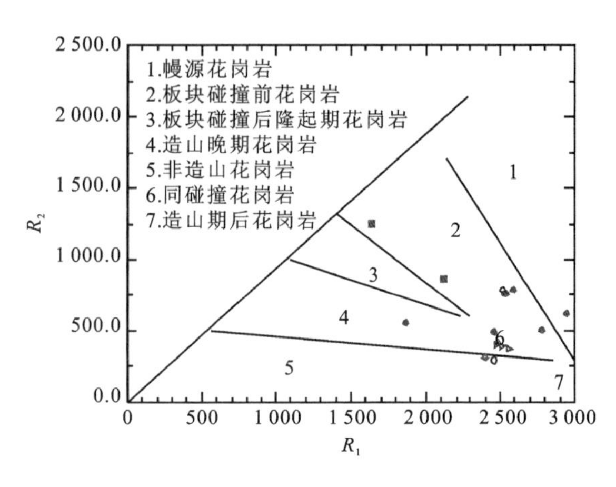

图 3-30 R_2-R_1 图解

(图例同图 3-23)

(三) 晚白垩世花岗岩

晚白垩世花岗岩出露面积较大，范围较广，出露总面积为 1 444.71km²，占中酸性侵入岩出露总面积的 56.61%。主要分布于娘热藏布断裂和空金下嘎断裂附近及甲岗山南部地区，其他地区只有零星出露。

1. 地质特征

区内晚白垩世侵入岩大部分都是侵入于石炭系—二叠系地层中，均造成沉积地层有轻微的热接触变质作用并伴随着轻微的硅化作用。内接触带岩石粒度相对较细，形成冷凝边。其中也常见有石炭系砂岩大小不等的捕虏体。石炭系—二叠系地层中也常见有花岗岩的细脉沿裂隙贯入。晚白垩世花岗岩部分被古近系林子宗群和新近系乌郁群火山岩所覆盖，它们之间均为火山沉积不整合接触关系。在花岗岩边部可见有不明显的风化面，常有褐铁矿化的铁染现象。在火山岩的底部接触面附近，见有少量花岗岩砾石存在于火山岩中，火山岩与花岗岩的接触面不平整，这些均是花岗岩遭风化作用的结果。岩体的产出位置多在断裂附近，它与区域构造有着密切的成因联系。

2. 岩石学特征

本区晚白垩世花岗岩由花岗闪长岩、花岗闪长斑岩、黑云母花岗岩、白云母花岗岩、二云母花岗岩、斜长花岗岩和花岗斑岩组成。它们的矿物量统计见表 3-16。

表 3-16 晚白垩世花岗岩矿物量统计表

岩石名称	矿物平均含量(%)						
	Q	Pl	Kfs	Mus	Bio	Hb	基质
斜长花岗岩	25.0	62.0	2.5	2.0	2.5	6.2	—
花岗闪长岩	27.8	43.9	17.9	—	9.1	1.2	—
花岗闪长斑岩	18.7	40.0	7.5	1.0	6.5	1	25.0
黑云母花岗岩	22.1	27.3	35.8	—	6.8	0.3	—
二云母花岗岩	27.3	28.3	40.0	2.3	2.2	—	—
白云母花岗岩	28.3	26.8	38.8	6.0	—	—	—
花岗斑岩	15.5	6.2	14.2	—	3.2	—	60.9

斜长花岗岩 岩石呈白色，半自形中细粒结构，块状构造。矿物成分主要由石英和斜长石组成，还含有少量的微斜长石、角闪石和黑云母。钾长石中常见有细粒斜长石的包体和黑云母的包体。

花岗闪长岩 岩石呈灰白色，半自形中细粒结构，块状构造。矿物成分主要由石英、斜长石、钾长石和黑云母组成，部分岩体中还含有少量的角闪石。斜长石主要为酸性斜长石，双晶纹细而密，也有的细粒斜长石被包含于微斜长石和条纹长石中，常见有不同程度的绢云母化。钾长石以微斜长石和条纹长石为主，一般条纹结构较发育，微斜长石的格子状双晶发育不甚完整。角闪石一般为绿色角闪石，边部常有绿泥石化。黑云母分布不甚均匀，常集中出现，也常见其蚀变为叶绿泥石。局部岩石中含长石斑晶。

花岗闪长斑岩　岩石呈灰色或肉红色，斑状结构，基质多为隐晶质结构，斑晶以石英和斜长石为主，部分岩石中可见极少的钾长石斑晶和黑云母斑晶。

黑云母花岗岩　岩石亦呈灰白色，其突出的特点是斑点状黑云母极易辨认，岩石一般为中细粒结构，部分黑云母花岗岩含少量钾长石斑晶，块状构造。局部也见有片麻状构造。矿物成分以石英、钾长石、斜长石和黑云母为主。钾长石晶体大小一般比斜长石和石英大，主要为条纹长石和微斜长石，条纹长石中常包含有斜长石和黑云母的包体，斜长石也常出现净边结构，钾长石有轻微的高岭石化。斜长石的双晶纹细密，多为更长石，表面常有不同程度的绢云母化。黑云母分布不均匀，多为绿褐色黑云母，边部常有绿泥石化现象。

白云母花岗岩　白云母花岗岩在区内出露较少，主要分布于娘热藏布断裂带两侧。岩石呈浅灰白色，多为细粒半自形结构，块状构造。矿物成分主要由石英、钾长石、斜长石和白云母组成。白云母常分布不均匀，部分白云母片度较大，晶体呈波状起伏、似毛巾状。该岩石中的白云母边部都很干净，是从岩石中直接结晶出的，而非黑云母褪色转变而来。钾长石以条纹长石为主，有少量的微斜长石，条纹长石中常包含有细粒斜长石的包体和小片白云母包体。斜长石双晶纹细而密，主要为更长石。

二云母花岗岩　区内二云母花岗主要分布于娘热藏布断裂附近。岩石呈灰白色，多为中细粒结构，块状构造。矿物成分主要由石英、钾长石、斜长石，及黑、白云母组成。石英多为细粒，受应力作用影响常具波状消光现象。斜长石双晶发育，双晶纹细密，多为酸性斜长石。钾长石以条纹长石为主，含少量的微斜长石，其中常含有细粒斜长石和黑云母的包体。黑云母常见具褪色现象而变成白云母片。

对几个花岗岩的样品进行了同位素年龄测试，获得 K-Ar 同位素年龄分别为：93.54Ma、80.0Ma、74.45Ma、70.6Ma、69.1Ma。

3. 岩石地球化学特征

晚白垩世花岗岩各岩石类型的岩石化学全分析及 CIPW 计算结果列于表 3-17 中。从表中可以看出，白云母花岗岩和二云母花岗岩富集 SiO_2、Al_2O_3 和 K_2O，而贫 FeO、MgO、CaO。标准矿物分子出现刚玉，且刚玉含量均在 2.23%以上，且含白云母矿物，A/CNK 值大于 1.1，具有典型 S 型花岗岩的特征。分异指数在 91.64 以上，说明其分异程度较高。其他岩石多富 SiO_2、Al_2O_3、K_2O。斜长花岗岩富钠，多贫镁、铁和钙。标准矿物计算出现紫苏辉石和少量刚玉分子，属正常钙碱性岩石。在(Na_2O+K_2O)-SiO_2图解上(图 3-31)，区内晚白垩世花岗岩无一例外地投影于钙-碱性花岗岩区内，属正常钙碱性系列的花岗岩类。

表 3-17　晚白垩世花岗岩岩石化学分析及 CIPW 计算结果表

样品号	岩石名称	分析结果(%)												
		SiO_2	TiO_2	Al_2O_3	Fe_2O_3	FeO	MnO	MgO	CaO	Na_2O	K_2O	P_2O_5	H_2O	CO_2
P_{11}Yq18	白云母花岗岩	75.14	0.15	13.75	0.95	0.33	0.02	0.25	0.46	2.95	4.31	0.18	1.35	0.05
P_{11}Yq22	白云母花岗岩	77.42	0.15	13.17	0.01	0.27	0.01	0.25	1.38	5.24	0.87	0.48	0.73	0.05
P_{11}Yq25	白云母花岗岩	74.27	0.18	14.67	0.09	0.33	0.01	0.30	0.47	2.37	5.55	0.32	1.26	0.05
Yq1505-2	黑云母花岗岩	65.64	0.60	15.91	1.15	2.59	0.10	1.60	2.24	3.81	4.75	0.20	—	—
Yq1605	斜长花岗岩	70.96	0.24	17.17	0.03	0.25	0.04	0.04	1.33	7.08	0.91	0.20	—	—
P_{11}Yq13	二云母花岗岩	72.92	0.24	14.11	0.61	0.80	0.02	0.47	0.63	3.14	5.72	0.23	0.93	0.05
P_{11}Yq19	二云母花岗岩	72.81	0.18	14.42	0.18	1.20	0.02	0.40	0.36	3.21	5.75	0.24	0.73	0.05

续表 3-17

样品号	岩石名称	分析结果(%)												
		SiO_2	TiO_2	Al_2O_3	Fe_2O_3	FeO	MnO	MgO	CaO	Na_2O	K_2O	P_2O_5	H_2O	CO_2
Yq050	花岗斑岩	70.73	0.38	13.41	1.39	2.47	0.07	0.89	2.31	2.93	4.03	0.09	1.06	0.32
Yq052	花岗闪长斑岩	74.31	0.18	12.67	0.74	1.43	0.04	0.61	1.33	2.98	4.60	0.03	0.81	0.04
样品号	岩石名称	Q	C	Or	Ab	An	Hy	Mt	Il	Ap	DI	A/CNK		
P_{11}Yq18	白云母花岗岩	41.34	3.94	25.87	25.30	0.92	0.63	0.70	0.29	0.40	92.51	1.31		
P_{11}Yq22	白云母花岗岩	41.86	2.26	5.18	44.60	3.74	0.89	0.01	0.29	1.06	91.64	1.11		
P_{11}Yq25	白云母花岗岩	39.17	4.76	33.29	20.31	0.14	1.02	0.13	0.35	0.71	92.78	1.37		
Yq1505-2	黑云母花岗岩	17.52	0.85	28.50	32.66	10.09	7.10	1.69	1.16	0.44	78.68	1.03		
Yq1605	斜长花岗岩	24.34	2.59	5.48	60.90	5.52	0.22	0.04	0.46	0.44	90.72	1.14		
P_{11}Yq13	二云母花岗岩	31.50	2.23	34.20	26.82	1.48	1.80	0.89	0.46	0.51	92.52	1.01		
P_{11}Yq19	二云母花岗岩	31.08	2.91	34.42	27.45	0.06	2.83	0.26	0.35	0.53	92.95	1.18		
Yq050	花岗斑岩	31.07	0.21	24.24	25.18	11.12	5.2	2.05	0.73	0.20	80.49	1.00		
Yq052	花岗闪长斑岩	35.27	0.42	27.51	25.46	6.50	3.35	1.08	0.35	0.07	88.24	1.04		

注:由湖北省地质实验研究所分析。

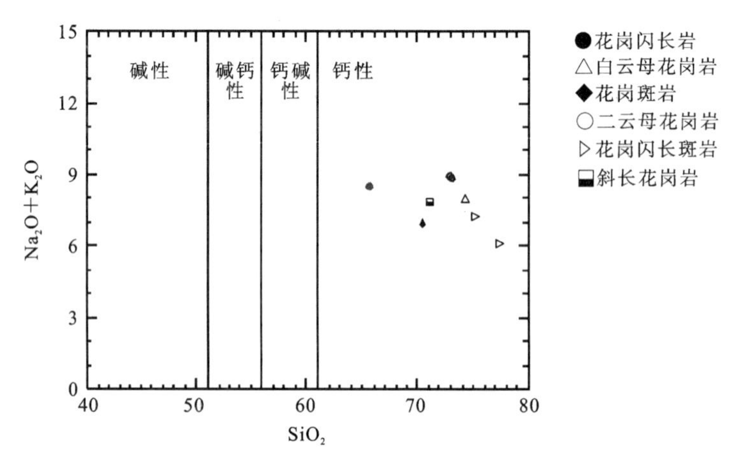

图 3-31 (Na_2O+K_2O)-SiO_2 图解

晚白垩世花岗岩的微量元素分析结果见表 3-18。其微量元素蛛网图见图 3-32。

从表和图中都可以看出,区内晚白垩世花岗岩类的微量元素具有基本相似的微量元素蛛网图。Rb 和 Th 强烈富集,K_2O、Ba、Ta 有不同程度的富集,但花岗斑岩显示出轻度亏损。Hf、Sm、Y、Yb 显示出稍有亏损的情况。该类蛛网图显示了同碰撞花岗岩的微量元素蛛网图特征。

表 3-18 晚白垩世花岗岩微量元素分析结果表

样品号	岩石名称	分析结果($\times10^{-6}$)													
		Rb	Sr	Nb	Ta	Zr	Hf	Th	U	Ba	Ga	Ge	Co	Ni	Cr
P_{11}Yq18	白云母花岗岩	298	30	17.6	4.3	45	2.2	8.4	4.6	87	22.0	2.4	—	—	—
P_{11}Yq22	白云母花岗岩	45	430	17.7	5.7	88	3.1	1.6	2.5	83	17.4	2.2	—	—	—
P_{11}Yq25	白云母花岗岩	361	56	17.7	5.5	78	3.0	9.7	5.0	227	26.0	1.8	—	—	—
Yq1505-2	黑云母闪长花岗岩	153	354	6.1	—	300	—	31.3	2.6	1 038	22.4	—	—	—	—

续表 3-18

样品号	岩石名称	分析结果($\times10^{-6}$)													
		Rb	Sr	Nb	Ta	Zr	Hf	Th	U	Ba	Ga	Ge	Co	Ni	Cr
Yq1605	斜长花岗岩	39	834	5.3	—	112	—	38.6	2.6	101	12.2	—	—	—	—
P_{11}Yq13	二云母花岗岩	374	64	16.6	4.7	85	2.4	27.1	8.3	291	18.5	2.7	—	—	—
P_{11}Yq19	二云母花岗岩	368	46	17.6	4.8	71	2.1	18.6	2.1	232	16.3	2.0	—	—	—
Yq050	花岗斑岩	181	161	15.4	2.0	260	6.9	22.8	2.9	711	22.0	1.8	8.5	13	129.7
Yq052	花岗闪长斑岩	195	95	14.5	1.7	163	4.9	31.2	2.7	679	17.2	1.5	7.7	27	104.4

晚白垩世花岗岩稀土元素分析结果见表 3-19。稀土配分曲线图见图 3-33。从表中可以看出，白云母花岗岩和斜长花岗岩的稀土总量偏低，低于 116.34×10^{-6}。其他岩类则总量均较高，在$(108.85\sim315.82)\times10^{-6}$之间。稀土配分曲线呈右倾型，轻稀土相对富集，重稀土相对亏损。具有较明显的负 Eu 异常，其中一个花岗闪长岩样品具有强的负 Eu 异常，一个白云母花岗岩样品具有负 Ce 异常。

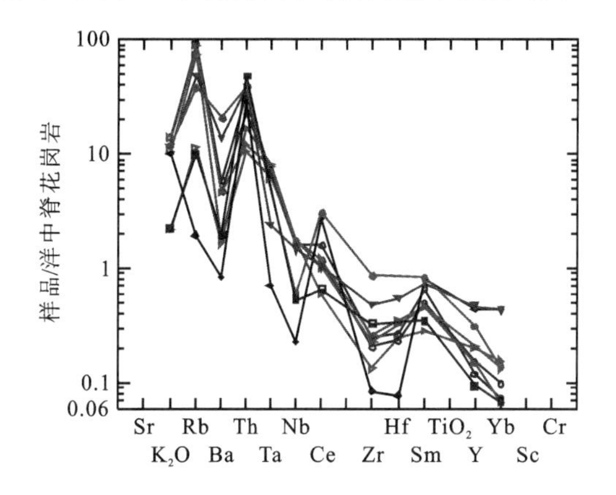

图 3-32　晚白垩世花岗岩的微量元素蛛网图
(图例同图 3-31)

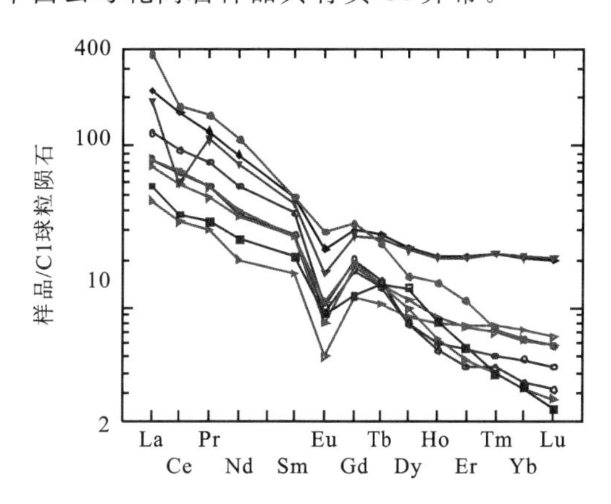

图 3-33　晚白垩世花岗岩稀土配分形式图
(图例同图 3-31)

表 3-19　晚白垩世花岗岩稀土元素分析结果

样品号	岩石名称	分析结果($\times10^{-6}$)															
		La	Ce	Pr	Nd	Sm	Eu	Gd	Tb	Dy	Ho	Er	Tm	Yb	Lu	Y	∑REE
P_{11}Yq18	白云母花岗岩	10.93	20.69	2.85	9.32	2.51	0.29	2.38	0.40	2.25	0.45	1.29	0.20	1.25	0.17	14.12	69.10
P_{11}Yq22	白云母花岗岩	19.71	40.03	5.24	18.74	4.21	0.47	3.70	0.52	2.86	0.50	1.25	0.18	1.08	0.15	14.70	116.34
P_{11}Yq25	白云母花岗岩	17.94	36.13	4.52	17.01	4.20	0.64	3.91	0.53	2.52	0.37	0.79	0.10	0.54	0.07	10.44	99.71
Yq055	花岗闪长岩	39.11	72.03	9.01	30.06	5.84	0.88	5.03	0.90	5.16	1.02	3.17	0.53	3.52	0.54	29.82	206.62
Yq057	花岗闪长岩	49.65	103.8	13.29	46.52	8.92	0.65	7.06	1.19	6.17	1.21	3.44	0.55	3.35	0.49	32.90	279.19
Yq062	花岗闪长岩	31.55	56.72	6.77	22.57	4.13	0.80	3.75	0.69	3.96	0.82	2.51	0.43	2.80	0.43	23.76	161.60
Yq1505-2	黑云母闪长花岗岩	88.10	109.00	14.60	51.30	7.49	1.73	11.00	0.93	4.00	0.82	3.04	0.19	1.10	0.32	22.20	315.82
Yq1605	斜长花岗岩	13.30	23.30	3.25	12.40	3.15	0.23	2.45	0.53	1.38	0.47	0.94	0.06	0.35	0.16	6.57	68.54
P_{11}Yq13	二云母花岗岩	28.39	57.37	7.59	26.19	5.97	0.60	4.06	0.55	2.06	0.31	0.73	0.11	0.59	0.08	8.43	143.03
P_{11}Yq19	二云母花岗岩	19.72	41.76	5.36	17.90	4.40	0.54	3.53	0.51	2.03	0.35	0.93	0.13	0.81	0.11	10.77	108.85
Yq050	花岗斑岩	51.86	97.43	11.70	41.18	7.23	1.34	6.24	1.07	6.00	1.19	3.44	0.55	3.43	0.50	31.19	264.35
Yq052	花岗闪长斑岩	44.48	84.36	10.41	36.09	6.72	0.95	5.79	1.01	5.73	1.15	3.38	0.55	3.53	0.52	32.28	236.95

4. 副矿物特征

在晚白垩世花岗岩中，我们分别在花岗闪长岩、二云母花岗岩和花岗斑岩中采集了人工重砂样，其分析鉴定结果见表 3-20。

表 3-20 晚白垩世花岗岩副矿物含量表 (g)

样品号	岩石名称	锆石含量	锆石颜色	锆石晶型	锆石长宽比	磷灰石	榍石	方铅矿	磁铁矿	钛铁矿	黄铁矿	辉铋矿	电气石
Rz1505	花岗闪长岩	1.67	淡黄—浅褐色	{110} {111}	(1∶1)～(4∶1)	0.36	1.23	—	31.2	—	十几粒	—	—
P11Rz17	二云母花岗岩	0.24	淡黄—浅褐色	{100} {111} {131} {311}	(2∶1)～(4∶1)	0.024	—	几粒	—	0.015	—	—	—
Rz050	花岗斑岩	0.26	淡黄色	{110} {111}	2∶1	0.011	—	—	3.49	几十粒	0.01	0.04	0.04

从表 3-20 中可以看出，花岗闪长岩和斑状花岗闪长岩由于基本成分相似，副矿物组合也相似，主要的重砂矿物是锆石、磷灰石、磁铁矿和黄铁矿。其中锆石的特征有所不同：查藏错湖边(Rz1505)花岗闪长岩中的锆石呈淡黄—浅褐色，晶型以{110}柱面和{111}锥面形成的聚形为主，锆石的长宽比在(1∶1)～(4∶1)之间，有时其中有黑色的微粒包体；木地达拉玉错西边花岗闪长岩中的锆石则呈无色或淡黄色，多呈{100}和{111}聚形，长宽比多在 2∶1 左右。锆石的这种差别可能是它们形成于不同的构造岩浆带的原因。其主要的锆石晶型见图 3-34。

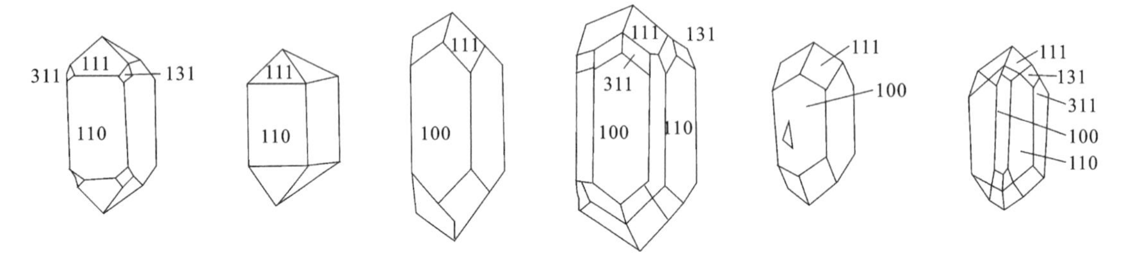

图 3-34 花岗闪长岩中锆石的晶型图

二云母花岗岩中的副矿物主要有锆石、磷灰石、钛铁矿和方铅矿。其中的锆石多呈淡黄—浅褐色，晶型较复杂，少量锆石已熔蚀为浑圆状，内部常有气体包裹体。柱面{100}发育，而锥面{111}{131}和{311}同等发育。晶体的长宽比在(2∶1)～(4∶1)之间，其主要晶型见图 3-35。

花岗斑岩中的副矿物主要为锆石、磷灰石、磁铁矿、黄铁矿，还见有辉铋矿和电气石，种类较复杂。锆石呈淡黄色，主要为{110}和{111}之聚形，其长宽比在 2∶1 左右。其主要的晶型见图 3-36。

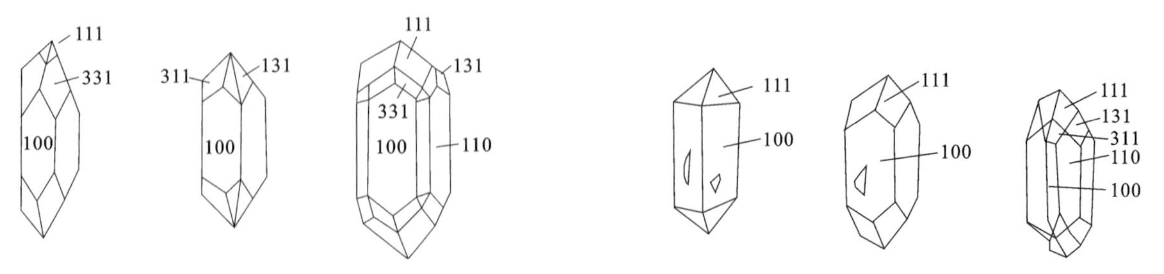

图 3-35 二云母花岗岩中的锆石晶型图

图 3-36 花岗斑岩中的锆石晶型图

5. 成因环境分析

晚白垩世花岗岩类主要分布于娘热藏布断裂带附近及甲岗山地区，岩石地球化学特征表现为同碰撞花岗岩的特点。在 Al_2O_3-SiO_2 图上(图 3-37)可以看出，晚白垩世花岗岩投影点几乎都落入后造山花岗岩区内，只有一个白云母花岗岩落入岛弧花岗岩区内。在 Rb-(Y＋Nb)和 Nb-Y 图解中(图3-38)，晚白垩世花岗岩均投影于同碰撞花岗岩和火山弧花岗岩中，其中白云母花岗岩投影点落入同碰撞花岗岩区中。在 R_2-R_1 图解中(图 3-39)，晚白垩世花岗岩无一例外地均投影于同碰撞花岗岩区域内。因此根据其区域地质、岩石学及岩石地球化学特征综合分析，区内晚白垩世花岗岩形成于同碰撞造山环境。

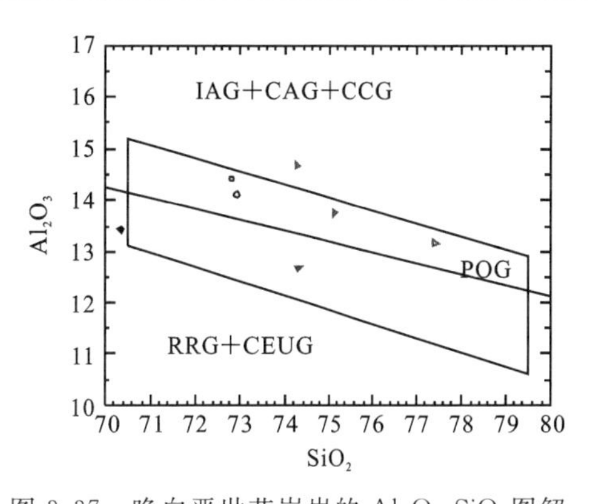

图 3-37　晚白垩世花岗岩的 Al_2O_3-SiO_2 图解

(图例同图 3-31)

IAG＋CAG＋CCG. 岛弧花岗岩；

POG. 后碰撞花岗岩；RRG＋CEUG. 非造山花岗岩

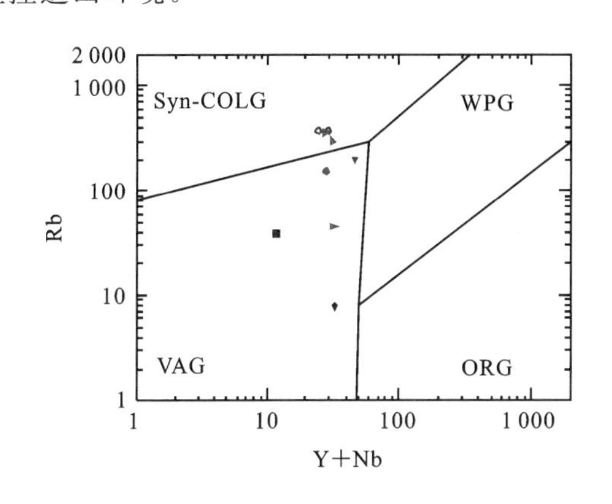

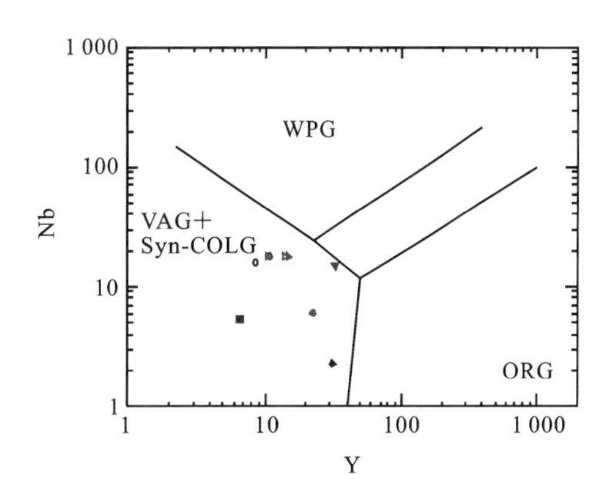

图 3-38　晚白垩世花岗岩 Rb-(Y＋Nb)和 Nb-Y 图解

(图例同图 3-31)

Syn-COLG. 同碰撞花岗岩；WPG. 板内花岗岩；VAG. 火山弧花岗岩；ORG. 洋中脊花岗岩

(四) 始新世花岗岩

区内始新世花岗岩主要分布于测区中北部的当肩中一带，主要岩石类型为石英斑岩和花岗斑岩，出露面积为 42.59km^2，占中酸性侵入岩出露总面积的 1.67%左右。其 Rb-Sr 法同位素年龄值为 48.4Ma。

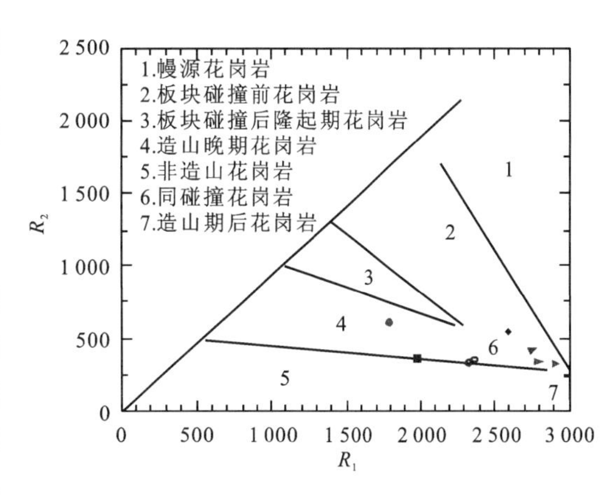

图 3-39　R_2-R_1 图解

(图例同图 3-31)

1. 地质特征

始新世侵入岩的主要岩石类型为石英斑岩和花岗斑岩，它们分别侵入于古生界地层和早白垩世火山岩中，侵入关系清楚，并可见外接触带岩石具有硅化现象，局部则使围岩重结晶而成为板状千板岩或角岩。在内接触带中，石英和长石斑晶明显减少，并见有斑岩细脉沿裂隙侵入于灰岩中。侵入于火山岩中的石英斑岩边部见有火山岩的捕虏体，这些火山岩捕虏体大部分已强烈绿帘石化。

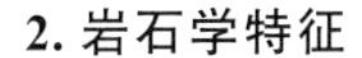

2. 岩石学特征

始新世侵入岩的矿物量统计列于表 3-21 中。

表 3-21 始新世侵入岩矿物量统计表

岩石类型	矿物含量(%)				
	石英	斜长石	钾长石	黑云母	基质
花岗斑岩	15	10	20	3	52
石英斑岩	15.25	—	—	—	75～85

花岗斑岩 岩石呈灰白色,斑状结构,块状构造。斑晶主要为石英、长石和少量的黑云母。石英斑晶多呈它形粒状,局部可见熔蚀结构,分布比较均匀;长石斑晶以钾长石为主,多呈半自形晶,局部颗粒有破碎现象,可见清楚的卡氏双晶或条纹结构,矿物表面均有不同程度的高岭石化。斜长石则发育聚片双晶,双晶纹细而密,多为更长石,表面常有较强的绢云母化。黑云母斑晶含量较少,部分黑云母斑晶沿边部和解理有绿泥石化的现象。基质为隐晶质结构或微晶结构,主要由长英质物质组成。

石英斑岩 岩石呈灰白色,斑状结构,块状构造。斑晶由石英组成,基质为隐晶质的长英质物质。石英斑晶呈它形粒状,多为浑圆状颗粒,部分石英具有熔蚀结构。石英斑晶在岩石中分布比较均匀。岩石中还常见有细粒的黄铁矿颗粒。

3. 岩石地球化学特征

始新世侵入岩的岩石化学分析结果及 CIPW 计算结果见表 3-22。

表 3-22 始新世侵入岩岩石化学、微量元素和稀土元素分析及 CIPW 计算结果表

样品号	岩石名称	分析结果(%)												
		SiO_2	TiO_2	Al_2O_3	Fe_2O_3	FeO	MnO	MgO	CaO	Na_2O	K_2O	P_2O_5	LOI	Σ
Yq070	石英斑岩	73.83	0.19	12.26	0.41	1.53	0.05	0.21	1.88	1.02	5.58	0.04	2.40	99.40
样品号	岩石名称	Q	C	Or	Ab	An	Hy	Mt	Il	Ap	DI	A/CNK	Ga	Ta
Yq070	石英斑岩	42.55	1.23	34.03	8.89	9.38	2.86	0.61	0.37	0.09	85.46	1.11	17.2	1.5

样品号	岩石名称	Hf	Sc	Ba	Co	Cu	Ni	Sr	V	Zn	U	Nb	Zr	Th	Rb	La
Yq070	石英斑岩	5.1	4.4	1180	5.3	10.9	9	60	18.7	135	2.9	15.8	151	31.1	217.5	40.73
样品号	岩石名称	Ce	Pr	Nd	Sm	Eu	Gd	Tb	Dy	Ho	Er	Tm	Yb	Lu	Y	ΣREE
Yq070	石英斑岩	79.84	10.22	36.96	7.01	0.93	5.97	1.06	5.88	1.13	3.33	0.53	3.28	0.48	30.15	227.5

注:表中微量元素和稀土元素含量单位为$\times10^{-6}$。

从表 3-22 中可以看出,始新世石英斑岩富 SiO_2 和 K_2O,Al_2O_3 含量较高,贫铁、镁和钙,属钙碱性花岗岩。CIPW 计算结果表明,标准矿物分子刚玉为 1.23,岩石属过铝型花岗岩。计算结果中只出现紫苏辉石标准矿物,它属正常的花岗岩类。分异指数达 85.46,说明该岩石分异程度较好。

微量元素分析结果列于表 3-22 中,其微量元素蛛网图见图 3-40。

从图 3-40 中可以看出,该岩石 Rb 和 Th 强烈富集,K、Ba、Ta、Nb、Ce 均有不同程度的富集,而 Zr、Hf、Sm、Y、Yb 等相对亏损。该微量元素蛛网图显示了同碰撞花岗岩的蛛网图特点。

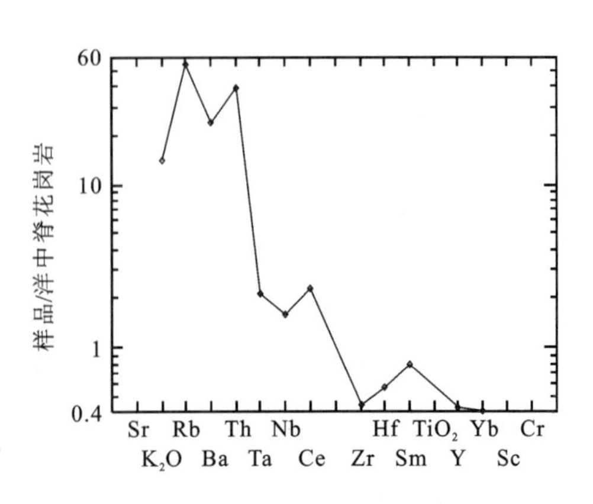

图 3-40 石英斑岩的微量元素蛛网图

稀土元素分析结果见表 3-22，其稀土元素配分曲线图见图 3-41。从图中可以清楚地看出，曲线呈右倾型，轻稀土部分曲线斜率较大，轻稀土相对富集，而重稀土相对亏损，重稀土部分曲线较平坦。具有明显的 Eu 负异常，该曲线形式具有 S 型花岗岩稀土配分形式的特点。

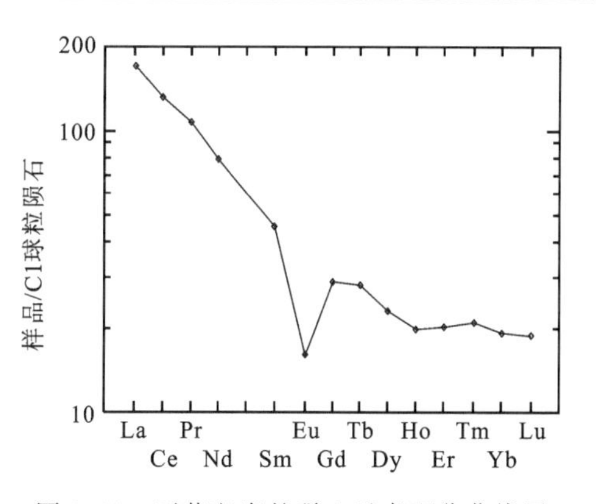

图 3-41　石英斑岩的稀土元素配分曲线图

4. 成因环境分析

始新世侵入岩的野外产出特征及微量元素蛛网图均表明测区内的始新世侵入岩具有同碰撞花岗岩的特点。在 Rb-(Y+Nb) 和 Nb-Y 图解中(图 3-42)，石英斑岩样品落入火山弧花岗岩和同碰撞花岗岩的交界处或落入同碰撞花岗岩区中。

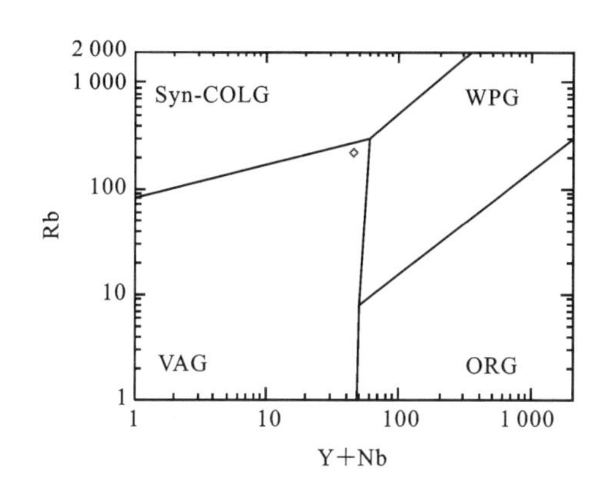

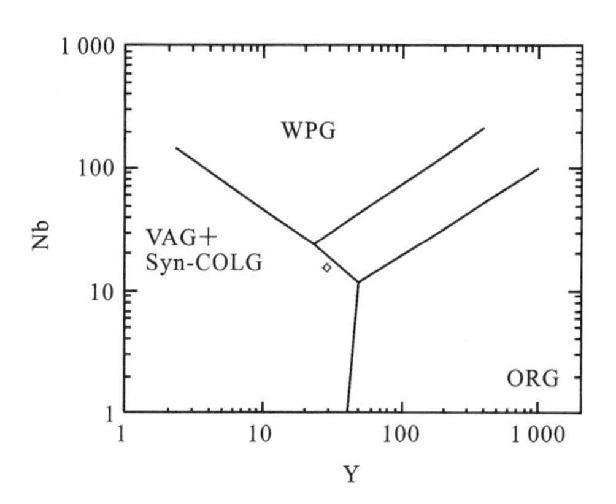

图 3-42　始新世石英斑岩的 Rb-(Y+Nb) 和 Nb-Y 图解

Syn-COLG. 同碰撞花岗岩；WPG. 板内花岗岩；VAG. 火山弧花岗岩；ORG. 洋中脊花岗岩

综上所述认为，测区内的始新世侵入岩是属同碰撞花岗岩类，是在一种陆块碰撞后相对稳定的构造环境下形成的，富 K_2O 也是相对稳定环境的一种佐证。

(五) 中新世花岗岩

1. 地质特征

中新世花岗岩主要分布于测区的东南部，念青唐古拉西段地区，甲岗山东坡和下吴弄巴一带有零星出露。出露总面积为 394.51km^2，占中酸性侵入岩出露总面积的 15.46%。

中新世花岗岩的岩石类型包括白云母花岗岩、黑云母花岗岩、黑云二长花岗岩、花岗斑岩、石英斑岩和花岗闪长斑岩。它们都侵入于晚古生代地层中，部分岩体被上新世乌郁群所覆盖。

花岗岩与石炭系—二叠系砂岩、灰岩的接触带上，可见二者界线清楚。内接触带中可见较多的大小不等的砂岩和灰岩小捕虏体，花岗岩的粒度也稍细，局部有轻微的混染作用。在外接触带，砂岩和灰岩均有不同程度的热接触变质作用，砂岩变质为板状千枚岩、千枚状板岩，并有轻微的硅化作用。灰岩有轻微的重结晶作用和硅化作用。砂岩和灰岩中常见花岗岩的细脉沿裂隙贯入。岩体节理一般都比较发育，主要为北西向和北东向的两组节理。

在花岗岩与上新世火山岩、砂岩接触带附近，可见花岗岩表面褐铁矿化比较强，砂岩中有少量花岗岩砾石。砂岩和火山岩的底面呈舒缓波状起伏，具有风化面的特征。

2. 岩石学特征

中新世花岗岩的矿物量统计见表 3-23。从表中可以看出，本区中新世花岗岩类岩石类型较多，但其成分变化不大，结构变化较大。

表 3-23 中新世侵入岩平均矿物量统计表

岩石类型	矿物含量(%)					
	Q	Pl	Bio	Kfs	Mus	基质
花岗闪长斑岩	12	20.0	3.0	—	—	65.0
黑云二长花岗岩	29	31.7	7.3	32	—	—
黑云母花岗岩	30	25.0	5.0	40	—	—
白云母花岗岩	35	15.0	—	25	25	—
花岗斑岩	9	10.4	2.0	15	—	65.6
石英斑岩	15	—	—	1	—	84.0

花岗闪长斑岩 岩石呈灰白色，斑状结构，基质为微晶结构或隐晶质结构。斑晶含量约占35%，主要由石英和斜长石组成。其中石英斑晶常被熔蚀呈浑圆状、不规则状；斜长石斑晶一般蚀变较强，主要为绢云母化。偶见少量的黑云母斑晶。

黑云二长花岗岩 岩石呈灰白色，半自形中细粒结构，块状构造。矿物成分主要由石英、斜长石、钾长石和黑云母组成。石英一般粒度较细些，分布呈不均匀状，少数样品中的石英出现波状消光。斜长石呈半自形板状，表面一般均有较强的绢云母化，也常呈钾长石的包体。钾长石呈半自形板状，粒度相对较粗，主要为条纹长石，微斜长石较少。条纹长石中常见黑云母和细粒斜长石的包体，斜长石包体边部干净，构成净边结构。黑云母呈绿褐色片状，分布不甚均匀，边部或沿解理有轻微的绿泥石化。

黑云母花岗岩 岩石呈淡粉色、灰白色，岩石较新鲜，中—细粒半自形结构，块状构造。矿物成分主要为石英、钾长石、斜长石和黑云母。其中两种长石的含量相差无几。钾长石的粒度稍大些，其中亦常含有少量细粒斜长石和黑云母的包体。斜长石双晶纹细密，主要为酸性斜长石。

白云母花岗岩 岩石呈白色、淡粉色，细粒半自形结构，块状构造。矿物成分主要为石英、钾长石、斜长石和白云母。岩石中白云母含量较高，可达20%以上，白云母呈片状，分布比较均匀，部分白云母呈毛巾状舒缓弯曲。钾长石粒度较大，主要为条纹长石和微斜长石，其中常含有细粒斜长石的包体。斜长石有轻微的绢云母化，双晶纹细而密，属酸性斜长石。

花岗斑岩 岩石呈肉红色，斑状结构，基质为隐晶质结构。斑晶主要由石英、钾长石、斜长石组成，偶见黑云母斑晶。石英斑晶多呈浑圆状或呈熔蚀的港湾状。基质中局部有重结晶的微晶。

石英斑岩 岩石呈灰白色，表面常有较强的铁染，斑状结构，基质为隐晶质结构。斑晶主要为石英，偶见钾长石。石英斑晶多呈浑圆状或熔蚀的港湾状，是由基质熔蚀的结果。

3. 岩石地球化学特征

中新世花岗岩的岩石化学分析及CIPW计算结果见表3-24。

表 3-24 中新世花岗岩岩石化学分析及CIPW计算结果表

样品号	岩石名称	分析结果(%)											
		SiO_2	TiO_2	Al_2O_3	Fe_2O_3	FeO	MnO	MgO	CaO	Na_2O	K_2O	P_2O_5	LOI
Yq043	白云母花岗岩	74.43	0.04	14.29	0.16	1.33	0.31	0.17	0.78	2.84	3.960	0.05	1.48
Yq543	花岗闪长斑岩	68.25	0.52	14.85	1.46	1.27	0.04	1.03	2.08	3.31	6.08	0.21	0.60
Yq600	花岗斑岩	68.11	0.41	15.26	1.41	1.38	0.06	0.71	1.80	4.03	4.82	0.12	1.66

续表 3-24

样品号	岩石名称	分析结果(%)											
		SiO_2	TiO_2	Al_2O_3	Fe_2O_3	FeO	MnO	MgO	CaO	Na_2O	K_2O	P_2O_5	LOI
Yq1618	黑云二长花岗岩	64.68	0.40	16.19	0.48	2.56	0.09	1.49	1.20	3.07	8.03	0.20	1.34
Yq813	黑云母花岗岩	72.13	0.24	14.26	0.40	1.32	0.05	0.44	1.36	3.34	5.47	0.08	0.72
样品号	岩石名称	分析结果(%)											
		Q	C	Or	Ab	An	Hy	Di	Mt	Il	Ap	DI	A/CNK
Yq043	白云母花岗岩	40.36	4.07	23.81	24.4	3.64	3.30	—	0.24	0.08	0.11	88.57	1.39
Yq543	花岗闪长斑岩	20.68	—	36.27	28.21	7.72	2.52	0.89	2.14	1.00	0.46	85.16	0.94
Yq600	花岗斑岩	33.71	0.89	25.72	25.44	9.13	2.61	—	2.07	0.79	0.27	86.42	1.01
Yq1618	黑云二长花岗岩	10.24	0.68	48.27	26.37	4.86	7.65	—	0.71	0.77	0.44	84.88	1.02
Yq813	黑云母花岗岩	27.98	0.65	32.64	28.47	6.02	2.91	—	0.59	0.46	0.18	89.09	1.11

从表 3-24 中可以看出，白云母花岗岩和黑云母花岗岩富 SiO_2、Al_2O_3 及碱质，贫 FeO、MgO、CaO。标准矿物计算中出现紫苏辉石标准分子，属正常花岗岩系列。白云母花岗岩中，刚玉标准分子达到 4.07%，说明其极富铝，可能属 S 型花岗岩。其余岩类富 Al_2O_3 和碱质，贫 FeO、MgO、CaO，标准矿物计算中出现紫苏辉石标准分子。为正常系列花岗岩。

在(Na_2O+K_2O)-SiO_2 图(图 3-43)中，中新世花岗岩均投影于钙碱性花岗岩区内，说明中新世花岗岩均属钙碱性花岗岩。

中新世花岗岩的微量元素和稀土元素分析结果见表 3-25。微量元素蛛网图见图 3-44。

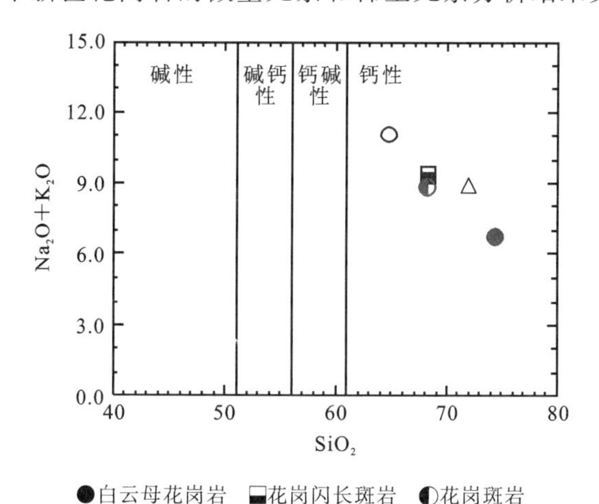

图 3-43　中新世花岗岩的(Na_2O+K_2O)-SiO_2 图

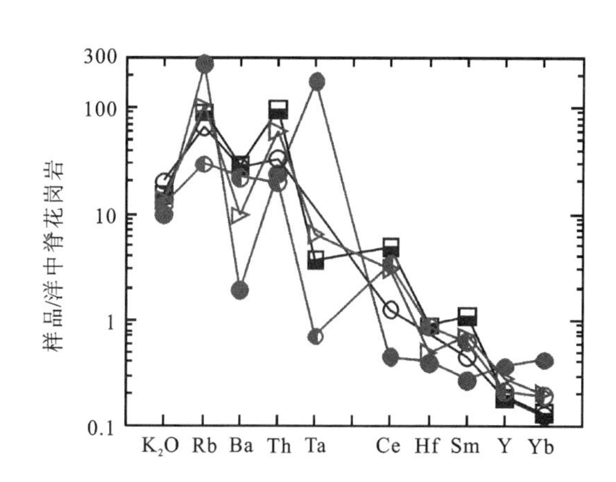

图 3-44　中新世花岗岩的微量元素蛛网图
(图例同图 3-43)

表 3-25　中新世花岗岩微量元素和稀土元素分析结果表

样品号	岩石名称	分析结果($\times10^{-6}$)															
		Ga	Ta	Hf	Sc	Ba	Co	Cu	Ni	Sr	V	Zn	U	Cr	Nb	Zr	Th	Rb
Yq043	白云母花岗岩	57.4	123.9	3.6	1.8	97	4.3	10.7	6	16	6.1	173	5.2	39.4	72.7	43	19.3	1 025
Yq543	花岗闪长斑岩	23.9	2.6	8.1	—	1 438	—	—	—	544	—	—	5.8	—	19.5	326	76.4	354
Yq600	花岗斑岩	16.5	0.5	7.8	—	1 088	—	—	—	233	—	—	0.5	—	9.9	290	15.8	116
Yq1618	二长花岗岩	28.3	—	—	—	1 363	—	—	—	168	—	—	3.9	—	11.3	200	26.6	262
Yq813	黑云母花岗岩	26.6	4.5	4.5	—	482	—	—	—	159	—	—	3.5	—	28.5	140	48.7	413

续表 3-25

样品号	岩石名称	分析结果(×10⁻⁶)															
		La	Ce	Pr	Nd	Sm	Eu	Gd	Tb	Dy	Ho	Er	Tm	Yb	Lu	Y	ΣREE
Yq043	白云母花岗岩	10.93	15.5	1.93	7.35	2.45	0.07	2.36	0.49	3.34	0.68	2.18	0.38	3.34	0.51	25.56	77.07
Yq543	花岗闪长斑岩	88.34	170.1	20.28	61.55	9.75	1.71	5.42	0.66	2.71	0.52	1.34	0.19	1.06	0.15	13.09	376.87
Yq600	花岗斑岩	66.82	117.4	12.09	37.69	5.71	1.48	3.91	0.56	2.79	0.53	1.57	0.25	1.57	0.24	14.80	267.41
Yq1618	二长花岗岩	20.90	43.4	4.62	18.80	3.99	1.48	4.39	0.62	2.48	0.62	1.86	0.12	0.72	0.20	12.80	117.00
Yq813	黑云母花岗岩	53.85	105.8	12.48	37.17	6.43	0.65	4.72	0.75	3.58	0.64	1.81	0.27	1.65	0.23	19.69	249.72

从表和图中可以清楚地看出，Rb和Th具有较强烈的富集，K_2O、Ba、Ta、Ce具有选择性富集。白云母花岗岩的Ta也强烈富集。而Hf、Sm、Y、Yb均有不同程度的亏损，总的微量元素蛛网图与同碰撞花岗岩的微量元素蛛网图相似。

稀土元素分析结果见表3-25，稀土元素配分形式图见图3-45。从表和图中可以看出，除白云母花岗岩和二长花岗岩总量偏低外，稀土总量较高，在249.71×10⁻⁶以上，稀土配分曲线形式呈右倾型，轻稀土相对富集，而重稀土相对亏损。白云母花岗岩具有明显的负Eu异常，黑云母花岗岩的负Eu异常亦较明显；花岗闪长斑岩和花岗斑岩Eu异常不明显，而二长花岗岩则出现不太明显的正Eu异常。

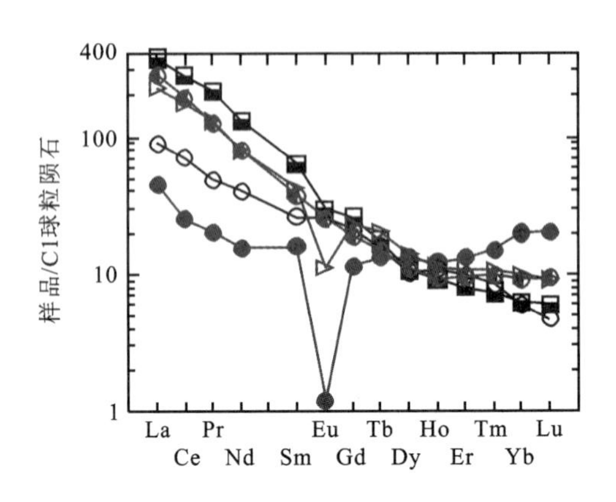

图 3-45　中新世花岗岩稀土元素配分形式图
(图例同图 3-43)

4. 副矿物特征

在中新世白云母花岗岩中，采集了两个人工重砂样。分析鉴定结果表明，中新世白云母花岗岩的副矿物组合为锆石、磷灰石、磁铁矿、钛铁矿、黄铁矿和金红石等，副矿物成分较复杂。锆石的颜色为淡黄—无色，多含有黑色微粒包体或气体包裹体，长宽比为2∶1，晶体主要由柱面{110}{100}和锥面{111}组成，锥面{131}{311}发育较差(图3-46)。

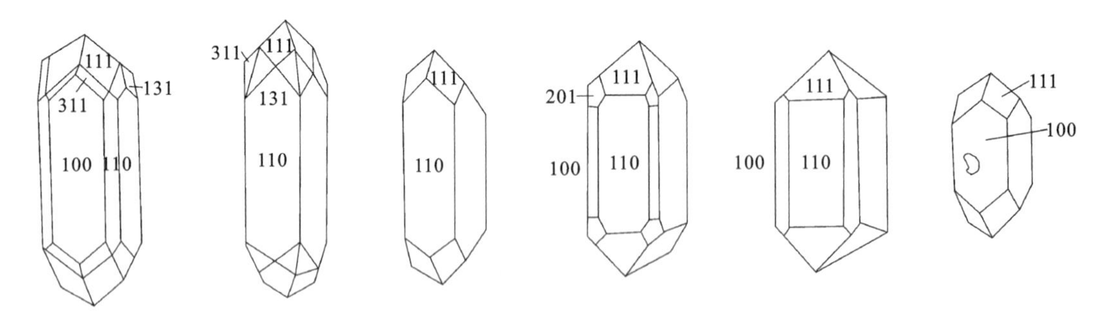

图 3-46　中新世白云母花岗岩中的锆石晶型

5. 成因环境分析

中新世花岗岩大部分出露于空金下嘎以南地区，沿念青唐古拉山还有大量的花岗岩出露，它们沿近东西向断裂带分布，受构造控制明显。白云母花岗岩出露于图幅西侧的南北向构造带附近。在Rb-(Y+Nb)和Nb-Y图解中，大部分投影点落入同碰撞花岗岩区，其中花岗斑岩投影于火山弧花岗岩区，而白云母花岗岩投影于板内花岗岩区内(图 3-47)。在 R_2-R_1 图解(图 3-48)中,黑云母花岗岩落入同碰撞花岗岩区内,其余均落入晚造山花岗岩区内。据此,我们认为中新世花岗岩形成于陆-陆碰撞造山晚期。而白云母花岗岩(5.45Ma)的形成可能与活动的南北向构造有关。

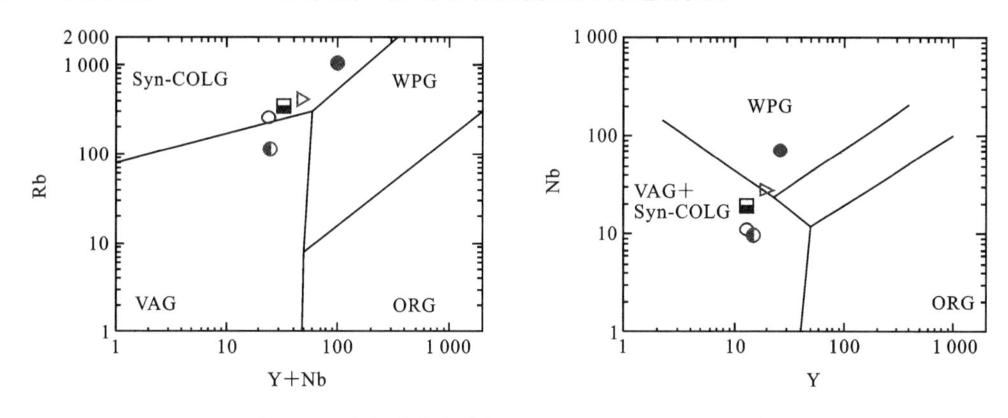

图 3-47 中新世花岗岩的 Rb-(Y+Nb)和 Nb-Y 图解

(图例同图 3-43)

Syn-COLG. 同碰撞花岗岩;WPG. 板内花岗岩;VAG. 火山弧花岗岩;ORG. 洋中脊花岗岩

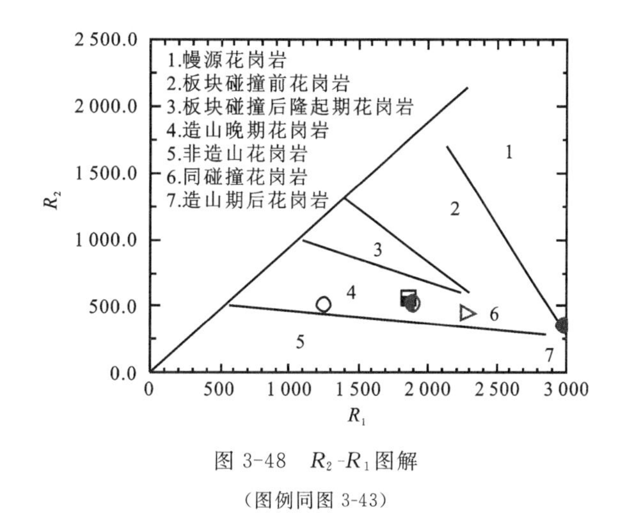

图 3-48 R_2-R_1 图解

(图例同图 3-43)

三、中酸性侵入岩的综合对比研究

1. 中酸性侵入岩的时空分布

测区内中酸性侵入岩出露面积较小,出露总面积 2 701.33km^2,约占测区总面积的 17%,包括大小岩体 64 个,其主要岩性为巨斑花岗闪长岩、黑云母花岗岩、二云母花岗岩、二长花岗岩、斜长花岗岩、白云母花岗岩、闪长岩、花岗斑岩和石英斑岩等。

从形成时代上看,它们分别属于晚三叠世,早、晚白垩世,始新世和中新世 5 个时期。取得的同位素年龄值也都集中于这 5 个时期内,分别为 217Ma、(133.9~96.2)Ma、(95.3~69.1)Ma、48.4Ma 和(22.2~14.2)Ma。虽然有些测试结果可信度差些,甚至与前人资料相差甚远,但是我们所取得的锆石 U-Pb 年龄可信度较高,现在按现有的同位素年龄值进行区内岩浆活动的划分。

从分布地区上看,主要集中分布于娘热藏布断裂和活动的格仁错-查藏错断裂带附近,其他地区只有零星分布。它们都属断裂带花岗岩类。

2. 各时代侵入岩的地质特征

测区内各时代侵入岩的地质特征见表 3-26。

表 3-26 侵入岩的地质特征表

时代	晚三叠世	早白垩世	晚白垩世	始新世	中新世
主要岩石类型	巨斑花岗闪长岩	闪长岩、花岗闪长岩、黑云母花岗岩、花岗斑岩、二云母花岗岩	花岗闪长岩、花岗闪长斑岩、黑云母花岗岩、二云母花岗岩、白云母花岗岩、斜长花岗岩、花岗斑岩	花岗斑岩、石英斑岩	黑云母花岗岩、二长花岗岩、花岗闪长岩、花岗斑岩、石英斑岩
产出位置	娘热藏布	娘热藏布甲岗山、阳定等	娘热藏布、甲岗山	普强断裂附近	爬央桑、甲岗山
接触关系	石炭系被白云母、二云母花岗岩侵入	石炭系被晚白垩世花岗岩侵入，被林子宗群火山岩覆盖	侵入于念青唐古拉群、石炭系—二叠系中，被乌郁群火山岩覆盖	侵入于念青唐古拉群、二叠系和蛇绿岩中	侵入于石炭系—二叠系，被乌郁群覆盖
岩相分带	有分带	有分带	有分带	无	有分带
蚀变带	硅化	硅化、绿帘石化、角岩化	角岩化、硅化	无	角岩化、硅化
包体	无	细晶闪长岩	细晶闪长岩		
捕虏体	石炭系砂岩	石炭系砂岩	石炭系砂岩	无	石炭系砂岩
原生节理	少	发育	发育	少	极少
次生节理	发育	十分发育	发育	较发育	较发育
脉岩			有		

3. 岩石学特征

测区花岗岩在岩石学特征上差别不大，各时代相同的岩石类型上，矿物成分及各矿物的含量差异较小，而结构上有些差别。晚三叠世的巨斑花岗闪长岩以其巨大的长石斑晶为特点；二云母花岗岩则以两种云母同时存在为特点；闪长岩以其暗色矿物含量高、不含或少含石英和钾长石为特点；白云母花岗岩则以其含片状矿物白云母为特征，几乎不含暗色矿物；斑岩类则以其斑状结构，基质常为隐晶质结构为特点。

4. 岩石地球化学特征

1）主量元素特征

对各时代不同岩石类型进行的岩石地球化学分析结果分别列于表 3-1 至表 3-25 中。其 SiO_2 对几种主要氧化物的变异图见图 3-49。从图中可以看出，随着 SiO_2 的升高，Al_2O_3、(Fe_2O_3+FeO)、MgO、CaO 和 TiO_2 都显示出降低的趋势，所有岩石基本显示出相同的趋势。而随 SiO_2 的增加，各时代花岗岩的(K_2O+Na_2O)显示出不同的特点。晚三叠世和早白垩世花岗岩的碱质升高，而晚白垩世和中新世花岗岩的碱质显示降低的趋势。另外，中新世花岗岩具有明显的富碱的特点，早白垩世花岗岩较富铁、钙和镁，晚白垩世花岗岩则显示出相对贫钛、铁、镁的特点，始新世花岗斑岩显示出相对贫铝、镁和碱质的特点。

根据 A/CNK 的比值及标准矿物的计算中刚玉标准分子数量可以看出，区内花岗岩属钙碱性系列花岗岩，其中大部分为Ⅰ型花岗岩，而一部分含白云母的花岗岩为 S 型花岗岩。

MgO 与其他氧化物相关性显示于图 3-50 中。从图中可以看出，随着氧化镁的增加，(Fe_2O_3+FeO)、TiO_2、MnO、Al_2O_3 和 CaO 均呈上升的趋势，只有中新世花岗岩中的 TiO_2 和 CaO 显示了先升后降的趋势。随着 MgO 的增加，晚白垩世和中新世花岗岩的碱质呈增加的趋势，与 MgO 呈正相关性，而其余各时代的花岗岩均呈负相关性。

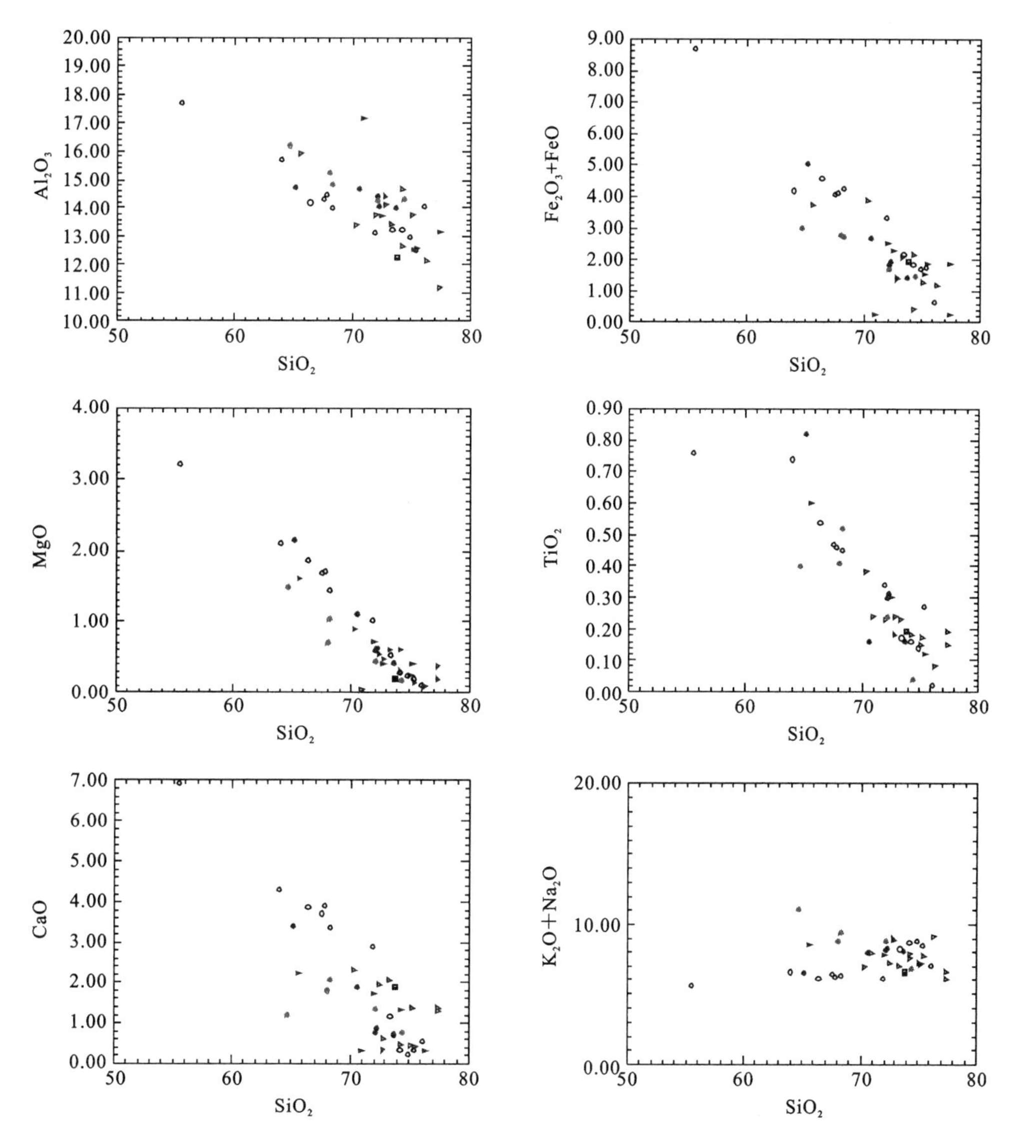

●晚三叠世花岗岩　○早白垩世花岗岩　△晚白垩世花岗岩　□始新世花岗斑岩　■中新世花岗岩

图 3-49　各时代侵入岩 SiO_2 对 Al_2O_3、(Fe_2O_3＋FeO)、MgO、TiO_2、CaO、(K_2O＋Na_2O)的变异图

分异指数(DI)与几种氧化物的相关性显示于图 3-51 中。从图中可以看出，随着分异指数的增加，MgO 和(Fe_2O_3＋FeO)均呈下降趋势，呈负相关，而 SiO_2 则呈明显的正相关性。(Na_2O＋K_2O)随着分异指数的增加，相关性不太明显，中新世花岗岩显示出负相关性，其余各时代的花岗岩均显示出较弱的正相关性。

2）微量元素特征

测区花岗岩类微量元素蛛网图见图 3-52。从图中可以看出，该蛛网图呈“M”形状，Rb 和 Th 显示出强烈富集的特点，而 Sr、Ba、Ta 显示了程度不同的富集作用。Zr、Hf、Y、Yb 等略有亏损，中新世部分花岗岩还富集 Ta。各时代花岗岩的微量元素蛛网图形式基本相似，与同碰撞花岗岩的微量元素蛛网图相似。

在 SiO_2 分别对(Nb＋Ta)、(Th＋U)、(Zr＋Hf)和(Rb＋Sr)的变异图中(图 3-53)可以较清楚地看出，随着 SiO_2 含量的增高，(Nb＋Ta)呈上升的趋势，具有正相关性。(Th＋U)相关性不太明显，但可以看出晚三叠世花岗岩呈正相关性，其他各时代花岗岩均显示出负相关性。(Zr＋Hf)则随 SiO_2 的增加，早白垩世花岗岩显示出正相关性，其他各时代的花岗岩均显示出负相关性。(Rb＋Sr)随 SiO_2 的增加，中新世花岗岩显示出正相关性，其余各时代花岗岩则都显示出不太明显的负相关性。

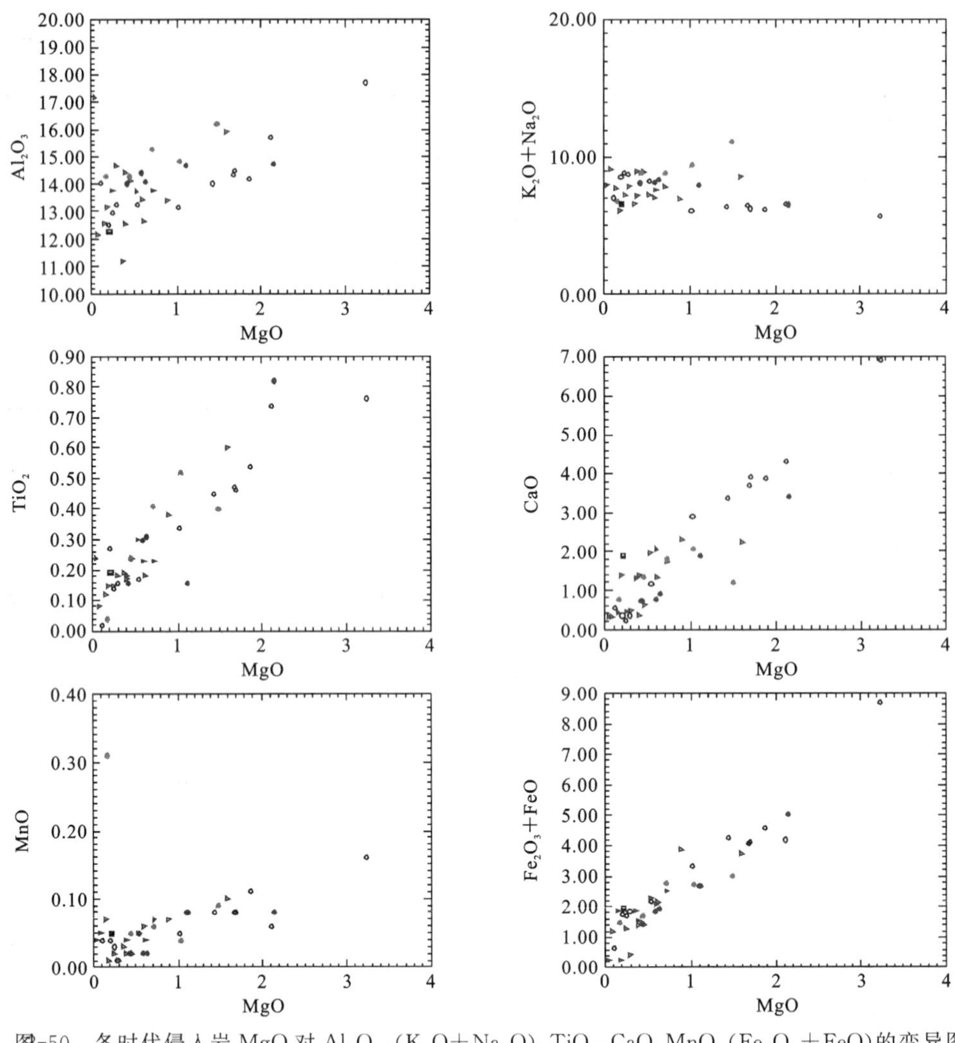

图3-50　各时代侵入岩 MgO 对 Al_2O_3、(K_2O+Na_2O)、TiO_2、CaO、MnO、(Fe_2O_3+FeO)的变异图

(图例同图 3-49)

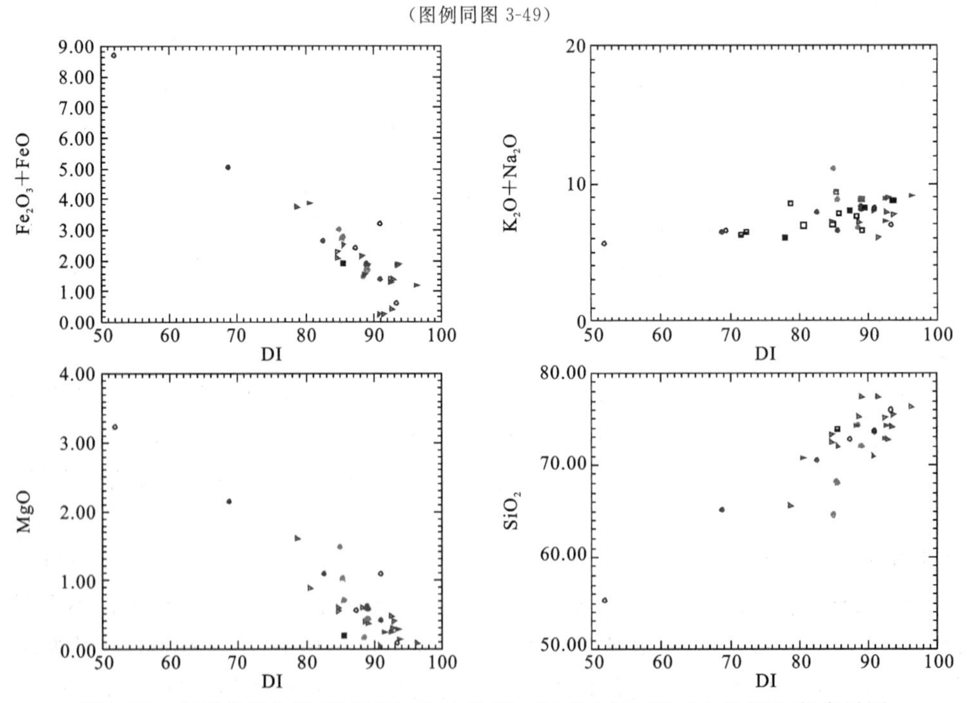

图 3-51　各时代侵入岩 DI 对(Fe_2O_3+FeO)、(K_2O+Na_2O)、MgO、SiO_2的变异图

(图例同图 3-49)

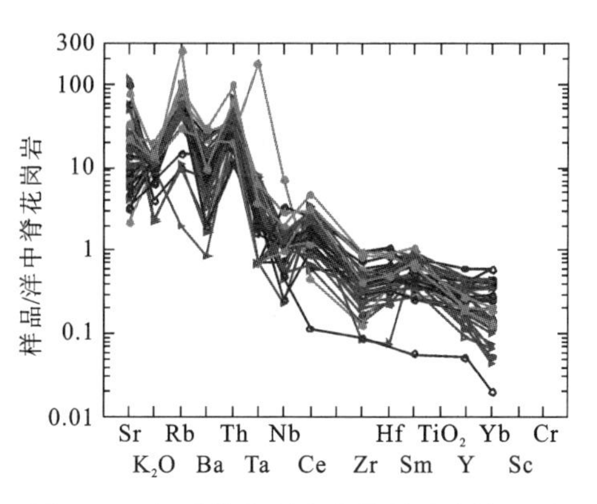

图 3-52　各时代花岗岩的微量元素蛛网图

（图例同图 3-49）

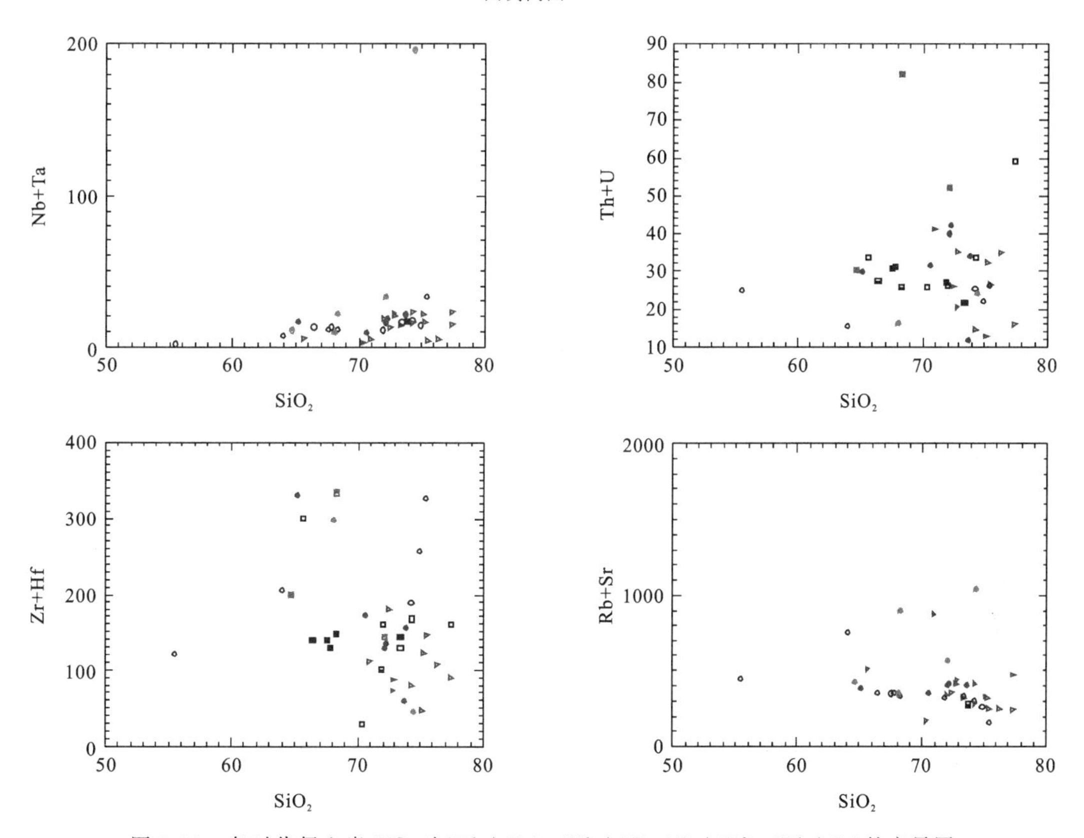

图 3-53　各时代侵入岩 SiO_2 对（Nb＋Ta）、（Th＋U）、（Zr＋Hf）、（Rb＋Sr）的变异图

（图例同图 3-49）

3）稀土元素特征

各时代花岗岩稀土元素配分形式图见图 3-54。从图中可以看出，测区各时代花岗岩配分曲线形式基本一致，曲线图呈右倾型，但斜率中等，轻稀土相对富集，重稀土相对亏损。绝大多数样品均有不同程度的负铕异常。只有两个早白垩世闪长岩的样品显示了无铕异常的特点。而区内的部分二云母花岗岩和白云母花岗岩则显示出强烈的负铕异常特点，其原因可能是岩石中斜长石含量变化较大所致。

SiO_2 与稀土元素相关性显示于图 3-55 中。从图中可以看出，随着 SiO_2 含量的增加，轻稀土元素显示出不同的相关性：晚三叠世花岗岩变化不大，相关性不明显；白垩纪花岗岩略有降低，显示出负相关性；中新世花岗岩则显示出明显的负相关性。铕的含量则随着 SiO_2 的增加均显示出负相关性，只有中新世花岗岩为先升后降的趋势。中稀土元素随 SiO_2 的增加均有不同程度的降低，显示出负相关性，只有晚白垩世花岗岩部分样品呈正相关性。重稀土元素均显示出与 SiO_2 的正相关性，部分晚白垩世花岗岩的相关性不明显。

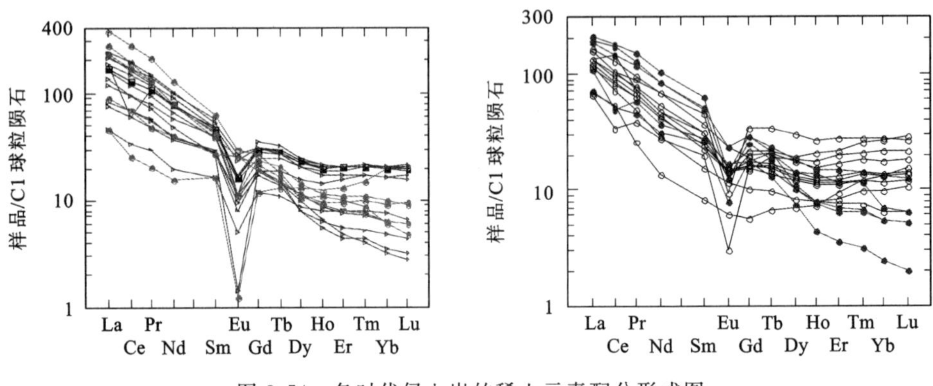

图 3-54 各时代侵入岩的稀土元素配分形式图

(图例同图 3-49)

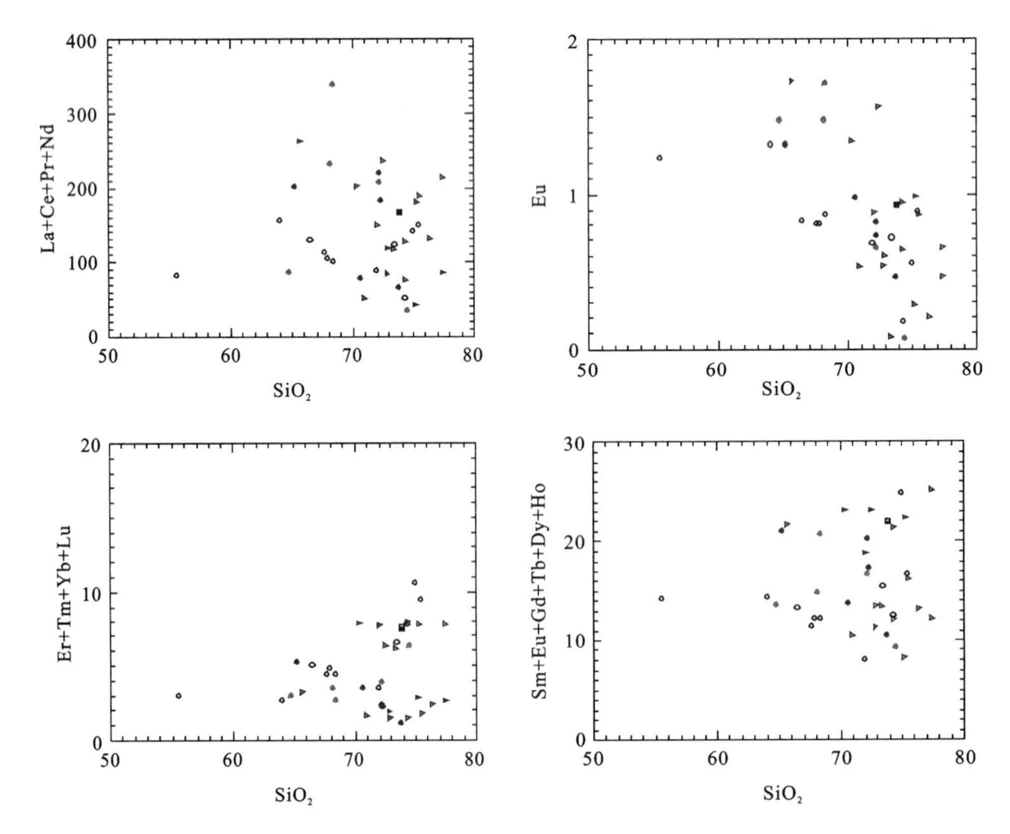

图 3-55 各时代侵入岩 SiO_2 对(La+Ce+Pr+Nd)、Eu、(Er+Tm+Yb+Lu)、(Sm+Eu+Gd+Tb+Dy+Ho)的变异图

(图例同图 3-49)

5. 成因环境分析

一般认为花岗岩有两种成因，即岩浆成因和交代成因，在Q-Ab-Or三角图中(图 3-56)，本测区内的花岗岩绝大多数投影点落入花岗岩的低温槽内，说明本区内的花岗岩多为岩浆成因。而始新世的花岗斑岩则落入低温槽外。在地质特征上，始新世花岗斑岩和石英斑岩其围岩多为古生界灰岩、砂岩及念青唐古拉群变质岩，它们多沿断裂带产出，可能为交代成因。个别白垩纪花岗岩落入低温槽外，与部分样品测试精度较差有关。因此我们认为，测区内的花岗岩除始新世的斑岩可能为交代成因外，其余都应属岩浆成因的花岗岩。

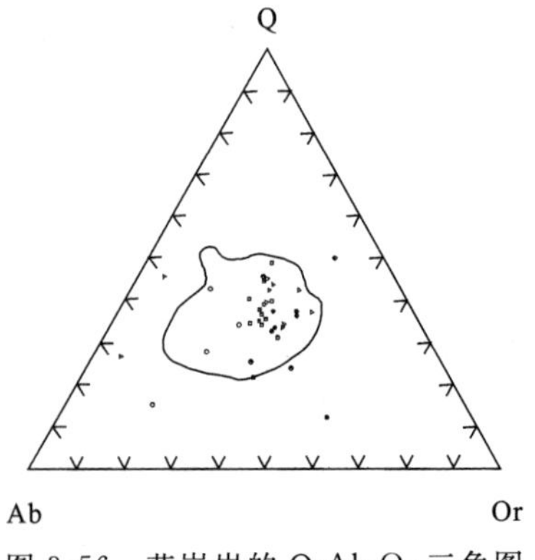

图 3-56 花岗岩的 Q-Ab-Or 三角图

(图例同图 3-49)

测区内的中酸性岩多分布于断裂带的附近，它们的形成明显受构造控制，属断裂带花岗岩类。在Rb-(Y+Nb)和Nb-Y图解中(图3-57)，本则区的花岗岩均投影于同碰撞和火山弧花岗岩交界处附近，个别岩石样品投影于板内花岗岩区内，这说明本测区的花岗岩主要为同碰撞花岗岩或火山弧花岗岩，不排除存在板内花岗岩的可能性。

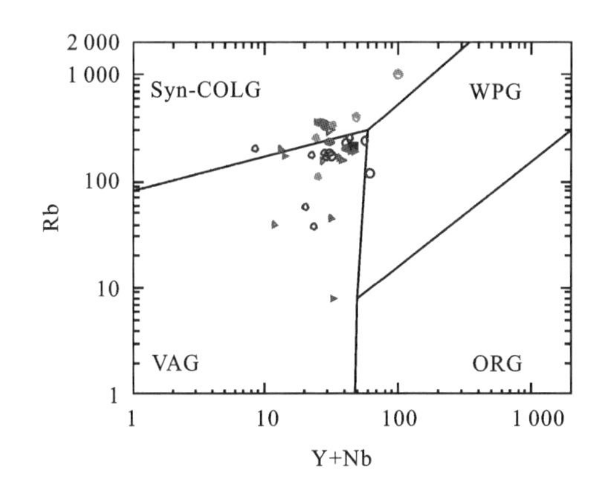

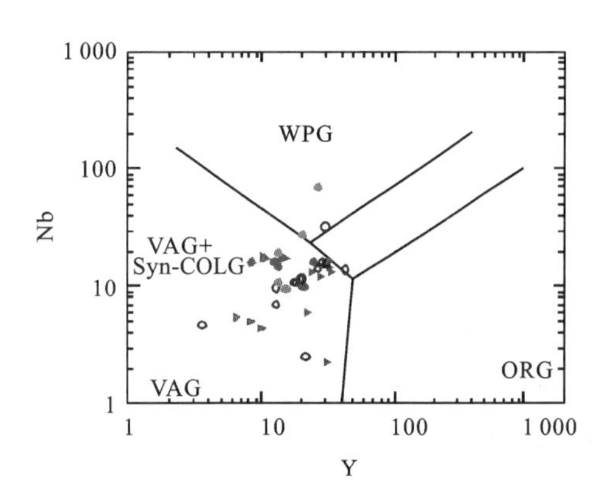

图3-57　花岗岩的Rb-(Y+Nb)和Nb-Y图解

(据Pearce,1984)(图例同图3-49)

Syn-COLG.同碰撞花岗岩；WPG.板内花岗岩；VAG.火山弧花岗岩；ORG.洋中脊花岗岩

在R_2-R_1图解中(图3-58)，本测区的花岗岩类主要投影于2区、4区、6区内。从此图中可以看出，区内的大部分花岗岩投影点落入同碰撞花岗岩区内，而晚三叠世和早白垩世花岗岩主要投影于板块碰撞前花岗岩区内，中新世花岗岩则多投影于晚造山期花岗岩区内。

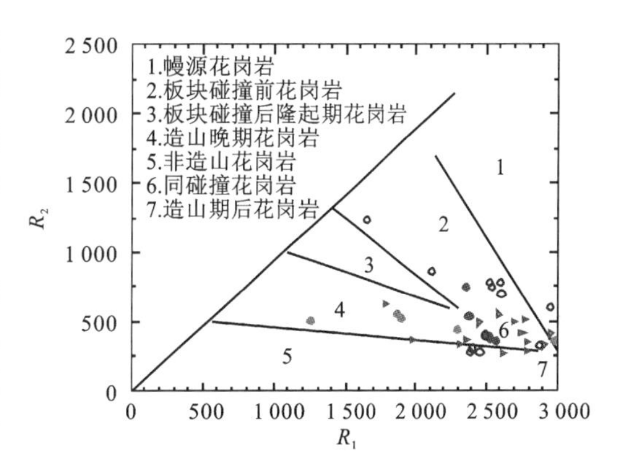

图3-58　R_2-R_1图解(据Batchelor,1985)

(图例同图3-49)

综上所述，区内各时代侵入岩的成因环境为晚三叠世和早白垩世花岗岩形成于板块碰撞前的构造环境，晚白垩世、始新世花岗岩及部分早白垩世花岗岩形成于同碰撞造山构造环境，而中新世花岗岩则形成于造山晚期或后造山的构造环境。

6.就位机制

从测区中酸性侵入岩的分布来看，主要集中在娘热藏布断裂和格仁借-查藏错断裂带附近，前者呈近东西向延伸，后者呈近南北向延伸。虽然两带在岩石学特征上无大的差别，但从就位机制上分析，两者的差别还是比较大的。

娘热藏布一带的花岗岩呈近东西向延伸，平面上各种岩体都呈不规则状、拉长的椭圆状或大透镜状。岩体与围岩石炭系—二叠系的接触界线参差不齐，接触变质晕较宽；岩体的拉长方向与围岩石炭系—二叠系地层的构造线方向斜交，岩体穿切围岩层理；岩体边缘常见有棱角状的砂岩捕虏体，而岩体的侵入对石炭系—二叠系地层走向基本上没有干扰，主要岩体就位于一个轴向为北西西走向的、由石炭系—二叠系地层组成的背斜核部，岩体中也常含有大面积的石炭系砂岩捕虏体，说明岩体就位过程中可能发生过顶蚀作用。岩体内部接触带附近基本没有定向组构，岩石中的长石斑晶矿物也都是杂乱无章排列。虽然部分岩体的岩石结构有边部粒细和中心部分变粗的现象，但岩石的矿物成分是比较均匀的，并常有小的岩枝或岩脉贯入围岩中。从上述这些特征分析，我们认为娘热藏布断裂带的花岗岩具有被动就位的特征，可能为断裂扩张就位，局部具有顶蚀就位的特征。

格仁错-查藏错断裂带花岗岩大致沿南北向分布，岩体在平面上多呈椭圆状，与围岩的接触界线清楚，接触变质晕窄或无；在甲岗山附近，近东西走向的石炭系砂岩，由于构造岩浆作用而改变成近南北走向；甲岗山岩体西部石炭系—二叠系形成半圆状的向斜构造；在岩体外接触带的泥质粉砂岩中，发育与岩体边界近平行的页理面；在岩体的内接触带常见有宽窄不等的平行接触面的片麻状构造；岩体边部含有较多的暗色细晶闪长岩包体，而岩体中心部分则没见包体。根据以上特点，我们认为格仁错-查藏错花岗岩带具有强力就位的特点，以底辟或穹起的形式就位。

7. 副矿物显示的两条岩浆岩带的特点

前已述及，根据侵入体分布的特征把区内的中酸性侵入岩分为娘热藏布花岗岩带和格仁错-查藏错花岗岩带。两带的副矿物特征见表3-27。从表中可以看出，娘热藏布花岗岩带和格仁错-查藏错花岗岩带在副矿物组合和锆石特征上还是有较大差别的。娘热藏布花岗岩带中的几个样品中都存在锆石和磷灰石，按副矿物组合分类可称其为锆石-磷灰石型花岗岩，而格仁错-查藏错花岗岩带中的几个样品中均含有锆石和磁铁矿副矿物组合，可定为锆石-磁铁矿型。在锆石特征上，两个花岗岩带也有较明显的区别：娘热藏布花岗岩带中的锆石颜色多呈淡黄—淡褐色，而格仁错-查藏错岩浆岩带的锆石多呈淡黄色或无色；锆石晶型上，娘热藏布花岗岩带的锆石主要晶型为{110}和{111}的聚形，而格仁错-查藏错带中的锆石晶型则以{100}和{111}的聚形为主；在锆石晶体的长宽比上，娘热藏布花岗岩带锆石的长宽比一般在(2∶1)～(4∶1)之间，而格仁错-查藏错带中锆石的长宽比主要为2∶1。另外，在副矿物组合上，娘热藏布花岗岩带还含有一定数量的方铅矿、黄铁矿、辉锑矿和电气石。这些差异性一方面可能反映其形成的构造环境上的差异，同时也说明它们岩浆源区物质成分的差异，从而表明它们来源于不同的源区。

表3-27　副矿物含量表　(g)

岩带	样品号	岩石名称	锆石				磷灰石	榍石	方铅矿	磁铁矿	钛铁矿	黄铁矿	褐帘石	辉铋矿	辉锑矿	电气石
			含量	颜色	晶型	长宽比										
娘热藏布花岗岩带	Rz1628	巨斑花岗闪长岩	0.16	淡黄色、浅黄褐色	(110)(111)	2∶1～4∶1	0.03		十几粒	0.2	0.3	几十粒		几粒		
	Rz813	花岗闪长岩	0.8	淡黄—浅褐色	(110)(111)	2∶1～4∶1	0.32		几粒	14.4	几十粒			几粒		
	Rz1505	斑状花岗闪长岩	1.67	淡黄	(110)(111)	1∶1～4∶1	0.36	1.23		31.2		十几粒				
	P11Rz17	二云母花岗岩	0.24	淡黄—浅褐色	(100)(111)(131)(311)	2∶1～4∶1	0.024		几粒		0.015					
	P11Rz23	二云母花岗岩	0.01	淡粉—淡褐色	(100)(110)(111)	2∶1～4∶1	10.17		十几粒	0.01		几十粒				
格仁错-查藏错花岗岩带	Rz043	白云母花岗岩	0.046	淡黄色	(100)(111)	2∶1				0.08	几粒	0.516				
	Rz087	花岗闪长岩	1.114	淡黄色	(100)(111)	2∶1			0.000 8	11.83		0.000 6				
	Rz055	花岗闪长岩	0.57	无色	(100)(111)	2∶1	0.05			10.23		1.77				
	Rz447	花岗闪长岩	0.37	淡黄色	(100)(110)(111)(131)	2∶1	0.003		0.007	10.89		0.18	0.073			
	Rz050	花岗斑岩	0.26	淡黄色	(110)(111)	2∶1	0.011			3.49		0.01		0.004		0.04
	Rz068	花岗闪长岩	0.49	淡黄色	(111)(100)(311)(131)	2∶1			0.03	11.04		0.12			0.006	

第三节 火山岩

区内火山岩分布广泛，从地域上看则主要集中在工作区中部的塔尔玛-新吉中、新生代火山盆地及南部的冈底斯山北坡。面积 2 771.88km²，时代分别为中生代与新生代，其中以新生代火山岩为主，中生代次之(图 3-59)。

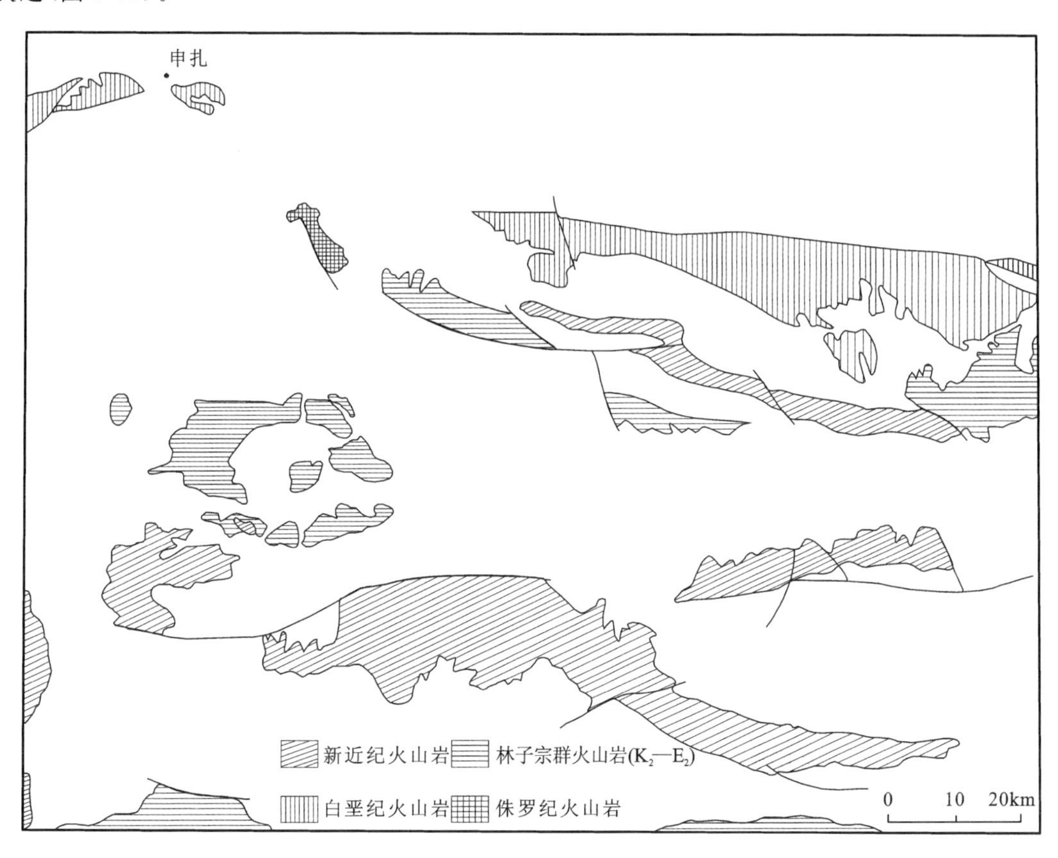

图 3-59 申扎县幅火山岩分布草图

一、中生代火山岩

(一) 侏罗纪火山岩

1. 空间分布特征

侏罗纪火山岩在工作区内出露较少，只局限于申扎县塔尔玛乡西南的朗定玛吉一加让一带。呈北北西向展布，在构造分区上出露在塔尔玛-新吉中、新生代火山盆地的北西端，面积为 37.08km²。

2. 岩石学特征

该火山岩的岩石类型比较单一，主要为一套以火山碎屑岩为主的中酸性火山岩，其岩石组合为流纹岩-英安岩-玄武岩，主要岩石类型分述如下：

流纹岩 呈深灰色，斑状结构，块状构造。斑晶由石英、斜长石、透长石组成。石英呈粒状，粒度 0.25mm 左右，少数具波状消光，含量 5%左右；透长石呈半自形板状，可见卡氏双晶，表面极干净，如石英一样，但又是二轴负晶，含量 3%左右；斜长石呈半自形板状，可见较清楚的聚片双晶，表面常有不同程度的绢云母化，含量约 10%。基质为微粒的长英质和少部分隐晶质物质，含量 82%左右。副矿物为磁铁矿和锆石，岩石局部具有石泡构造。

英安质晶屑凝灰岩　呈灰绿色，凝灰结构，假流动构造，块状构造。晶屑由石英和斜长石组成，多为棱角状及不规则状，粒度为 0.2～0.5mm，含量为 15%，其余为火山灰。

含角砾凝灰质英安岩　呈紫灰色，角砾状结构，块状构造。角砾成分为火山岩，砾径一般为 0.2～0.5cm，含量 5%左右，斑晶为石英和斜长石。石英呈粒状，粒度多在 0.3mm 左右，表面干净，分布零星，含量 5%左右；斜长石呈半自形板状，粒度 0.4～0.8mm，可见清楚的聚片双晶，含量约 15%。基质由微粒的长英物质及凝灰组成，含量约 75%。

英安岩　呈灰绿色，斑状结构，块状构造。斑晶主要为石英与斜长石。石英呈粒状，粒度多在 0.3mm 左右，表面干净，分布零星，含量约 7%；斜长石呈半自形板状，粒度在 0.4～0.8mm 之间，可见有清楚的聚片双晶，含量约 10%。基质由微粒的长英质物质组成，含量为 80%。

橄榄玄武岩　呈深灰色，斑状结构，块状构造，基质为隐晶质结构。斑晶为橄榄石与辉石、斜长石。橄榄石呈粒状，粒度 0.2mm 左右，平行消光，二轴正晶，2V 角在 85°左右，最高干涉色为二级黄绿，含量在 3%左右；辉石呈自形，针柱状，粒度在 0.3～0.5mm 之间，可见一组完全解理，斜消光，$Ng' \wedge C=44°$，最高干涉色达二级蓝绿，含量 35%左右。基质由隐晶质物质组成，重结晶的斜长石分不清颗粒，并含有较多的铁质物质，其含量约 57%。

3. 岩石地球化学特征

因该火山岩出露面积小，只局限于申扎县塔尔玛乡的加让一带。只取了一个具有代表性的玄武岩样品。

1）主量元素

主量元素分析结果及 CIPW 标准矿物计算见表 3-28。

从表 3-28 所示的分析结果可知：$(CaO+Na_2O+K_2O)>Al_2O_3>(Na_2O+K_2O)$，属次铝质类岩石。在标准矿物计算表中也可以看出，该玄武岩中出现了少量的石英及磷灰石。而钾长石、钠长石、透辉石居多，硅灰石、顽火辉石也有较多的出现。说明在该岩石中 SiO_2 已基本达到饱和，为较富钙质和钠质的钙碱性火山岩。

表 3-28　主量元素分析及 CIPW 标准矿物计算结果表　　（%）

样品号	SiO_2	Al_2O_3	TiO_2	Fe_2O_3	FeO	MnO	MgO	CaO	Na_2O	K_2O	P_2O_5	H_2O	CO_2	LOI
Yq453	46.14	14.60	1.31	8.09	2.67	0.14	4.22	11.60	3.05	0.66	0.32	2.02	4.09	6.63
样品号	Q	Or	Ab	An	Di	DiWO	DiEn	Mt	Hm	Il	Ap	CI	DI	
Yq453	3.03	4.21	27.78	26.04	24.56	13.19	11.37	5.67	4.81	2.68	0.75	32.91	35.01	

注：湖北省地质实验中心分析。

在(Na_2O+K_2O)-SiO_2图解及 FeO^*-(Na_2O+K_2O)-MgO 图解（图 3-60）中，玄武岩样品分别投影入亚碱性区域内及钙碱性区域内，说明侏罗纪火山岩为钙碱性玄武岩。

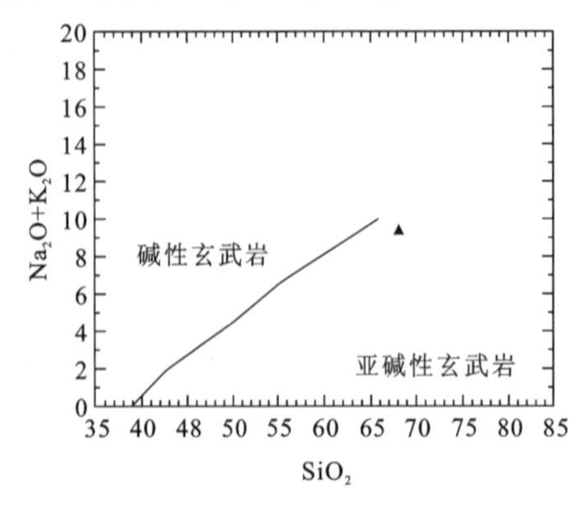

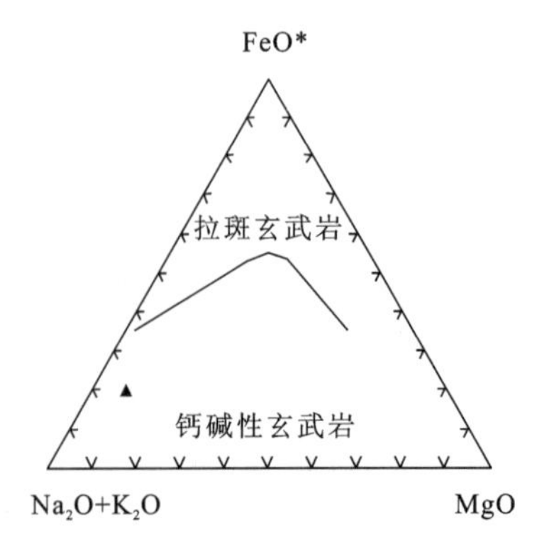

图 3-60　侏罗纪火山岩的(Na_2O+K_2O)-SiO_2图解及 FeO^*-(Na_2O+K_2O)-MgO 图解

2）微量元素

该玄武岩的微量元素分析结果及蛛网图见表3-29和图3-61。从图中可以看出，曲线形态呈大隆起形式，Rb、Ba、Th、Ta强烈富集，Sr、K_2O、Nb、Ce、Zr、Hf呈选择性富集，而TiO_2、Y、Yb、Sc、Cr呈亏损形式。其形态与火山弧玄武岩的微量元素蛛网图相似。

表3-29　微量元素分析结果表　（$\times10^{-6}$）

样品号	Ga	Ta	Hf	Sc	Ba	Be	Co	Cu	Mn	Ni
B453	14.4	0.80	3.7	20.8	182	2.1	33.4	58.3	1 020	53
样品号	Sr	V	Zn	U	Rb	Nb	Zr	Th	Cr	Ge
B453	326	195	95.2	0.6	22.41	20.1	243.6	3.6	131.7	2.0

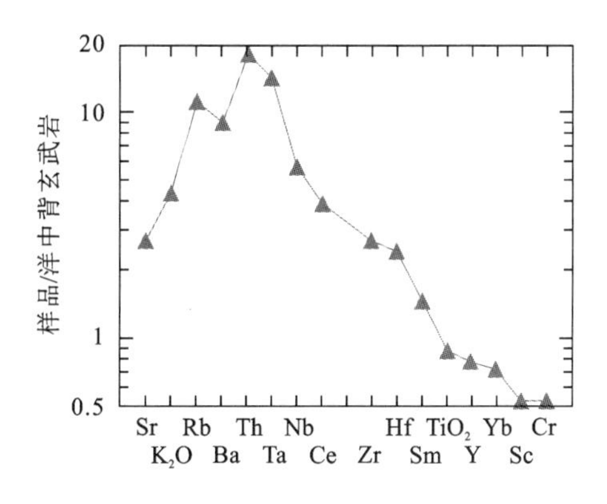

图3-61　侏罗纪火山岩微量元素蛛网图

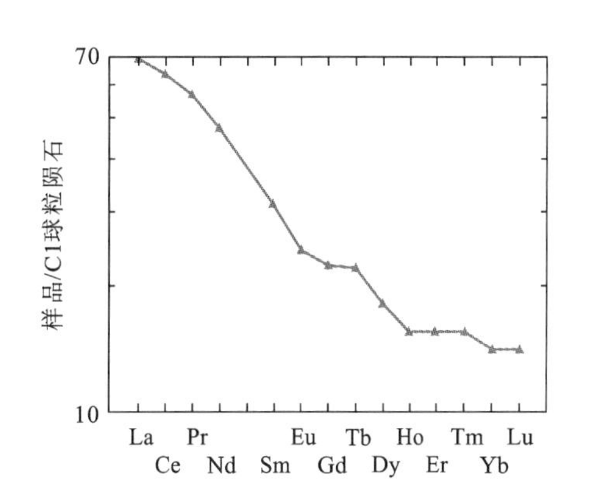

图3-62　稀土元素配分形式图

3）稀土元素

稀土元素分析结果见表3-30。从稀土元素配分形式图（图3-62）上看，曲线形态呈右倾型，其稀土总量$\sum REE=132.25\times10^{-6}$，略显富集型。其轻稀土元素相对于重稀土元素呈明显富集。Eu元素没有出现负异常，这说明了该火山岩浆来源于上地幔，在岩浆演化过程中Eu元素与其他稀土元素没有充分的分离时间，所以Eu与其他稀土元素也就没有产生分馏作用。

表3-30　稀土元素分析结果　（$\times10^{-6}$）

样品号	La	Ce	Pr	Hd	Sm	Eu	Gd	Tb	Dy	Ho	Er	Tm	Yb	Y	Lu	∑REE
B453	16.28	38.8	5.40	22.02	4.77	1.40	4.55	0.82	4.59	0.88	2.58	4.00	2.42	23.46	0.36	132.25

4. 火山喷发旋回及韵律性

该期火山岩可分为两个火山喷发旋回，早期以喷溢相为主而爆发相次之。首先火山爆发堆积了一层厚度不大的流纹质晶屑凝灰岩，随之酸性熔岩流外溢，形成300多米厚的流纹岩。如图3-63所示，之后火山活动暂时停息，火山盆地内接受正常沉积，形成一套厚度只有55m左右的凝灰质钙质粉砂岩。火山活动间歇之后，火山又再次重新复活。这次火山活动可分为两个小的喷发阶段：爆发—喷溢、再爆发—再喷溢，形成了两套火山碎屑岩-火山熔岩堆积。从岩石组合上来看，为流纹岩-英安岩-玄武岩，具有较清晰的火山喷发韵律。

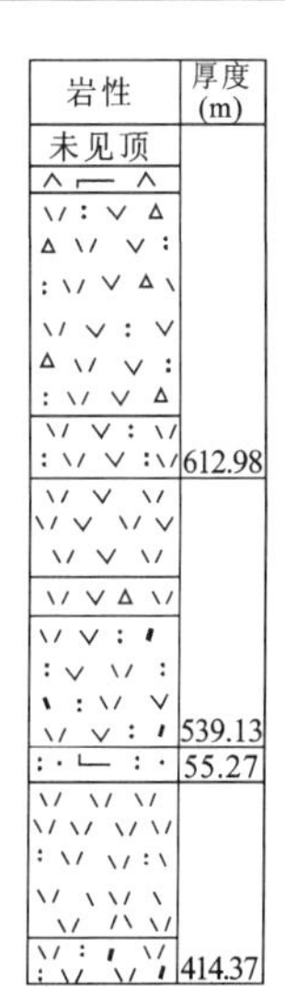

图3-63　侏罗纪火山岩柱状示意图

从该期两个火山喷发旋回来看，每个喷发旋回均以爆发开始，至喷溢而结束，具有不可逆的韵律，形成了这套火山碎屑岩-

火山熔岩正向的火山堆积。

5. 成因环境探讨

从图 3-64 Hf/3-Th-Ta 图解中可以看出，该玄武岩样品投影点落在板内玄武岩区内，偏大洋＋板内玄武岩区的一侧；在 Hf/3-Th-Nb/16 图解中投影点落入岛弧火山岩区。在 TiO_2-MnO×10-P_2O_5×10 图解（图 3-65）中玄武岩样品则投影入大洋岛屿玄武岩区内。综上所述，侏罗纪火山岩主要形成于大洋岛屿偏岛弧一侧。

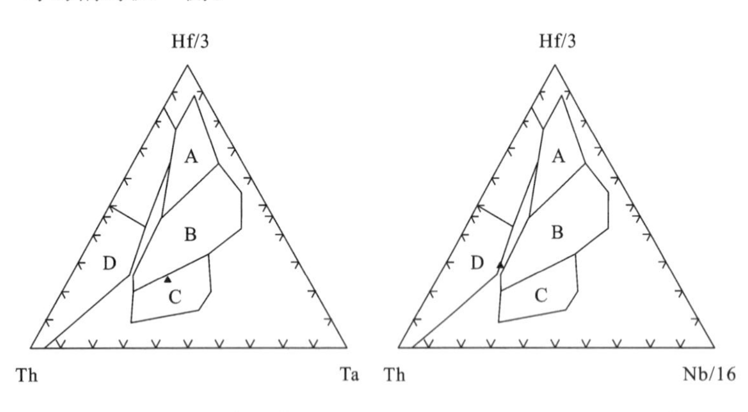

图 3-64 侏罗纪火山岩的 Hf/3-Th-Ta 和 Hf/3-Th-Nb/16 图解

A. 洋中脊玄武岩；B. 大洋＋板内玄武岩；C. 板内玄武岩；
D. 上边为岛弧型拉斑玄武岩、下边为岛弧型钙碱性玄武岩

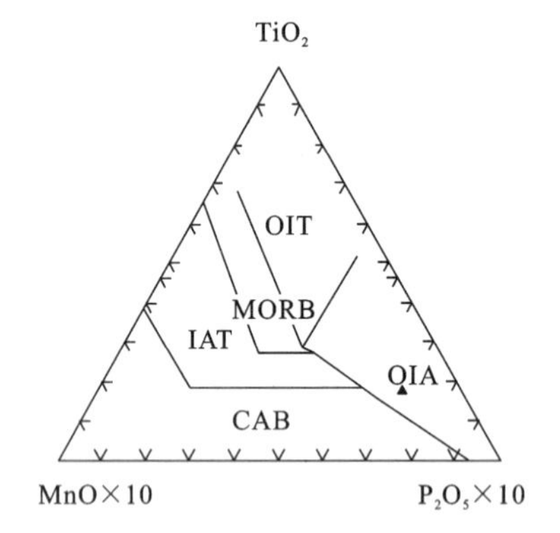

图 3-65 侏罗纪火山岩的 TiO_2-MnO×10-P_2O_5×10 图解

MORB. 洋中脊拉斑玄武岩；IAT. 岛弧拉斑玄武岩；
OIT. 洋岛拉斑玄武岩；CAB. 碱性玄武岩；
OIA. 洋岛碱性玄武岩

（二）白垩纪火山岩

1. 空间分布特征

该期火山岩为早白垩世晚期火山岩。主要出露于图幅的中北部，在申扎县附近也有零星出露，呈长条状东西向展布于永珠-木纠错蛇绿岩带的南部边缘，面积约 654.15km^2。

2. 岩石学特征

流纹岩 手标本为灰紫色，斑状结构，块状构造。镜下斑状结构，基质为霏细结构，流纹构造；局部为球粒状结构。斑晶由石英、正长石及斜长石组成。石英呈粒状、浑圆状，粒度在 1.0mm 左右，常可见熔蚀结构，边部呈港湾状。分布较均匀，含量约占 10%；正长石呈半自形粒状，具明显的卡氏双晶，晶体表面干净，在岩石中分布零星，含量约 2%；斜长石呈半自形板状，具明显的聚片双晶，其表面多具有较强的绢云母化或高岭石化。基质由微粒的长石与石英组成，常见石泡及球粒结构，含量在 80%左右。副矿物主要为磁铁矿。

英安岩 颜色为灰—紫灰色，斑状结构，基质为霏细结构，似层状构造或流纹构造，部分为块状构造。斑晶为石英及斜长石。石英呈粒状，粒度在 0.25mm 左右，多呈浑圆状，并可见到滚动的痕迹，含量为 3%左右；斜长石呈半自形板状，粒度在 0.6～1.5mm 之间，可见清晰的聚片双晶和肖钠双晶，表面有轻微的绢云母化现象。在流动构造中可见到斜长石旋转滚动形态，含量约 15%。基质为霏细结构。可见微粒石英沿流纹方向呈集合体状定向排列，部分不透明的碳、铁质物质亦呈细条带状定向排列，含量约 82%。副矿物主要为磁铁矿。

英安质火山角砾岩 呈紫灰色，火山角砾状结构，块状构造。角砾主要为安山岩及凝灰岩，呈棱角状，含量为 40%左右。砾径在 0.5～1.5cm 之间，含有石英与斜长石晶屑。胶结物由英安质凝灰岩组成。其中晶屑为斜长石与石英，含量约 20%。其余为火山灰，含量为 40%左右。该岩石局部地段可渐变为英安质熔结火山角砾岩。

英安质晶屑凝灰岩　呈紫灰色，凝灰结构，块状构造。晶屑由石英、斜长石及少量黑云母组成，含量约30%。粒度在0.2～1.2mm之间，多呈小棱角状及不规则状，少数斜长石晶屑呈半自形板状，局部可见到石英熔蚀现象。火山灰为微粒不透明物质，局部可见有光性的长英质物质微粒。绿泥石化比较强，含量约占70%。在岩石中还见有少量的铁质物质。

安山岩　呈紫灰色，斑状结构，基质为交织结构，块状构造。斑晶主要为斜长石、角闪石及黑云母。斜长石呈半自形板状。粒度在0.5～1.5mm之间，可见有清楚的聚片双晶。表面具不同程度的绢云母化，在岩石中分布不均匀，局部呈聚晶状，含量约30%。还含有少量黑云母及角闪石，几乎全部暗化，按其晶形推断为黑云母及角闪石，含量为30%左右。副矿物为磁铁矿。

玄武岩　呈灰—灰褐色，斑状结构，基质为间粒结构，气孔状构造，局部为块状构造。斑晶为斜长石及单斜辉石。斜长石呈半自形板状、粒状，粒度在1.0～4mm之间，可见清晰的聚片双晶。表面具轻微的绢云母化现象，少量有钠黝帘石化现象，分布较均匀，含量在30%左右。单斜辉石呈半自形柱状或粒状。粒度在0.5mm左右，可见两组近直交的解理，一组解理的切面呈斜消光，$Ng' \wedge C=40°$，最高干涉色二级黄绿，为单斜辉石，含量约5%。个别颗粒具简单双晶。局部还见绿帘石，粒度在0.5mm左右。分布于斜长石的孔隙中，正高突起，具二级黄绿干涉色。基质中斜长石呈半自形板状，粒度0.1mm，可见有清楚的聚片双晶，$Np' \wedge (010)=33°$，An=58，为拉长石，含量约40%，呈半定向，或杂乱排列。辉石为粒状或柱状，粒度多在0.1mm左右，呈斜消光，$Ng' \wedge C=36°$左右，含量占15%左右，充填于斜长石颗粒间。不透明铁质物质含量约占10%。

3. 岩石地球化学特征

1）主量元素

该火山岩主量元素分析结果及CIPW标准矿物计算结果详见表3-31。

表3-31　主量元素分析及CIPW标准矿物计算结果表　（%）

样品号	岩性	SiO_2	TiO_2	Al_2O_3	Fe_2O_3	FeO	MnO	MgO	CaO	Na_2O	K_2O	P_2O_5	H_2O	CO_2	LOI	Σ	A/CNK	Q	C	Or	Ab	An
P_4Yq6	玄武岩	48.33	1.56	17.16	9.25	2.77	0.15	5.32	8.98	3.40	0.62	0.30	1.90	0.04	1.67	101.45	—	2.64	—	3.75	29.37	30.35
P_4Yq7	英安岩	77.17	0.12	11.32	0.67	1.47	0.02	0.18	0.22	2.96	5.10	0.02	0.50	0.02	0.12	99.89	—	39.15	0.56	30.39	25.21	0.98
P_4Yq8	英安岩	71.08	0.40	13.76	1.54	2.00	0.08	0.76	0.99	3.87	3.83	0.10	1.08	0.28	1.02	100.79	—	30.56	1.68	23.02	33.24	4.40
P_4Yq9	安山岩	63.55	0.93	15.35	4.38	1.87	0.11	1.46	1.80	5.40	2.70	0.22	1.42	0.56	1.79	101.54	—	16.74	0.75	16.33	46.68	7.82
样品号	岩性	Ne	Lc	Ac	Ns	Di	DiWo	DiEn	DiFe	Hy	HyEn	HyFs	Ol	OlFa	OlFo	Mt	Hm	Il	Ap	CI	DI	
P_4Yq6	玄武岩	—	—	—	—	10.42	5.6	4.83	—	8.77	8.77	—	—	—	—	5.00	6.01	3.03	0.67	27.22	35.76	
P_4Yq7	英安岩	—	—	—	—	—	—	—	—	2.45	0.45	2.00	—	—	—	0.98	—	023	0.04	3.66	94.75	
P_4Yq8	英安岩	—	—	—	—	—	—	—	—	3.85	1.93	1.92	—	—	—	2.27	—	0.77	0.22	6.89	86.82	
P_4Yq9	安山岩	—	—	—	—	—	—	—	—	3.73	3.73	—	—	—	—	3.77	1.88	1.81	0.49	9.31	79.75	

把各氧化物重量百分数换算为分子数而得知：在中、基性火山岩中，$(CaO+Na_2O+K_2O)>Al_2O_3>(Na_2O+K_2O)$，属次铝质类岩石；而在酸性岩中，其$Al_2O_3>(CaO+Na_2O+K_2O)$，属铝过饱和岩石。其中$Na_2O$平均含量为3.91%，最高可达5.4%，$K_2O$平均含量为3.06%，最高可达5.1%。从而证实了该火山岩为较富碱质。

在CIPW计算结果中可以看出，在酸性火山岩中，石英、钠长石、钾长石、钙长石、磷灰石、顽火辉石大量出现，刚玉、紫苏辉石也有较多的出现。在中、基性火山岩中，钾长石、钠长石、钙长石大量出现，同时出现少量的石英、紫苏辉石、顽火辉石等标准矿物，从而证实了该期火山岩为SiO_2饱和的钙碱性火山岩。

在(Na_2O+K_2O)-SiO_2图解(图3-66)中可以看出,玄武岩样品投影点落入碱性玄武岩区与亚碱性玄武岩区的交界处,其他样品均投影入亚碱性玄武岩区内,说明该期的基性火山岩为碱性与亚碱性过渡类型。而中、酸性火山岩则为亚碱性系列岩石。在图3-67中,该玄武岩样品投影入拉斑玄武岩区与钙碱性玄武岩区的交界处,而英安岩、安山岩样品则投影入钙碱性玄武岩区域内,其显示了白垩纪火山岩的基性岩为拉斑系列与钙碱性系列的中间类型,而中、酸性火山岩则为钙碱性系列岩石。

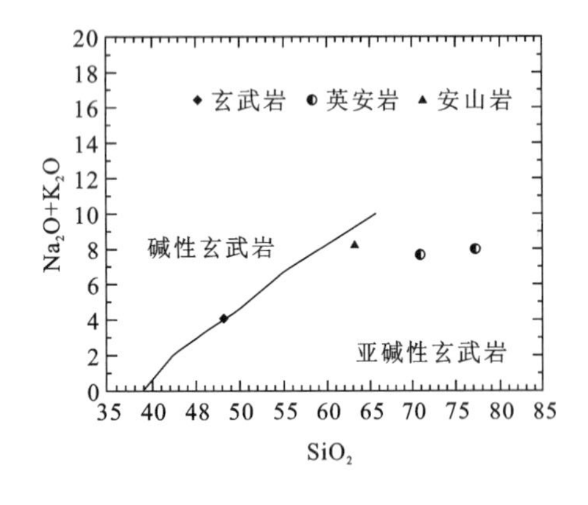

图3-66 白垩纪火山岩的(Na_2O+K_2O)-SiO_2图解

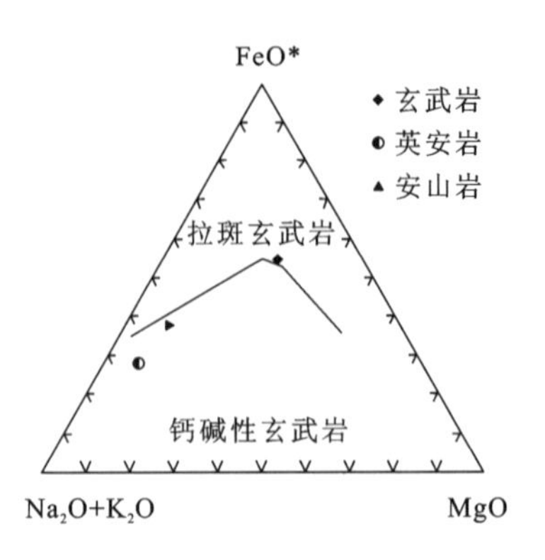

图3-67 白垩纪火山岩的FeO^*-(Na_2O+K_2O)-MgO图解

2) 微量元素

微量元素分析结果详见表3-32。

表3-32 微量元素分析结果表 ($\times 10^{-6}$)

样品号	岩性	Ga	Ta	Hf	Sc	Ba	Be	Co	Cu	Mn	Ni
P_4Yq6	玄武岩	17.5	0.9	3.1	25.4	187	2.3	33.6	23.2	1110	63
P_4Yq7	英安岩	9.5	1.6	3.8	3.5	707	1.9	6.2	11.3	183	9
P_4Yq8	英安岩	15.9	2.0	5.4	9.3	590	1.9	7.9	10.0	689	8
P_4Yq9	安山岩	20.3	0.8	4.5	19.2	617	1.6	11.2	12.2	711	11
样品号	岩性	Sr	V	Zn	U	Cr	Nb	Zr	Th	Rb	Ge
P_4Yq6	玄武岩	412	241.0	98.6	0.7	112.0	8.2	147.5	3.8	13.7	1.4
P_4Yq7	英安岩	58	10.3	27.7	2.2	228.1	13.1	89.7	14.4	214.4	1.7
P_4Yq8	英安岩	145	35.3	57.7	2.3	175.4	11.1	184.0	17.4	188.2	1.4
P_4Yq9	安山岩	191	108.0	83.4	1.0	89.1	9.5	167.7	9.9	105.0	1.5

微量元素蛛网图见图3-68。从图中可以看出,白垩纪火山岩的Rb、Ba、Th强烈富集,玄武岩呈选择性富集,而Ta、Nb、Ce略有富集,Zr、Hf等与洋中脊玄武岩相当,Y、Yb、Sc、Cr略有亏损。其蛛网图相似于火山弧玄武岩的蛛网图形式。

综上所述,反映该期火山岩的原始岩浆为基性的。其演化过程是由基性岩浆开始向中、酸性岩浆演化。所以玄武岩在微量元素蛛网图(图3-68)中,各类元素的富集程度略低于安山岩与英安岩。在岛弧型火山岩中一般以K、Rb、Th、Ti高度富集为特征,并伴有Sr、Ba、Ta、Nb、Ce、Zr、Hf、Sm的一般性富集。

上述各类岩石正显示了岛弧型火山岩的地球化学特征。

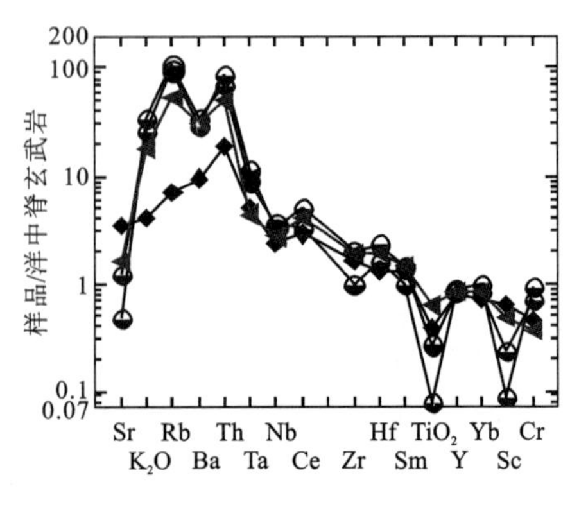

图3-68 微量元素蛛网图

(图例同图3-67)

3）稀土元素

稀土元素分析结果见表 3-33。

表 3-33　稀土元素分析结果表　　　　　　　　　　　　　　　　　　　　　　　　　　　　　　（$\times10^{-6}$）

样品号	岩性	La	Ce	Pr	Nd	Sm	Eu	Gd	Tb	Dy	Hb	Er	Tm	Yb	Lu	Y	ΣREE
P_4Yq6	玄武岩	11.89	28.59	4.41	18.47	4.24	1.46	4.39	0.76	4.48	0.87	2.53	0.40	2.42	0.36	22.97	108.24
P_4Yq7	英安岩	11.64	33.27	3.65	12.83	3.27	0.39	3.61	0.68	4.61	0.95	3.08	0.50	3.30	0.49	26.27	108.54
P_4Yq8	英安岩	24.63	49.92	6.26	23.24	4.69	1.04	4.34	0.77	4.48	0.91	2.71	0.44	2.74	0.41	25.15	151.73
P_4Yq9	安山岩	19.78	40.09	5.61	21.58	4.69	1.18	4.47	0.79	4.65	0.92	2.74	0.44	2.78	0.42	24.88	135.02

在图 3-69 中可以看出，曲线分布形态均呈右倾型，稀土总量在玄武岩中 $\sum REE = 108.24 \times 10^{-6}$，在安山岩中 $\sum REE = 135.02 \times 10^{-6}$，在英安岩中 $\sum REE = (108.54 \sim 151.23) \times 10^{-6}$。反映出总量在原始岩浆中由基性—中性—酸性逐渐增加。轻稀土元素相对于重稀土元素呈明显富集。Eu 作为变价元素，在玄武岩中基本没有产生分馏作用。在安山岩中稍显负异常，在英安岩中，一个样品略呈亏损，而在另一个英安岩样品中则表现强烈亏损。

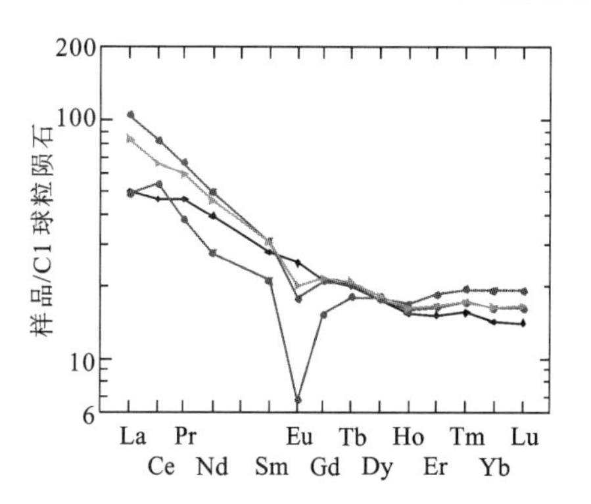

图 3-69　稀土元素配分形式图

（图例同图 3-67）

4. 火山喷发旋回及韵律

白垩纪火山岩属一次性喷发。火山活动持续时间长，但大体可分为 3 个喷发阶段。这次火山活动为爆发相-喷溢相，形成一套以火山熔岩为主，火山碎屑岩为副的中酸性—基性—中性的火山岩相。如图 3-70 所示，火山活动早期首先堆积了少量的火山碎屑岩，接着中酸性岩浆外溢，形成一套中酸性火山熔岩。随之基性岩浆喷溢堆积了一套厚度近 1 000m 的基性火山熔岩，紧接着火山活动能量加强，由溢流变为喷爆，堆积了一层厚度 200 多米的中酸性火山碎屑岩，喷爆过后中酸性岩浆向外喷溢，形成一套中酸性、中性火山熔岩。火山活动到了晚期以爆发相为主，堆积了一层厚度可达 1 300 多米的中酸性火山碎屑岩。该期火山岩从整套火山岩相来看，具有 3 个喷发阶段。从 3 个喷发阶段来看，均由喷爆—溢流，再喷爆—再溢流，最后以喷爆而结束，形成两套火山碎屑岩-火山熔岩堆积，及一套由粗—细的火山碎屑岩堆积，具清楚的 3 套喷发韵律。

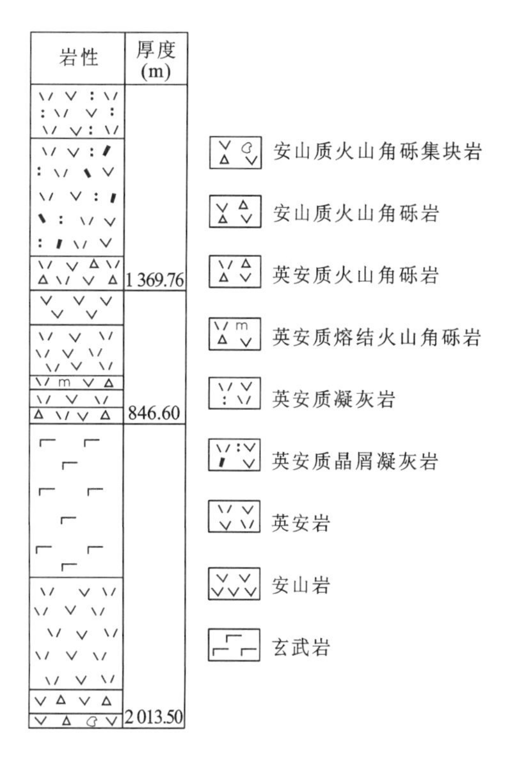

图 3-70　白垩纪火山岩柱状示意图

5. 成因环境探讨

该期火山岩的地球化学特征，具备了岛弧型火山岩的一切特征。在 Hf/3-Th-Ta 和 Hf/3-Th-Nb/16 的图解（图 3-71）中，所有样品均投影入岛弧型火山岩区域内。在图 3-72 中，玄武岩样品落入岛弧型钙碱性火山岩区域内，而余者均投影入岛弧型火山岩区内。

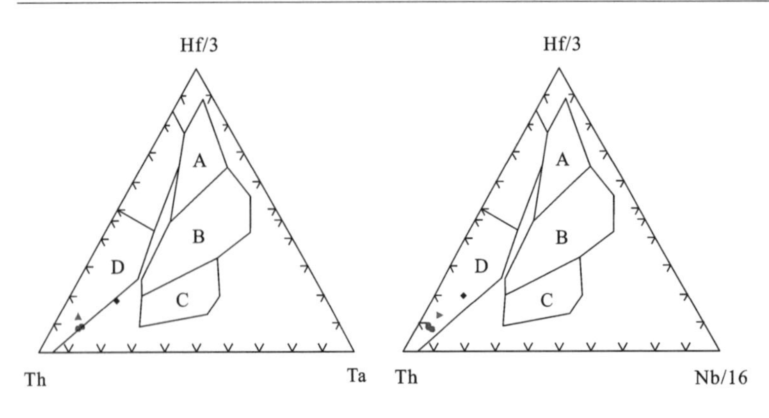

图 3-71 白垩纪火山岩的 Hf/3-Th-Ta 和 Hf/3-Th-Nb/16 图解

A. 洋中脊玄武岩；B. 大洋＋板内玄武岩；C. 板内玄武岩；

D. 上边为岛弧拉斑玄武岩、下边为岛弧型钙碱性玄武岩(图例同 3-67)

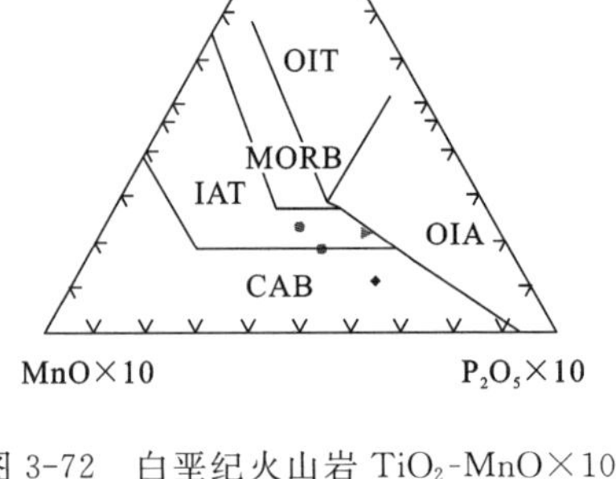

图 3-72 白垩纪火山岩 TiO_2-MnO×10-P_2O_5×10 图解

(图例同图 3-67，注解见图 3-65)

综上所述，该期火山岩应形成于岛弧环境中。

二、新生代火山岩

(一) 林子宗群火山岩[$(K_2—E_2)Lz$]

林子宗群火山岩主要出露在工作区的中部与西部地区，在图幅的南部边缘也有少量出露。总面积为 738.13km^2。

该期火山岩时代跨度较大。根据我们测定的同位素年龄值[(32.62±7.32)～(85.4±2.6)Ma]，把这套火山岩归属到晚白垩世开始至古近纪始新世结束。根据现有的同位素年龄并参考前人资料，将林子宗群划分为典中组、年波组和帕那组，但其时代意义与前人资料稍有不同。

1. 典中组火山岩[$(K_2—E_1)d$]

1) 空间分布特征

该火山岩约占林子宗群火山岩的 41%，主要分布在塔尔玛-新吉中、新生代火山盆地南部边缘。在西部巴扎区附近也有大面积出露。在塔尔玛-新吉中、新生代火山盆地，该套火山岩呈长条状近东西向展布，北西向构造破坏了该火山岩的出露。在西部巴扎区附近的这套火山岩呈东西向分布，面积 301.76km^2，以火山沉积不整合覆于晚白垩世花岗斑岩之上。

2) 岩石学特征

辉石安山岩 呈灰紫色，斑状结构，基质为稳晶质结构，块状构造。斑晶为辉石与斜长石，其中斜长石含量大于辉石。斜长石呈自形—半自形板状，粒度 0.2～1.2mm，双晶不甚清楚，表面均有强烈的绢云母化及黝帘石化，含量在 15%左右。辉石呈自形—半自形板状，长约 0.8mm，可见有两组正交节理，最高干涉色为二级红。斜消光，$Ng'\wedge C=44°$，为单斜辉石，含量约 8%。基质为一些分不清颗粒的长英质物质及不透明的铁质物质组成，含量约占 77%。副矿物为磁铁矿。

橄榄玄武岩 呈浅灰紫色，斑状结构，基质为间粒结构。斑晶为橄榄石和斜长石。橄榄石呈粒状，粒度在 0.2～1.5mm 之间，裂纹发育，平行消光，见二级黄绿干涉色，含量为 8%左右，边部有伊丁石化。斜长石呈半自形板状，粒度在 0.4～1.2mm 之间，可见清晰的聚片双晶，$Np'\wedge(010)=31°$，An=58，为拉长石，表面均有不同程度的绢云母化，含量为 15%左右。基质由斜长石及辉石组成，斜长石呈自形—半自形板状。无定向排列，杂乱分布，含量为 50%左右。辉石以它形粒状为主，粒度均在 0.1mm 以下，多充填于斜长石的孔隙中构成间粒结构。副矿物为磁铁矿。

流纹岩 呈浅紫灰色，斑状结构，基质为隐晶质结构，流纹构造。斑晶由石英、透长石、斜长石组成。石英呈它形粒状，粒度在 0.3～1.5mm 之间，常见石英被熔蚀为浑圆状，分布均匀，含量为 10%左右；透长石呈半自形板状，边部常被熔蚀，表面干净，为二轴晶负光性，含量约5%；斜长石呈半自形板状，粒度在0.3～1.5mm之间，可见清楚的聚片双晶，有程度不同的绢云母化，含量约25%。基质为隐晶质的长英质物质，局部重结晶出长英质的小颗粒。

英安岩　具斑状结构，基质为隐晶质结构，块状(局部流纹)构造。斑晶由石英、斜长石和黑云母组成。石英呈粒状，粒度在0.3～1.2mm之间，常见熔蚀结构，含量为8%左右；斜长石呈半自形板状，粒度在0.3～1.2mm之间，可见清晰的聚片双晶。表面有较强的绢云母化现象，含量约20%；黑云母呈片状，具明显的暗化边，其中的黑云母已全部变为绿泥石和绢云母等矿物，据晶形推测为黑云母，含量为10%左右。基质主要由隐晶质物质组成，局部重结晶为微粒的长英质物质，含量约62%。副矿物主要为磁铁矿及锆石。局部由微粒黑色不透明物质呈条带状分布而构成流纹构造。

还有一些火山碎屑岩，在此不再赘述。

3) *岩石地球化学特征*

(1) 主量元素分析结果见表3-34。

表3-34　主量元素分析结果表　(%)

样品号	岩性	SiO_2	TiO_2	Al_2O_3	Fe_2O_3	FeO	FeO^*	$Fe_2O_3^*$	MnO	MgO	CaO	Na_2O	K_2O	P_2O_5
P_9Yq2	安山岩	60.20	0.93	15.42	4.95	2.12	6.57	7.31	0.13	2.50	3.90	4.49	2.53	0.26
P_9Yq2-2	安山岩	58.69	0.93	14.32	7.14	0.62	7.04	7.83	0.12	1.59	4.05	5.38	2.44	0.25
P_9Yq41-1	流纹岩	67.29	0.44	15.87	2.11	1.02	2.92	3.24	0.08	1.00	3.00	4.27	2.88	0.09
P_9Yq49	凝灰岩	70.54	0.43	14.57	2.02	0.68	2.50	2.78	0.12	0.75	1.88	3.46	3.32	0.09
P_9Yq5	玄武岩	48.88	1.50	15.47	5.02	4.78	9.30	10.33	0.22	7.44	6.84	4.19	0.68	0.50
P_9Yq52	凝灰岩	66.73	0.55	15.13	2.61	1.05	3.40	3.78	0.09	1.36	1.97	4.62	2.86	0.13
P_9Yq57	英安岩	70.89	0.34	15.07	2.4	0.32	2.48	2.76	0.06	0.22	0.29	5.55	3.69	0.08
P_9B_3	玄武岩	48.32	0.90	16.15	4.28	6.03	—	—	0.20	7.71	8.75	3.96	1.00	0.50

通过把各氧化物重量百分数换算成分子数后得知：在基—中性火山岩中，($CaO+Na_2O+K_2O$)>Al_2O_3>(Na_2O+K_2O)，属次铝质类岩石。而在酸性火山岩中，则为Al_2O_3>($CaO+K_2O+Na_2O$)，为铝过饱和岩石。从表3-34中可以看出，Na_2O最高可达5.5%，平均为4.49%，K_2O最高可达3.69%，平均在2.43%左右。此说明该火山岩较富碱质。

在CIPW标准矿物计算表(表3-35)中可以看出，在中酸性火山岩中，石英、钾长石、钠长石、钙长石大量出现，刚玉、紫苏辉石、顽火辉石也有较多的出现，说明中酸性火山岩为SiO_2过饱和的铝硅酸盐；在基性火山岩中，钾长石、钠长石、钙长石大量的出现，橄榄石、紫苏辉石、顽火辉石也有出现，说明该期基性火山岩为SiO_2基本饱和的铝硅酸盐。综上所述，该期火山岩具备岛弧型火山岩地球化学性质，以富碱质为特征。

表3-35　CIPW标准矿物计算结果表　(%)

样品号	岩性	Q	C	Or	Ab	An	DiWo	DiEn	DiFs	Hy	HyEn	HyFs	Ol	OlFo	OlFa	Mt	Hm	Il	Ap	CI	DI
P_9Yq2	安山岩	14.16	—	15.35	38.93	14.78	1.33	1.15	—	5.27	5.27	—	—	—	—	4.68	1.85	1.81	0.58	14.23	68.44
P_9Yq2-2	安山岩	16.21	3.11	14.60	46.01	−0.69	—	—	—	4.02	4.02	—	—	—	—	2.42	5.56	—	—	6.44	76.82
P_9Yq41-1	流纹岩	25.60	1.73	17.28	36.6	11.11	—	—	—	2.54	2.54	—	—	—	—	2.30	0.55	0.85	0.2	5.69	79.48
P_9Yq49	凝灰岩	34.57	3.09	19.98	29.75	6.19	—	—	—	1.91	1.91	—	—	—	—	1.36	1.12	0.83	0.2	4.10	84.30
P_9Yq5	玄武岩	—	—	4.21	37.05	22.35	4.02	3.14	0.43	12.87	11.31	1.55	4.04	3.51	0.53	7.61	—	2.98	1.14	35.09	41.25
P_9Yq52	凝灰岩	26.02	3.29	17.26	39.84	3.33	—	—	—	3.47	3.47	—	—	—	—	2.12	1.20	1.07	0.29	6.66	83.12
P_9Yq57	英安岩	24.27	1.81	22.05	47.38	0.41	—	—	—	0.56	0.56	—	—	—	—	0.24	2.26	0.65	0.18	1.45	93.70
P_9B_3	玄武岩	—	—	6.05	31.16	23.83	7.34	5.05	1.68	—	—	—	14.03	10.26	3.77	6.35	—	1.75	1.12	36.19	38.87

从(Na_2O+K_2O)-SiO_2图解(图 3-73)中可以看出,玄武岩样品及一个安山岩样品投影点落入碱性玄武岩区靠近亚碱性玄武岩的边界,其余样品均投影于亚碱性火山岩区内,说明该期火山岩为亚碱性系列,中基性火山岩稍有些偏碱性;在 FeO^*-(Na_2O+K_2O)-MgO 图解(图 3-73)中,只有一个安山岩样品投影于拉斑玄武岩区与钙碱性玄武岩区的交界处,余者均投影于钙碱性玄武岩区内。从而证实了该期火山岩为钙碱性火山岩。

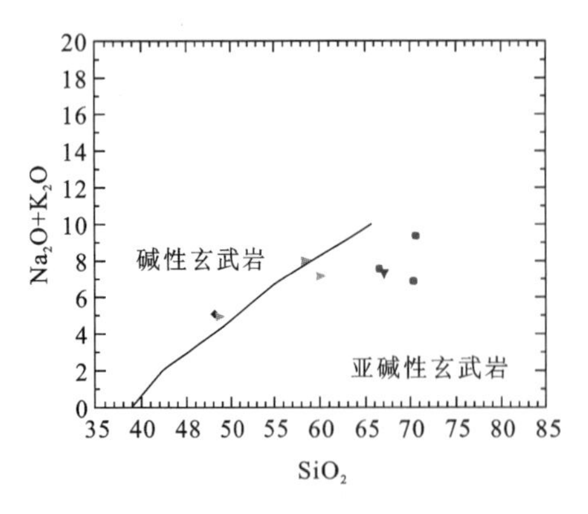

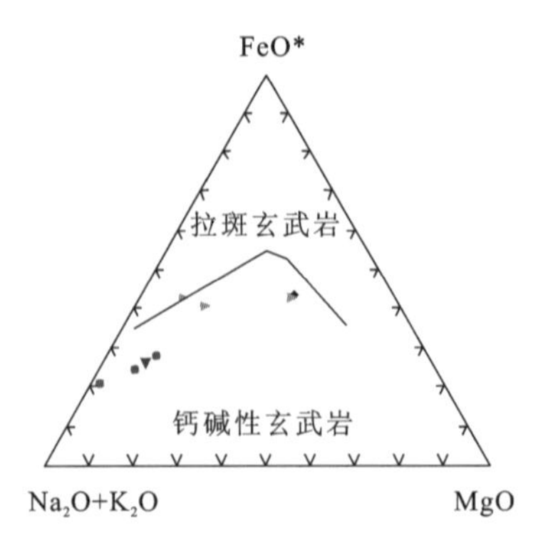

◆玄武岩 ▼安山岩 ●流纹岩

图 3-73　典中组火山岩的(Na_2O+K_2O)-SiO_2和 FeO^*-(Na_2O+K_2O)-MgO 图解

(2) 微量元素分析结果见表 3-36。

表 3-36　微量元素分析结果表　　($\times10^{-6}$)

样品号	岩性	Rb	Sr	Nb	Ta	Zr	Hf	Th	U	Ba	Ga	Au
P_9Yq57	英安岩	122	79	10.7	<0.5	186	5.8	12.6	2.1	594	16.5	0.5
P_9Yq52	凝灰岩	95	208	7.9	<0.5	241	7.1	7.4	3.0	431	20.1	0.8
P_9Yq2-2	安山岩	<10	388	10.4	<0.5	159	4.7	1.9	0.6	89	18.6	0.7
P_9Yq5	玄武岩	<10	206	15.0	<0.5	188	5.4	2.5	0.8	193	15.3	1.2
P_9Yq2	安山岩	73	300	9.3	<0.5	147	5.0	7.0	1.7	489	16.3	0.3
P_9Yq49	凝灰岩	131	238	11.9	<0.5	241	7.2	12.4	2.6	642	15.6	0.5
P_9Yq41-1	流纹岩	88	247	10.0	<0.5	229	6.5	10.8	2.4	560	17.6	0.6
P_9B_3	玄武岩	10.9	463	6.4	—	148	—	4.4	1.6	216	14.4	—

微量元素蛛网图显示于图 3-74 中。从图中可以看出,曲线呈隆起形式,Rb、Ba、Th 强烈富集,Sr、K_2O、Ta、Nb、Ce、Zr、Hf、Sm 呈选择性富集形式,而 TiO_2、Y、Yb、Sc 和 Cr 则略有亏损。该微量元素蛛网图形式相似于板内玄武岩的微量元素蛛网图形式。

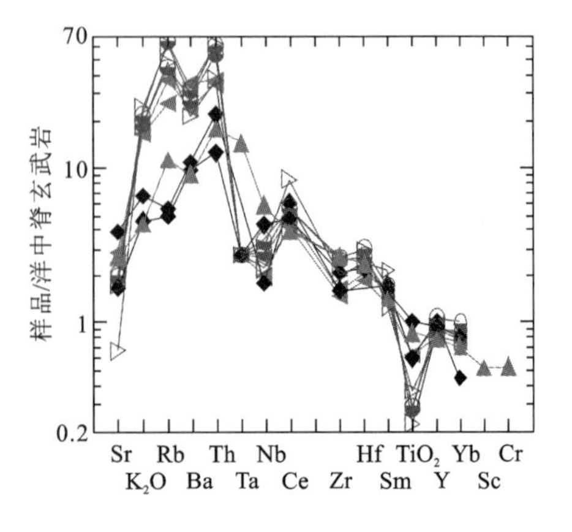

图 3-74　微量元素蛛网图
(图例同图 3-73)

(3) 稀土元素分析结果见表 3-37。

从图 3-75 中可以清楚地看出,曲线分布形态比较平滑,均呈右倾型。稀土元素总量在玄武岩中∑REE=(153.94~179.95)$\times10^{-6}$,在安山岩中∑REE=(154.64~159.29)$\times10^{-6}$,英安岩中∑REE=(131.62~230.52)$\times10^{-6}$,从总的来看,其稀土总量由基性岩向酸性岩演化呈富集的趋势。轻稀土元素相对于重稀土元素呈富集型。Eu 元素没有大的亏损,只略显负异常,反映了该期火山岩的原始岩浆分馏程度较好。

表 3-37　稀土元素分析结果表　（$\times10^{-6}$）

样品号	岩性	La	Ce	Pr	Nd	Sm	Eu	Gd	Tb	Dy	Ho	Er	Tm	Yb	Lu	Y	ΣREE
P_9Yq57	英安岩	42.46	84.00	10.52	37.56	7.17	1.57	6.19	0.94	5.00	1.02	2.87	0.43	2.68	0.38	27.73	230.52
P_9Yq52	凝灰岩	20.95	40.18	5.35	19.94	4.17	1.44	4.37	0.72	3.86	0.81	2.58	0.40	2.62	0.40	23.83	131.62
P_9Yq2-2	安山岩	20.49	47.42	6.41	25.74	5.41	1.85	5.69	0.91	5.21	1.05	2.93	0.44	2.69	0.39	28.01	154.64
P_9Yq5	玄武岩	21.70	46.42	6.43	24.75	5.42	1.63	5.62	0.90	5.03	0.95	2.96	0.44	2.77	0.40	28.52	153.94
P_9Yq2	安山岩	24.91	48.87	6.45	24.59	5.29	1.39	5.33	0.88	5.00	0.95	3.03	0.46	2.91	0.43	28.80	159.29
P_9Yq49	凝灰岩	26.19	54.85	7.32	27.29	5.75	1.39	5.62	0.94	5.44	1.14	3.34	0.51	3.41	0.51	32.22	175.92
P_9Yq41-1	流纹岩	26.82	55.46	6.69	24.98	5.06	1.30	4.81	0.81	4.70	0.98	2.93	0.46	2.96	0.44	27.72	166.12
P_9B_3	玄武岩	27.80	60.10	6.55	28.20	5.81	1.79	6.35	0.96	4.97	0.97	3.80	0.26	1.53	0.46	30.40	179.95

4）火山喷发旋回及韵律性

该期火山喷发可清楚地分为 3 个喷发旋回。我们在野外没有直接见到典中组火山岩的底，据推测第一旋回仍以喷爆开始到喷溢结束，形成了一套大于 126.8m 厚的、以熔岩为主的火山碎屑-火山熔岩堆积。火山喷溢过后，火山活动停止，火山盆地内接受沉积，但火山间歇时间短，只沉积了一层 30 多米厚的含砾长石粗砂岩。之后火山活动重新开始，这次火山活动持续时间短暂，以爆发相为主，只堆积了 50 多米厚含角砾的流纹岩。喷爆过后，火山活动再次停止，盆地内接受正常沉积，这次火山间歇时间仍旧很短，只堆积了一层 50 多米厚的凝灰质砾岩。第三旋回火山活动到了晚期，其火山活动能量加强，这次火山活动以喷溢为主。首先堆积了一套 50 多米厚的火山碎屑岩，然后酸性岩浆溢流，形成 180 多米厚的流纹岩。此时火山活动再次加强，由溢流变为喷爆，形成只有 20 多米厚的火山碎屑岩。短暂的喷爆过后，大量酸性岩浆再次向外溢流，堆积了一套 500 多米厚的英安岩。

从 3 个喷发旋回来看，韵律性较清楚。均由喷爆开始到溢流结束，形成了两套巨厚的火山熔岩中间夹一套只有 50 多米厚的火山碎屑岩，详见图 3-76。

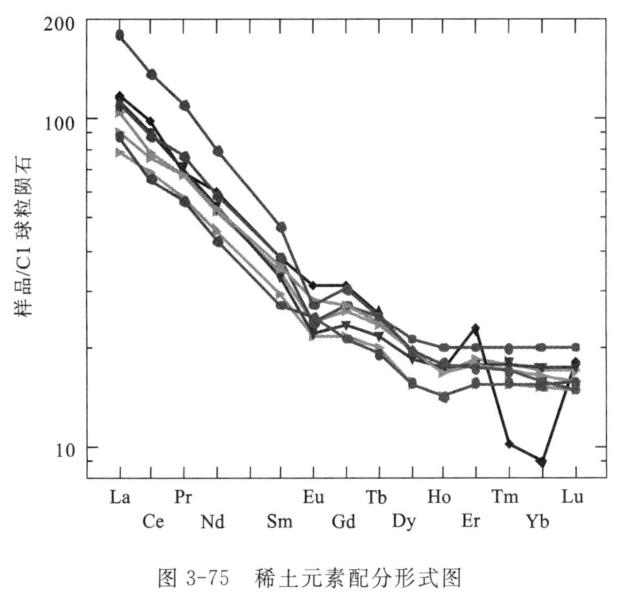

图 3-75　稀土元素配分形式图
（图例同图 3-73）

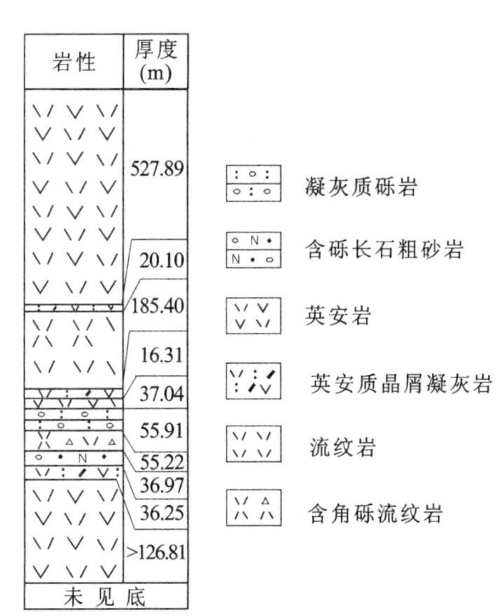

图 3-76　典中组火山岩柱状示意图

5）成因环境探讨

从该期火山岩地球化学特征的论述中得知，其具备了岛弧火山岩地球化学特征。从图 3-77 的 Hf/3-Th-Ta 图解中可以看出，英安岩及安山岩均投影于岛弧型钙碱性火山岩区内，只有一个玄武岩样品落入岛弧火山岩区的左下角。在 Hf/3-Th-Nb/16 图解中，除玄武岩样品靠近岛弧火山岩区的边缘外，余者均投影到岛弧火山岩区内。在图 3-78 中，两个玄武岩样品与一个英安岩样品投影于钙碱性火山岩区内，其余也均投影于岛弧玄武岩区。

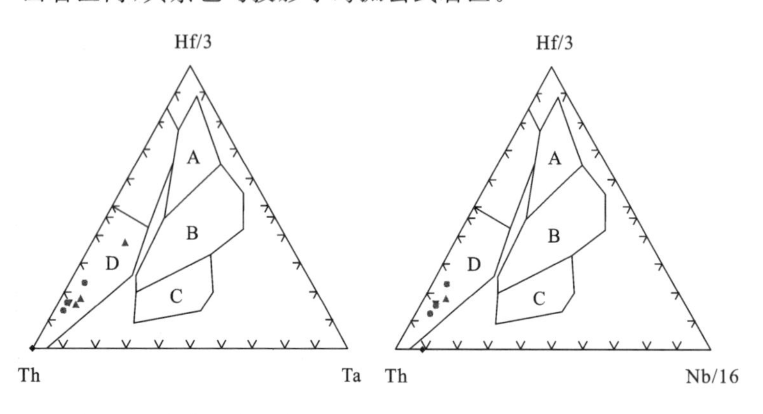

图 3-77 典中组火山岩的 Hf/3-Th-Ta 和 Hf/3-Th-Nb/16 图解
（图例同图 3-73）
A. 洋中脊玄武岩；B. 大洋+板内玄武岩；C. 板内玄武岩；
D. 上边为岛弧拉斑玄武岩，下边为岛弧型钙碱性玄武岩

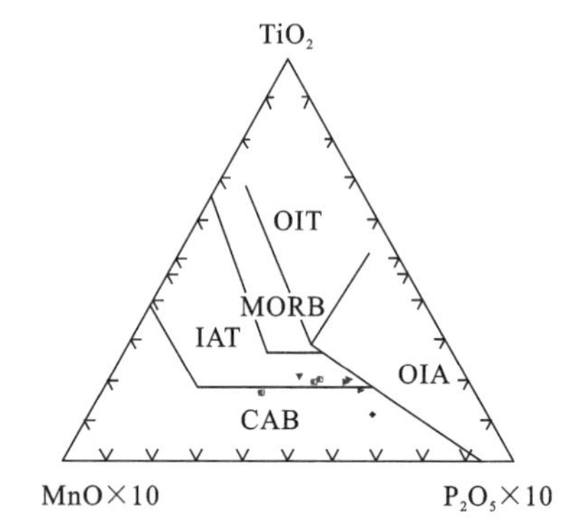

图 3-78 典中组火山岩的 TiO_2-MnO×10-P_2O_5×10 图解
（图例同图 3-73）
MORB. 洋中脊拉斑玄武岩；
IAT. 岛弧拉斑玄武岩；OIT. 洋岛拉斑玄武岩；
CAB. 碱性玄武岩；OIA. 洋岛碱性玄武岩

综上所述，典中组火山岩主要形成于岛弧构造环境。

2. 年波组火山岩(E_1n)

1）空间分布特征

该期火山岩分布不太集中，在工作区西部巴扎区附近，中部的塔尔玛-新吉中、新生代火山盆地及图幅的南部均有出露。均呈东西向展布，明显受东西向构造控制，呈沉积不整合覆盖在 E_1d 火山岩之上，面积为 152.51km^2，约占林子宗群火山岩总面积的 21%。

2）岩石学特征

该期火山岩主要为一套玄武岩-安山岩-英安岩岩石组合。

玄武岩 呈灰黑—黑色，斑状结构，基质为间粒结构，块状构造。斑晶为斜长石和辉石。斜长石呈半自形板状，粒度在 0.8～1.3mm 之间，见清晰的聚片双晶，分布较均匀，含量为 12%左右；辉石呈粒状，粒度多在 0.5mm 左右，可见一组完全解理，斜消光，$Ng' \wedge C=37°$左右，含量约 5%。基质中斜长石细小板状，呈定向或不定向排列，可见聚片双晶，分布均匀，含量为 5%左右。辉石为粒状，粒度多在 0.25mm 以下，充填于斜长石的孔隙中，构成间粒结构，含量 33%左右。副矿物为磁铁矿。另外在岩石的裂隙中充填有绿帘石细脉。

安山岩 呈灰黑色、褐色，斑状结构，基质为交织结构，块状构造。斑晶主要由斜长石和黑云母组成。斜长石呈半自形板状，粒度在 0.5～1.5mm 之间，可见清楚的聚片双晶，表面有程度不同的绢云母化，在岩石中分布不太均匀，局部呈聚晶状，含量约 30%；黑云母几乎全部暗化，按其晶形推断为黑云母，含量为 3%左右。基质由微粒结构的斜长石组成，部分长板状，斜长石不定向或半定向排列，构成交织结构，含量约 67%。副矿物主要有磁铁矿。

凝灰质英安岩 呈灰色、紫灰色，斑状结构，块状构造。主要由斑晶与基质组成，斑晶为斜长石与石英。石英呈粒状，粒度在 0.3mm 左右，多呈不规则状，含量约 5%；斜长石呈半自形板状，粒度在 0.5mm 左右，可见较清晰的聚片双晶，分布较均匀，含量约 8%。基质为安山结构，细小板状斜长石呈定向排列，其中充填有少量暗色矿物。该岩石基质中还含有相当一部分不透明的火山灰，其含量约 37%。副矿物主要为磁铁矿。

3）岩石地球化学特征

(1) 主量元素分析结果见表3-38。

通过把各氧化物质量分数换算成分子数后得知：在中、基性火山岩中，$(CaO+Na_2O+K_2O)>Al_2O_3>(Na_2O+K_2O)$，为次铝质成分的岩石。而在酸性火山岩中，则为 $Al_2O_3>(CaO+Na_2O+K_2O)$，为铝过饱和岩石。从表3-38中也可以看出，Na_2O 最高可达6.44%，平均在4.1%左右。K_2O 最高可达6.67%，平均在2.65%左右。说明该火山岩较富碱质，以富钾为特征。

表3-38 主要元素分析结果表 (%)

样品号	岩性	SiO_2	TiO_2	Al_2O_3	Fe_2O_3	FeO	FeO^*	$Fe_2O_3^*$	MnO	MgO	CaO	Na_2O	K_2O	P_2O_5
P_9Yq19	玄武岩	49.46	1.39	15.82	4.18	6.07	9.83	10.92	0.21	7.18	6.16	4.17	0.98	0.44
P_9Yq33	英安岩	79.92	0.13	11.03	0.78	0.32	1.02	1.14	0.11	0.31	0.20	3.42	1.82	0.03
B1532	流纹岩	76.34	0.08	12.14	0.59	0.60	—	—	0.05	0.09	0.33	2.45	6.67	0.02
P_4Yq 1	安山岩	68.13	0.73	12.89	4.36	1.13	—	—	0.06	0.64	2.37	6.44	0.48	0.17
P_4Yq 2	凝灰岩	73.72	0.37	12.89	2.54	0.87	—	—	0.03	0.42	0.79	6.01	0.91	0.07
P_4Yq3	英安岩	76.44	0.25	11.49	1.28	2.20	—	—	0.04	0.52	0.26	2.15	3.70	0.04
P_4Yq4	凝灰岩	74.50	0.30	12.77	1.31	1.60	—	—	0.04	0.40	0.77	2.81	3.95	0.04
P_4Yq5	安山岩	50.30	1.32	15.69	9.00	1.23	—	—	0.15	5.64	7.82	4.42	0.24	0.28
Yq1514南	流纹岩	77.00	0.13	11.84	0.74	0.28	0.95	1.05	0.04	0.28	0.72	2.42	5.07	0.02

在(Na_2O+K_2O)-SiO_2图解(图3-79)中，只有一个安山岩及凝灰岩样品投影点落入碱性区靠近亚碱性区边缘，余者均投影于亚碱性火山岩区域内。在 FeO^*-(Na_2O+K_2O)-MgO 图解中，只有一个安山岩样品投影于拉斑质火山岩区域内，其余均投影到钙碱性火山岩区内。这说明该期火山岩为钙碱性火山岩系列。

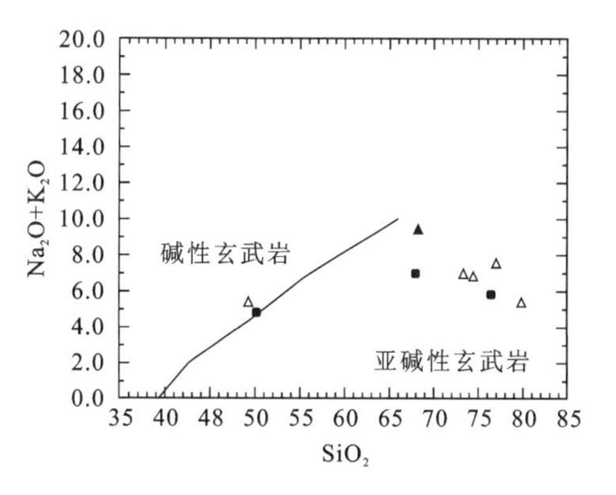

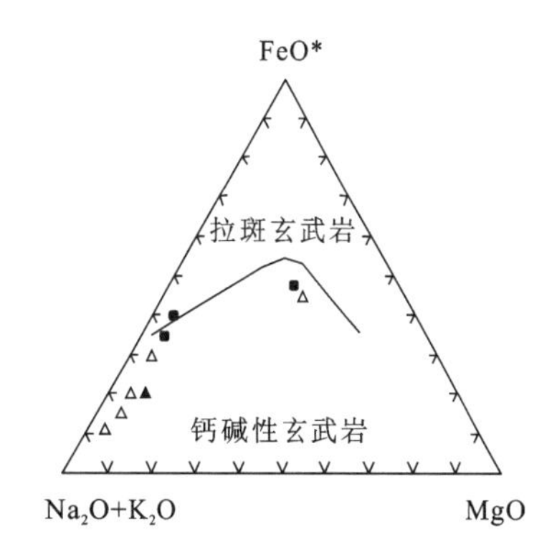

▲玄武岩 ■安山岩 △流纹岩

图3-79 年波组火山岩的(Na_2O+K_2O)-SiO_2和 FeO^*-(Na_2O+K_2O)-MgO 图解

从CIPW标准矿物计算表(表3-39)中可以看出，在中酸性火山岩中石英、钾长石、钠长石、钙长石大量出现，在中性岩中未出现刚玉及紫苏辉石标准分子，而在酸性岩中刚玉、紫苏辉石、顽火辉石均有出现，基性岩中钙长石、钠长石、钾长石均有较多的出现，其中钠长石较多，同时也出现了紫苏辉石、顽火辉石及橄榄石。说明该期中酸性火山岩为 SiO_2 过饱和系列，而基性火山岩则为 SiO_2 不饱和岩石。

表 3-39 CIPW 标准矿物计算表 （%）

样品号	岩性	Q	C	Or	Ab	An	Ne	Lc	Ac	Ns	Di	DiWo	DiEn	DiFs	Hy	HyEn	HyFs	Ol	OlFo	OlFa	Mt	Hm	Il	Ap	CI	DI
P_4Yq1	安山岩	25.56	—	2.91	55.88	4.96	—	—	—	—	3.55	1.91	1.64	—	—	—	—	—	—	—	1.77	3.26	1.42	0.38	6.74	84.35
P_4Yq2	凝灰岩	33.62	0.84	5.45	51.44	3.56	—	—	—	—	—	—	—	—	1.06	1.06	—	—	—	—	1.79	1.34	0.75	0.15	3.61	90.81
P_4Yq3	英安岩	48.14	3.61	22.25	18.47	1.07	—	—	—	—	—	—	—	—	4.00	1.32	2.68	—	—	—	1.89	—	0.48	0.09	3.37	88.80
P_4Yq4	凝灰岩	40.87	2.58	23.72	24.11	3.64	—	—	—	—	—	—	—	—	2.47	1.02	1.45	—	—	—	1.93	—	0.58	0.09	4.98	88.74
P_9Yq33	英安岩	53.16	3.38	11.04	29.64	0.38	—	—	—	—	—	—	—	—	0.79	0.79	—	—	—	—	1.04	0.08	0.25	0.07	2.09	93.84
P_9Yq19	玄武岩	—	—	6.03	36.66	22.39	—	—	—	—	—	2.62	1.81	0.58	13.09	9.91	3.91	6.59	4.87	1.73	6.31	—	2.75	1.00	33.79	42.69

（2）微量元素分析结果见表 3-40。

表 3-40 微量元素分析结果表 （$\times 10^{-6}$）

样品号	岩性	Ga	Ta	Hf	Sc	Ba	Be	Co	Cu	Mn	Ni	Sr	V	Zn	U	Rb	Nb	Zr	Th	Cr	Ge
P_4Yq2	凝灰岩	11.2	1.6	4.5	7.8	137	1.9	5.6	8.7	222	7	222	58.9	35.6	1.5	47.6	11.3	155.6	19.2	104.3	1.1
P_4Yq3	英安岩	13.9	1.2	5.5	7.2	503	1.3	4.9	14.7	368	14	61	17.6	57.4	2.7	158.3	11.4	189.3	13.3	388.7	1.8
P_4Yq4	凝灰岩	16.6	1.3	6.2	7.3	612	1.6	4.2	11.8	323	7	120	14.7	67.0	2.8	178.8	13.6	216.9	21.4	260.7	1.8
P_4Yq5	安山岩	15.8	0.5	2.8	20.7	76	1.6	31.8	21.4	1 090	69	262	171.0	91.9	0.7	8.2	6.8	148.3	3.4	169.9	1.2
P_4Yq1	安山岩	9.4	0.8	4.6	14.3	134	1.5	7.6	10.8	451	8	168	69.8	49.5	1.4	28.0	8.6	184.2	6.7	107.2	0.9
P_9Yq33	英安岩	8.7	<0.5	3.4	—	458	—	—	—	—	—	62	—	—	3.3	59.0	9.9	82.0	10.1	—	—
1514 南	流纹岩	14.6	2.5	3.2	—	95	—	—	—	—	—	53	—	—	10.1	240.0	22.2	84.0	45.8	—	—
P_9Yq19	玄武岩	13.4	<0.5	4.9	—	325	—	—	—	—	—	338	—	—	0.4	14.0	12.1	160.0	3.0	—	—
B1532	流纹岩	19.3	—	—	—	243	—	—	—	—	—	44	—	—	4.27	205	5.4	108.0	30.8	—	—

微量元素蛛网图显示于图 3-80 中。曲线呈大隆起形式，K_2O、Rb、Ba、Th 呈强烈富集，Ta、Nb、Ce、Zr、Hf 呈选择性富集，而只有 Y、Yb、Sc、Cr 呈亏损型。显示其与板内玄武岩相似的微量元素蛛网图形式。

综上所述，该期火山岩的微量元素显示了岛弧型火山岩的地球化学特征。

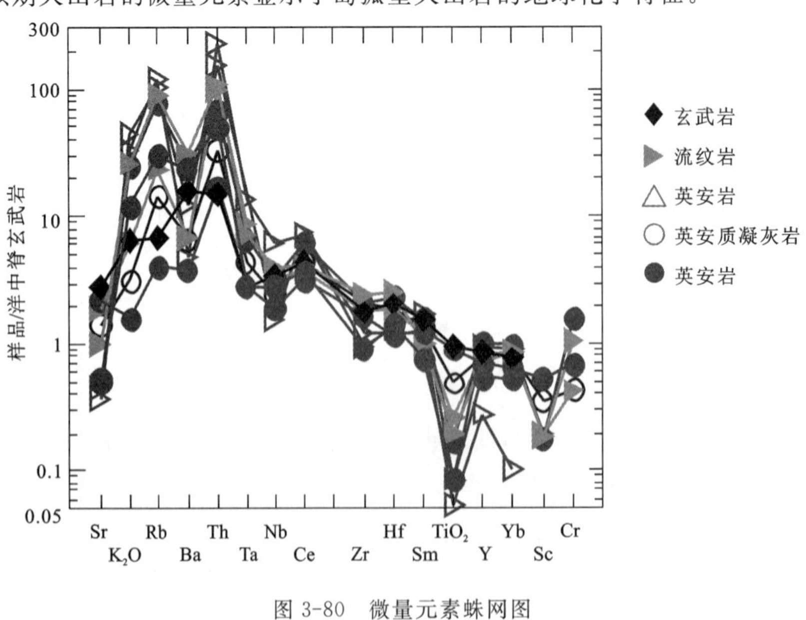

图 3-80 微量元素蛛网图

(3) 稀土元素分析结果见表 3-41。

表 3-41 稀土元素分析结果表 ($\times10^{-6}$)

样品号	岩性	La	Ce	Pr	Nd	Sm	Eu	Gd	Tb	Dy	Ho	Er	Tm	Yb	Lu	Y	∑REE
P_4Yq2	凝灰岩	13.70	38.58	4.51	16.49	3.84	0.68	3.70	0.74	4.43	0.88	2.75	0.44	2.95	0.47	23.91	118.07
P_4Yq3	英安岩	16.92	60.42	6.40	23.12	5.07	1.00	4.96	0.91	5.34	1.07	3.22	0.52	3.31	0.49	29.68	162.43
P_4Yq4	凝灰岩	15.12	41.27	4.39	15.22	3.30	0.65	3.21	0.60	3.71	0.79	2.52	0.42	2.90	0.45	21.13	115.68
P_4Yq5	安山岩	15.65	32.13	4.53	18.44	4.07	1.35	4.11	0.73	4.04	0.79	2.26	0.35	2.13	0.31	20.41	111.30
P_4Yq1	安山岩	22.15	45.22	5.81	21.93	4.35	1.02	4.08	0.73	4.20	0.87	2.70	0.43	2.72	0.42	23.25	139.88
P_9Yq19	玄武岩	20.32	44.35	5.91	23.39	5.06	1.50	5.16	0.84	4.65	0.97	2.76	0.41	2.56	0.38	25.61	143.87
P_9Yq33	英安岩	17.37	36.89	3.98	13.92	2.53	0.38	2.46	0.45	2.69	0.57	1.73	0.27	1.77	0.26	16.22	101.49
1514 南	凝灰岩	35.97	72.18	7.71	26.09	5.61	0.44	4.83	0.82	5.25	1.08	2.88	0.45	3.05	0.44	28.46	195.26
B1532	流纹岩	47.30	74.4	7.83	3.06	3.97	0.21	7.40	0.59	0.24	0.78	1.94	0.06	0.35	0.12	8.25	156.50

从图 3-81 中可以看出,曲线分布形态均呈右倾型,稀土元素总量,玄武岩∑REE=143.87×10^{-6},安山岩∑REE=$(111.30\sim139.87)\times10^{-6}$,在凝灰岩、英安岩及流纹岩中∑REE=$(101.46\sim195.26)\times10^{-6}$。总的来看,其总量由基性火山岩—酸性火山岩呈富集的趋势。轻稀土元素相对于重稀土元素呈富集状态。Eu 作为变价元素在酸性岩中呈现了亏损,或强烈亏损,说明 Eu 与其他稀土元素产生了分馏。而在中、基性火山岩中,Eu 元素表现为略有亏损,或基本无亏损,尤其玄武岩基本未见负 Eu 异常。

4) 火山爆发旋回及韵律性

该期火山活动可大体分为 3 个喷发旋回。第一旋回是火山活动的早期,这次火山活动能量强,以喷爆开始,同时也以喷爆结束,堆积一套总厚可达 220 多米的中酸性火山碎屑岩。火山喷发过后,火山活动停止,火山盆地内接受沉积。火山间歇时间持续较长,在盆地内沉积 150 多米厚的粉砂岩夹砂砾岩。火山间歇过后,第二喷发旋回开始,这次以爆发相为主,但这次火山活动短暂,只堆积了 30 多米厚的火山碎屑岩。此时火山活动再次停息,盆地内接受外来物质沉积,但是这次火山间歇的时间短,只堆积了一层 30 多米厚的石英砂岩夹砂砾岩。第三旋回是火山活动的晚期,这次火山活动能量较弱,主要为喷溢相。首先基性熔岩流大量向外溢流,形成了一套 100 多米厚的玄武岩,随之酸性熔岩流喷溢,堆积了 100 多米厚的凝灰质英安岩(图 3-82)。

综上所述,本期火山喷发韵律性较清晰,堆积了两套火山碎屑岩及一套火山熔岩。

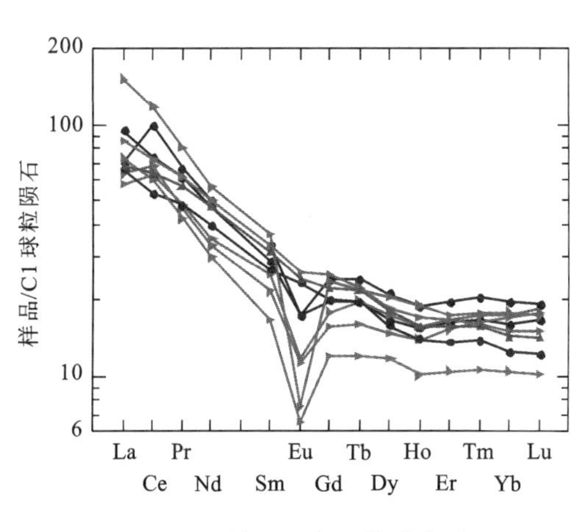

图 3-81 稀土元素配分形式图

(图例同图 3-79)

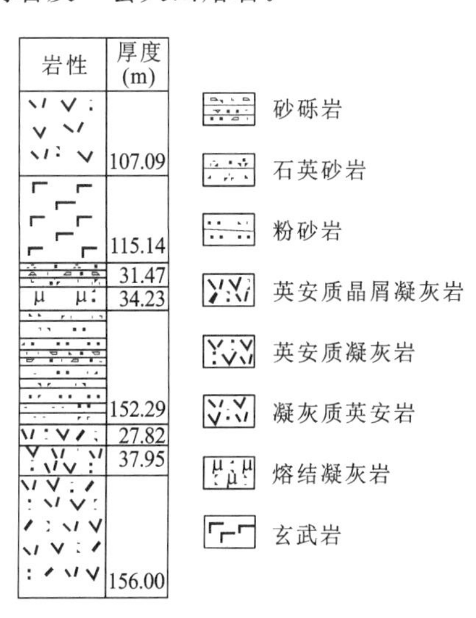

图 3-82 年波组火山岩柱状示意图

5）成因环境探讨

根据该期火山岩野外的地质特征及地球化学分析，年波组的火山岩具备岛弧型火山岩的一切性质。在 Hf/3-Th-Ta 图解（图 3-83）中，只有一个流纹岩样品投影于板内玄武岩区内，余者均落在岛弧型钙碱性火山岩区内，在 Hf/3-Th-Nb/16 图解中，均落在岛弧型钙碱性火山岩区内。在图 3-84 中，有 3 个样品落入大洋岛屿偏岛弧一侧，有 5 个样品分别投影于岛弧拉斑玄武岩区内及岛弧钙碱性玄武岩区内，只有 1 个样品投影于洋中脊与岛弧区的边缘上。

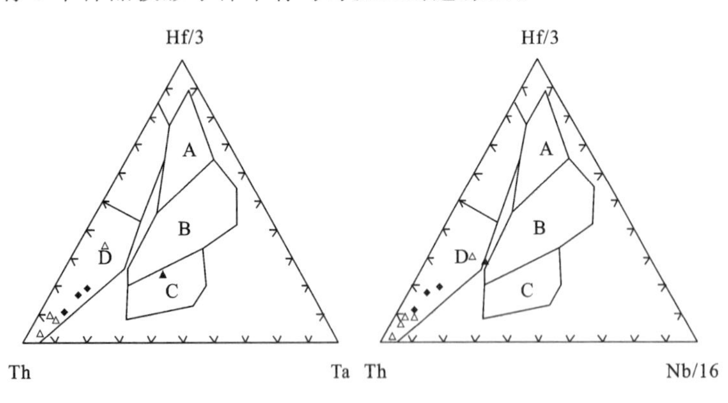

图 3-83　年波组火山岩的 Hf/3-Th-Ta 和 Hf/3-Th-Nb/16 图解

（图例同图 3-79）

A. 洋中脊玄武岩；B. 大洋＋板内玄武岩；C. 板内玄武岩；

D. 上边为岛弧拉斑玄武岩、下边为岛弧型钙碱性玄武岩

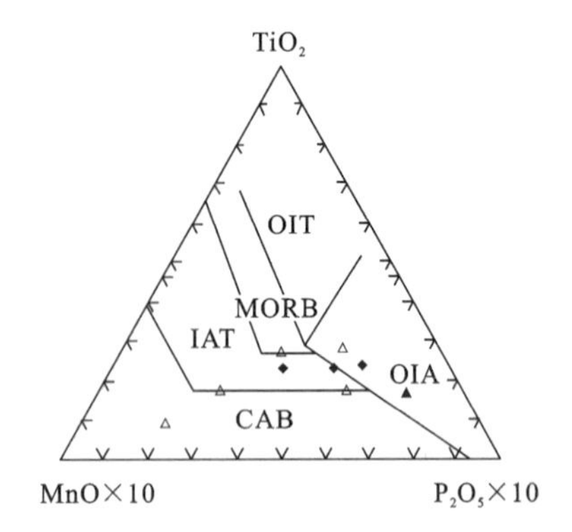

图 3-84　年波组火山岩的 TiO_2-MnO×10-P_2O_5×10 图解

（图例同图 3-79）

MORB. 洋中脊拉斑玄武岩；IAT. 岛弧拉斑玄武岩；OIT. 洋岛拉斑玄武岩；CAB. 碱性玄武岩；OIA. 洋岛碱性玄武岩

综上所述，该期火山岩主要形成于岛弧构造环境，只有少数形成于大洋靠近岛弧一侧。

3. 帕那组火山岩（E_2p）

1）空间分布特征

该期火山岩主要出露于塔尔玛-新吉中、新生代火山盆地西端及西部巴扎区附近，图幅南部边缘也有零星分布，呈长条状近东西向展布，明显受东西向构造控制。呈沉积不整合覆盖在 E_1n 的火山岩之上，出露面积 283.86km²，占林子宗群火山岩总面积的 39%左右。

2）岩石学特征

黑云母安山岩　呈褐紫色，斑状结构，基质为交织结构，块状构造。斑晶主要由斜长石、黑云母组成。斜长石呈半自形板状，粒度在 0.5～5.0mm 之间，可见清楚的聚片双晶，表面有较强烈的绢云母化和黝帘石化，分布均匀，含量为 25%左右；黑云母几乎全部暗化为铁质物质，无残留的黑云母，未暗化部分已蚀变为绿泥石，根据晶形及解理印痕推测为黑云母，含量为 6%左右。基质为微粒结构的斜长石，呈长柱状，具定向或半定向排列，其中充填有少量的绿泥石，构成交织结构。

气孔状玄武岩　具半自形细粒结构，块状构造，局部为间粒结构。主要矿物成分斜长石呈半自形板状，粒度多在 0.5～1.0mm 之间，具明显的聚片双晶，在岩石中呈杂乱排列，含量约占 75%；辉石呈粒状，少量为短柱状，可见一组解理，斜消光 $Ng' \wedge C=39°$，在岩石中分布于斜长石孔隙中，有的晶体被斜长石切割成几小块，其含量为 25%左右。岩石气孔构造比较发育，气孔中充填有绿泥石的集合体。

流纹岩　具斑状结构，基质为霏细结构，流纹构造，局部为石泡球粒结构。矿物成分主要由基质与斑晶组成。石英呈粒状、浑圆状，粒度在 1.0mm 左右或更小些，常可见熔蚀结构，边部呈港湾状，分布较均匀，含量约占 10%；透长石呈半自形粒状，具有明显的卡氏双晶，表面干净，在岩石中零星分布。含量约 2%；斜长石呈半自形板状，具明显的聚片双晶，其表面多具有强烈的绢云母化或高岭石化，含量约 8%。基质由微粒的长石、石英组成，常见石泡或球粒结构，含量为 80%左右。副矿物主要为磁铁矿。

3）岩石地球化学特征

（1）主量元素分析结果见表 3-42。

表 3-42　主量元素分析结果表　(%)

样品号	岩性	SiO_2	TiO_2	Al_2O_3	Fe_2O_3	FeO	MnO	MgO	CaO	Na_2O	K_2O	P_2O_5
Yq1310-1	流纹岩	78.70	0.08	12.37	0.62	0.52	0.04	0.11	0.82	0.26	3.08	—
Yq1310-3	玄武岩	49.58	1.68	16.46	1.04	8.07	0.17	6.77	5.12	4.12	0.50	0.70
Yq1514 北	英安岩	71.22	0.35	14.76	1.63	1.02	0.04	0.60	0.54	3.18	4.38	0.10
Yq334-1	安山岩	69.22	0.73	14.21	3.28	1.50	0.06	1.11	0.62	6.42	1.51	0.17
Yq334-2	凝灰岩	73.06	0.31	13.91	1.79	2.07	0.03	0.52	0.72	3.32	3.75	0.07
Yq342-3	凝灰岩	70.74	0.20	15.50	0.98	4.27	0.13	2.14	2.50	4.99	2.14	0.16

把各氧化物重量百分数换算成分子数后得知：中、基性火山岩($CaO+Na_2O+K_2O$)＞Al_2O_3＞(Na_2O+K_2O)，属次铝质成分岩石，而在酸性火山岩中，则为 Al_2O_3＞($CaO+Na_2O+K_2O$)，属铝过饱和岩石。同时在表 3-42 中也可以看出，Na_2O 最高含量为 6.42%，平均为 3.72%，K_2O 最高含量为 4.38%，平均为 2.56%。说明了该期火山岩较富碱质。

在 CIPW 标准矿物计算结果表(表 3-43)中可以看出，在中、酸性火山岩中，标准矿物石英、钾长石、钠长石大量出现，钙长石、刚玉、紫苏辉石、顽火辉石、磷灰石也有不等量的出现；在基性火山岩中，标准矿物未见石英出现，刚玉只有少量，紫苏辉石、顽火辉石、钙长石、磷灰石等有较多的出现，并且橄榄石也有少量的出现，钾长石与钠长石含量没有在酸性火山岩中那样高。

表 3-43　CIPW 标准矿物计算结果表　(%)

样品号	Q	C	Dr	Ab	An	Hy	HyEn	HgFs	Ol	OlFo	OlFa	Mt	Hm	Il	Ap	CI	DI
Yq1310-1	65.53	7.36	18.86	2.27	4.21	0.68	0.28	0.40	—	—	—	0.93	—	0.16	—	1.77	86.66
Yq1310-3	—	1.40	3.14	36.96	22.62	26.90	16.03	10.87	2.37	1.35	1.01	1.60	—	3.39	1.62	34.26	40.10
Yq1514 北	34.93	4.10	26.48	27.48	2.14	1.56	1.53	0.02	—	—	—	2.42	—	0.68	0.22	4.65	88.89
Yq334-1	23.88	1.26	9.04	54.90	2.10	2.81	2.81	—	—	—	—	2.95	1.29	1.40	0.38	7.16	87.82
Yq334-2	36.59	3.23	22.28	28.19	3.18	3.18	1.31	1.87	—	—	—	2.61	—	0.59	0.15	6.38	87.06
Yq342-3	21.45	0.73	12.20	40.65	11.06	11.84	5.16	6.68	—	—	—	1.37	—	0.37	0.34	13.57	74.30

综上所述，该期火山岩为 SiO_2 过饱和及不饱和钙碱性火山岩系列。

在(Na_2O+K_2O)-SiO_2 图解(图 3-85)中只有一个玄武岩样品投影于碱性系列区靠近亚碱性系列区的边缘，余者均落入亚碱性火山岩系列区内。在 FeO^*-(Na_2O+K_2O)-MgO 图解中，所有样品均投影于钙碱性火山岩系列区，这证实了该期火山岩为钙碱性火山岩。

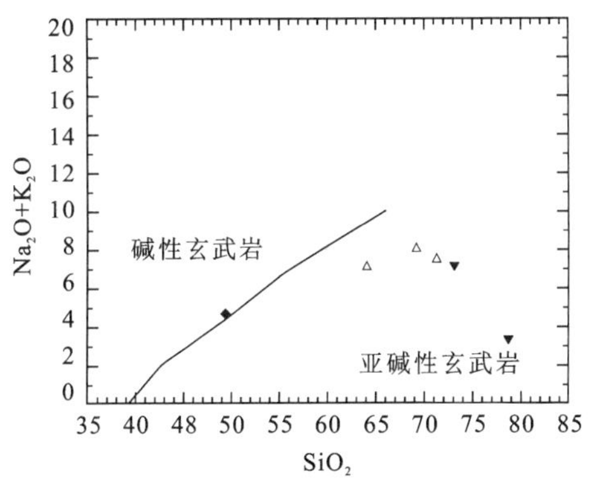

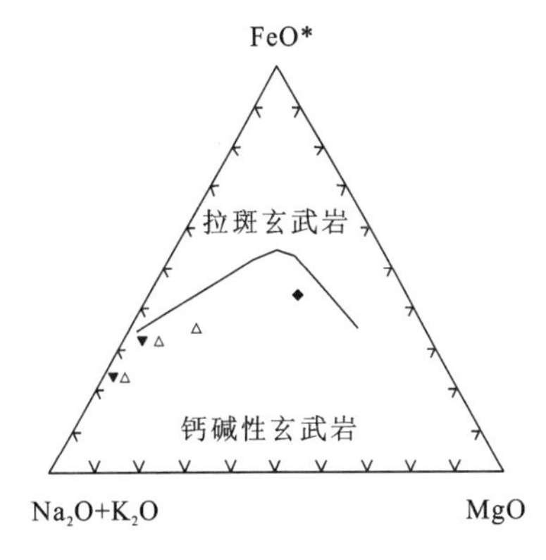

◆玄武岩　▼安山岩　△流纹-英安岩

图 3-85　帕那组火山岩的(Na_2O+K_2O)-SiO_2 和 FeO^*-(Na_2O+K_2O)-MgO 图解

(2) 微量元素分析结果见表 3-44。

表 3-44　微量元素分析结果表　($\times 10^{-6}$)

样品号	岩性	Ga	Ta	Hf	Sc	Ba	Be	Co	Cu	Mu	Ni	Sr	V	Zn	U	Rb	Nb	Zr	Th
Yq1310-1	流纹岩	13.7	—	—	—	278	—	—	—	—	—	25	—	—	7.07	134.0	4.51	151.0	14.3
Yq1310-3	玄武岩	21.5	—	—	—	136	—	—	—	—	—	386	—	—	4.56	18.9	14.1	331.0	4.8
Yq1514 北	英安岩	15.5	<0.05	5.2	—	1 144	—	—	—	—	—	168	—	—	1.10	93.0	7.5	206.0	19.6
Yq334-1	安山岩	18.9	0.70	6.6	14.0	506	1.4	6.8	12.6	325	35	108	58.7	40.7	0.70	36.7	8.5	253.1	14.0
Yq334-2	凝灰岩	18.8	1.00	5.3	6.9	730	2.0	5.6	20.4	304	11	118	42.9	44.8	2.80	134.2	11.1	181.0	18.0
Yq342-3	凝灰岩	18.8	0.70	5.8	10.14	684	1.6	13.4	31.8	957	45	200	76.4	125.0	1.70	70.0	10.2	191.4	10.6

微量元素蛛网图显示于图 3-86 中。从图中可以看出,曲线呈大隆起形式,K_2O、Rb、Ba、Th 呈强烈富集,Ta、Nb、Ce、Zr、Hf、Sm 等略有富集,只有 Y、Yb、Sc、Cr 呈现亏损状态,其微量元素蛛网图形式相似于板内玄武岩的微量元素蛛网图形式。

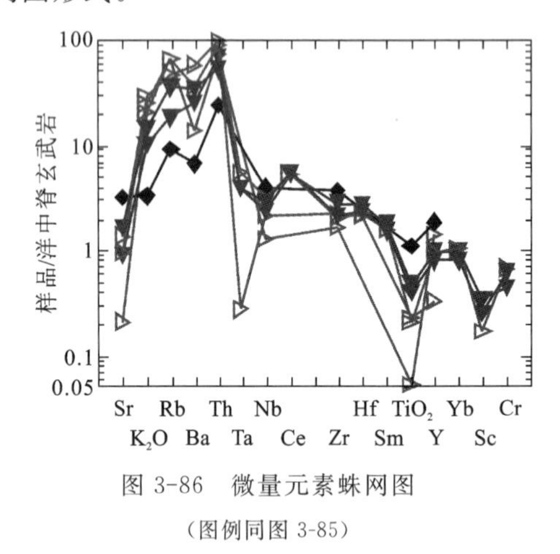

图 3-86　微量元素蛛网图

(图例同图 3-85)

(3) 稀土元素分析结果详见表 3-45。

表 3-45　稀土元素分析结果表　($\times 10^{-6}$)

样品号	岩性	La	Ce	Pr	Nb	Sm	Eu	Gd	Tb	Dy	Ho	Er	Tm	Yb	Lu	Y	ΣREE
Yq1310-1	流纹岩	78.20	113.00	12.80	48.40	7.03	0.22	11.20	1.19	6.88	1.25	4.60	0.35	2.16	0.56	42.90	330.74
Yq1310-3	玄武岩	49.40	88.80	12.20	47.40	10.40	2.23	9.95	1.60	1.88	3.53	6.52	0.38	2.25	0.56	57.00	294.10
Yq334-1	安山岩	24.37	53.97	7.30	27.71	5.80	1.36	5.44	0.97	5.57	1.13	3.34	0.53	3.38	0.52	29.53	170.92
Yq334-2	凝灰岩	24.15	52.63	7.29	26.24	5.26	1.05	4.68	0.87	5.19	1.07	3.31	0.53	3.51	0.54	29.30	165.62
Yq342-3	凝灰岩	28.57	56.43	7.00	26.20	5.17	1.24	4.55	0.83	4.73	0.94	2.75	0.44	2.77	0.43	24.46	166.51
Yq1514 北	英安岩	23.38	56.37	5.65	16.15	2.93	0.65	2.20	0.34	1.80	0.37	1.20	0.20	1.36	0.22	10.19	123.01

从图 3-87 中可以看出曲线分布形式均呈右倾型,只有一个英安岩样品与其他岩石样品不太一样。稀土元素总量玄武岩 $\Sigma REE=294.13\times10^{-6}$,安山岩 $\Sigma REE=170.90\times10^{-6}$,英安岩 $\Sigma REE=(123.02\sim166.50)\times10^{-6}$,而在流纹岩中 $\Sigma REE=330.74\times10^{-6}$。从稀土总量来看,由基性岩向酸性岩有逐渐增加的趋势。轻稀土元素相对于重稀土元素呈富集状态。Eu 元素作为变价元素与其他稀土元素产生了较轻微的分馏作用,尤其一个英安岩样品只略显示了亏损。而其他岩石显示了较明显的负 Eu 异常,但亏损程度较小而已。其说明该火山岩原始岩浆来源地壳浅部。

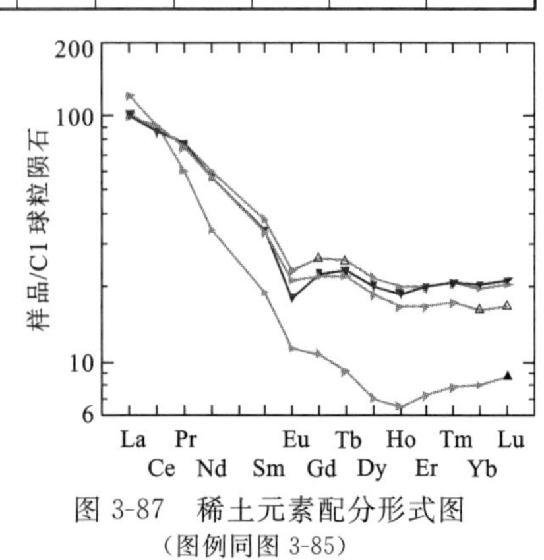

图 3-87　稀土元素配分形式图

(图例同图 3-85)

4）火山喷发旋回及韵律性

帕那组火山活动可清楚地分为两个喷发旋回。第一旋回是火山活动早期，火山活动能量强，具有 4 个喷爆—溢流，再喷爆—再溢流不可逆的喷发韵律。形成 4 套火山碎屑岩-火山熔岩堆积，这次火山活动以爆发相为主。之后火山活动有短暂间歇，火山盆地内接受外来物质沉积、盆地内堆积 20 多米厚的石英砂岩。火山活动在短暂的间歇之后，第二喷发旋回开始，这次火山活动具有两个喷发阶段，但以溢流为主。首先堆积了 150 多米厚的火山碎屑岩，然后中基性火山岩浆溢流形成一套 270 多米厚的中基性火山岩熔岩。紧接着火山再次喷爆，堆积了 170 多米厚火山碎屑岩。随之中性岩浆外溢，形成了一套 480 多米巨厚层的火山熔岩堆积。

综上所述，该期火山喷发具有清晰的喷发韵律。第一旋回形成了 4 套火山碎屑岩-火山熔岩堆积，第二旋回具有两套火山碎屑岩-火山熔岩堆积。每一旋回都具有十分清楚的正向喷发韵律（图 3-88）。

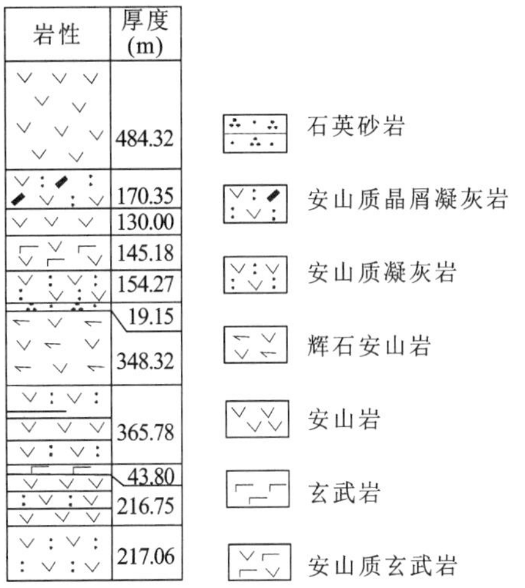

岩性	厚度(m)
	484.32
	170.35
	130.00
	145.18
	154.27
	19.15
	348.32
	365.78
	43.80
	216.75
	217.06

石英砂岩　安山质晶屑凝灰岩　安山质凝灰岩　辉石安山岩　安山岩　玄武岩　安山质玄武岩

图 3-88　帕那组火山岩柱状示意图

5）成因环境探讨

在 Hf/3-Th-Ta 的图解（图 3-89）中，只有一个流纹岩样品落入岛弧型火山岩区的左下角，余者均投影到岛弧型火山岩区域内。在 Hf/3-Th-Nb/16 图解中，均投影于岛弧型钙碱性火山岩区域内。在 TiO_2-MnO×10-P_2O_5×10 图解（图 3-90）中，大部分样品投影于大洋岛屿火山岩区偏岛弧一侧，少数样品投影于岛弧火山岩区内。

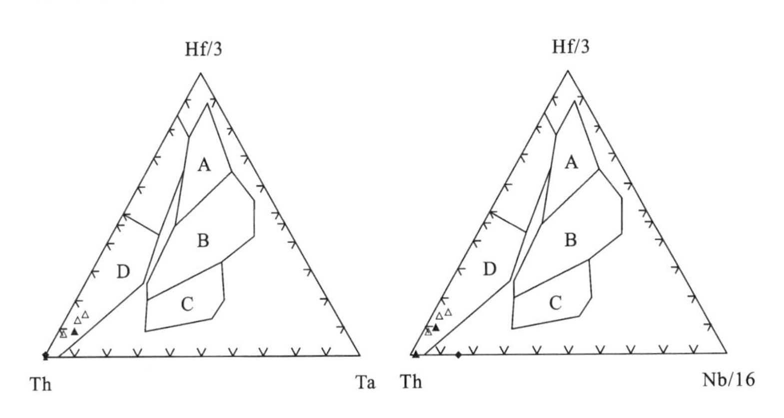

图 3-89　帕那组火山岩的 Hf/3-Th-Ta 和 Hf/3-Th-Nb/16 图解
（图例同图 3-85）
A. 洋中脊玄武岩；B. 大洋＋板内玄武岩；C. 板内玄武岩；
D. 上边为岛弧拉斑玄武岩、下边为岛弧型钙碱性玄武岩

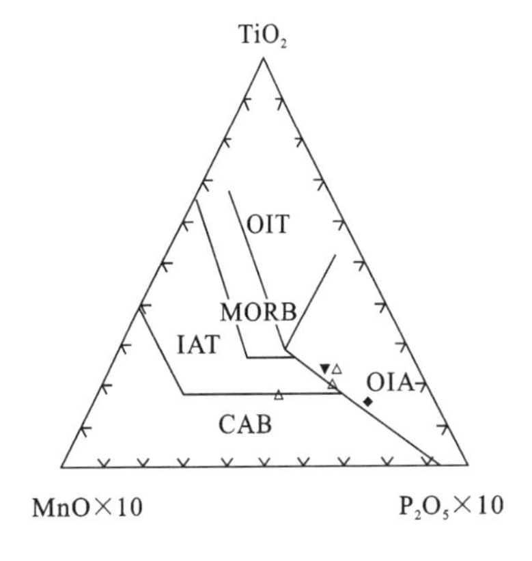

图 3-90　帕那组火山岩的 TiO_2-MnO×10-P_2O_5×10 图解（图例同图 3-85）
MORB. 洋中脊拉斑玄武岩；IAT. 岛弧拉斑玄武岩；
OIT. 洋岛拉斑玄武岩；CAB. 碱性玄武岩；
OIA. 洋岛碱性玄武岩

综上所述，该期火山岩主要形成于岛弧或大陆边缘环境。

4. 林子宗群火山岩[(K_2—E_2)*Lz*]的时代讨论

前人在林子宗群火山岩中测得（88±2.0）～（86±1.6）Ma（Rb-Sr 等时线法）和 66～50Ma（K-Ar 法，^{39}Ar-^{40}Ar 和 Rb-Sr 等时线法）等同位素年龄数据（Coulon C Wangs et al.，1986）当时把这套火山岩的时代归属为晚白垩世晚期到古近纪始新世。

1995 年，全国地层多重划分对比研究时，把西藏自治区的这套火山岩时代归属到古近纪古新世开始，到古近纪渐新世结束，对此我们在本次区调工作中，根据这一原则进行野外填图。通过野外的大量工作，我们在这套火山岩中采集同位素年龄样，其测试结果见表 3-46。

表 3-46 林子宗群同位素年龄测试结果表

地层		样品号	测试方法	测试结果(Ma)	测试单位
林子宗群	帕那组	K334-1	K-Ar	47.86±8.8	地质矿产部地质研究所
		K334-2	K-Ar	32.62±7.32	地质矿产部地质研究所
	年波组	P9-22*	K-Ar	84.24±1.28	成都地质矿产研究所
		P4-10	K-Ar	59.82±1.03	地质矿产部地质研究所
		P4-15	K-Ar	66.45±1.9	地质矿产部地质研究所
	典中组	P9-57	K-Ar	62.6±1.04	地质矿产部地质研究所
		P9-12	K-Ar	77.05±1.16	地质矿产部地质研究所
		P9-T57	K-Ar	78.5±1.3	成都地质矿产研究所测试中心
		P9-T2	K-Ar	85.4±2.6	成都地质矿产研究所测试中心
		P9-T2	K-Ar	83.4±2.5	成都地质矿产研究所测试中心

注：* 在该层只取一个年龄样。

根据我们所测试的同位素年龄数据，结合前人所测得的同位素年龄结果及野外这套火山岩的地质产状，我们认为林子宗群这套火山岩的总体时代应为晚白垩世至古近纪始新世，即为 K_2—E_2。

虽说我们所测得的年龄有些偏老，但我们根据野外路线观察和剖面的研究，发现这套火山岩下部呈火山沉积不整合覆盖在晚白垩世花岗斑岩之上，而上部则被新近纪火山岩呈沉积不整合覆盖。

（二）新近纪火山岩

1. 空间分布特征

新近纪火山岩为本工作区最为年轻的火山岩，分布极为广泛，约占本工作区火山岩出露总面积的48%，主要出露于工作区的南部，在中部也有少量的出露，呈长条状近东西向展布，严格受冈底斯火山岩浆弧的制约。在中部塔尔玛-新吉中、新生代火山盆地的新近纪火山岩明显受东西向构造控制。面积1 342.52km²，呈火山沉积不整合覆盖于晚白垩世黑云母花岗岩之上，局部也见其呈不整合覆盖在 E_2p 火山岩之上。

2. 岩石学特征

含角砾英安岩 新鲜色为灰黑色，斑状结构，块状构造，含有少量棱角状的角砾。砾径一般在 1cm 左右。基质为微粒结构，斑晶由石英与长石组成。石英呈它形粒状，粒度在 0.3mm 左右，分布均匀，含量约 8%；斜长石多呈半自形板状，粒度为 0.3～0.8mm，可见清楚的聚片双晶，分布极不均匀，含量 10%。

凝灰质流纹岩 新鲜面为粉紫—褐灰色，斑状结构，块状构造，局部可见气孔构造，基质为微晶结构。斑晶由石英、斜长石及钾长石组成。石英呈它形粒状，粒度在 0.3mm 左右，含量约占 5%；斜长石呈半自形板状，粒度为 0.3～0.6mm，可见清楚的聚片双晶，具不同程度的绢云母化，含量为 8%左右；钾长石主要为正长石，粒度可达 1.3mm 左右，可见清晰的卡氏双晶，表面有轻微的高岭石化，含量为 5%左右。基质由微晶石英及长石组成，可见到少量的绢云母化，含量为 72%左右，同时见有 10%的火山灰。副矿物为磁铁矿。

英安岩 新鲜面为灰黑—紫褐色，局部可见到灰白色。斑状结构，块状构造。基质为隐晶质结构，斑晶为石英与斜长石。石英呈它形粒状，粒度在 0.2～1.25mm 之间，常见熔蚀结构，其中还含有少量的包体，含量约在10%；斜长石呈半自形板状，粒度在0.5～1.5mm之间，可见有较清楚的聚片双晶，表面均有不同程度的绢云母化现象，含量在13%左右。基质呈隐晶质，部分重结晶呈微晶的长英质物质，含量为87%左右。副矿物为磁铁矿和锆石。

玄武岩　手标本呈浅灰紫色，斑状结构，块状构造。镜下为斑状结构，基质为间粒结构，块状构造。斑晶由辉石和斜长石组成。单斜辉石呈半自形粒状，粒度在1.0mm左右，可见一组完全解理，斜消光，$Ng' \wedge C=45°$，含量为5%左右，最高干涉色二级蓝绿；紫苏辉石呈半自形柱状，可见两组完全解理，具淡红—淡绿色多色性，平行消光，含量为15%左右；斜长石呈半自形板状，粒度在0.8～1.2mm之间，可见清楚的聚片双晶，个别具环带结构，$Np' \wedge (010)=34°$，An=63，分布较均匀，含量约占18%。基质由细粒斜长石(45%)和辉石(17%)组成，板状斜长石排列无定向。辉石呈粒状充填于斜长石之间，构成间粒结构，其中含有一定量的黑云母。

还有一些火山碎屑岩，在此不再赘述。

3. 岩石地球化学特征

1）主量元素

主量元素分析及CIPW标准矿物计算结果详见表3-47和表3-48。把氧化物重量百分数换算成分子数后得知，在中性火山岩中，$(CaO+Na_2O+K_2O)>Al_2O_3>(Na_2O+K_2O)$，该火山岩为次铝质岩石；在酸性火山岩中则普遍为$Al_2O_3>(CaO+Na_2O+K_2O)$，证明该火山岩为铝过饱和岩石。在主量元素分析结果表上也可以清楚地看出，岩石中碱质普遍偏高，尤其钾质含量平均为3.92%，最高含量可达5.95%，证明该火山岩比较富钾。另外在CIPW标准矿物计算表中，普遍发现了顽火辉石，说明在岩石中SiO_2已达到饱和程度，而且还普遍出现了刚玉及紫苏辉石等标准矿物，进一步验证了新近纪火山岩为钙—碱性火山岩。在(Na_2O+K_2O)-SiO_2及FeO^*-(Na_2O+K_2O)-MgO图解(图3-91)中，样品则分别投影于亚碱性区域内及钙碱岩石系列区域内，此更加证实了新近纪火山岩为钙—碱性系列岩石。

表3-47　主量元素分析结果表　　(%)

样品号	岩性	SiO_2	TiO_2	Al_2O_3	Fe_2O_3	FeO	FeO^*	$Fe_2O_3^*$	MnO	MgO	CaO	Na_2O	K_2O	P_2O_5
P_{10}Yq11-1	英安岩	74.10	0.32	12.77	0.50	1.75	2.20	2.44	0.05	0.88	0.71	4.87	2.01	0.13
P_{10}Yq19-1	英安岩	69.13	0.41	14.32	2.06	1.43	3.28	3.65	0.09	1.03	2.45	4.44	2.74	0.12
P_{10}Yq4	英安岩	74.61	0.19	12.92	1.25	0.52	1.64	1.83	0.04	0.49	0.61	4.55	3.27	0.03
P_{10}Yq7-2	安山岩	65.53	0.65	11.63	2.03	1.70	3.53	3.92	0.12	1.30	5.21	5.18	1.07	0.13
P_{11}Yq56-3	凝灰岩	75.44	0.08	13.37	0.94	0.48	1.33	1.47	0.03	0.3	0.19	2.73	5.05	0.03
P_{11}Yq68	凝灰岩	73.23	0.10	13.21	0.91	0.70	1.52	1.69	0.07	0.25	1.72	0.29	5.66	0.02
P_{11}Yq69	凝灰岩	76.86	0.07	12.02	1.95	0.33	2.08	2.32	0.04	0.18	0.10	0.86	4.95	0.02
P_{11}Yq70	黑耀岩	75.05	0.07	11.82	0.64	0.50	1.08	1.20	0.03	0.21	0.93	2.74	4.50	0.02
P_{11}Yq73	凝灰岩	77.91	0.10	11.83	1.23	0.35	1.46	1.62	0.04	0.19	0.16	0.67	5.18	0.02
P_{11}Yq75	凝灰岩	77.88	0.10	11.81	0.49	0.28	0.72	0.80	0.01	0.18	0.16	1.20	5.95	0.03
P_{11}Yq82	安山玢岩	65.90	0.75	14.68	1.13	3.97	4.99	5.54	0.09	1.53	3.81	2.86	3.68	0.21

表3-48　CIPW标准矿物计算结果表　　(%)

样品号	岩性	Q	C	Or	Ab	An	Hy	HyEn	HyFs	Mt	Hm	Il	Ap	CI	DI
P_{10}Yq11-1	英安岩	35.77	2.13	12.09	41.86	1.33	4.64	2.24	2.40	0.62	—	—	0.29	5.99	89.72
P_{10}Yq19-1	英安岩	27.33	0.47	16.46	38.10	9.90	3.03	2.61	0.42	0.79	—	—	0.27	6.86	81.88

续表 3-48

样品号	岩性	Q	C	Or	Ab	An	Hy	HyEn	HyFs	Mt	Hm	Il	Ap	CI	DI
P_{10}Yq4	英安岩	34.59	1.45	19.79	39.35	1.30	1.77	1.25	0.52	0.37	—	—	0.07	2.51	94.08
P_{10}Yq7-2	安山岩	29.57	1.97	6.42	44.44	0.02	3.90	3.30	0.60	1.25	—	—	0.29	8.14	80.43
P_{11}Yq56-3	凝灰岩	34.14	2.87	29.67	27.18	1.55	3.48	1.06	2.41	0.01	—	0.31	0.64	3.80	90.99
P_{11}Yq68	凝灰岩	50.55	6.78	34.33	2.51	−0.06	1.15	0.64	0.51	1.35	—	0.19	—	2.70	87.39
P_{11}Yq69	凝灰岩	53.99	5.35	30.04	7.46	0.06	0.46	0.46	—	1.02	1.3	0.14	—	1.62	91.50
P_{11}Yq70	黑耀岩	41.48	1.36	27.51	23.94	3.15	0.88	0.54	0.34	0.96	—	0.14	0.05	1.98	92.93
P_{11}Yq73	凝灰岩	55.03	5.14	31.34	5.79	0.24	0.49	0.49	—	0.99	0.58	0.19	0.04	1.67	92.17
P_{11}Yq75	凝灰岩	48.63	3.33	35.86	10.33	0.31	0.46	0.46	—	0.66	0.05	0.19	0.07	1.31	94.82
P_{11}Yq82	安山玢岩	23.56	—	22.06	24.50	16.52	8.77	3.69	5.09	1.66	—	1.44	0.46	12.78	70.12

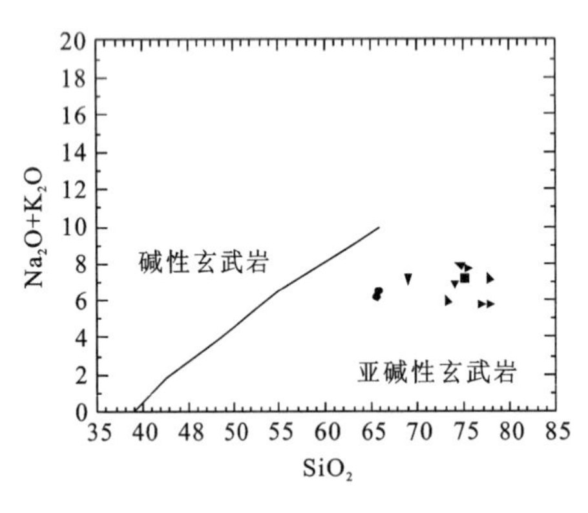

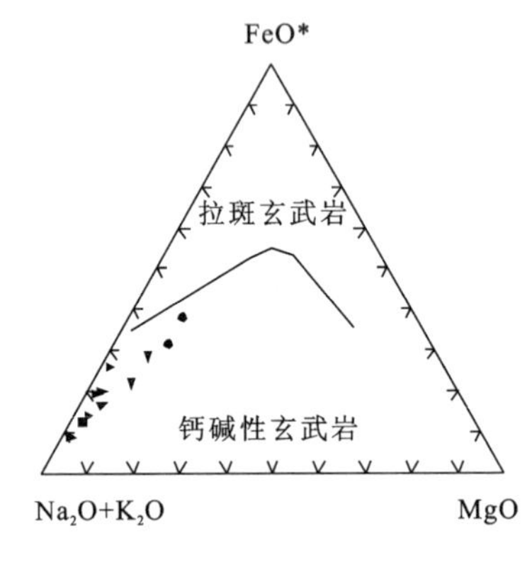

▬黑耀岩 ●安山岩 △英安岩 ▲酸性凝灰岩

图 3-91 新近纪火山岩的(Na_2O+K_2O)-SiO_2和 FeO^*-(Na_2O+K_2O)-MgO 图解

2) 微量元素

微量元素分析结果见表 3-49。

表 3-49 微量元素分析结果表 ($\times10^{-6}$)

样品号	岩性	Rb	Sr	Nb	Ta	Zr	Hf	Th	U	Ba	Ga	Au
P_{10}Yq7-2	安山岩	18	197	12.4	<0.5	349	9.8	12.7	1.3	263	12.0	2.3
P_{10}Yq11-1	英安岩	57	159	9.6	<0.5	138	4.4	15.4	2.6	489	11.8	0.9
P_{10}Yq19-1	英安岩	100	218	8.3	<0.5	156	4.8	8.6	2.4	488	18.9	1.2
P_{10}Yq4	英安岩	98	101	23.5	1.7	164	5.4	15.1	2.6	429	19.3	0.8
P_{11}Yq68	凝灰岩	279	45	14.3	1.8	89	3.9	26.4	2.8	192	17.3	0.8
P_{11}Yq69	凝灰岩	227	13	18.1	1.6	85	3.4	21.0	4.3	118	20.6	0.8
P_{11}Yq70	黑耀岩	363	30	18.6	2.3	98	4.1	23.4	4.8	194	19.4	1.6
P_{11}Yq73	凝灰岩	213	17	17.0	1.8	114	4.5	20.6	2.5	172	16.6	1.0
P_{11}Yq75	凝灰岩	229	19	17.2	2.3	113	4.5	23.1	2.5	169	17.8	0.9
P_{11}Yq82	安山玢岩	141	192	17.4	<0.5	266	8.6	14.8	2.4	868	22.1	1.2
P_{11}Yq56-3	凝灰岩	440	37	36.3	6.8	72	4.0	24.4	3.7	190	23.8	0.4

微量元素蛛网图显示于图 3-92 中。从图中可以看出，曲线呈现三隆起的形式，Rb、Th 强烈富集，K_2O、Rb、Ce、Zr、Hf、Sm 呈选择性的富集，Sr、TiO_2、Y、Yb 则呈亏损状态。该图显示了板内玄武岩微量元素蛛网图的特征。

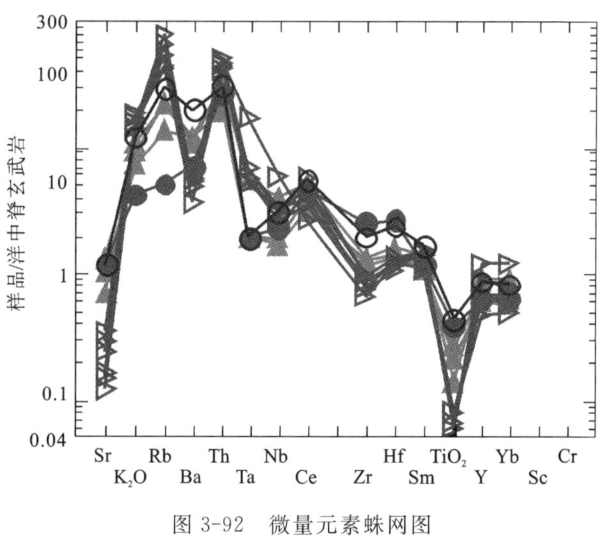

图 3-92　微量元素蛛网图

（图例同图 3-91）

3）稀土元素

稀土元素分析结果见表 3-50。

表 3-50　稀土元素分析结果表　（$\times10^{-6}$）

样品号	La	Ce	Pr	Nd	Sm	Eu	Gd	Tb	Dy	Ho	Er	Tm	Yb	Lu	Y	∑REE
P_{10} Yq7-2	34.34	77.78	8.22	27.71	5.36	1.09	4.67	0.73	3.96	0.88	2.47	0.40	2.68	0.41	23.18	193.88
P_{10} Yq11-1	36.71	67.40	8.04	27.60	4.84	0.95	4.29	0.70	3.84	0.81	2.31	0.36	2.28	0.34	21.12	181.59
P_{10} Yq19-1	26.29	50.77	6.22	22.95	4.72	1.27	4.65	0.79	4.54	0.93	2.70	0.41	2.58	0.38	25.65	154.85
P_{10} Yq4	41.42	90.34	10.21	35.23	6.53	0.84	6.06	1.03	5.50	1.13	3.66	0.58	3.90	0.57	34.42	241.42
P_{11} Yq68	27.77	57.41	6.92	23.06	4.76	0.34	4.37	0.76	4.13	0.90	2.65	0.43	2.87	0.43	25.48	162.27
P_{11} Yq69	35.79	78.29	9.33	34.03	7.21	0.36	6.60	1.14	6.29	1.27	3.63	0.55	3.38	0.47	33.29	221.63
P_{11} Yq70	32.04	61.96	8.19	31.02	6.75	0.22	6.43	1.08	6.39	1.26	3.43	0.52	3.21	0.49	35.05	198.04
P_{11} Yq73	54.11	101.6	11.89	41.39	7.06	0.55	5.77	0.88	4.68	0.93	2.44	0.38	2.38	0.34	23.14	257.54
P_{11} Yq75	35.13	84.15	8.93	27.77	5.72	0.39	4.09	0.62	3.08	0.58	1.71	0.28	1.85	0.27	15.88	190.45
P_{11} Yq82	46.34	97.66	11.41	40.26	7.82	1.65	6.79	1.08	5.98	1.28	3.58	0.54	3.52	0.51	33.62	262.04
P_{11} Yq56-3	20.42	41.00	6.36	23.42	6.49	0.19	6.66	1.30	7.66	1.69	5.16	0.80	5.58	0.80	49.32	176.85

从图 3-93 中可以看出曲线分布状态在各种岩石中基本相似，均为右倾型，其稀土元素总量对于球粒陨石是相对较富集的。稀土元素总量（∑REE）一般为（154.85～262.04）$\times10^{-6}$，其中轻稀土元素相对于重稀土元素是富集的。Eu 元素相对于其他稀土元素在安山岩、英安岩中显示了略有亏损，而在酸性凝灰岩中则为强烈亏损，此特征说明了 Eu 与其他稀土元素产生了分馏作用。也就是说 Eu 作为变价元素，在火山岩浆由中性演化为酸性岩浆的过程中，Eu 与其他稀土元素是按着演化先后顺序分馏作用的结果。所以 Eu 元素在安山岩中表现略有亏损，在英安岩中表现了基本亏损，而在酸性凝灰岩中则呈现强烈亏损，说明从中性—酸性火山岩，稀土元素的分馏作用增强。

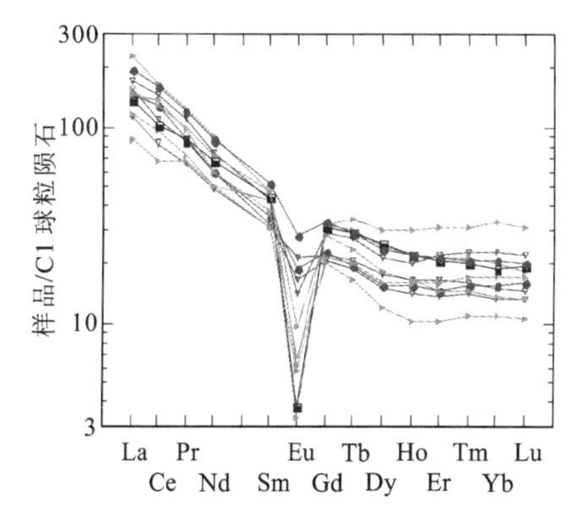

图 3-93　稀土元素配分形式图

（图例同图 3-91）

4. 辉石矿物学、矿物化学特征及形成温度

1）矿物学特征

在乌郁群火山岩段中采集到了二辉石玄武岩，其斑晶中含有斜方辉石和单斜辉石。单斜辉石呈黑色，可见两组解理，显微镜下见有一组完全解理，最高干涉色二级蓝，斜消光在45°左右（Ng′∧C=45°）；斜方辉石呈褐黑色，显微镜下，呈淡红—淡绿色多色性，为平行消光。最高干涉色呈一级灰白。基质由单斜辉石和细粒斜长石组成。

2）矿物化学特征

玄武岩中的辉石矿物电子探针分析结果及阳离子数列于表3-51中。

表3-51　玄武岩中辉石电子探针分析及计算结果表　（%）

样品号	矿物	SiO_2	TiO_2	Al_2O_3	FeO	Cr_2O_3	MnO	MgO	CaO	Na_2O	K_2O	Σ	TSi	TAl	M_1Ti	M_1Fe^{2+}
Yq1206	单斜辉石（斑晶）	51.21	0.65	0.89	11.69	0.02	0.20	15.42	18.45	0.36	0.08	98.97	1.928	0.039	0.018	0.116
	斜方辉石（斑晶）	48.58	0.53	1.64	22.2	—	0.44	25.23	1.26	—	—	99.88	1.786	0.071	0.015	—
	单斜辉石（基质）	50.94	—	2.55	6.87	0.37	0.15	19.17	19.64	0.26	—	99.95	1.848	0.109	—	—

样品号	矿物	M_1Cr	M_1Mg	M_2Mg	M_2Fe^{2+}	M_2Mn	M_2Ca	M_2Na	M_2K	Sum-Cat	Ca	Mg	Fe-Mn	WOl	ENi	FSi
Yq1206	单斜辉石（斑晶）	0.001	0.865	—	0.252	0.006	0.744	0.026	0.004	3.996	37.509	43.619	18.872	36.149	43.103	18.331
	斜方辉石（斑晶）	—	0.985	0.397	0.682	0.014	0.050	—	—	4.000	2.332	64.960	32.709	1.654	65.381	32.273
	单斜辉石（基质）	0.011	0.989	0.048	0.208	0.005	0.764	0.018	—	4.000	37.920	51.498	10.582	37.664	51.151	10.283

注：由吉林大学电子探针室分析。

根据表中数据，结合镜下的光学特征，可以确定斑晶斜方辉石为紫苏辉石。斑晶单斜辉石投影于分类图（图3-94）上，可以确定其为普通辉石，而基质辉石为顽火辉石。3种辉石晶体化学式分别如下。

紫苏辉石：

$(Mg_{0.397}Fe^{2+}_{0.682}Mn_{0.014}Ca_{0.05})^{M_2}_{1.143}(Mg_{0.985}Ti_{0.015})^{M_1}_{1.0}(Si_{1.786}Al_{0.071})_{1.857}O_6$

普通辉石：

$(Ca_{0.744}Na_{0.03}K_{0.004}Mn_{0.006}Fe^{2+}_{0.252})^{M_2}_{1.06}(Mg_{0.865}Fe^{2+}_{0.116}Ti_{0.018}Cr_{0.001})^{M_1}_{1.0}(Si_{1.928}Al_{0.039})_{1.967}O_6$

顽火辉石：

$(Mg_{0.048}Fe^{2+}_{0.208}Ca_{0.764}Mn_{0.005}Na_{0.022})^{M_2}_{1.047}(Mg_{0.989}Cr_{0.011})^{M_1}_{1.0}(Si_{1.848}Al_{0.109})_{1.957}O_6$

3）形成温度

玄武岩中的上述辉石为共生的单斜辉石和斜方辉石，利用二辉石温度计估算了该玄武岩斑晶和基质的形成温度。计算结果如下：

斜方辉石$Mg_2Si_2O_6$的活度为$a^{Opx}_{Mg_2Si_2O_6}=0.621$

斑晶单斜辉石活度为$a^{Cpx}_{Mg_2Si_2O_6}=0.148$

基质单斜辉石的活度为$a^{Cpx}_{Mg_2Si_2O_6}=0.008$

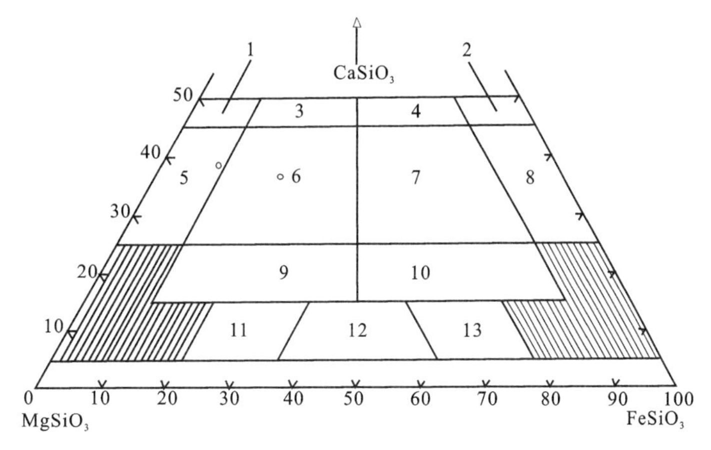

图 3-94　$CaMgSi_2O_6$-$CaFeSi_2O_6$-$Fe_2Si_2O_6$-$Mg_2Si_2O_6$体系中单斜辉石的命名

(据 Poldervaart 和 Hess,1951)

1.透辉石;2.钙铁辉石;3.次透辉石;4.铁次透辉石;5.顽火辉石;6.普通辉石;7.铁普通辉石;8.铁钙铁辉石;9.次钙普通辉石;10.次钙铁普通辉石;11.镁易变辉石;12.过渡易变辉石;13.铁易变辉石

利用伍德和坂野(1973)及内赫鲁和威利(1974)的二辉石矿物对温度计算公式,分别计算了斑晶和基质的形成温度(表 3-52)。

表 3-52　二辉石矿物温度计算表

样品号	温度计算(℃)			
Yq1206	斑晶	伍德和坂野(1973)	基质	内赫鲁和威利(1974)
		1 067		652
		1 044		433
形成温度		1 055		542

从表 3-52 中可以看出,乌郁群玄武岩中辉石斑晶的形成温度为 1 055℃,而基质辉石的形成温度在 542℃左右。

5. 火山喷发旋回及韵律性

新近纪火山岩可清楚地分为 3 个喷发旋回,早期火山活动较弱,持续时间短,但以爆发相为主,堆积一套只有 150m 左右厚的酸性火山碎屑岩。此时火山活动停息,火山盆地内沉积一层厚 170m 左右的凝灰质钙质粉砂岩。火山活动间歇之后,火山活动又重新开始。这次火山活动仍以爆发相为主,但喷发时间仍旧暂短,堆积了一套中、酸性的火山碎屑岩。此时火山活动再次停止,盆地内同时再次接受沉积。这次火山间歇持续时间略长于上次,沉积了一套 200 多米厚的正常碎屑岩之后,火山活动又重新开始。这次火山活动以喷溢为主,开始堆积厚度不大的中酸性火山碎屑岩,接着大量中酸性岩浆溢流。堆积了一套厚 1 300 多米的中酸性火山熔岩(图 3-95)。

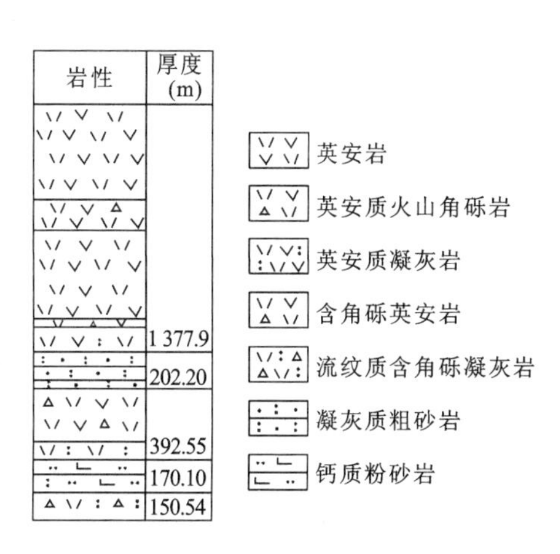

图 3-95　新近纪火山岩柱状示意图

从该期 3 个火山喷发旋回来看,第一旋回形成一套含角砾的火山碎屑岩,第二旋回为一套厚度不大的火山碎屑岩堆积,第三旋回具有两个喷发韵律层,即火山碎屑岩-火山熔岩、火山碎屑岩-火山熔岩。综上所述,该期火山岩具清晰的喷发韵律。

6. 成因环境探讨

从 Hf/3-Th-Ta 图解(图 3-96)中可以看出,所有样品投影点均落在岛弧型钙碱性火山岩区内,在 Hf/3-Th-Nb/16 图解(图 3-96)中,所有样品均投影于岛弧型钙碱性火山岩区内。在图 3-97 图解中,也可清楚地看到,一个酸性凝灰岩样品投影点落在大洋岛屿偏岛弧的一侧,三个样品投影点落在岛弧拉斑玄武岩区内,其中以中性火山岩为主,而大部分样品投影于岛弧型钙碱性火山岩区内。

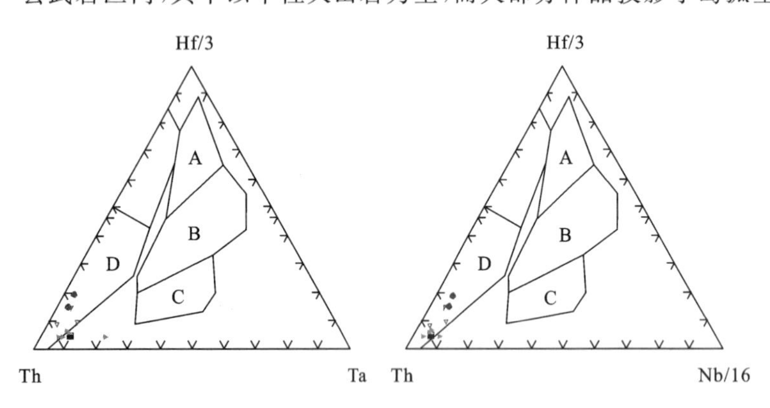

图 3-96　新近纪火山岩的 Hf/3-Th-Ta 和 Hf/3/-Th-Nb/16 图解

(图例同图 3-91)

A. 洋中脊玄武岩;B. 大洋+板内玄武岩;C. 板内玄武岩;

D. 上边为岛弧拉斑玄武岩、下边为岛弧型钙碱性玄武岩

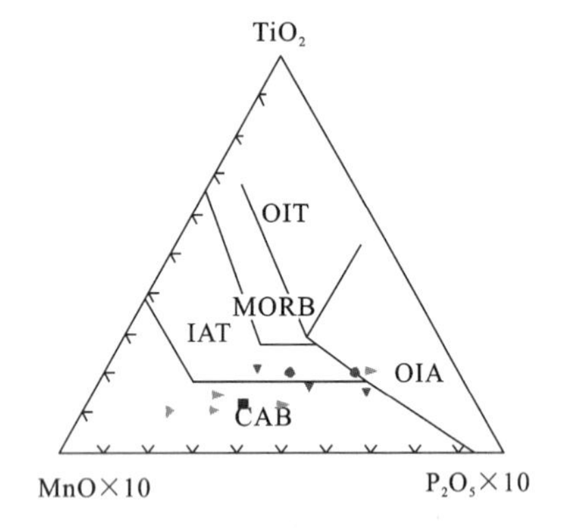

图 3-97　新近纪火山岩的 TiO_2-MnO×10-P_2O_5×10 图解

(图例同图 3-91)

MORB. 洋中脊拉斑玄武岩;IAT. 岛弧拉斑玄武岩;

OIT. 洋岛拉斑玄武岩;CAB. 碱性玄武岩;

OIA. 洋岛碱性玄武岩

综上所述,该期火山岩以钙碱性火山岩为主。微量元素显示了板内玄武岩的地球化学特征。此时洋盆已经消失,火山岩又都是陆相喷发,属碰撞造山后期的产物。是在板块相对较稳定的条件下,在陆内汇聚作用支配下陆相火山喷发作用的产物。

三、火山岩与构造的关系

工作区位于班公湖-怒江缝合带和雅鲁藏布江缝合带的中间,也就是冈底斯-念青唐古拉地块中段的东部。其构造分区:北部为永珠-纳木错蛇绿岩带,中部为塔尔玛-新吉中、新生代火山盆地,最南部为冈底斯火山岩浆弧。区内的火山岩均呈东西向展布,严格受塔尔玛-新吉中、新生代火山盆地及冈底斯火山岩浆弧的制约。

1. 中生代火山岩与构造的关系

中生代火山岩主要出露在中部的塔尔玛-新吉中、新生代火山盆地边缘,严格受东西向构造控制。中生代火山岩与其他时代地质体的接触关系均为不整合(除侵入关系外),说明在中生代火山岩形成的当时,地壳活动强烈,南北方向的挤压形成东西向的断裂构造,火山喷发则沿着东西向构造进行,从而导致中生代火山岩均严格沿东西向分布。晚期,次一级北西向断裂构造切割了中生代火山岩,破坏了中生代火山岩的出露及发育程度。

2. 新生代火山岩与构造的关系

新生代火山岩主要出露在南部冈底斯火山岩浆弧的北缘及中部的塔尔玛-新吉中、新生代火山盆地内。展布方向严格受东西向构造控制。新生代火山岩的分布及与其他地质体的接触关系也均呈不整合接触,说明冈底斯-念青唐古拉地块从中生代以来一直在经受着南北向的挤压作用。所以新生代火山岩呈有规律性的分布,分布方向严格沿东西向延伸。晚期,次一级北西向及北东向的构造切割了新生代火山岩,同时也破坏了新生代火山岩的分布及出露。

第四节　岩浆活动及演化

前几节分别叙述了蛇绿岩和中酸性侵入岩及火山岩的时空分布、地质特征、岩石学、岩石地球化学特征以及它们形成的构造环境。本节在前述的基础上，根据测区内的岩浆岩共生组合，简要讨论测区的岩浆活动及其演化特点。

一、蛇绿岩组合及海洋型岩浆作用

测区蛇绿岩组合分布于测区的东北角。测区内的蛇绿岩是永珠-纳木错蛇绿岩带的一部分，包括了变质橄榄岩、纯橄岩、辉长岩、辉长辉绿岩、玄武岩及少量的硅质岩。测区内的蛇绿岩层序不全，大部为肢解型的蛇绿岩体，它们之间及它们与其他地质单元之间多呈构造侵位状态，在洛岗一带见辉长辉绿岩脉侵入于玄武岩中。测区北部曾见辉长岩侵入于二叠系灰岩中。区内未见上覆盖层，其形成时代应在班公湖-怒江蛇绿岩带和雅鲁藏布江蛇绿岩带之间。

根据第一节的详细叙述及与班公湖-怒江蛇绿岩带和雅鲁藏布江蛇绿岩带的对比研究，我们认为，测区内蛇绿岩组合存在3种岩浆活动方式。

1. 地幔熔融作用

测区内蛇绿岩中的超镁铁质岩主要包括纯橄岩和变质橄榄石，变质橄榄岩含量较高，矿物成分上，除蛇纹石化的橄榄石外，主要为单斜辉石和斜方辉石；化学成分上，镁铁比值较高，比值均大于8.2，相对贫铝和钙；微量元素上，富集Th和Cr，亏损Sr、Y和Yb；稀土元素含量低，总量在$(2.40\sim9.57)\times10^{-6}$之间，稀土配分形式略呈右倾型，轻稀土略有富集，而重稀土略有亏损。这种特点可能是亏损的地幔岩部分熔融的残留物质。

2. 浅成贯入作用

测区蛇绿岩中辉长岩和辉长辉绿岩脉较发育。野外地质调查表明，它们大多侵入于玄武岩中。岩石多为细粒结构和辉长辉绿结构，矿物成分以单斜辉石和斜长石为主；岩石化学上，富铝、钙和钠；微量元素上，富集Th和Cr，Zr、Hf和Ce、Y、Yb均有不同程度的亏损；稀土元素总量较低，在$(11.51\sim37.33)\times10^{-6}$之间，Eu无异常或出现弱的正异常，稀土配分形式呈平坦型。这些特点显示测区蛇绿岩中辉长岩和辉长辉绿岩脉可能是岩浆发生分异并沿早期玄武岩张裂隙贯入而形成的。

3. 海底岩浆喷溢作用

测区内玄武岩是本区蛇绿岩组合的主体，虽已被肢解，但还是常与硅质岩共生。测区内没有发现良好的枕状构造，但岩石中的球颗构造还较发育，岩石不发育气孔和杏仁构造，显示了海底深水喷溢的特点。化学成分上，测区的玄武岩均属亚碱性的玄武岩系列(部分为钙碱性)，K_2O的含量很低(0.41%～0.94%)；稀土元素总量较低、轻稀土相对亏损的特征，显示了与洋中脊玄武岩的相似性，但是其K、Th、Ti、Cr的富集和含有少量钙碱性系列的玄武岩又显示了岛弧玄武岩的特点。上述特点表明这些玄武岩可能是在扩张脊靠近岛弧一侧岩浆喷溢的产物。

二、中酸性岩浆岩的岩浆活动及演化

测区内中酸性岩浆岩包括不同时代钙碱性火山岩系的玄武岩、安山岩、英安岩及流纹岩，以及由闪长岩、石英闪长岩、花岗闪长岩、黑云母花岗岩、二云母花岗岩、二长花岗岩及白云母花岗岩类组成的钙碱性深成岩体。这些岩石在时空上彼此之间均有密切的联系，它们与碰撞造山作用均有比较密切的成因联系，这些岩石组成了大致平行于永珠-纳木错蛇绿岩带和雅鲁藏布江蛇绿岩带的火山岩浆带。

冈底斯-念青唐古拉岛弧型火山岩浆岩带是由多期钙碱性火山岩和深成岩叠加在一起的复杂组合。从时空分布上看，区内的火山岩浆作用大致可分为4个阶段，即晚三叠世—中晚侏罗世火山岩浆作用、早白垩世火山岩浆作用、晚白垩世—始新世火山岩浆作用和中—上新世火山岩浆作用。

1. 晚三叠世—中晚侏罗世火山岩浆作用

本期火山岩浆作用在测区内相对较弱，火山岩浆作用产物的分布也较零星，主要为接奴群上部的少量火山岩及罗扎乡南部的花岗闪长岩，它们属钙碱性火山岩浆作用。火山岩主要分布在测东拉错一带，呈火山沉积不整合覆盖于下部的粗碎屑岩之上，主要为一套以安山质为主的玄武质-安山质-英安质的熔岩类火山碎屑岩，火山喷发作用较弱。深成作用形成了花岗闪长岩岩基，属Ⅰ型花岗岩，这与其生成于不同的岩浆源区有关。岩石地球化学上，岩石较富铝和碱，强烈富集 Rb 和 Th，稀土总量较低，具有不太明显的负 Eu 异常，这些特点证实该期间的深成作用有不同的源区，是板块碰撞前岩浆活动的产物，可能与冈底斯早期隆升作用有关。

2. 早白垩世火山岩浆作用

本期火山岩浆作用是测区主要的火山岩浆活动之一，火山岩浆活动较强烈，其产物主要为早白垩世则弄群上部的火山岩和甲岗山、娘热藏布一带的闪长岩，石英闪长岩，花岗闪长岩，二云母花岗岩和黑云母花岗岩等，属钙碱性系列火山岩和花岗岩。钙碱性火山作用主要发生在格仁错—新吉一线，形成了一条规模较大的陆缘火山弧。火山作用是在海相、海陆交互相环境下的爆发兼喷溢作用，形成了以英安质为主的玄武质—安山质—英安质的火山岩组合。在同一时期，查藏错一带则形成了一套闪长岩-二云母花岗岩、花岗闪长岩的深成岩组合，属钙碱性系列的岛弧花岗岩，是板块碰撞前的产物。而甲岗山、阳定一带的钙碱性花岗闪长岩-黑云母花岗岩显示出同碰撞花岗岩的特点，它们的深成岩浆作用可能与永珠-纳木错海的消失而导致的弧-陆碰撞造山作用有成生联系。

3. 晚白垩世—始新世火山岩浆作用

本期火山岩浆作用是测区内最主要的一期火山岩浆事件。延续时间长，火山岩浆作用强烈，产物分布面积广。

火山作用主要发生在晚白垩世—始新世，主要为海、陆交互相和陆相的钙碱性火山岩浆活动。在测区内形成一套近东西向延伸的火山岩系，即由一套以英安质为主的玄武质-安山质-英安质岩石组成的火山岩组合。早期以喷溢作用为主，晚期爆发作用加强；早期基性成分所占比例较大，而晚期酸性成分和正常沉积物成分增加，年波组中就含有大量的正常沉积的砾石和砂，形成了一套近东西向岛弧火山岩带。

晚白垩世—始新世的岩浆作用影响地域较大，从娘热藏布源头由东至图幅东边均有晚白垩世的岩浆作用，形成了一套钙碱性系列的花岗闪长岩、二云母花岗岩和白云母花岗岩。在甲岗山南部则产生了一套花岗闪长斑岩和花岗斑岩。它们的产生可能与永珠-纳木错海或新特提斯洋的闭合而发生的弧(陆)-陆碰撞作用有关，这些岩石均属同碰撞花岗岩类。

4. 中—上新世火山岩浆作用

该期火山岩浆作用也比较强烈。分布面积较广，沿北西西向的陆相盆地分布，火山岩以裂隙式爆发和喷溢为特征，构成了以火山碎屑岩为主体的玄武质-安山质-英安质-流纹质的岩石组合。该期火山活动为陆相盆地型喷发，受北西西向成盆构造的控制。由于此时雅鲁藏布江洋盆已经消失，因此，火山活动受碰撞造山作用的陆内汇聚作用所支配。该时期的岩浆深成作用较弱，但在念青唐古拉山脉西端比较强烈，形成了北西向延伸的念青唐古拉花岗岩带。其主要岩石类型为黑云母花岗岩、白云母花岗岩、二长花岗岩及花岗斑岩。主要为S型花岗岩。岩石富K_2O，$K_2O>Na_2O$，铝过饱和等特点可能表明这些岩石的源区来源于上地壳。这期深成作用是由新特提斯海封闭、陆-陆碰撞作用诱发的陆内汇聚作用而产生的。部分白云母花岗岩显示出板内花岗岩特征也是一个有力的佐证。

三、火山岩浆活动的特征

测区的火山岩浆活动比较强烈，特别是南部地区更为强烈。火山岩和中酸性侵入岩出露总面积为5 473.21km^2，占测区总面积的34.3%。综合本章前述成果，本区火山岩浆活动具有以下特点：

(1) 测区的火山岩浆活动明显受构造作用控制。图幅南部的深成岩体受娘热藏布断裂控制，甲岗山一带的深成岩则受格仁错-查藏错断裂带控制。火山岩则受近东西向的成盆构造的控制。

(2) 测区内的火山活动一般滞后于岩浆深成作用。晚三叠世的深成岩浆作用之后，出现中、晚侏罗世的火山爆发和喷溢作用；晚白垩世的深成岩浆作用之后，出现了晚白垩世—始新世大规模的火山爆发和喷溢作用；中新世的深成岩浆作用之后，出现了上新世的火山爆发和喷溢作用。

(3) 测区内火山活动具有随时间的推移，火山岩盆地逐渐南移的特点。

(4) 早期的火山活动(J_2—E_2)以喷溢作用为主、爆发作用为辅，而晚期(N_2)则以爆发作用为主、喷溢作用为辅。

(5) 测区内的火山活动，不论时代的新老，都具有多旋回的特点。

(6) 深成岩浆活动具有由I型花岗岩向S型花岗岩演化的特点。碰撞前形成的花岗岩以I型花岗岩为主体，同碰撞花岗岩则既有I型花岗岩又有S型花岗岩，而后造山花岗岩则以S型花岗岩为主。

(7) 中酸性深成岩在成分上具有向贫钙、镁而富碱的方向演化的特点。

(8) 测区内的火山岩浆活动始终是伴随着区域大地构造环境的发展而演化的。不同的大地构造环境发展阶段都伴随着相应的火山岩浆活动。

第四章 变质岩

第一节 地质特征

测区内变质岩出露较少，主要为分布于图幅东北部的念青唐古拉群变质岩。它们以大小不等、形状不同的岩片形式分布于永珠-纳木错蛇绿岩带中。测区内变质岩与围岩的接触关系比较简单，除他多雄一带见其被下古生界地层不整合覆盖以外，其余岩片与围岩间均呈断层接触关系，或被中生代花岗岩侵入。

在测区南部大面积的岩浆岩出露区内，呈岩体捕虏体或残留地层产出的晚古生界地层遭受岩浆岩侵入后，形成了少量的接触变质岩。它们分布于岩体的边部，接触变质晕宽窄不等，形态多与岩体的形态有关。

变质岩区的填图工作，根据中国地调局的技术要求精神，采用了构造-岩层-事件的填图方法。根据区内变质岩的岩石组合、特征变质矿物及变质程度特征，将区内的念青唐古拉群变质岩划分为上、下两段，下段以斜长角闪岩、片岩和片麻岩为主；上段以绿片岩、大理岩和长石石英岩为主。

第二节 岩石学特征

一、念青唐古拉群(AnZ*Nq*)变质岩

念青唐古拉群变质岩的主要岩石类型有变质基性岩：斜长角闪岩、石榴斜长角闪岩、角闪斜长变粒岩、透辉斜长角闪岩及阳起绿帘绿泥片岩等；变质泥质岩：石榴蓝晶黑云母片岩、石榴白云母片岩、石榴二云母片岩、石榴长石石英岩、石榴石英片岩、石榴角闪黑云斜长片麻岩、长石石英岩等；变质碳酸盐岩类：石英大理岩、透闪大理岩等。矿物量统计见表 4-1(表中及此章节中矿物代号见页下注①)。各岩石类型的叠置顺序见图 4-1。

表 4-1 矿物量统计表

岩类	样品数	平均矿物含量(%)														
		Epi	Di	Hb	Act	Chl	Tre	Bit	Mus	Q	Pl	Kfs	Gt	Ky	Cc	Zo
斜长角闪岩类	4		3.0	57.0							27.0	6.2	5.0			3.8
斜长片麻岩	2			15.0		5.0		10.0		32.0	28.0		4.0			
云母片岩	4							19.3	18.0	44.3			10.0	7.5		

① Gt. 石榴石；Gro. 钙铝榴石；And. 钙铁榴石；Ura. 钙铬榴石；Alm. 铁铝榴石；Spe. 锰铝榴石；Pyr. 镁铝榴石；Bit. 黑云母；Mus. 白云母；Ser. 绢云母；Hb(Am). 角闪石；Tre. 透闪石；Act. 阳起石；Pl. 斜长石；Kfs. 钾长石；Ab. 钠长石 And. 红柱石；Ky. 蓝晶石；Sill. 矽线石；Opx. 斜方辉石；Cpx. 单斜辉石；Di. 透辉石；Epi. 绿帘石；Chl. 绿泥石；Zo. 黝帘石；Cc. 方解石；Q. 石英；Mat. 磁铁矿。

续表 4-1

岩类	样品数	平均矿物含量(%)														
		Epi	Di	Hb	Act	Chl	Tre	Bit	Mus	Q	Pl	Kfs	Gt	Ky	Cc	Zo
绿片岩	1	12			10.0	60.0					18.0					
石英片岩	3							1.0	6.0	83.0	4.7		3.3			
长石石英岩	4					0.5				76.8	19.5		2.8			
大理岩	2						7.5			7.5					85.0	

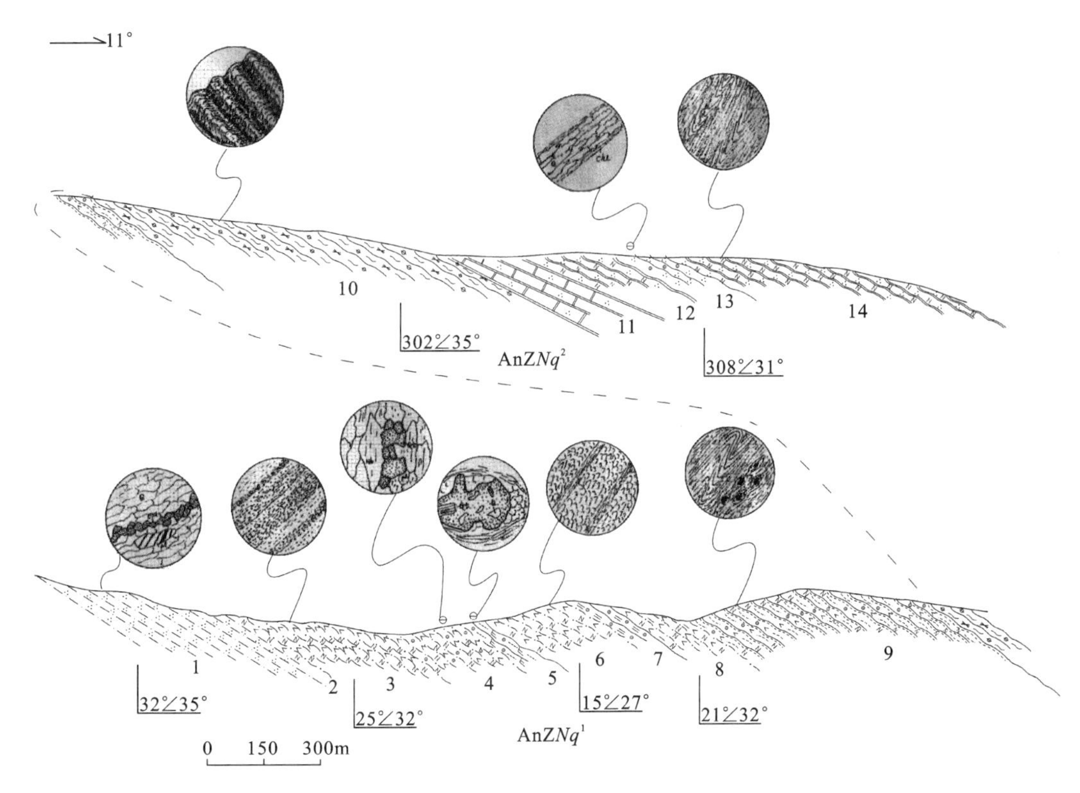

图 4-1　念青唐古拉群路线地质剖面图

(石榴)斜长角闪岩　测区内出露的斜长角闪岩多呈黑色、绿黑色，粗—细粒状、柱状变晶结构，多呈块状构造，局部可见条带状构造和片麻状构造。矿物成分中多以角闪石为主，含量 43%～65%，斜长石次之，含量在 15%～40%之间，部分斜长角闪岩中还含有少量的石榴石和黝帘石。该类岩石多呈似层状产出，局部岩石含有顺层的方解石条带，手标本上可见明显的条带状构造(图 4-2)。显微镜下可清晰地看出角闪石具有定向构造，且石榴石亦沿着片理方向定向排列。其典型矿物组合：Hb＋Pl＋Q±Gt±Cpx。

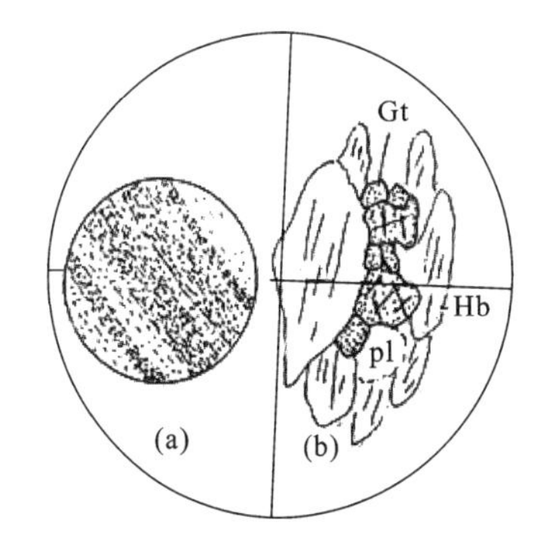

图 4-2　斜长角闪岩的条带状构造(a)细粒石榴石沿片理定向(一)×40(b)

石榴蓝晶黑云母片岩　岩石呈灰白色，斑状变晶结构，基质呈细粒状、片状变晶结构，片状构造。变斑晶由含有石英和黑云母包体的石榴石构成，基质由蓝晶石、黑云母和石英组成，含有少量的白云母。岩石中黑云母呈连续的定向排列构成片理构造；蓝晶石的集合体(粒度 0.1～0.5mm)亦沿片理定向排列；而变斑晶石榴石粒度为 1.1mm 左右，可见有压扁拉长现象，长轴方向与片理方向一致。其中的包体矿物石英和黑云母无定向排列，石榴石两端有压力影[图 4-3(a)]，说明石榴石是在黑云母和石英之后形成并同时经历了变形作用的改造。蓝晶石为细粒状，集合体呈条带状沿片理方向排列。该岩石的代表性矿物组合：Gt＋Ky＋Bit＋Q±Mus。

石榴白云母片岩　岩石呈灰白色，斑状变晶结构，基质为细粒状、片状变晶结构，片状构造。变斑晶石榴石呈纺锤状[图 4-3(b)]，长轴沿片理方向定向，其中发育有斜交片理的裂纹，石榴石两端有压力影，变形滞后于变晶作用。白云母则沿片理严格定向构成片理，岩石的片理与两种岩性的分界面呈平行分布，说明 $S_1 // S_0$。代表性的矿物组合：Gt＋Mus＋Q±Bit。

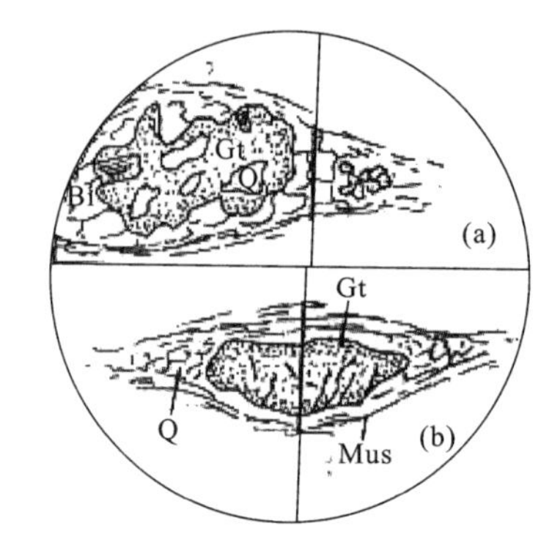

图 4-3　石榴石变斑晶压扁拉长及压力影

(—)×40

(a)黑云母片岩；(b)白云母片岩

阳起绿帘绿泥片岩　岩石呈暗绿色，细粒状、片状变晶结构，片状构造。矿物成分由阳起石、绿帘石、绿泥石和钠长石组成。其中绿泥石为斜绿泥石，强定向排列构成片理。岩石局部发现较强的褶纹线理，线理(L_1)与片理(S_1)呈近直交状态(图 4-4)，说明该区的变质岩曾受到过后期变形作用的改造。代表性的矿物组合：Act＋Epi＋Chl＋Ab。

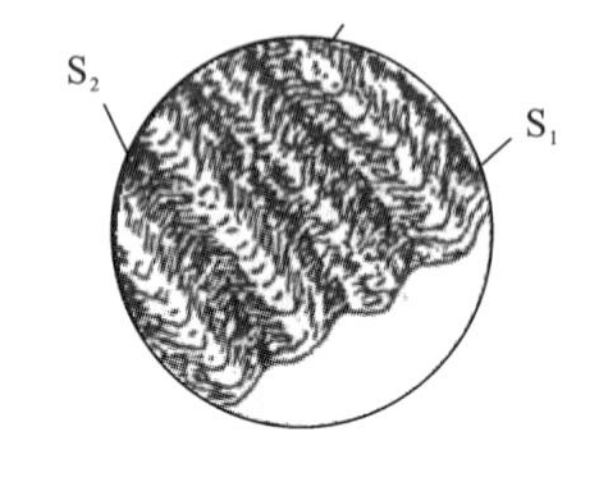

图 4-4　绿片岩中的褶纹线理

石榴角闪黑云斜长片麻岩　岩石呈灰白色，斑状变晶结构，基质为细粒片状、粒状变晶结构，片麻状构造。变斑晶为石榴石，粒度在 4.0mm 左右，其中包含有石英和黑云母的包体，常呈压扁的透镜状，两端有压力影。黑云母和角闪石均呈定向排列构成片麻理。代表性的矿物组合：Gt＋Hb＋Bit＋Pl＋Q±Chl。

长石石英岩　呈灰白色，细粒状变晶结构，变余层理构造。矿物成分主要由斜长石和石英组成，局部可见石英颗粒的三边镶嵌结构，在石英颗粒的边部常见有铁质薄膜。代表性矿物组合：Q＋Pl＋Mat。

石英大理岩　呈白色或粉红色，细粒状变晶结构，变余层理构造。矿物成分主要由方解石和石英组成，石英颗粒在岩石中沿层理面平行分布，说明其是沉积原岩中的石英。代表性矿物组合：Cc＋Q。

二、热接触变质岩

测区内的热接触变质岩类主要分布于测区南部花岗岩体的边部或岩体的捕虏体中。受变质的围岩主要为古生界的各类碎屑岩。

黑云母角岩　岩石呈黑灰色或黑色，显微粒状、片状变晶结构，变余层理构造。矿物成分主要由黑云母和石英组成。在岩石中，细小的黑云母片杂乱无章排列，片度均在 0.1mm 左右。

在岩体的外接触带还有部分斑点状千枚岩，这些斑点多由雏晶云母和石英集合体组成。大部分热接触变质岩是绢云母千枚岩，局部亦可见千枚理弯曲。岩石千枚理的定向方向与岩石层面一致，其分布则与花岗岩体外接触带平行。

综上所述，区内念青唐古拉群变质岩的岩石学特征可分为两个部分：下部出现特征变质矿物石榴石、蓝晶石及透辉石、角闪石等，上部则主要为阳起石、方解石和长石、石英等，从原岩性质和变质作用强度均可以划分和对比。热接触变质岩类的突出特点是矿物变质结晶的程度低，定向构造不发育。

第三节　原岩特征

区调工作期间，我们对区内出露的少量变质岩进行了全面的调查，对主要几种岩石类型也进行了取样和分析测试工作，对区内念青唐古拉群变质岩的原岩进行了较为详细的研究。

一、野外地质特征

在测制路线剖面和路线调查中，我们都注意了对变质岩野外地质特征的调查，取得了必要的原岩特征的证据。

长石石英岩、石英片岩、大理岩　它们在野外的变余层理构造明显。长石石英岩中因含磁铁矿而经常可见到断续的黑色条带，该条带与岩性界面平行；石英片岩虽然遭受较强的变形作用改造，石英拉长定向方向与变余层理平行，且其中含有的石榴石也沿片理方向排列，这可能是原岩含泥质成分较高的条带经变质作用后形成的；石英大理岩变余层理清楚，变质后的板状大理岩的板理与变余层理平行，其中的石英沿变余层理方向排列，这可能是原岩中夹有的砂质细层所致。从以上这些特点看，这几种岩石可以确切地说，其原岩应为沉积岩，分别为长石石英砂岩、石英砂岩和薄层灰岩。

云母片岩和片麻岩类　变余层理构造也可以看到，但不甚清楚，岩石的变形作用使云母片岩及片麻岩的界面均呈舒缓波状而无法鉴定其变余层理。但其层内可看到变余层理构造。在片岩和片麻岩中，石榴石、蓝晶石均呈平行的条带状分布，这种形式除与变形有关外，主要是与原岩细层的成分变化有关。因此，从野外地质特征上看，云母片岩和斜长片麻岩的原岩亦应是沉积岩，分别为粉砂质泥岩和杂砂岩类。

斜长角闪岩和绿片岩类　野外呈黑色和绿色产出，无法辨认其是否存在变余层理。与片岩、片麻岩的接触界面已呈现舒缓波状，但岩性界面仍清晰可见。沿片理方向追溯，其厚度变化较大，如扁前浦南山坡的石榴斜长角闪岩，常呈大小不等的透镜状断续排列，地面可见其厚度变化明显。从野外地质特征上看，它们可能由基性火山岩变质而成。

二、岩石地球化学特征

在测制路线剖面过程中，我们采集了云母片岩、片麻岩和斜长角闪岩等岩石的样品，其主量元素、微量和稀土元素的含量列于表 4-2 中。

表 4-2　硅酸盐全分析、微量元素分析、稀土元素分析结果表

样品号	岩石名称	分析结果(%)													
		SiO_2	TiO_2	Al_2O_3	Fe_2O_3	FeO	MnO	MgO	CaO	Na_2O	K_2O	P_2O_5	H_2O	CO_2	LOI
SPYq2	斜长角闪岩	52.52	0.73	14.99	1.05	8.17	0.13	7.00	9.33	3.42	0.70	0.05	1.70	0.04	0.97
SPYq3	石榴斜长角闪岩	47.82	1.24	15.77	1.78	8.43	0.15	9.25	7.26	2.27	1.83	0.12	3.66	0.19	2.68
SPYq5	石榴黑云母片岩	75.47	0.56	9.79	1.40	2.80	0.06	1.54	1.57	2.44	2.16	0.06	1.88	0.06	1.48
SPYq7	石榴白云片岩	79.36	0.55	8.24	2.11	4.13	0.06	1.15	0.34	0.20	1.99	0.10	1.54	0.04	1.03
SPYq8	辉石斜长角闪岩	49.72	0.41	15.20	1.17	5.60	0.11	9.38	12.59	2.39	0.86	0.04	2.17	0.08	1.56
SPYq9	石榴角闪黑云斜长片麻岩	57.32	0.97	19.43	2.71	6.70	0.27	2.77	0.88	1.22	4.14	0.08	3.12	0.11	2.58
SPYq10	阳起绿帘绿泥片岩	48.3	1.1	14.44	2.75	9.07	0.22	10.50	5.68	3.47	0.14	0.14	3.92	0.04	3.03
样品号	岩石名称	Ba	Rb	Sr	Ga	Ta	Nb	Hf	Zr	Ti	Y	Th	U	Cr	Ni
SPYq2	斜长角闪岩	89	19.4	171	13.5	0.5	3.3	13.7	46.2	—	15.45	2.0	0.1	51.8	78
SPYq3	石榴斜长角闪岩	222	77.4	154	14.9	0.7	7.8	2.6	87.3	1	22.30	2.0	0.6	204.0	141
SPYq5	石榴黑云母片岩	495	50.7	90	13.8	1.2	11.3	5.4	218.7	—	27.24	16.7	0.8	201.0	30
SPYq7	石榴白云片岩	153	79.3	16	10.7	1.1	10.0	7.1	254.8	—	19.18	11.6	1.2	278.5	22
SPYq8	辉石斜长角闪岩	133	25.5	247	10.4	0.5	4.0	1.1	38.4	—	9.45	2.0	0.2	894.0	163
SPYq9	石榴角闪黑云斜长片麻岩	796	160.0	65	39.7	3.4	22.3	6.4	189.9	1	73.35	43.7	4.3	178.4	50
SPYq10	阳起绿帘绿泥片岩	51	1.6	230	19.0	0.5	8.5	2.8	89.8	1	20.65	3.3	1.2	358.2	229

续表 4-2

样品号	岩石名称	Co	Sc	V	Cu	Zn	—	—	—	—	—	—	—	—	—
SPYq2	斜长角闪岩	31.1	105	262	46.4	75	—	—	—	—	—	—	—	—	—
SPYq3	石榴斜长角闪岩	42.2	29.1	195	25.2	144	—	—	—	—	—	—	—	—	—
SPYq5	石榴黑云母片岩	8.9	9.7	84	23.8	48	—	—	—	—	—	—	—	—	—
SPYq7	石榴白云片岩	9.9	6.7	69	20.8	72	—	—	—	—	—	—	—	—	—
SPYq8	辉石斜长角闪岩	32.9	29.4	161	10.7	55	—	—	—	—	—	—	—	—	—
SPYq9	石榴角闪黑云斜长片麻岩	20.1	23.5	174	36.2	112	—	—	—	—	—	—	—	—	—
SPYq10	阳起绿帘绿泥片岩	52.4	27.2	219	16.3	129	—	—	—	—	—	—	—	—	—
样品号	岩石名称	La	Ce	Pr	Nd	Sm	Eu	Gd	Tb	Dy	Ho	Er	Tm	Yb	Lu
SPYq2	斜长角闪岩	2.88	7.67	0.28	5.21	1.65	0.63	2.17	0.44	2.89	0.58	1.77	0.28	1.68	0.25
SPYq3	石榴斜长角闪岩	7.49	20.33	3.68	17.01	5.12	1.44	5.42	0.95	5.10	0.86	2.20	0.32	1.74	0.23
SPYq5	石榴黑云母片岩	32.41	58.61	8.06	29.52	5.43	1.01	4.66	0.84	4.98	1.01	3.05	0.49	3.01	0.44
SPYq7	石榴白云片岩	17.74	35.80	4.46	15.96	3.19	0.70	3.08	0.59	3.57	0.73	2.16	0.35	2.19	0.32
SPYq8	辉石斜长角闪岩	5.63	8.40	1.16	4.45	1.29	0.44	1.45	0.27	1.81	0.38	0.12	0.17	1.09	0.17
SPYq9	石榴角闪黑云斜长片麻岩	82.15	174.60	21.52	81.32	15.63	0.89	13.62	2.34	13.78	2.63	7.67	1.17	6.95	0.99
SPYq10	阳起绿帘绿泥片岩	9.23	17.09	2.54	10.53	2.83	1.03	3.36	0.63	3.98	0.77	2.28	0.36	2.17	0.32

注：由湖北省地质实验研究所分析；表中微量元素和稀土元素含量单位为$\times10^{-6}$。

斜长角闪岩和绿片岩类　从表中可以看出，变质基性岩类岩石的主量元素分析结果表明，该类岩石贫硅而富镁、铁、钙，富钠而贫钾。利用计算的尼格里数值投影于西蒙南图解中(图 4-5)，其中有两个样品落入火山岩与钙质沉积岩的重叠区内，绿片岩投影点落入基性火山岩区内，另一个样品无法投影于图中。这说明该类岩石可能的原岩是基性火山岩或钙质沉积岩类。

在(al-alk)-c 图解(图 4-6)中，斜长角闪岩和绿片岩均投影于钙质沉积岩与火山岩的重叠区内，但它们具有火山岩的演化趋势，因此，其原岩可能均为基性火山岩类。

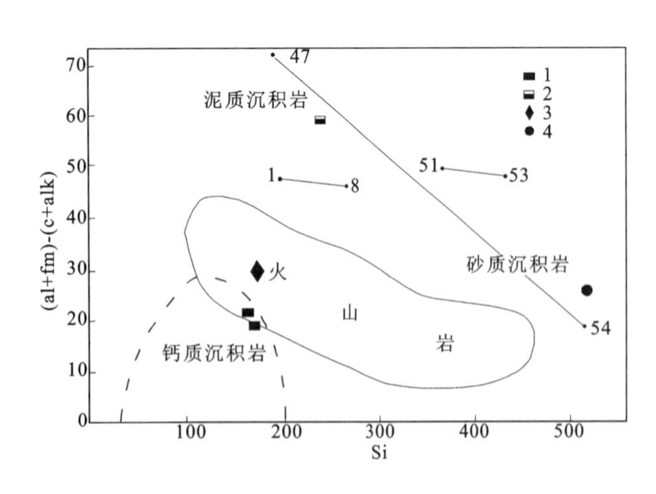

图 4-5　[(al+fm)-(c+alk)]-Si 图解

1.斜长角闪岩；2.斜长片麻岩；3.绿泥片岩；4.云母片岩

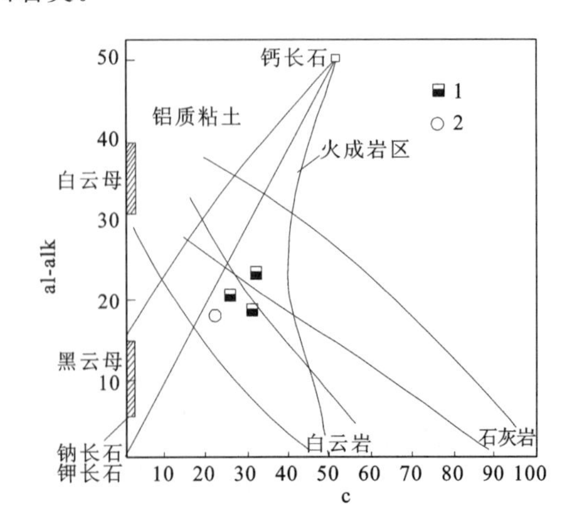

图 4-6　(al-alk)-c 图解

1.斜长角闪岩；2.绿片岩

从斜长角闪岩的微量元素蛛网图中亦可以看出，岩石中 K、Rb、Ba、Th 强烈富集(图 4-7)，Ti、Y、Yb 表现为亏损形式，表现出火山弧玄武岩的微量元素蛛网图特点。

在稀土配分形式图中，斜长角闪岩类显示出稀土总量低，无或有较弱的负 Eu 异常，呈完全平坦型的曲线，显示出玄武岩的稀土配分形式(图 4-8)。

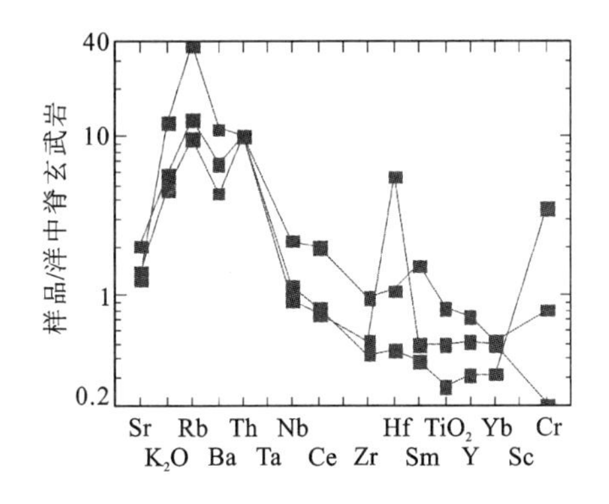

图 4-7　斜长角闪岩的微量元素蛛网图

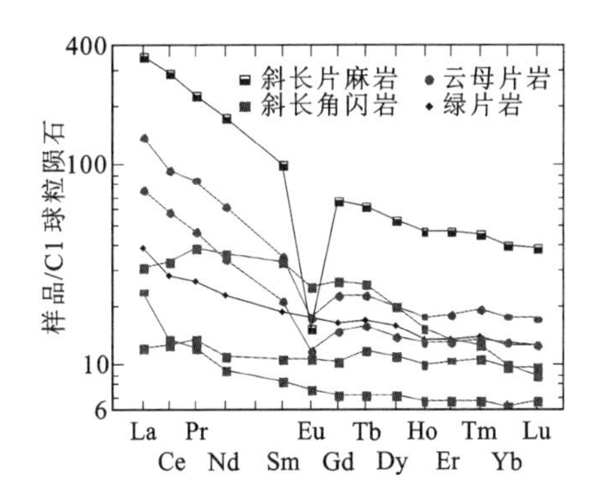

图 4-8　稀土配分形式图

在形成环境分析的图解(图 4-9、图 4-10)中，斜长角闪岩类显示出较好的钙碱性演化趋势和洋底玄武岩的形成环境。

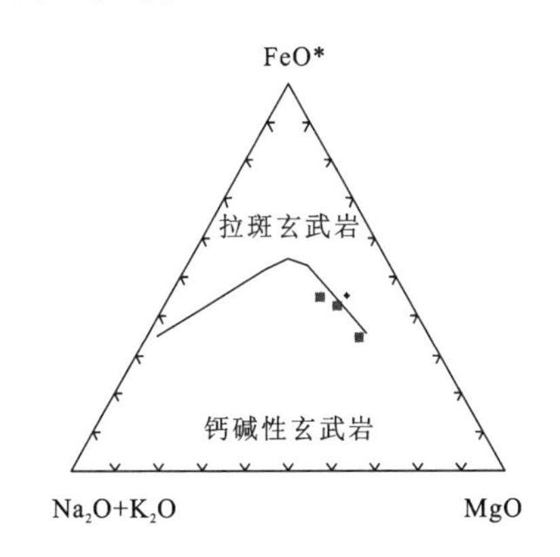

图 4-9　FeO^*-(Na_2O+K_2O)-MgO 图解

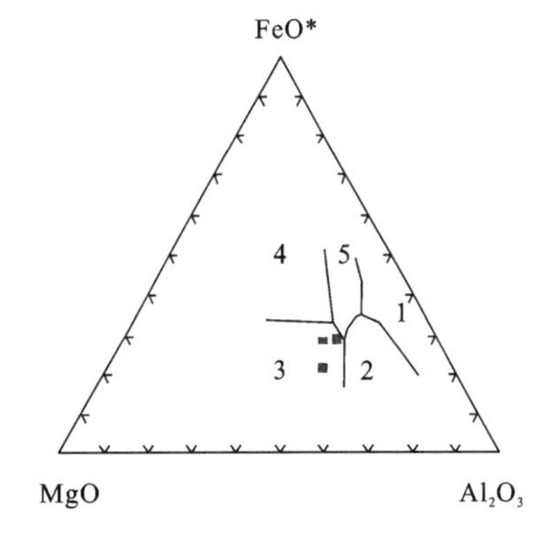

图 4-10　FeO^*-MgO-Al_2O_3图解

1. 扩张中央岛玄武岩；2. 造山玄武岩；
3. 洋中脊或洋底玄武岩；4. 大洋岛玄武岩；5. 大陆玄武岩

综上所述，我们认为念青唐古拉群中的斜长角闪岩从野外地质特征到岩石地球化学分析均显示了基性火山岩的特点，其原岩为洋岛钙碱性玄武岩类。

斜长片麻岩和云母片岩类　从表 4-2 中可以看出，区内的云母片岩富硅，碱质也较高，在西蒙南图解(图 4-5)中，云母片岩投影落入砂质沉积岩区内。其微量元素蛛网图(图 4-11)中，Rb、Ba、Th 显示出强烈富集的特点，具有中酸性火山岩的地球化学特征，也符合泥砂质沉积岩的地球化学特征。

稀土元素分析结果表明，云母片岩的稀土总量为 90.84×10^{-6} 和 153.52×10^{-6}，偏高；稀土配分曲线呈右倾型，轻稀土富集，重稀土亏损，具有中等程度的负 Eu 异常(图 4-12)。

斜长片麻岩的硅含量中等，富铝、铁和碱质而贫钙。微量元素蛛网图亦显示出中酸性火山岩的化学式特征，亦与泥砂质沉积岩地球化学特点(图 4-11)相似。

稀土元素总量为 425.26×10^{-6}，极富稀土元素，其配分形式显示出右倾型，轻稀土富集，重稀土亏损，具有强烈的负 Eu 异常(图 4-12)，这些与泥质沉积岩的特征相似。副矿物除磁铁矿外，常见有电气石。

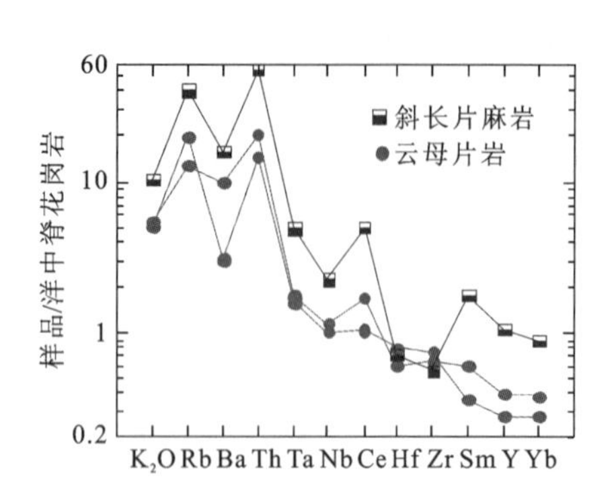

图 4-11 斜长片麻岩、云母片岩的微量元素蛛网图

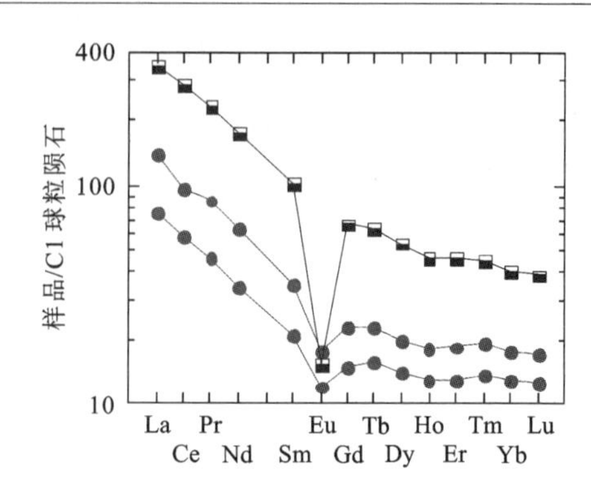

图 4-12 斜长片麻岩、云母片岩的稀土元素配分形式图

(图例同图 4-11)

综上所述,区内念青唐古拉群变质岩的原岩:斜长角闪岩和绿片岩的原岩应为基性火山岩,斜长片麻岩和云母片岩的原岩应为沉积的泥砂质岩石。

三、热接触变质岩的原岩特征

测区南部热接触变质岩的原岩为石炭系的泥质粉砂岩和砂质泥岩。

第四节 变质作用特征

测区内念青唐古拉群变质岩出露面积很小,且多呈岩片状分布于永珠-纳木错蛇绿岩带中,只是区域上念青唐古拉群变质岩的一小部分,因此,本节讨论的变质作用特征在很大程度上只能代表永珠-纳木错蛇绿岩带中构造岩片的变质作用特征。

一、变质矿物及矿物化学特征

1. 石榴石

石榴石在变质岩区内分布较普遍,其寄主岩石为云母片岩、斜长片麻岩和斜长角闪岩。石榴石在岩石中多呈变斑晶产出,其中常含有石英和黑云母的细粒包体,但其中的包体无定向构造(图 4-13)。云母片岩和斜长片麻岩中的石榴石常呈压扁拉长的透镜状,其长轴沿片(麻)理方向定向,两端常见压力影。斜长角闪岩中的石榴石则呈细粒状,常呈条带状集中分布,其中不含其他矿物的包体,集合体排列方向与片(麻)理方向一致(图 4-13)。

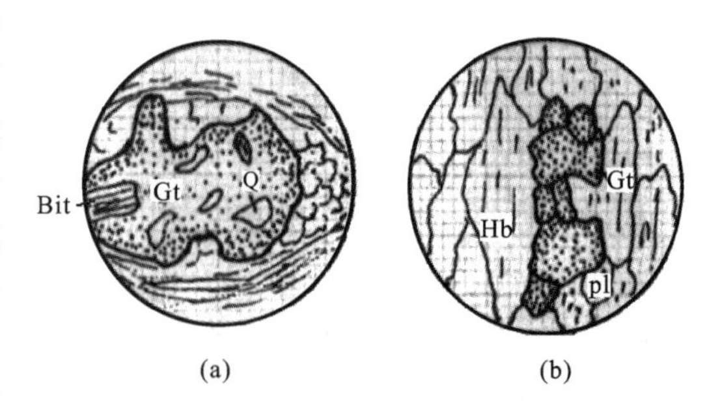

图 4-13 云母片岩(a)和斜长角闪岩(b)中的石榴石[×40(—)]

石榴石电子探针分析及计算结果见表 4-3。

表 4-3 石榴石电子探针分析及计算结果表

样品号	矿物	SiO_2	TiO_2	Al_2O_3	Cr_2O_3	FeO	Fe_2O_3	MnO	MgO	CaO	Na_2O	F	Cl	Σ	FeOcalc	Fe_2O_3cal
p1b1	Gt	37.52	0.09	22.14	0.07	34.29	—	0.42	3.92	0.91	0.01	—	—	99.30	34.29	—
p1b5	Gt	37.61	0.07	21.92	—	34.79	—	1.66	2.61	1.36	—	—	—	100.02	34.79	—
spb4	Gt	38.36	—	22.44	—	21.23	—	1.71	7.22	9.25	—	—	—	100.21	21.23	—
spb5	Gt	36.71	—	23.60	0.01	35.29	—	0.45	4.01	0.82	0.03	—	—	100.91	35.29	—

续表 4-3

样品号	矿物	SiO_2	TiO_2	Al_2O_3	Cr_2O_3	FeO	Fe_2O_3	MnO	MgO	CaO	Na_2O	F	Cl	Σ	FeOcalc	Fe_2O_3cal
spb5	Gt	36.71	0	23.6	0.01	35.29	0	0.45	4.01	0.82	0.03	0	0	100.91	35.29	0
spb9	Gt	36.77	—	22.52	0.07	26.54	—	1.81	4.32	7.89	0.05	—	—	99.90	26.54	—
样品号	TotalCa	O_F_C	CTotal	TSi	TAl	Sum_T	AlVI	Fe^3	Ti	Cr	Sum_A	Fe^2	Mg	Mn	Ca	Na
p1b1	99.30	—	99.30	3.014		3.014	2.095	—	0.005	0.004	2.104	2.304	0.469	0.029	0.078	0.002
p1b5	100.02	—	100.02	3.029		3.029	2.079	—	0.004	—	2.083	2.343	0.313	0.113	0.117	—
spb4	100.21	—	100.21	2.932	0.068	3.000	1.952	—	—	—	1.952	1.357	0.823	0.111	0.758	—
spb5	100.91	—	100.91	2.899	0.101	3.000	2.093	—	—	0.001	2.094	2.330	0.472	0.030	0.069	0.005
spb9	99.90	—	99.90	2.882	0.118	3.000	1.961	—	—	0.004	1.965	1.740	0.505	0.120	0.663	0.008
样品号	Sum_B	Sum_c	O	CF	CCl	Alm	And	Gross	Pyrope	Spess	Uvaro	XCagnt	XFegnt	Xmggnt	Fe_Mggnt	
p1b1	2.882	8	12	—	—	79.945	—	2.507	16.291	0.992	0.211	0.027	0.800	0.163	4.913	
p1b5	2.887	8	12	—	—	81.16	—	4.065	10.854	3.922	—	0.041	0.812	0.108	7.486	
spb4	3.048	8	12	—	—	44.526	—	24.853	26.991	3.632	—	0.249	0.445	0.270	1.649	
spb5	2.906	8	12	—	—	80.179	—	2.357	16.241	1.036	0.030	0.024	0.803	0.163	4.936	
spb9	3.035	8	12	—	—	57.48	—	21.900	16.68	3.96	—	0.219	0.575	0.167	3.446	

注：由吉林大学朝阳校区测试中心探针室分析，以下探针数据同。微量元素和稀土元素含量单位为$\times 10^{-6}$外，其余均为%。

从表 4-3 中可以看出，念青唐古拉群变质岩中的石榴石的端元组分均以铁铝榴石为主，镁铝榴石次之，锰铝榴石很少；钙铝榴石在斜长角闪岩(spb4)和斜长片麻岩(spb9)的石榴石中较高，而在云母片岩的石榴石中则含量很少。云母片岩中的石榴石多属于铁铝榴石类石榴石。

在南蒂(1968)的图解中(图 4-14)，本区云母片岩中的石榴石，均投影于图的右下方，应属矽线石带的石榴石。

在 CaO-MgO-(FeO+MnO)图解(图 4-15)中，云母片岩中的石榴石投影点落入角闪岩相区内，而斜长角闪岩和斜长片麻岩因含钙铝榴石端元组分较高，投影点落入麻粒岩相和榴辉岩相区内。

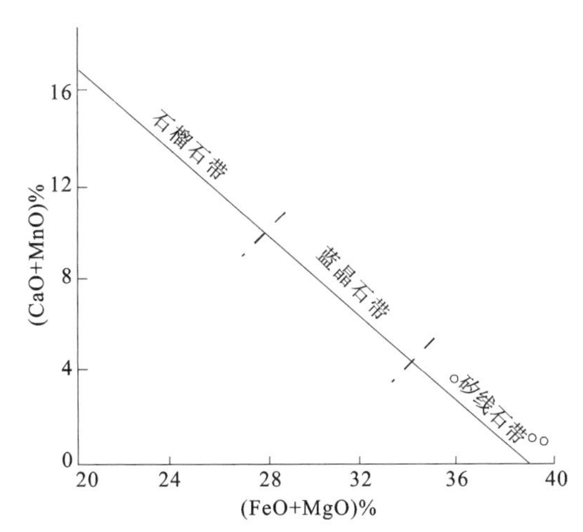

图 4-14　泥质变质岩中石榴石化学成分与变质程度的关系图

(据南蒂，1968)

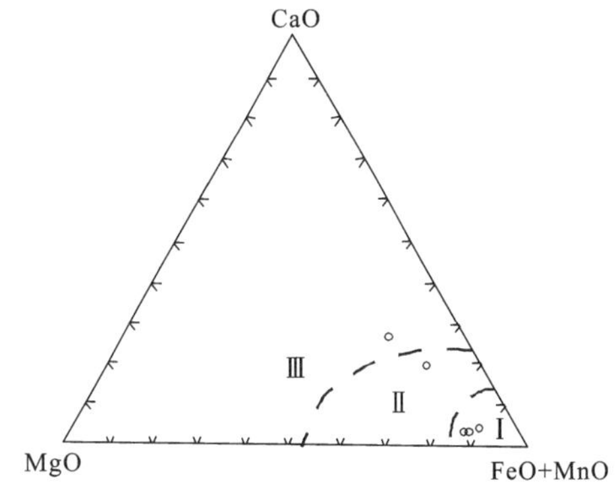

图 4-15　不同变质岩相的石榴石

(据卢茨，1964)

Ⅰ.角闪岩相；Ⅱ.麻粒岩相；Ⅲ.榴辉岩相

在镁铝榴石-铁铝榴石系列成分区间综合图解(图 4-16)中，云母片岩中的石榴石投影点落入绿帘角闪岩相区内，而斜长角闪岩和斜长片麻岩中的石榴石则投影于麻粒岩相和角闪岩相区内。

上述对石榴石成分的研究结果基本符合野外地质特征及矿物组合所反映的变质程度情况。但斜长角闪岩和斜长片麻岩由于其钙铝榴石含量很高，影响了其投影的效果，与野外地质情况和矿物组合所反映的变质条件差距较大。

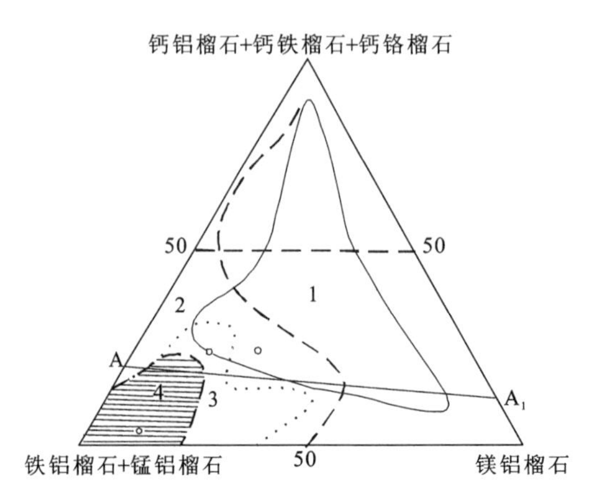

图 4-16　不同变质相的镁铝榴石-铁铝榴石系列成分区间的综合图解

(据索波列夫,1970)

1.榴辉岩相(包括榴辉蓝片岩);2.麻粒岩相(同富钙石榴石一起);3.角闪岩相(同蓝晶石片麻岩和片岩一起);
4.绿帘角闪岩相和角岩相;AA_1为与无钙的铁镁矿物共生的石榴石(此线之下)
和与含钙的铁镁矿物共生的石榴石(此线之上)之间的界线

2. 角闪石

角闪石在念青唐古拉群中的寄主岩石主要为斜长角闪岩和石榴角闪黑云斜长片麻岩。角闪石在岩石中多呈半自形状,局部沿长轴方向具有定向构造(见图 4-13),具有绿—黄绿色多色性,两组斜交的完全和不完全解理。部分角闪石边部蚀变为黑云母或绿泥石。

角闪石电子探针分析和计算结果见表 4-4。

表 4-4　角闪石电子探针分析和计算结果表

样品号	矿物	SiO_2	TiO_2	Al_2O_3	FeO	Cr_2O_3	MnO	MgO	CaO	Na_2O	K_2O	Σ	CTotal	TSi	TAl^{IV}	Sum_T
spb10-act	Hb	49.24	0.22	6.53	11.87	0.22	0.33	16.63	12.12	0.55	0.06	97.77	97.55	6.978	1.022	8
spb2	Hb	51.55	0.64	8.40	12.21	0.11	0.06	12.55	10.56	1.35	0.57	98.00	97.89	7.462	0.538	8
spb3	Hb	47.86	0.49	11.54	13.42	0.30	0.09	11.41	11.02	1.26	0.62	98.01	97.71	6.956	1.044	8
spb4	Hb	43.37	0.46	14.29	11.16	0.10	0.31	14.47	11.36	2.47	0.31	98.30	98.20	6.200	1.800	8
spb8	Hb	45.16	0.36	13.72	10.41	0.19	0.24	14.99	9.24	1.87	0.90	97.08	96.89	9.448	1.552	8
样品号	矿物	CAl^{VI}	CCr	CFe^{3+}	CTi	CMg	CFe^{2+}	CMn	CCa	Sum_C	BMg	BFe^{2+}	BMn			
spb10-act	Hb	0.067	0.025	0.892	0.023	3.513	0.46	0.020	—	5	—	0.055	0.02			
spb2	Hb	0.894	0.013	—	0.070	2.708	1.311	0.004	—	5	—	0.167	0.004			
spb3	Hb	0.931	0.034	0.136	0.051	2.472	1.367	0.005	—	5	—	0.128	0.006			
spb4	Hb	0.606	0.011	0.619	0.049	3.084	0.612	0.019	—	5	—	0.103	0.019			
spb8	Hb	0.755	0.021	0.609	0.039	3.191	0.371	0.014	—	5	—	0.264	0.015			
样品号	矿物	BNa	Sum_B	ACa	ANa	AK	Sum_A	Sum_cat	C1	CF	OH	Sum_oxy				
spb10-act	Hb	0.075	1.990	—	0.076	0.011	0.087	15.077	—	—	—	23.000				
spb2	Hb	0.187	1.995	—	0.192	0.105	0.297	15.293	—	—	—	23.305				
spb3	Hb	0.151	2.000	—	0.204	0.115	0.319	15.319	—	—	—	23.166				
spb4	Hb	0.138	2.000	—	0.547	0.057	0.603	15.603	—	—	—	23.000				
spb8	Hb	0.253	1.945	—	0.264	0.164	0.428	15.374	—	—	—	22.988				

注:除微量元素和稀土元素含量单位为$\times10^{-6}$外,其余均为%。

从此电子探针分析结果可以看出，念青唐古拉群中的角闪石矿物较富铁、镁、钙，CaO 的含量在 9.24%～12.12%之间，属钙质角闪石类。按表 4-4 计算的结果投影于角闪石分类图中(图 4-17)，其中两个斜长角闪岩的角闪石为阳起角闪石，绿片岩中的阳起石为透闪角闪石，而片麻岩和石榴斜长角闪岩中的角闪石分别为钙镁角闪石和钙镁闪石。

A.(Na+K) A<0.50;(Ti<0.50)

纵坐标 Mg/(Mg+Fe^{2+}) ＼ 横坐标 Si	8.00 7.75 7.50	7.50 7.25 7.00	6.75	6.50 6.25	6.00 5.75
1.00～0.90	透闪石	透闪角闪石 +	镁角闪石	钙镁角闪石 +	钙镁闪石(铝钙镁闪石) +
0.90～0.50	阳起石	阳起角闪石 + +			
0.50～0.00	亚铁阳起石	亚铁-阳起角闪石	亚铁角闪石	亚铁-钙镁角闪石	亚铁-钙镁闪石

图 4-17　角闪石分类图

角闪石的晶体化学式为：

阳起角闪石(spb2) $(Na_{0.192}K_{0.105})_{0.297}(Na_{0.187}Ca_{1.638}Fe^{2+}_{0.167}Mn^{2+}_{0.004})_{1.996}(Mg_{2.708}Fe^{2+}_{1.311}Mn_{0.004}Al^{3+}_{0.894}Ti_{0.07}Cr_{0.013})_5(Si_{7.46}Al_{0.54})_8O_{23.305}$(OH. F. Cl)

(spb3) $(Na_{0.204}K_{0.115})_{0.319}(Na_{0.151}Ca_{1.716}Fe^{2+}_{0.128}Mn^{2+}_{0.006})_{2.001}(Mg_{2.472}Fe^{2+}_{1.367}Mn_{0.005}Al^{3+}_{0.931}Fe^{3+}_{0.136}Ti_{0.054}Cr_{0.034})_{4.999}(Si_{6.96}Al_{1.04})_8O_{23.166}$(OH. F. Cl)

钙镁角闪石(spb8) $(Na_{0.264}K_{0.164})_{0.428}(Na_{0.253}Ca_{1.414}Fe^{2+}_{0.264}Mn^{2+}_{0.015})_{1.946}(Mg_{3.191}Fe^{2+}_{0.371}Mn_{0.014}Al^{3+}_{0.755}Fe^{3+}_{0.609}Ti_{0.039}Cr_{0.021})_5(Si_{6.45}Al_{1.55})_8O_{22.988}$(OH. F. Cl)

钙镁闪石(spb4) $(Na_{0.547}K_{0.057})_{0.604}(Na_{0.138}Ca_{1.74}Fe^{2+}_{0.103}Mn^{2+}_{0.019})_{2.0}(Mg_{3.084}Fe^{2+}_{0.612}Mn_{0.019}Al^{3+}_{0.606}Fe^{3+}_{0.619}Ti_{0.049}Cr_{0.011})_5(Si_{6.2}Al_{1.8})_8O_{23}$(OH. F. Cl)

透闪角闪石(spb10-act) $(Na_{0.076}K_{0.011})_{0.087}(Na_{0.075}Ca_{1.84}Fe^{2+}_{0.055}Mn^{2+}_{0.02})_{1.99}(Mg_{3.513}Fe^{2+}_{0.46}Mn_{0.02}Al^{3+}_{0.067}Fe^{3+}_{0.892}Ti_{0.023}Cr_{0.025})_5(Si_{6.98}Al_{1.02})_8O_{23}$(OH. F. Cl)

在 Ti-Si 变异图中(图 4-18)，念青唐古拉群的角闪石均落入变质闪石区内，与实际情况完全一致。

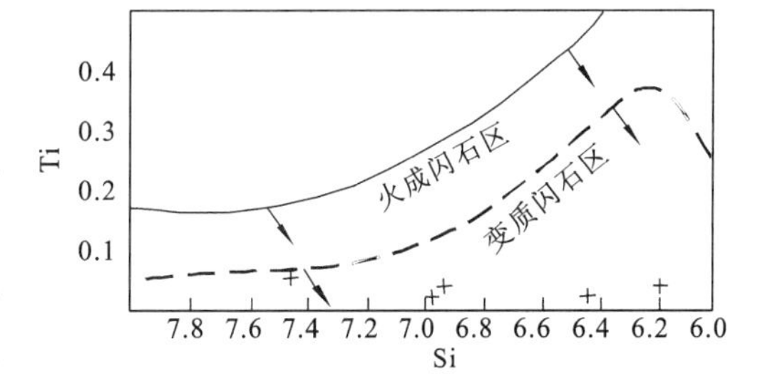

图 4-18　Ti-Si 变异图
(据 Leake，1965)

在角闪石 Al^{IV}-Al^{VI} 变异图中(图 4-19)，念青唐古拉群变质角闪石分别投影于绿片岩相到变粒岩相区，投影点极为分散，这可能说明念青唐古拉群变质岩形成的温度范围比较宽。

在(Na+K)-Ti 变异图中(图 4-20)，角闪石的投影点大部分落入角闪岩相和绿帘石角闪岩相范围内，只有阳起绿泥片岩中的阳起石投影点落入更下部，预示其形成温度更低些。

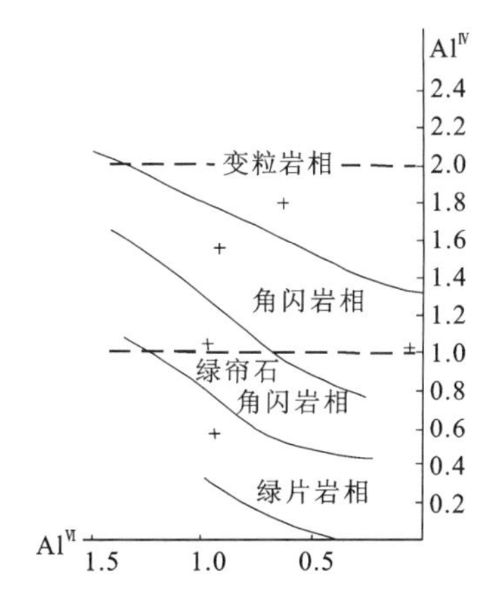

图 4-19　角闪石中 Al^{IV}-Al^{VI} 的变异图
(据 Закруткин，1968)

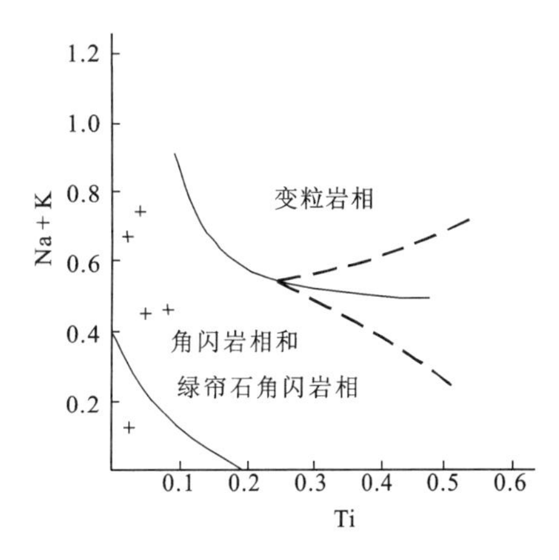

图 4-20　角闪石中(Na+K)-Ti 的变异图
(据 Закруткин，1968)

在角闪石的 NaM_4 对 Al^{IV} 变异图中，念青唐古拉群角闪石的投影点均落入图的下部，它们所反映的压力条件，在 0.3～0.7GPa 之间(图 4-21)，反映念青唐古拉群变质岩形成的压力范围也是比较宽的。

综上所述，角闪石的矿物学和矿物化学特征表明，念青唐古拉群中的角闪石寄主于斜长角闪岩、绿片岩和片麻岩中，属变质成因的钙质角闪石类，它们形成的温压范围均比较宽。

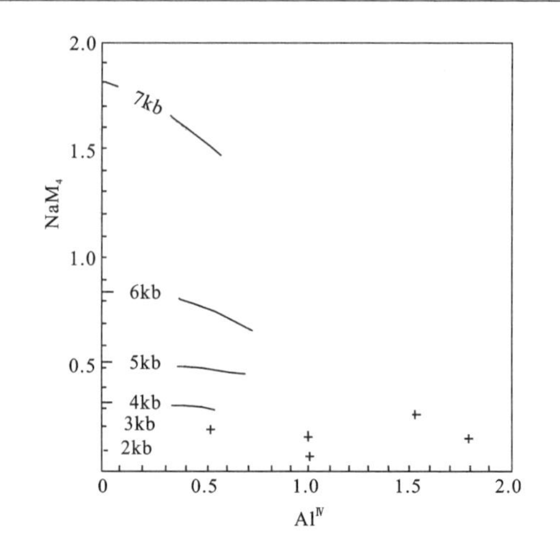

图 4-21　角闪石中的 NaM_4 对 Al^{IV} 变异图

(据 Brown, 1977)

(1kb＝10^8Pa)

3. 辉石

念青唐古拉群中，只在剖面第 8 层的斜长角闪岩中见到。辉石在岩中呈黑色，粒度与角闪石相当，具有淡绿—无色的多色性，高突起，消光角 $Ng' \wedge C \approx 44°$

辉石的电子探针分析及计算结果见表 4-5。

表 4-5　辉石电子探针分析及计算结果表

样品号	矿物	SiO_2	TiO_2	Al_2O_3	FeO	Fe_2O_3	Cr_2O_3	MnO	NiO	MgO	CaO	Na_2O	K_2O	Σ	Tsi
spb8	Pyr	50.36	0.32	4.04	5.51	—	0.24	0.27	—	15.82	22.99	0.24	0.21	100	1.842

样品号	矿物	TAl	TFe^3	M1Al	M1Ti	$M1Fe^3$	$M1Fe^2$	M1Cr	M1Mg	M1Ni	M2Mg	$M2Fe^2$	M2Mn	M2Ca
spb8	Pyr	0.158	—	0.016	0.009	—	0.105	0.01	0.863	—	—	0.064	0.01	0.9

样品号	矿物	M2Na	M2Ka	Sum_	Ca	Mg	Fe^2_M	JD1	AE1	CFTS1	CTTS1	CATS1	WO1	EN1
spb8	Pyr	0.017	0.01	3.99	46.4	44.45	9.117	0.842	0.53	—	0.449	—	45.54	44

样品号	矿物	FS1	Q	J	WO	EN	Fs	WEF	JD	AE				
spb8	Pyr	8.604	1.93	0.034	46.43	44.5	9.1	98.28	1.724	—				

从表中可以看出，念青唐古拉群中的辉石富镁、钙和铁，属顽火辉石-斜方铁辉石形成的类质同象系列，其晶体化学式为：

$$(Ca_{0.9}Na_{0.017}Fe^{2+}_{0.064}Mn_{0.01}K_{0.01})^{M2}_{1.001}(Mg_{0.863}Al_{0.016}Cr_{0.01}Ti_{0.009}Fe^{2+}_{0.105})^{M1}_{1.003}(Si_{1.842}Al_{0.158})_2O_6$$

根据计算结果将其成分投影于图 4-22 中，投影点落入透辉石区内，与岩相学特点相符。

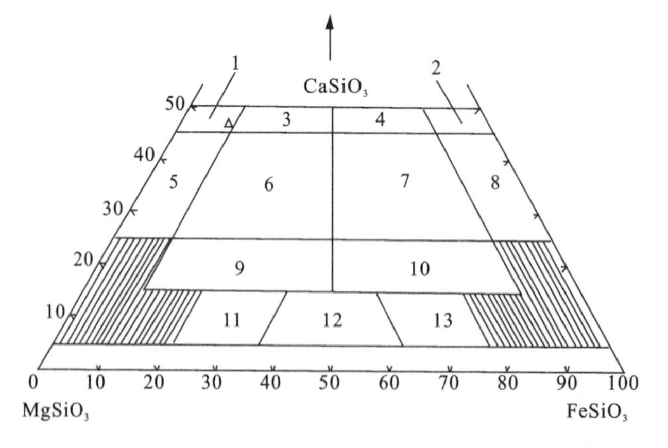

图 4-22　$CaMgSi_2O_6$-$CaFeSi_2O_6$-$Fe_2Si_2O_6$-$Mg_2Si_2O_6$ 体系中单斜辉石的命名

(据 Poldervaart 和 Hess, 1951)

1. 透辉石；2. 钙铁辉石；3. 次透辉石；4. 铁次透辉石；5. 顽透辉石；6. 普通辉石；7. 铁普通辉石；8. 铁钙铁辉石；9. 次钙普通辉石；10. 次钙铁普通辉石；11. 镁易变辉石；12. 过渡易变辉石；13. 铁易变辉石

4. 黑云母

念青唐古拉群中黑云母矿物的寄主岩石主要是云母片岩和片麻岩。黑云母在岩石中常定向排列而构成片理，显微镜下，黑云母具有褐—黄褐色多色性，也常呈包体状态包含于石榴石变斑晶中，与石榴石密切共生。

黑云母的电子探针分析和计算结果见表 4-6。

表 4-6　黑云母电子探针分析和计算结果表

样品号	矿物	SiO_2	TiO_2	Al_2O_3	Cr_2O_3	FeO	Fe_2O	MnO	MgO	Na_2O	K_2O	Σ	Ctotal
p1b1	Bit	36.28	0.29	21.46	0.19	21.17	—	0.09	8.98	0.03	3.88	92.37	92.37
p1b5	Bit	38.38	0.76	23.79	0.01	18.24	—	0.20	8.57	0.10	5.28	95.33	95.33
spb5	Bit	36.32	1.90	20.10	0.26	20.1	—	0.11	8.94	0.13	7.32	95.18	95.18

样品号	Si	Al^{IV}	Al^{VI}	Ti	Fe^3	Fe^2	Cr	Mn	Mg	Na	K	OH	Fe_FeMg	Mg_FeMg
p1b1	5.761	2.239	1.77	0.035	—	2.811	0.02	0.01	2.13	0.01	0.79	—	0.57	0.43
p1b5	5.821	2.179	2.07	0.087	—	2.314	—	0.03	1.94	0.03	1.02	—	0.54	0.46
spb5	5.707	2.293	1.43	0.225	—	2.614	0.03	0.02	2.09	0.04	1.47	—	0.56	0.44

从表中可以看出，本区黑云母富铝、镁、铁、钾，与黑云母的岩相学特征一致。

根据上述数据，投影于 TiO_2-(Fe×100/Fe+Mg)图解(图 4-23)中，本区的黑云母均落入角闪岩相区。据此认为本区变质黑云母的变质程度不高于角闪岩相。

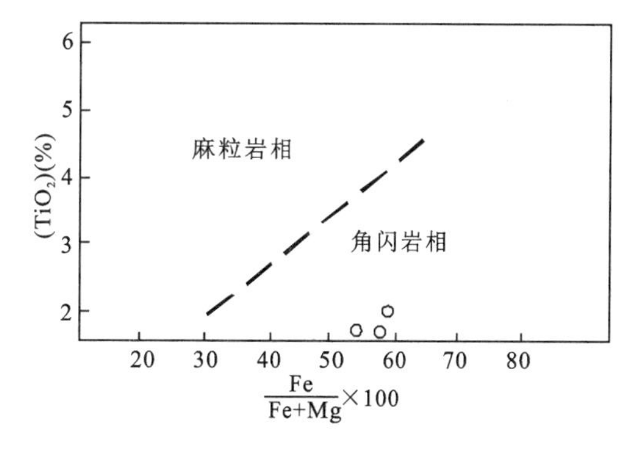

图 4-23　变质黑云母的 TiO_2-($\frac{Fe}{Fe+Mg}\times 100$)图解

(据 Другова, 1965)

5. 斜长石

斜长石在念青唐古拉群中的寄主岩石是斜长角闪岩、斜长片麻岩和长石石英岩，在云母片岩中偶尔可见斜长石，在长石石英岩中的斜长石则多数为碎屑长石。因此，本章电子探针分析的是斜长角闪岩和斜长片麻岩中的斜长石。电子探针分析及计算结果见表 4-7。

表 4-7　斜长石电子探针分析及计算结果表　(%)

样品号	矿物	SiO_2	TiO_2	Al_2O_3	FeO	MnO	MgO	BaO	CaO	Na_2O	K_2O	Σ	Si
spb2	Pl	61.54	0.04	24.0	—	—	0.02	—	6.66	7.68	0.06	100.00	10.927
spb3	Pl	56.83	0.04	28.4	0.17	—	0.05	—	9.23	5.04	0.13	99.89	10.159
spb4	Pl	62.11	0.13	23.62	0.13	—	—	—	4.93	8.95	0.08	99.95	11.023
spb5	Pl	52.70	—	30.64	0.05	—	—	—	11.93	4.59	0.08	99.99	9.533

样品号	矿物	Al	Ti	Fe^2	Mn	Mg	Ba	Ca	Na	Catio	X	Z	Ab	An	Or
spb2	Pl	5.018	0.005	—	—	0.005	—	1.27	2.644	19.88	16.0	3.930	67	32.3	0.4
spb3	Pl	5.979	0.005	0.025	—	0.013	—	1.77	1.747	19.73	16.1	3.583	49	49.9	0.8
spb4	Pl	4.937	0.017	0.019	—	—	—	0.94	3.080	20.03	16.0	4.054	76	23.2	0.4
spb5	Pl	6.527	—	0.008	—	—	—	2.31	1.610	20.01	16.1	3.948	41	58.7	0.5

从表中可以看出，区内变质岩中的斜长石牌号变化较大，spb4 石榴斜长角闪岩中的斜长石为更长石，而其他的斜长角闪岩中的斜长石均为中—拉长石。

一般来说，随着变质程度在一定范围内的增高，斜长石含钙量亦逐步增大，而伴随着绿帘石的减少。在蓝晶石带的温压范围内，斜长石主要为中长石和拉长石。本区的斜长石可能为中低级变质形成的斜长石。

6. 白云母

念青唐古拉群变质岩中的白云母主要的寄主岩石是云母片岩，或为白云母片岩，或为二云母片岩，且与石榴石、蓝晶石、黑云母和石英等共生。白云母在手标本中呈白色片状，镜下无色透明，具有较明显的闪突起，为云母片岩的主要成分之一。

白云母的电子探针分析及计算结果见表 4-8。

表 4-8 白云母电子探针分析及计算结果表 (%)

样品号	矿物	SiO_2	TiO_2	Al_2O_3	Cr_2O_3	FeO	MnO	MgO	CaO
spb5	Mus	46.95	0.32	37.75	—	1.26	—	0.75	—
样品号	矿物	Na_2O	K_2O	Σ	Si	Al^{IV}	SumT	Al^{VI}	Ti
spb5	Mus	0.46	8.0	95.49	6.117	1.883	8	3.909	0.031
样品号	矿物	Fe^{2+}	Mg	Na	K	Cations	O	Fe_FeMg	Mg_MgFe
spb5	Mus	0.137	0.146	0.116	1.33	13.669	24	0.48	0.52

利用上述分析结果投影于$(FeO+Fe_2O_3)$-Al_2O_3图解中，该白云母投影点落入十字石和矽线石带域内(图 4-24)，说明该白云母是在较高温度下形成的。在变质的云母片岩中，白云母稳定存在标志着该变质泥质岩还没有达到高级变质条件。

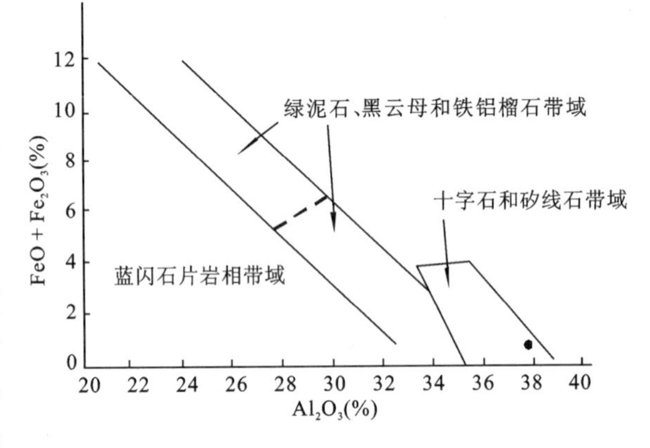

图 4-24 变质泥质岩中的白云母的成分与变质相带的关系(据都城秋惠，1972)

7. 蓝晶石

蓝晶石在念青唐古拉群中的寄主岩石是石榴蓝晶黑云片岩，而且在申扎县幅范围内只有一层黑云片岩中含蓝晶石矿物。该矿物在岩石中粒度均很小，一般不大于 0.2mm，常呈带状的集合体产出，蓝晶石条带与片理方向排列一致。蓝晶石在岩石中与石榴石、黑云母共生。显微镜下呈高突起，横切面可见两组解理(一组完全，一组不完全)，交角约 70°，电子探针分析结果见表 4-9。

表 4-9 蓝晶石电子探针分析结果 (%)

样品号	SiO_2	TiO_2	Al_2O_3	Cr_2O_3	<FeO>	MnO	MgO	CaO	K_2O	Na_2O	Σ
spb5	38.76	0.05	60.0	0.02	0.93	—	0.08	0.07	0.06	0.03	100.0

上述分析结果证实了岩矿鉴定成果。

蓝晶石的存在一方面说明其原岩较富铝，另一方面也暗示了念青唐古拉群的中温中压变质环境。

二、变质变形特征

念青唐古拉群变质岩的变形作用总体上说是较弱的。从本区的实际情况看，它们虽经受了后期构造作用的解体而成为大小不等的岩片，但对已形成的变质岩影响并不很大，野外地质调查及室内显微构造研究表明，念青唐古拉群变质岩经受了两期程度不同的变形作用的改造。

(1) 第一期为变晶变形作用:岩相学的研究成果表明,云母片岩、斜长片麻岩乃至斜长角闪岩的片理、片麻理均与岩石的变余层理基本平行。其中的石榴石变斑晶中包含有黑云母和石英的包体,包体无定向构造;而石榴石变斑晶则常见压扁、拉长现象(见图4-13),而片理则绕过石榴石,压扁的石榴石长轴沿片理方向定向(图4-25)。片理亦常出现层间小褶皱。但其轴面仍与片理平行,为同期变形作用的结果。片理绕石榴石而过证明区内变质岩的变形作用滞后于变晶作用。变晶形成中,石榴石变斑晶的形成则滞后于黑云母和石英。

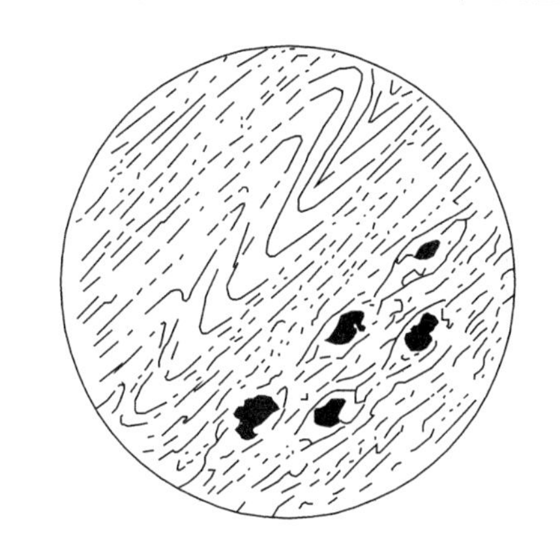

图4-25 变斑晶石榴石与片理的关系

(2) 第二期变形作用:是通过在 S_1 片理面的基础上叠加的褶纹线理(L_1)和 S_2 变形面而表现出来。该变形面几乎与片理面 S_1 垂直(见图4-4)。该期变形所形成的褶纹线理,其倾伏向为330°,倾伏角为29°,这可能预示着该期变形与区域上北西向构造活动有成生联系。

三、变质作用的温压条件

根据现有温压计研究结果,结合本区变质岩中存在的矿物共生组合特征,我们选用了石榴石-黑云母地质温压计、石榴石-角闪石地质温压计、角闪石-斜长石地质温度计、角闪石-单斜辉石地质温度计及Thompson(1976)等的石榴石-黑云母温度计的计算公式,对测区的变质岩作了温压条件的投影和计算。

1. 石榴石-黑云母地质温压计

利用该温压计对区内的石榴黑云(二云)片岩的形成温度和压力进行了投影和计算。

在别尔丘克(1970)的共存的黑云母和石榴石之间Mg-Fe分配系数与变质温度图中(图4-26),本区的样品分别投影于560℃、640℃和650℃位置上。在石榴石-黑云母Mg分配等温线图中(图4-27),3个样品的投影结果分别为:595℃、680℃、690℃(此两图温度的误差范围为40～70℃)。

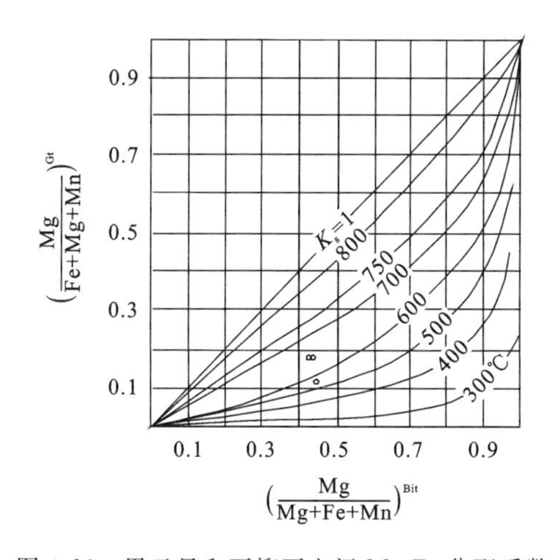

图4-26 黑云母和石榴石之间Mg-Fe分配系数与温度关系图(据别尔丘克,1970)

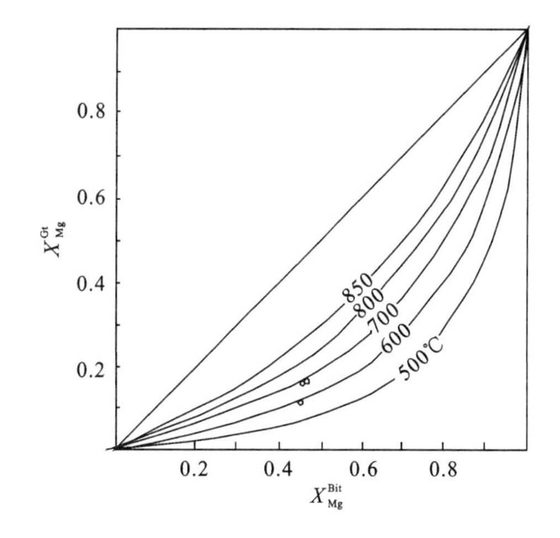

图4-27 石榴石-黑云母之间Mg分配等温线图(据格列鲍维斯基,1977)

根据上述所得的温度条件和根据探针数据计算的 $\overline{K}$ 值,投影于图4-28中,取得该区石榴云母片岩形成的压力分别为0.4GPa、0.49GPa和0.59GPa。

根据石榴云母片岩中石榴石和黑云母电子探针分析结果,利用Thompson(1976)等的计算公式,对其进行了温度计算,其结果列于表4-10中。

表 4-10　利用公式计算石榴云母片岩的温度条件

样品号	$\overline{K}$	LnK	计算结果(℃)		
			Thompson(1976)	Holdaway and lee(1977)	Ferry and Spear (1978)
p1b1	3.72	1.313 7	695	693	704　0.59GPa
p1b5	6.28	1.837 4	556	560	549　0.4GPa
spb 5	3.89	1.359 9	680	679	682　0.49GPa

2. 石榴石-角闪石地质温压计

根据本区共生的石榴石和角闪石电子探针分析和计算结果，投影于 Mg 分配等温线图中，得到了 530℃的变质温度条件(图 4-29)。

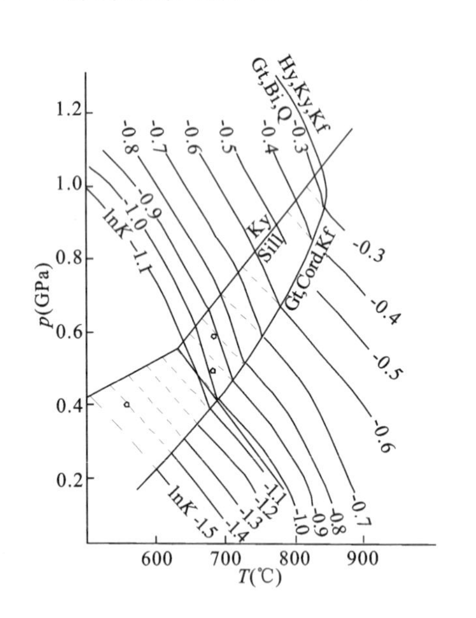

图 4-28　根据 T 和 K 确定压力图解

(据格列鲍维斯基等,1997)

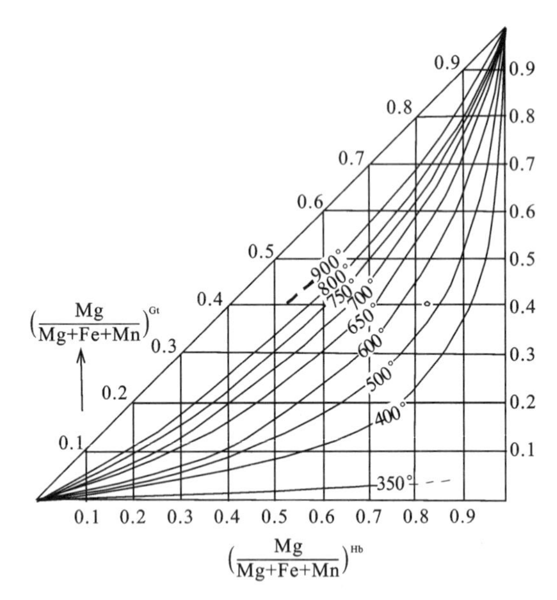

图 4-29　共存的石榴石-角闪石之间 Mg 分配等温线图

(据 Перчук,1967;B. A. 等,1997)

根据共生的石榴石与角闪石电子探针分析和计算结果，分别计算出 $\overline{K}_{Mg}^{Gt-Hb}$ 和 $\overline{K}_{Ca}^{Gt-Hb}$，再投影于图 4-30 中，其投影结果得到 670℃的温度和 0.67GPa 的压力值(图 4-30)。

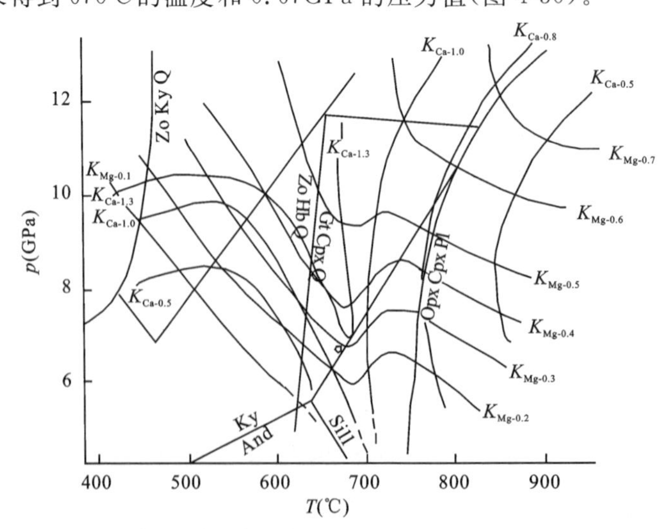

图 4-30　石榴石-角闪石 $\overline{K}_{Mg}^{Gt-Hb}$ 和 $\overline{K}_{Ca}^{Gt-Hb}$ 与 T-p 的相关图

(据格列鲍维斯基,1977)

3. 角闪石-斜长石地质温度计

根据共生的角闪石和斜长石的电子探针数据及计算结果，投影于角闪石-斜长石之间 Ca 分配等温线图中(图 4-31)，得到区内不同层位 3 个斜长角闪岩的变质温度分别为 540℃、580℃和 640℃。

4. 角闪石—单斜辉石地质温度计

根据共生的角闪石和单斜辉石的电子探针分析结果，分别计算出$(Mg/Mg+Fe+Mn)^{Cpx}$和$(Mg/Mg+Fe+Mn)^{Hb}$，投影于图 4-32 中，得到了 695℃的变质温度条件。

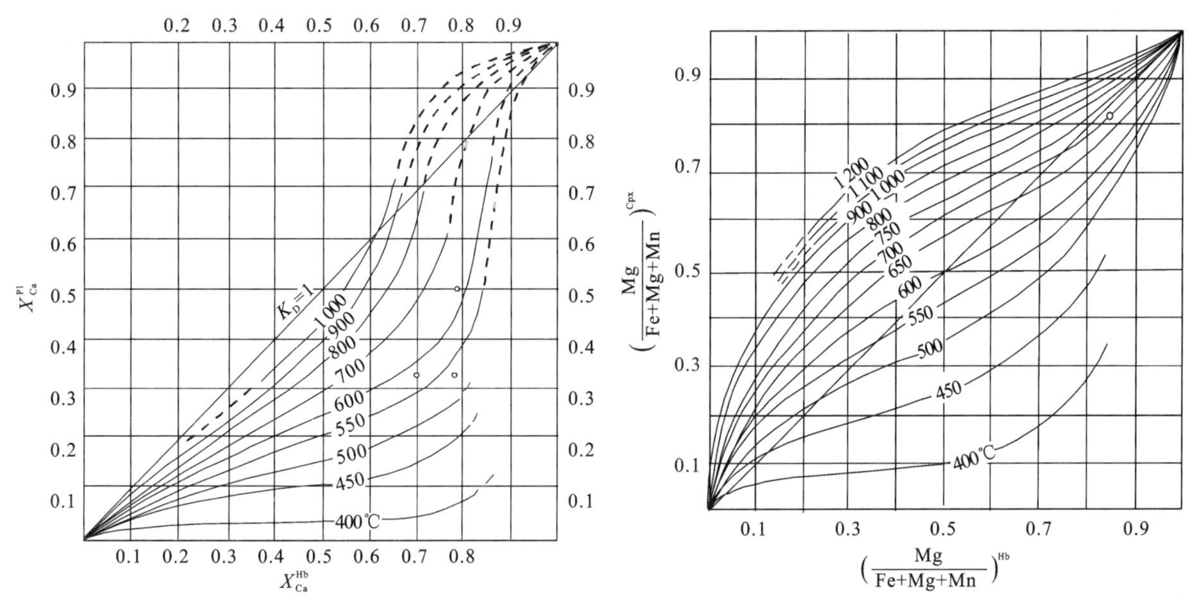

图 4-31　共存的角闪石和斜长石之间 Ca 分配等温线图
(据别尔丘克，1966)

图 4-32　除榴辉岩和蓝闪石片岩以外的各类岩石的角闪石和单斜辉石共生的相图
(据别尔丘克，1969)

综合上述可以看出，本区念青唐古拉群变质岩温压条件的估算结果误差是比较大的。利用不同方法估算的温度、压力均有差距。将石榴石-黑云母矿物对估算的温压条件平均并与其他方法估算的温度、压力一并列于表 4-11 中。

表 4-11　念青唐古拉群变质岩温压条件估算结果表

样品号	估算温度(℃)				估算压力(GPa)	
	Gt-Bit(平均)	Gt-Hb	Hb-Pl	Hb-Cpx	Gt-Bit	Gt-Hb
spb2			540			
spb3			580			
spb4		670	640			0.67
spb5	686				0.59	
spb8				695		
p1b1	563				0.4	
p1b5	672				0.49	

根据表 4-11 的计算结果，并考虑到变质岩中矿物共生组合情况，我们认为本区念青唐古拉群下部的变质作用程度相当于中压角闪岩相区域动力热流变质作用。其温压条件为 T=540～695℃；p=0.4～0.67GPa。

四、变质作用年龄的讨论

为确定念青唐古拉群变质年代，我们在区域地质调查过程中曾采集了几个样品。因为样品中锆石含量极少，所以我们在斜长角闪岩中选取了角闪石矿物，取得了可信的变质年龄数据。

样品是在变质岩剖面中第三层采取的中粗粒斜长角闪岩。岩石中的角闪石具有棕褐—淡黄色的多色性，多为半自形晶，局部可见角闪石长轴方向略有定向排列。在其上的细粒斜长角闪岩中，角闪石与石榴石共生，这些都说明，该角闪石为变质成因的角闪石。样品送中国科学院地质研究所Ar-Ar法定年实验室测试，测定仪器为英国RGA-10气体源质谱计，其测试数据见表4-12。如图4-33所示，在角闪石年龄谱图上，得到了(845.15±1.02)Ma的年龄值，在等时线图上得出了(542.455±25.14)Ma年龄值，测定结果令人满意。该年龄值为区域变质年龄，属晋宁期变质的产物。与许荣华(1981)的锆石U-Pb年龄1 250Ma是吻合的。这一年龄值进一步证实，念青唐古拉群变质岩定为前震旦系是准确的。

表4-12　^{40}Ar-^{39}Ar快中子活化法地质年龄数据表

加热阶段	加热温度(℃)	$(^{40}Ar/^{39}Ar)_m$	$(^{36}Ar/^{39}Ar)_m$	$(^{37}Ar/^{39}Ar)_m$	$(^{38}Ar/^{39}Ar)_m$	$^{39}Ar_k$ 10^{-12}mol	$(^{40}Ar*/^{39}Ar_k)=1\sigma$	$^{39}Ar_k$(%)	视年龄(t±1δ)(Ma)
1	450	59.402	0.067 1	6.463 1	0.243 2	1.547	40.31±0.01	4.30	605.48±10.83
2	550	28.826	0.044 6	5.434 8	0.214 5	2.068	16.14±0.01	5.75	267.34±4.79
3	650	25.652	0.0275	3.954 6	0.155 7	3.192	17.88±0.01	8.88	293.95±4.37
4	750	39.247	0.037 6	5.995 7	0.261 2	2.148	28.74±0.01	5.98	451.55±8.82
5	850	50.816	0.032 6	8.232 0	0.262 2	2.260	42.07±0.01	6.29	627.85±11.76
6	950	67.413	0.024 1	7.056 9	0.237 0	2.678	61.14±0.01	7.45	853.44±14.12
7	1 050	65.721	0.020 6	5.687 3	0.151 0	4.483	60.31±0.01	12.4	844.18±10.84
8	1 130	65.753	0.020 5	4.997 4	0.135 2	6.751	60.28±0.01	18.7	846.83±10.35
9	1 200	65.486	0.019 9	5.406 9	0.152 6	5.223	60.25±0.01	14.5	843.50±10.88
10	1 300	68.661	0.031 6	7.352 2	0.208 4	3.277	60.19±0.01	9.12	842.90±12.88
11	1 450	74.371	0.050 2	8.107 9	0.279 3	2.295	50.54±0.02	6.38	846.77±15.84

注：测试单位为中国科学院地质研究所Ar-Ar法定年实验室。

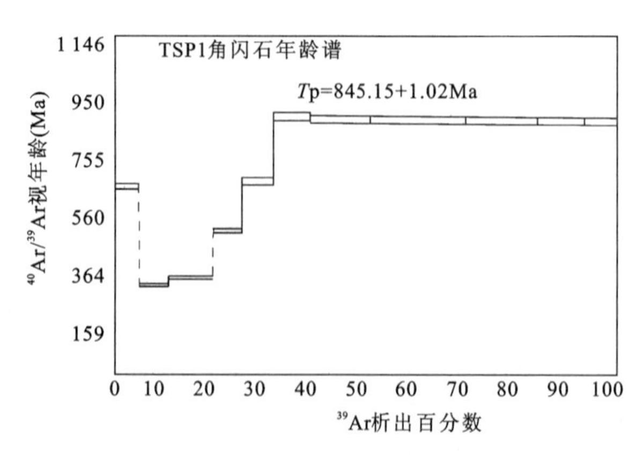

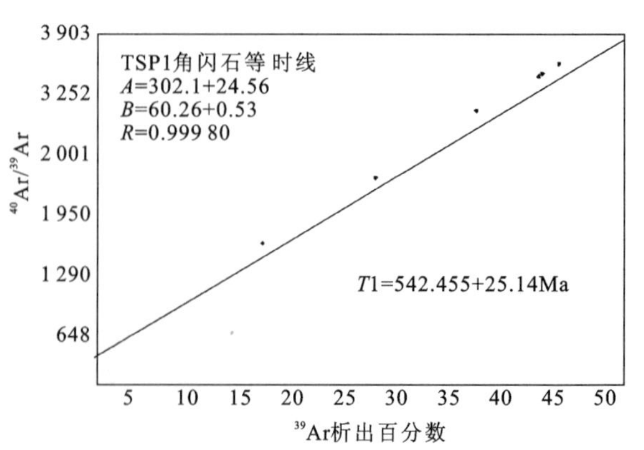

图4-33　角闪石年龄谱(左)及等时线(右)图

五、念青唐古拉群上段的变质作用特征

念青唐古拉群上段的岩石组合为阳起绿帘绿泥片岩、板状石英大理岩和长石石英岩，一些岩层中亦夹有少量的云母片岩，但其中均不含石榴石等特征变质矿物，无地质温压计可用，因此，只能根据其矿物共生组合推测其变质作用条件。

绿片岩的矿物组合：Act＋Epi＋Chl＋Pl

大理岩的矿物组合：Cc＋Q

长石石英岩矿物组合：Q＋Pl＋Kfs

根据上述矿物共生组合判断，念青唐古拉群上段为区域低温动力变质作用的产物。

六、热接触变质作用

测区内的热接触变质岩主要分布于冈底斯主脊附近，受变质地层主要为晚古生界沉积地层，所见热接触变质岩石主要为绢云母板岩、黑云母角岩和千枚岩，或两者的过渡类型。代表性的矿物组合为

黑云母角岩：Bit＋Mus＋Pl＋Q

千枚岩、板岩：Ser＋Q＋Pl

根据其野外地质特征及矿物组合特征，推测其变质条件相当于绿帘钠长角岩相。

第五章 地质构造及构造发展史

第一节 区域构造背景

青藏高原位于特提斯构造域东段，其构造形成和演化与印度板块、欧亚板块和太平洋板块的活动息息相关。根据板块构造单元的划分原则和标志，即蛇绿岩带、钙碱性火山岩-深成岩带、双变质带、磨拉石建造、古生物地理区系、地层层序和岩石建造等，青藏高原构造单元划分 5 个板块缝合带和 5 个微板块(图 5-1)。

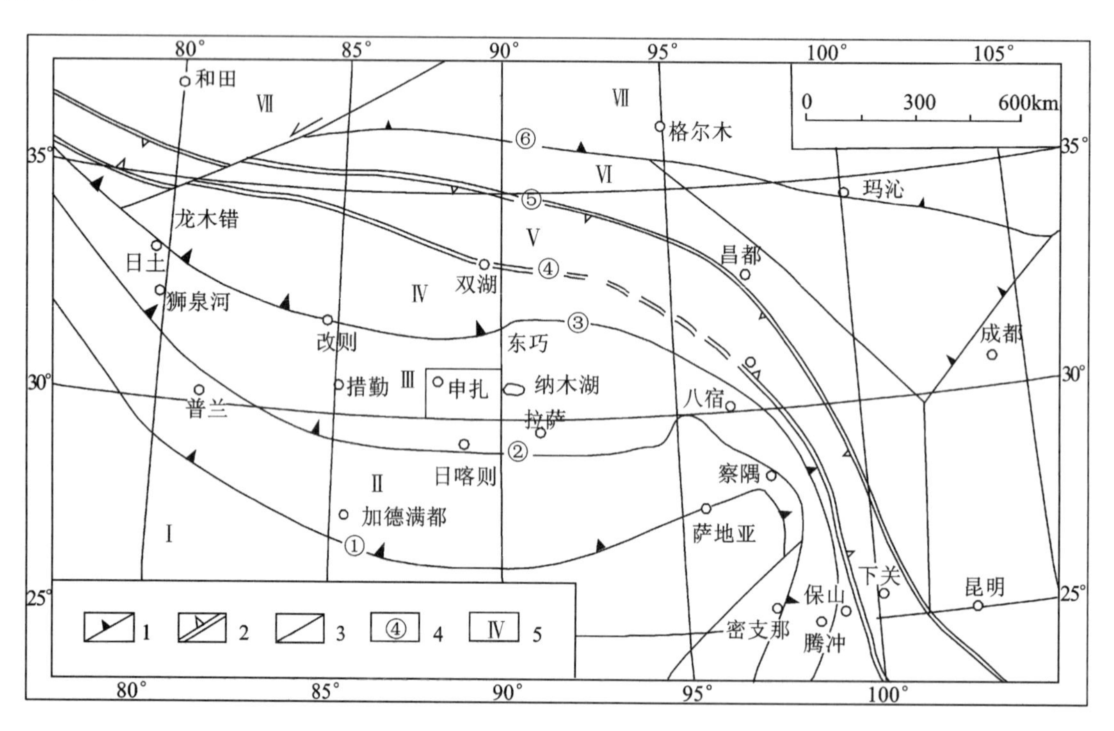

图 5-1 青藏高原及邻区大地构造图

1.古特提斯缝合带；2.新特提斯缝合带；3.主要断裂；4.缝合带编号；5.板块及编号。①西瓦里克陆内俯冲带；②雅鲁藏布江板块缝合带；③班公湖-怒江板块缝合带；④西金乌兰-金沙江板块缝合带；⑤昆南-玛沁板块缝合带。Ⅰ.印度板块；Ⅱ.喜马拉雅板块；Ⅲ.冈底斯-念青唐古拉板块；Ⅳ.羌南-保山板块；Ⅴ.羌北-昌都板块；Ⅵ.可可西里-巴颜喀拉板块

测区位于冈底斯-念青唐古拉板块中段之东部，是研究冈底斯-念青唐古拉板块演化的窗口。冈底斯-念青唐古拉板块位于班公湖-怒江缝合带和雅鲁藏布江缝合带之间，呈东西向延伸，长约 2 000km，南北宽 200～250km，伴随着特提斯阶段南北板块缝合带的裂开、闭合产生沟-弧-盆体系，其主体由奥陶系以来地层，中新生代花岗岩体、岩带和火山岩等组成。发育有一系列近东西方向的褶皱，逆冲断层带和近南北向的张性断裂带。

第二节　构造层的划分

一、重要不整合界面

不整合，特别是区域性角度不整合往往是构造运动的重要标志，是划分构造层的重要依据。本区由于受多期构造运动的影响，产生很多不整合，结合区域地质资料，识别出以下不整合界面。

1. 古生界与前震旦系念青唐古拉群的角度不整合

该不整合界线出现在图幅的北部，西起俄坡，东至弄巴，近东西向延伸，长 14km，由点 203、点 108、点 305 控制。不整合界面之上为中奥陶统柯尔多组，岩性为灰色、深灰色中层状细晶灰岩夹泥质、白云质细晶灰岩，产状 30°∠25°(图 5-2)，界面之下为前震旦系念青唐古拉群，岩性为灰色、深灰色砂质板岩，千枚岩，石英岩，大理岩等，片理产状 300°∠45°，岩石变形强烈。不整合界面上下两套岩层在建造类型、变质程度、变形特征和构造样式方面存在着显著差异。古生界与前震旦系之间的角度不整合是本区重要的不整合。

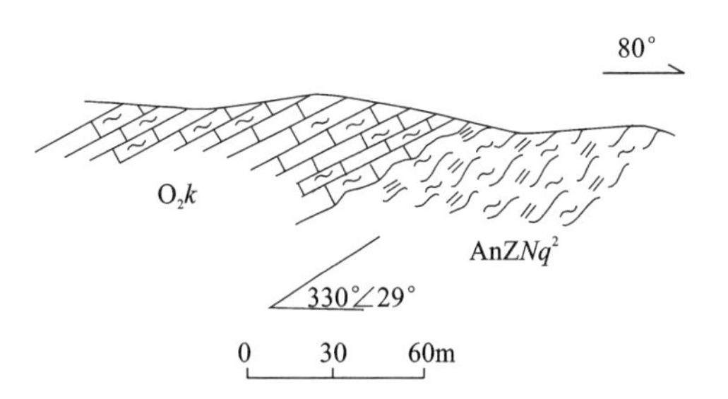

图 5-2　中奥陶统柯尔多组与前震旦系念青唐古拉群之间的角度不整合(点 203)

2. 中生界与古生界之间的角度不整合

本区中生界地层由中、上侏罗统达雄群和下白垩统则弄群捷嘎组构成，普遍缺失下侏罗统和三叠系。测区内中生界与下伏地层呈断层接触，但从区域地层对比可知，中生界与古生界之间亦是角度不整合接触，在改则县绒果附近可见其角度不整合于中二叠统下拉组(P_2x)灰岩之上（西藏自治区岩石地层，1997）。

3. 古近系与中生界之间的角度不整合

古近系由林子宗群及之上的日贡拉组(E_3r)构成。其中林子宗群出露广泛，按其岩性和接触关系可分为典中组[$(K_2—E_1)d$]、年波组(E_1n)和帕那组(E_2p)，受幕式火山活动的影响，它们之间多以平行(或角度)不整合接触。林子宗群在本区与下伏地层多以断层接触，但区域上，林子宗群角度不整合覆于上白垩统设兴组之上（西藏自治区岩石地层，1997）。

4. 新近系乌郁群与下伏地层之间的角度不整合

新近系乌郁群(N_2Wy)在测区分布广泛，呈东西向展布，岩性由下部的碎屑岩段和上部的火山岩段构成，其中，火山岩明显受近东西向断层控制。乌郁群时代为上新世，缺少中新世地层，多处可见乌郁群以角度不整合覆于不同时代的地层之上(图 5-3)。

二、构造层的划分

所谓构造层是指在一定构造单元内，一定地质历史发展阶段形成的一套地层、岩石和构造形迹的集合。构造层常由角度不整合界定，它们在地层组合、沉积岩相、构造、岩浆活动等方面具有一定的特色而区别于其他构造层。在时间上代表了一定的构造旋回和构造幕，空间上代表了该构造幕影响的范围。

本区受多期构造活动的影响，形成多个区域性角度不整合，根据地层之间的不整合关系以及各地层沉积的构造背景、变形特点，结合区域地质事件，将本区划分为 5 个构造层。

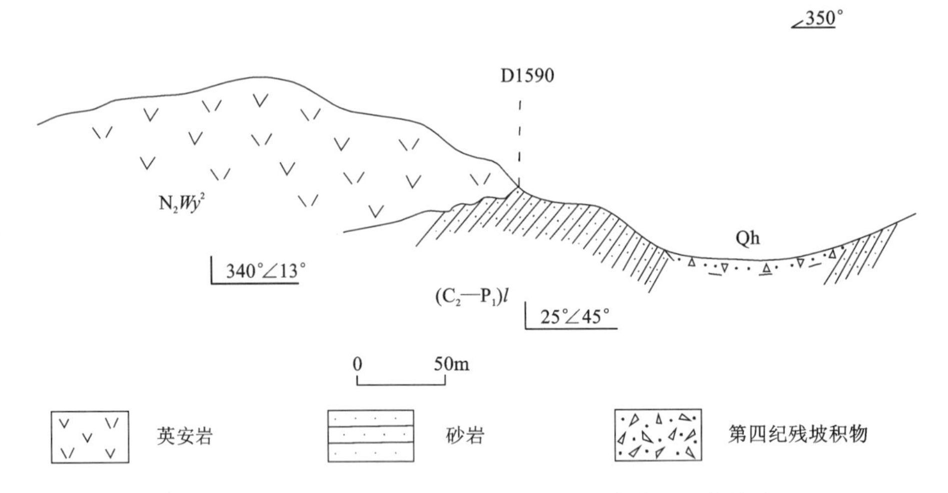

图 5-3　乌郁群(N_2Wy)与下伏地层之间的角度不整合关系

1. 前震旦纪念青唐古拉群变质基底构造层

分布于测区的东北侧，根据矿物组合及变质变形特征可分上、下两段：下段由斜长角闪岩、角闪二云母片岩、矽线石榴黑云斜长片麻岩等组成；上段由斜长角闪岩、阳起绿泥石片岩和大理岩等构成。岩石变形强烈，多形成一些规模较小的紧闭、斜歪，甚至倒转的小褶皱。该构造层与上覆盖层的接触关系主要有两种，其一为角度不整合；其二为断层接触，多表现在前震旦系变质岩逆冲到较新地层之上（图 5-4）。

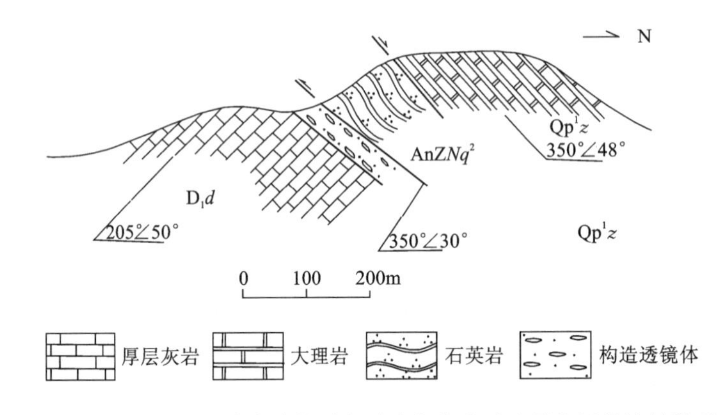

图 5-4　前震旦系念青唐古拉群变质岩与奥陶系地层之间的接触关系

2. 古生代构造层

古生代构造层在测区内发育齐全，且出露较广。垂向上由扎扛组(O_1z)、柯尔多组(O_2k)、刚木桑组(O_3g)、未分志留系(S)、达尔东组(D_1d)、查果罗玛组($D_{2-3}c$)、永珠组($C_{1-2}y$)、拉嘎组[$(C_2—P_1)l$]、昂杰组(P_1a)、下拉组(P_2x)、木纠错组(P_3m)构成。以碳酸盐台地及浅海相碳酸盐陆棚沉积为主，其中碳酸盐台地沉积以奥陶系冈木桑组(O_3g)为代表，其特点是发育中厚—巨厚层状泥晶灰岩、生物碎屑灰岩，不发育陆源碎屑沉积。陆棚沉积主要发育石炭系永珠组($C_{1-2}y$)、拉嘎组[$(C_2—P_1)l$]，其特点是以陆源碎屑砂岩为主，夹灰岩透镜体。昂杰组沉积时期受冰期气候的影响，发育较多的冰水和冰筏沉积。古生代构造层褶皱发育，但规模较小，轴迹呈北西西向，偶见近东西西向的，受后期断裂构造的破坏及古近系、新近系、第四系地层的覆盖，大部分褶皱出露不好。

3. 中生代构造层

中生代构造层纵向上由中侏罗统接奴群和下白垩统则弄群构成。普遍缺失三叠系、下侏罗统及上白垩统。其中，中侏罗统接奴群出露较少，主要发育于申扎县郎定玛吉附近，下段为一套冲积扇、扇三角洲相的中厚层状砾岩，厚度大于300m。下白垩统则弄群分布在测区的中部偏北，其下段（K_1Zn^1）为中薄层结晶灰岩、灰岩，上段（K_1Zn^2）为一套安山岩、英安岩夹少量凝灰质砂岩。

中生代时期，岩浆活动强烈，在测区南部及西部发育大面积巨斑状花岗闪长岩（$T_3\gamma\delta$）、中细粒二云母花岗岩（$K_1\gamma$）、中细粒花岗岩（$K_2\gamma$）、斜长花岗岩（$K_2\gamma o$）、花岗斑岩（$K_2\gamma\pi$）、花岗闪长斑岩（$K_2\gamma\delta\pi$）及斑状黑云母花岗岩（$K_2\gamma\beta$）。同时火山岩也非常发育，表明当时构造活动强烈，但中生代构造层变形较弱，仅在日那-日阿区白垩纪火山岩内发现一近东西向宽缓褶皱。

4. 古近纪构造层

古近纪构造层主要发育在本区的中部，由林子宗群[(K_2—E_2)Lz]和日贡拉组（E_3r）组成。与上、下地层之间呈角度不整合接触。林子宗群分布广泛，按其岩性和接触关系可分为3个组：典中组[(K_2—E_1)d]以安山岩、英安岩为主，夹凝灰质砂岩；年波组（E_1n）以砾岩、凝灰质砂岩为主，夹少量碎屑岩和少量熔岩；帕那组（E_2p）以安山岩、英安岩夹英安质火山碎屑岩和玄武岩。它们之间显示幕式喷发的特点。日贡拉组（E_3r）在测区分布非常有限，仅在格仁错东南岸有零星分布，岩性为紫色、紫红色、绿灰色含砾中粗岩屑长石砂岩，中细砂岩，粉砂岩，黄绿色钙质细砂岩夹长透镜状砂砾岩层，韵律性明显，具有辫状河沉积的二元结构。

古近纪沉积时期，岩浆活动较弱，仅在中北部的达龙爬地区发育石英斑岩（$E_2\lambda\pi$），岩石变形也较弱。

5. 新近纪构造层

新近纪构造层由上新统乌郁群构成，分布于测区中南部，呈东西向展布，底部以角度不整合覆于不同时代的地层之上，未见顶，可分为下部的碎屑岩段（N_2Wy^1）和上部的火山岩段（N_2Wy^2）。碎屑岩段由复成分中砾岩、含砾粗砂岩、中粗粒岩屑长石砂岩、中细粒砂岩构成，具较大型单斜层理、中小型槽型交错层理，波痕非常发育，含植物化石碎片，反映河流相沉积环境。上部的火山岩段以英安岩、含角砾英安岩为主，夹凝灰岩及凝灰质细粉砂岩，为陆相火山盆地沉积。

新近纪时期，岩浆活动强烈，主要分布于测区东南部，岩性为花岗闪长斑岩（$N_1\gamma\delta\pi$）、石英斑岩（$N_1\lambda\pi$）、细粒黑云二长花岗岩（$N_1\eta\lambda$）、中细粒花岗闪长岩（$N_1\gamma\delta$）及细粒白云母花岗岩（$N_1\gamma m$）。

该构造层内断层发育，但褶皱较少，多形成规模较大但变形较弱的平缓水平直立褶皱。

第三节　构造单元概述

一、构造单元划分

填图结果表明，测区的构造层在经过多期构造运动之后，均发生过不同程度的构造变形，形成褶皱和断层，并伴随同期岩浆侵入和火山喷发。从测区地质图和构造纲要图上可以看出，这些构造层的空间展布、构造形迹、组合方式均不同，岩浆活动及变质作用也有明显差异，它们往往被区域性大断裂及角度不整合界线分开。依据3条边界大断层把测区构造分为4个构造单元（图5-5）。

以上构造单元的划分不一定都具有区域上的意义，但它们是认识测区构造层发育、构造变形、岩浆活动及变质作用的基础，对分析变形机制及构造演化历史具有重要意义。

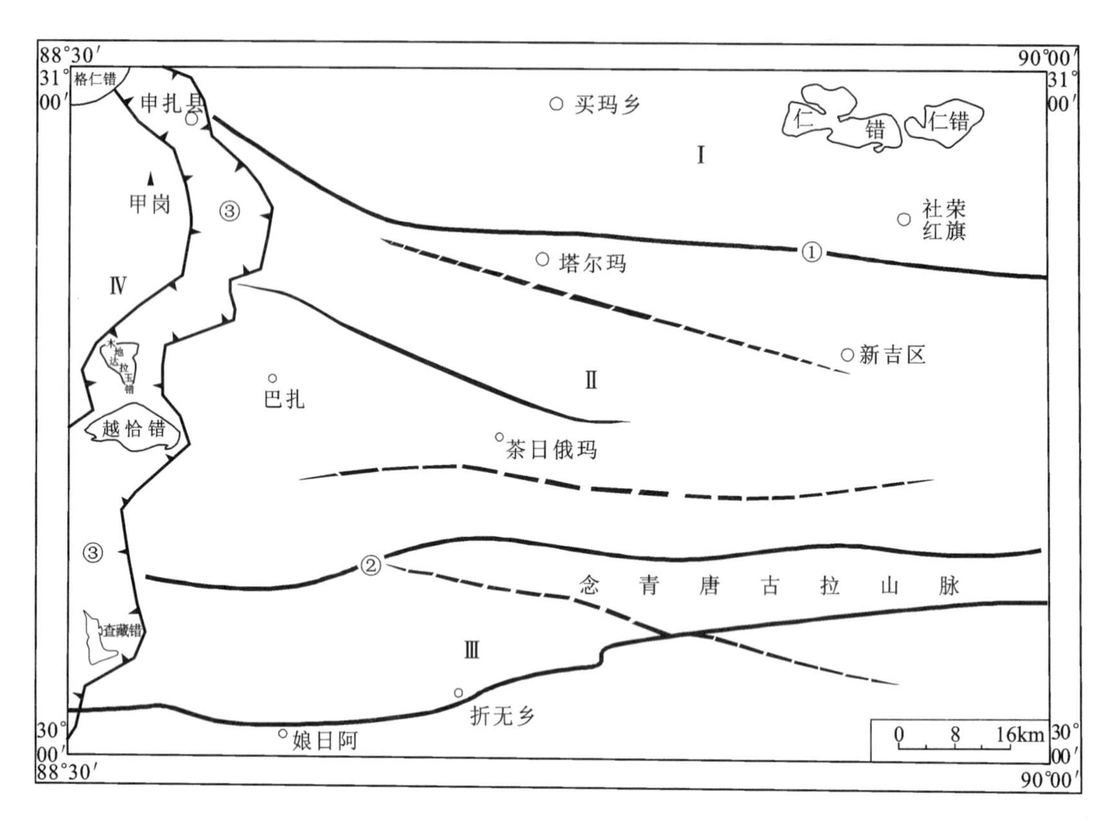

图 5-5 测区构造单元划分图

Ⅰ.果忙错-仁错蛇绿岩带；Ⅱ.塔尔玛-新吉中、新生代火山岩盆地；Ⅲ.冈底斯火山-岩浆弧；
Ⅳ.格仁错-查藏错南北向新生代活动带。① 普强断裂；② 空金下嘎断裂；③ 格仁错-查藏错新生代断陷带

二、构造单元分述

野外工作所获得的实际资料是认识构造形迹、划分构造单元的基础。图 5-6 把测区内各构造单元的主要褶皱、断层及主要侵入岩体表示出来，以便对不同构造单元的构造发育情况进行分述。

1. 果忙错-仁错蛇绿岩带

该构造单元位于测区的北部，由西翁-地母北西西向断层(F_9)和近东西向的普强断层(F_{20})与南部的中新生代断陷盆地分隔，主要出露的构造层为前震旦纪变质基底构造层和古生代构造层，靠近普强断层(F_{20})，近东西向的蛇绿岩断续分布，中北部被第四系所覆盖(图 5-6)。

永珠-纳木错蛇绿岩带单元：该蛇绿岩带主要发育于图幅东北部的仁错约玛一带，出露面积很小。由于受北西西一近东西向断层影响而呈断续分布，其中以申扎县洛岗地区出露较为完整。本次研究对该剖面进行了实测(图 5-7)。通过详细的野外研究与室内薄片鉴定可以看出，该带内的蛇绿岩主要岩石组合从下至上基本具有蛇绿岩的 5 个单元，即变质橄榄岩单元、深成杂岩单元、席状岩墙单元、喷出岩单元和硅质岩单元。蛇绿岩岩石学与地球化学特征分析表明永珠-纳木错蛇绿岩带的产出环境为弧后盆地。蛇绿岩套的存在，反映了弧后盆地曾一度扩张，新生洋壳不断形成，然后，受雅江带闭合、削减碰撞的影响，扩张作用受到抑制，并逐步发生构造闭合，形成一条近东西向展布的蛇绿岩带。

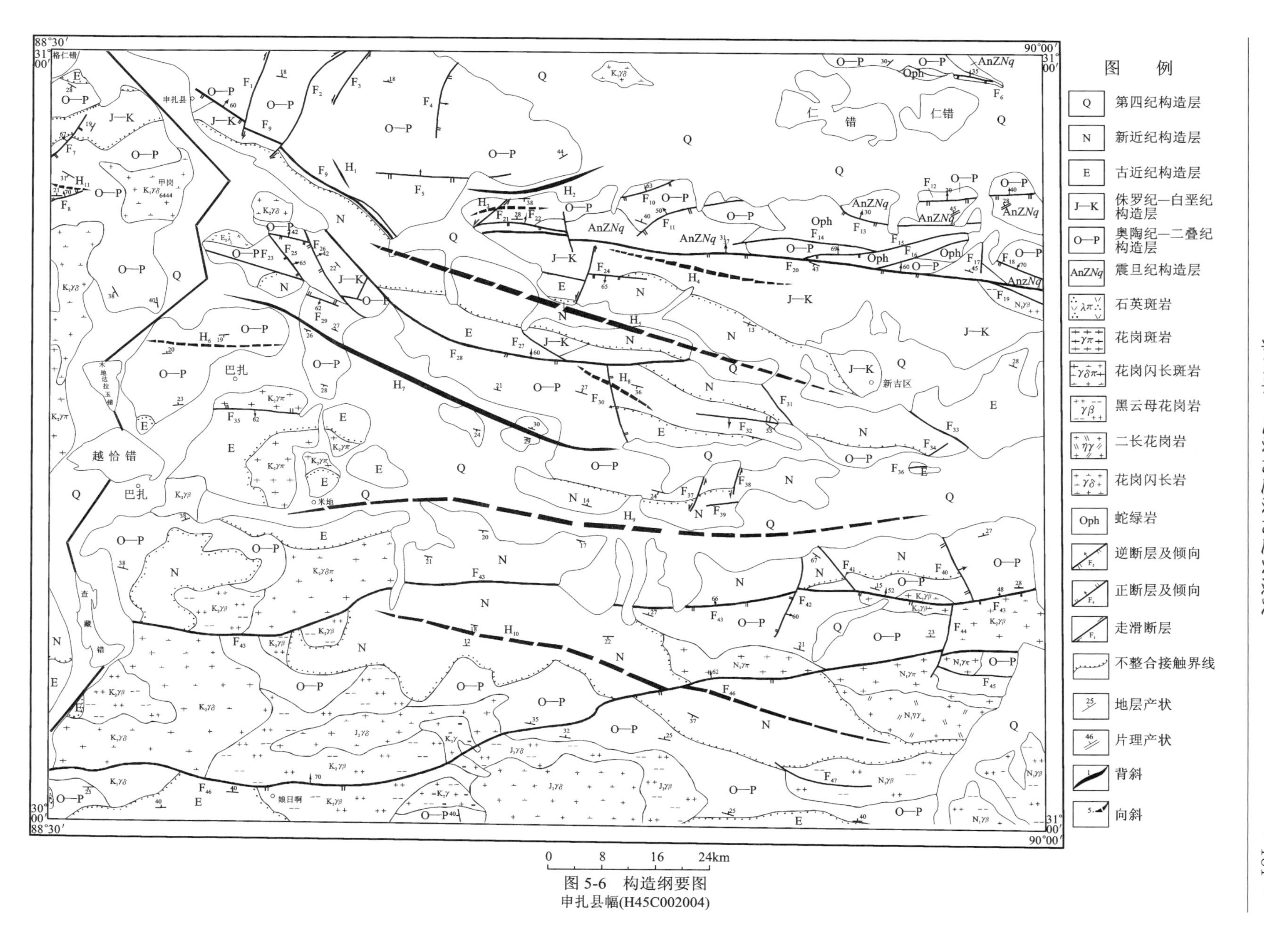

图 5-6 构造纲要图
申扎县幅(H45C002004)

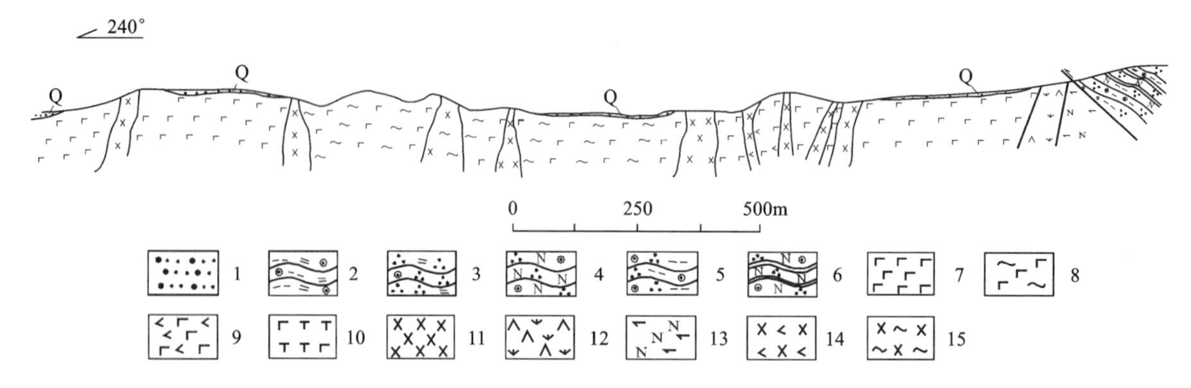

图 5-7　申扎县洛岗蛇绿岩剖面图

1.第四系坡积物；2.石榴二云母片岩；3.石榴白云石英片岩；4.含石榴石长石石英片岩；5.石榴黑云石英片岩；6.石榴长石石英岩；7.玄武岩；8.绿泥石化玄武岩；9.角闪石化玄武岩；10.辉长岩；11.辉绿辉长岩；12.蛇纹石化橄榄岩；13.含辉斜长岩；14.角闪石化辉长岩；15.绿泥石化辉长岩

永珠-纳木错蛇绿岩带内构造变形以断层为主，其中西部古生代构造层内的断裂主要为北北东向的扭性断层，如 F_1、F_2、F_3、F_4 断层等，这些断层一般延伸 10～20km（表 5-1）。

表 5-1　申扎-纳木错蛇绿岩带构造单元断层发育一览表

编号	位置	长度(km)	性质	平均走向	简述
F_1	当公纳那	14	扭性	22°	地形表现为负地形，地层沿走向中断，泥盆系灰岩斜冲到白垩系之上，西盘泥盆系灰岩有拖曳褶皱现象，为右行平移断层，走向 22°，断距约 2km
F_2	加施山西侧	20	扭性	40°	$C_{1-2}y$ 地层沿走向中断，在白云质灰岩中发育近直立劈理，其产状为 280°∠82°，断层产状为 310°∠70°，断层两盘地层沿走向错断，两盘产状相对稳定。该断层为右旋走滑断层
F_3	扛桑洽玛	10	扭性	45°	断层两盘地层产状不同，分别为 55°∠28°和 330°∠30°，而断层产状为 315°∠30°，破碎带见有断层泥和挤压透镜体。该断层为左旋走滑特点，将西盘二叠系灰岩向南推移
F_4	列那弄巴	11	扭性	190°	两侧产状明显不一致，存在一破碎带，宽 15m，产状为 100°∠65°
F_5	竹日勒南侧	20	压性	108°	沿断层通过处均为负地形，其两侧岩层产状不一致，奥陶系灰岩推覆于泥盆系灰岩之上。奥陶系灰岩破碎较强烈
F_6	仁错约玛北侧	7.5	压性	95°	断层通过的地方为一轴向负地形，产状为 5°∠50°，断层上盘为念青唐古拉群上段的石英岩，下盘为基性、超基性岩，属于逆断层。断层带附近岩石破碎被挤成透镜体并发生了变质
F_7	打个龙弄巴	8	压性	23°	北西盘（上盘）由古近纪火山岩组成，南东盘（下盘）亦为火山岩，以河沟隔开，其地质界线有较大错位，沿线几百米的河流阶地上都发育有断层泉；断层通过处的泉华可达 30m 厚；火山岩层沿走向被斜切
F_8	那弄巴	5	压性	80°	其上盘为灰岩，下盘为含砾岩屑长石砂岩夹长石砂岩粉砂岩；其上盘产状为 315°∠70°，下盘产状为 344°∠61°
F_9	西翁-地母	32.5	压性	130°	两侧岩性不一致，南侧为火山岩，北侧为泥盆系灰岩，且两侧产状也不一致，火山岩产状为 55°∠30°，灰岩产状为 350°∠25°，局部见有灰岩透镜体，其上盘上升，故应为逆断层
F_{10}	下杠弄巴	9	压性	80°	北侧为泥盆系灰岩，南侧为奥陶系灰岩，泥盆系灰岩产状为 240°∠32°，奥陶系灰岩产状为 30°∠27°。两者在地形同一高度之上，可判断下盘奥陶系灰岩相对上升，见有构造角砾岩出露

续表 5-1

编号	位置	长度(km)	性质	平均走向	简述
F_{11}	朗洞弄巴-吴弄巴	20	压性	75°	两侧岩性明显不一，其北侧为夹泥质条带的薄层灰岩，南侧为念青唐古拉群的千枚岩，并测其产状为34°∠28°，在接触带上见有构造角砾岩
F_{12}	那淌	17.5	压性	60°	两侧分别为扎扛组的浅变质岩和泥盆系的灰岩，缺失部分地层，并且处于一负地形处，产状也不一
F_{13}	扁前浦	12.5	压性	80°	断层北侧为念青唐古拉群变质岩，南侧为厚层状微晶灰岩，灰岩与变质岩直接接触，且产状相差较大，变质岩推覆于灰岩之上，地形上为一明显的负地形，断层接触带附近见有辉绿岩脉侵入到变质岩之中，根据以上证据可推断该断层为一逆断层
F_{14}	长纳尼勒沟塥	8	压性	85°	断层北侧为蛇绿杂岩，断层南侧为泥盆系和始新世石英斑岩，沿断裂带发育韧性变形带，变形带宽约500m，断裂发育于始新世以后
F_{15}	拉则纳龙-龙青拉	25	压性	70°	断层通过处为线状负地形，两侧岩层的倾角相差较大，见有角砾岩和破碎带，灰岩的倾角较大，可能是断层的拖曳导致的
F_{16}	江仓拉-八格加日	15	压性	65°	断层通过处为线状一负地形，其南侧为灰岩，沿走向突然中断，与北侧的超镁铁质橄榄岩接触，带内发育断层角砾岩
F_{17}	曲村	5	张性	0°	其西侧为白垩系灰白—浅灰色中厚层状泥晶灰岩，东侧为石炭系永珠组的细砾岩，白垩系灰岩产状为330°∠70°，石炭系细砾岩产状为30°∠47°，相差较大，并且其地形为一明显负地形，白垩系灰岩中见有化石
F_{18}	甲朗那卡	7.5	压性	130°	断层通过处为线状负地形，其北侧为石炭系紫灰色薄层状含岩屑的长石石英砂岩，南侧为念青唐古拉群的变质岩，接触带上有脉岩出露
F_{19}	冲朗	10	张性	130°	其北侧为灰绿色英安岩，产状为245°∠25°，南侧为肉红色中细粒花岗岩，地貌上表现为负地形
F_{20}	普强	86	压性	90°	该断层为近东西向，规模较大，通过数点来控制，其南侧主要为一系列的白垩纪火山岩出露及在部分地区见有花岗岩出露，北侧的岩层出露也不一，见有念青唐古拉群的变质岩，二叠系灰岩，白垩系灰岩及橄榄岩，该断层从整体上来判断为逆断层
F_{21}	那嘎	8	扭压性	50°	沿走向在地貌上为一明显的负地形，错断了多个地质界线，其西侧界线相对南移，东侧界线相对北移，推断其为左行滑移断层，两侧岩层的产状也相差较大
F_{22}	哈布相日	13	压性	85°	其南侧为浅灰色厚层灰岩，北侧在西边为灰黑色薄层状微晶灰岩（柯尔多组），东边为念青唐古拉群的浅灰色板状绿泥绢云片岩。在与变质岩接触处，变质岩（上盘）与浅灰色厚层状灰岩（白垩系）处在同一高度地形上，根据此可见上盘相对上升，该断层应为逆断层

这个单元内断层面多近于直立，沿走向地形多表现为负地形，两侧的岩层具有不同程度的错断或牵引，形成拖曳褶皱（图5-8）。东部普强断裂（F_{20}）以北的断层多为规模较小至中等的逆断层，它们的多期活动导致不同时代的岩层或岩体相互叠置，形成近东西向的叠置岩片。如图5-9所示，断层上盘的念青唐古拉群的石英岩逆冲在较年轻的基性—超基性岩（蛇绿岩）之上。另外，在该构造单元中还可见到念青唐古拉群石英岩、大理岩逆冲到下泥盆统达尔东组（D_1d）中薄层泥晶灰岩之上。中、上泥盆统查果罗玛组（$D_{2-3}c$）逆冲于中奥陶统柯尔多组（O_2k）之上（图5-10）。

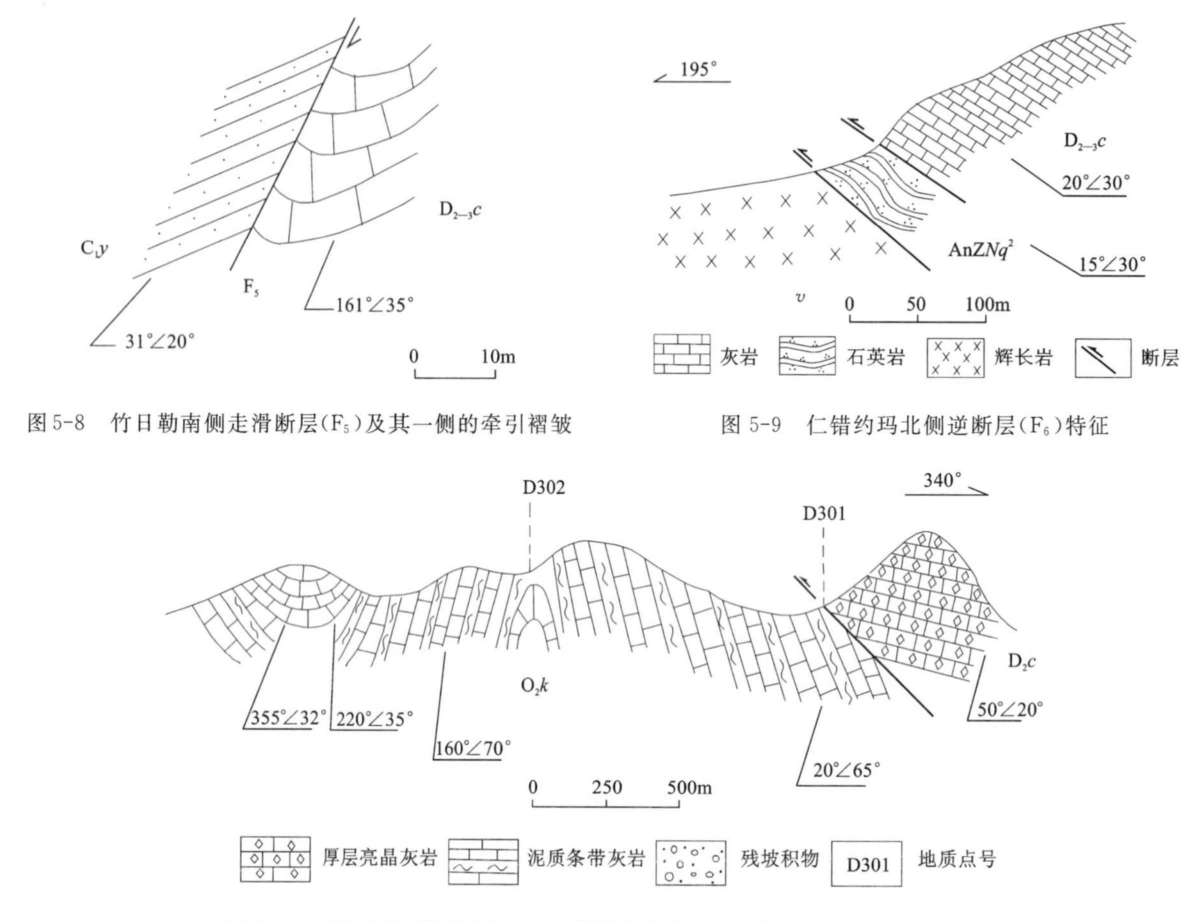

图 5-8　竹日勒南侧走滑断层(F_5)及其一侧的牵引褶皱

图 5-9　仁错约玛北侧逆断层(F_6)特征

图 5-10　下杠弄巴逆断层(F_{10})，查果罗玛组逆冲于柯尔多组之上(D301 点)

除断层发育外，前震旦纪和古生代地层中还发育规模较小的褶皱，这些褶皱轴迹近东西向，两翼产状平缓，翼间角在 110°～150°之间，轴面近于直立，多为平缓直立水平褶皱(表 5-2)。值得注意的是，由于第四系覆盖和后期断层的破坏，这些褶皱多发育不完整或出露不完整。如达伸-唐古褶皱(褶皱 H_2)，该褶皱枢纽呈北东向延伸，核部由前震旦纪念青唐古拉群变质岩组成，北西翼出露较全，下奥陶统扎扛组(O_1z)不整合在念青唐古拉群变质岩之上，沿倾向依次出现柯尔多组(O_2k)、刚木桑组(O_3g)、志留系(S)、达尔东组(D_1d)等。而南东翼仅出露扎扛组、柯尔多组。由于第四系覆盖，未见奥陶系扎扛组与前震旦纪变质岩之间的角度不整合，但根据地层的对称性及两翼产状的变化，推测应是一规模较大的背斜。

表 5-2　测区褶皱构造特征一览表

编号	位置及控制点	类型	地层	产状	轴面	枢纽	翼间角	规模(km)	构造单元
H_1	尼木日几，由点 031、点 233 控制	背斜	核部：$D_{2-3}c$ 翼部：$D_{2-3}c$	198°∠25° 78°∠34°	234°∠84°	145°∠15°	130°	7 3.5	Ⅰ
H_2	达伸-唐古，由点 225、点 226、点 436、点 438 控制	背斜	核部：AnZNq 翼部：O_2k，O_3g，D_1d	330°∠30° 180°∠38°	355°∠88°	256°∠10°	115°	14 5	
H_3	色丁附近，由点 008、点 009 控制	向斜	核部：$O_{2-3}g$ 翼部：O_2k，O_1z	180°∠38° 25°∠32°	12°∠86°	101°∠8°	114°	13 4	

续表 5-2

编号	位置及控制点	类型	地层	产状	轴面	枢纽	翼间角	规模(km)	构造单元
H_4	巴屯，由点 380、点 379 控制	向斜	核部：K_1z^2 翼部：K_1z^2	150°∠55° 0°∠55°	348°∠88°	66°∠20°	76°	22 9	Ⅱ
H_5	你阿藏布附近	向斜	核部：N_2Wy 翼部：N_2Wy	160°∠25° 350°∠30°	340°∠85°	79°∠18°	108°	55 10	
H_6	瓦当附近，由点 1701～点 1704 控制	向斜	核部：P_2x 翼部：P_1a	350°∠25° 174°∠11°	170°∠84°	260°∠10°	148°	21 7	
H_7	吉龙共玛日，由点 654、点 655、点 653、点 664 控制	背斜	核部：$(C_2—P_1)l$ 翼部：P_1a	350°∠25° 205°∠26°	6°∠88°	276°∠8°	131°	27 6	
H_8	铁打附近，由点 1142、点 1163、点 1122、点 1226 等控制	向斜	核部：P_2x 翼部：P_1a $(C_2—P_1)l$	235°∠36° 350°∠27°	26°∠84°	298°∠18°	128°	13 7	
H_9	米地—申拉一带	向斜	核部：Q_4 翼部：N_2Wy	170°∠23° 5°∠28°	350°∠80°	83°∠22°	118°	75 15	
H_{10}	格张—曼支则勒一带	向斜	核部：N_2Wy 翼部：N_2Wy	35°∠30° 205°∠25°	25°∠85°	115°∠27°	88°	60 10	Ⅲ
H_{11}	洗布炫嘎附近，由点 1714、点 1715、点 358 控制	向斜	核部：P_2x 翼部：P_1a	345°∠71° 187°∠71°	176°∠68°	79°∠10°	82°	7 5	Ⅳ

2. 塔尔玛-新吉中新生代火山岩盆地

该构造单元介于普强断裂(F_{20})和空金下嘎断裂(F_{43})之间，面积约占测区总面积的 1/2，为一中、新生代断陷火山岩盆地。盆地内主要发育古生代构造层、中生代构造层、古近纪构造层和新近纪构造层，中南部大部分地区为第四系覆盖(见图 5-6)。

(1) 古生代构造层：主要发育于该构造单元中部，呈孤岛状零星分散于第三系(古近系＋新近系)和第四系之中，岩层包括石炭系永珠组($C_{1-2}y$)、拉嘎组[$(C_2—P_1)l$]及二叠系昂杰组(P_1a)、下拉组(P_2x)。岩层走向与主构造线方向一致，呈北西西—东西向延伸。

(2) 中生代构造层：该构造层发育于该构造单元的北部，主要地层由中上侏罗统接奴群和下白垩统则弄群组成。中上侏罗统分布局限于郎定玛吉一带，北西向延伸，南侧以 F_{25}、F_{28} 断层与下拉组(P_2x)接触，北侧被第四系覆盖，岩性由下部的砂砾岩和上部的安山岩、英安岩等火山岩构成。下白垩统主要分布于普强断裂之南，受北西西断层控制明显。岩性由下部的中薄层微晶灰岩和上部的安山岩、英安岩等火山岩构成。岩性特征及产出状态表明，中生代沉积时期，申扎微陆块处于强烈伸展状态，沿东西—北西西向断裂发育火山岩断陷盆地。

(3) 古近纪构造层：古近纪构造层分布零散，主要由林子宗群火山岩构成，根据岩性及接触关系可分为典中组[$(K_2—E_1)d$]、年波组(E_1n)和帕那组(E_2p)，它们之间呈不整合接触，反映了火山岩幕式喷发的特征，代表了古近纪时期断陷火山盆地发育的特点。

(4) 新近纪构造层：新近纪构造层在该构造单元内分布广泛，角度不整合覆于其下不同时代的地层之上，由乌郁群下部的碎屑岩段(N_2Wy^1)和上部的火山岩段(N_2Wy^2)构成，呈东西向延伸，明显受东西向断裂控制。

该构造单元褶皱、断层发育。褶皱主要发育在古生代构造层中，如瓦当向斜褶皱(H_6)、吉龙共玛日背斜(H_7)、铁打向斜(H_8)、左格结日向斜(H_{10})等，褶皱轴迹呈北西西向及近东西向，背斜核部一般由石炭系永珠组($C_{1-2}y$)、拉嘎组[(C_2—P_1)l]等构成，两翼由中二叠统下拉组(P_2x)或中下二叠统昂杰组(P_1a)构成，而向斜褶皱正好相反(表5-2)，褶皱两翼产状平缓，一般20°～35°，翼间角120°～150°，轴面近于直立80°～88°，枢纽近于水平(5°～10°)，多为宽缓水平、轴面近于直立的褶皱。如图5-11所示，吉龙共玛日背斜褶皱发育于该构造单元的中部，核部由(C_2—P_1)l的长石岩屑砂岩构成，两翼由下二叠统昂杰组(P_1a)含砾砂岩构成，北翼产状为340°∠27°、345°∠24°、355°∠28°，南翼产状为195°∠21°、205°∠23°、210°∠25°，轴面略向南倾，枢纽近于水平，为古生代构造层中形成的典型代表。由于后期断层的破坏及第四系覆盖，该背斜构造沿北西西向断续出露，长达40余千米。另外，在中生代构造层中也发育有规模较大的褶皱，如巴屯向斜，该向斜轴迹近东西向延伸，两翼产状较陡，一般50°～55°，枢纽平缓，轴面近于直立。这些褶皱规模较大，长一般在25～45km，沿轴迹发育稳定，很少受后期断层破坏和第四系沉积覆盖。

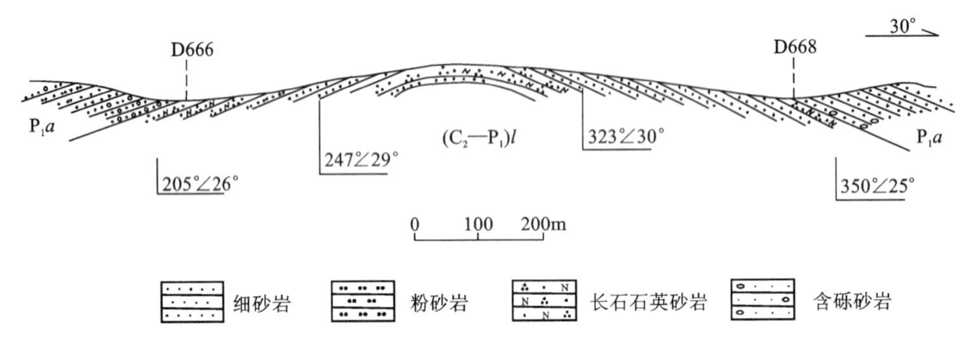

图5-11　吉龙共玛日背斜剖面特征

该构造单元内断裂构造复杂，主要为东西向断裂，其次为北西—北西西向断裂，少量的北北东和北北西向断裂(见图5-6，表5-3)。其中近东西向断裂数量少，但规模大，控制着中、新生代构造层的展布，是形成较早的构造之一。北北东向和北西西向断层形成较晚，切割东西向断层和新近系乌郁群界线，其中，北北东向断层具有左行走滑的特点(图5-12)。而北北西向断层则具有右行走滑的特点，它们平面上具有共轭的特点。

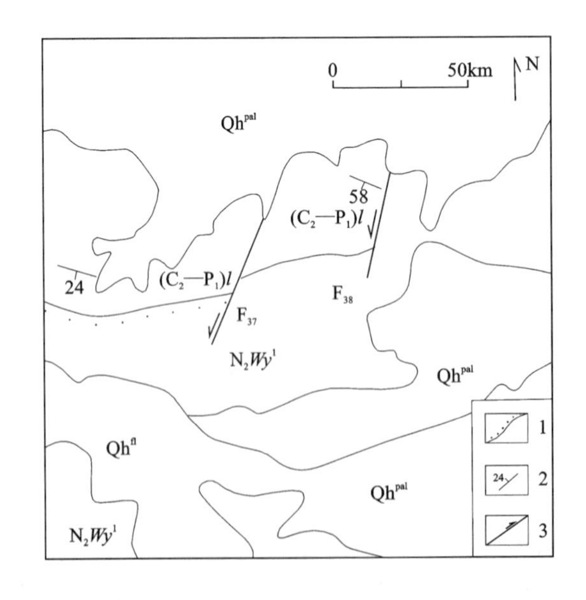

图5-12　洛布则断层(F_{37}、F_{38})平面特征图

1.不整合接触界线；2.地层产状；3.断层

表 5-3 塔尔玛-新吉火山岩盆地内(构造单元Ⅱ)断裂构造特征一览表

编号	位置	长度(km)	性质	平均走向	简述
F_{23}	达支地布勒	5	压性	140°	两侧地层之间缺失地层,北侧为泥盆系的灰岩,南侧为红褐色中厚层状砾岩,主要为粗砾岩,夹有薄层状细砂岩,其中砾岩的层理产状为45°∠39°,并且两侧的产状不一致;在断层东侧见有花岗岩出露
F_{24}	古巴勒	8	张性	90°	北侧的火山岩沿走向与南侧砾岩斜交,在地貌上被一负地形阻隔,可见其上盘下降,下盘上升,推断该断层为一正断层
F_{25}	玛共勒	8	压性	140°	断层的北北西端为花岗斑岩与安山质角砾岩($J_{2-3}j^1$)的界线,在火山角砾岩表面可见擦痕和阶步,在地貌上观察,火山岩层位有错动现象。南南东端为二叠系灰岩与中厚层状砾岩的界线($J_{2-3}j^2$)
F_{26}	正秋库勒	10	压性	140°	在地貌上,总体上为负地形,断层的北段为砾岩与花岗闪长岩的界线,具有较明显的擦痕;中段为 $J_{2-3}j^1$ 与 $J_{2-3}j^2$ 界线,南段为 $J_{2-3}j^2$ 砾岩与石炭系砂岩的界线;断层两侧的岩层产状明显不一致
F_{27}	查龙藏布	8.5	压性	140°	在地貌上,明显为一负地形,两侧的岩性也不一致,北东侧为二叠系的灰岩,并见有断层崖,南西侧为典中组的一套火山岩;其上盘的灰岩推覆于火山岩之上,推断该断层为逆断层
F_{28}	甲日泥玛山北侧	80	压性	105°	在地貌上观察,表现为线状负地形,近东西向,由于规模较大,切断多个不同地层之间的界线,断层西段为典中组火山岩与石炭系、二叠系地层之间界线,东段主要为二叠系灰岩与乌郁群火山角砾岩界线,在整个接触带上,部分地区发育擦痕,并且较明显,见有构造角砾岩
F_{29}	戈瓦错北侧	5.5	压性	117°	地貌上为一线状负地形,并且两侧岩层产状不一致,在接触带内见有破碎带,断层带宽约20m
F_{30}	长拉龙青	12.5	压性	155°	断层北段两侧均为灰岩,但产状明显不一致,断层西侧产状为356°∠28°,东侧产状为232°∠33°,带内见有构造角砾岩,灰岩壁上见有擦痕;南段主要为林子宗群火山岩与石炭系砂岩的界线,在靠近断层面处,岩层中可见牵引褶皱
F_{31}	布里	9.5	扭压性	140°	断层两侧的岩性基本一致,将乌郁群上段、下段的界线错移,西侧相对北移,可推断为右行,断距为1 000m左右
F_{32}	亚日勒嘎	12	压性	110°	沿断层走向地形呈槽形展布。断层西段为灰岩之间的断裂,东段为二叠系灰岩与林子宗群火山岩界线,并见有破碎带
F_{33}	拉则加日拉	10	压性	130°	在地貌上表现为一负地形,两侧产状、岩性不一致,其北侧为古近系林子宗群的火山岩,南侧为新近系乌郁群的细砂岩
F_{34}	日嘎	4	张性	50°	岩性主要为英安岩,英安岩中发育一张性断层,该断层北西盘下降,南东盘上升,断距为50m,断层面犬牙交错,可见擦痕,从擦痕上可判断上盘下降,下盘上升的张性性质
F_{35}	奴弄勒	12.5	压性	103°	断层南侧为第三系林子宗群灰绿色火山岩,北侧为花岗斑岩,并见有出露达5m的破碎带,在火山岩侧见有断层崖
F_{36}	扎木拉	4	压性	88°	断层之北为(C_2—P_1)l 的粉砂岩,产状为135°∠37°,断层之南为褐红色安山岩,产状为191°∠56°,断层岩石破碎强烈,断层面可见擦痕,粉砂岩内有牵引褶皱,为一逆断层。产状为358°∠67°

续表 5-3

编号	位置	长度(km)	性质	平均走向	简述
F_{37}	纳茹	5	扭性	15°	断层所经之处岩石破碎强烈，且两侧的岩性变化大，该断层切割石炭系和新近系乌郁群之间的不整合界线，具有左行走滑的特点
F_{38}	洛布则	4.5	扭性	10°	断层西侧为石炭系细粒长石石英砂岩，东侧为乌郁群紫红色砂岩
F_{39}	扎布日玛波	7	压性	100°	断层发育于新近系之中。断层两侧的两种不同岩性突然接触，产状也不一致，接触带附近可见断层碎屑带
F_{40}	扎弄公玛	11	压扭性	150°	在地貌上表现为一负地形，该断层主要为乌郁群的火山岩与古生代地层的界线，在断层北端的灰岩处，出现牵引褶皱。断层东侧为古生代地层
F_{41}	亚不哲希嘎尔山西侧	8	压扭性	135°	地貌上总体表现为负地形，沿走向与不同地层对接，存在一断层破碎带，宽 128m，局部见有断层崖，断层西侧砂岩在断层带附近出现牵引褶皱
F_{42}	章命曲	14	张扭性	200°	该处在地貌上为一明显的负地形，断层两侧的地质界线发生错位现象，断层西侧界线相对南移，东侧界线相对北移，为左行滑移断层
F_{43}	空金下嘎	140	压性	85°	该断层的规模较大，长达 140 余千米，在地貌上总体表现为负地形，在断层带附近可见一系列的断层三角面，在空金曲附近见有劈理带；在断层附近常见有一些花岗岩出露，推断其形成与断层活动有关，断层附近的岩层常可见牵引褶皱，带内见有断层角砾岩

3. 冈底斯火山岩浆弧

冈底斯火山岩浆弧位于空金下嘎断裂(F_{43})以南，面积约占测区总面积的 1/4，主要发育中新生代中酸性岩浆岩、火山岩和火山碎屑岩，零星出露古生代地层，东部边缘被第四系覆盖(见图 5-6)。

(1) 古生代构造层：发育在该构造单元的中部及西北部，由永珠组($C_{1-2}y$)、拉嘎组[$(C_2—P_1)l$]、昂杰组(P_1a)、下拉组(P_2x)组成，地层走向近东西，与主构造线方向一致，地层一般向北倾，倾角平缓，在 15°～40°之间。

(2) 新近纪构造层：主要由乌郁群下段的碎屑岩和上段的火山岩构成，呈北西西方向分布于空金下嘎断裂南侧，中部被娘热藏布断层(F_{46})切割，南部覆盖在中酸性岩体之上。新近纪构造层变形微弱，只在乌郁群火山岩中(N_2Wy^2)发育一规模较大的向斜构造(见图 5-6)。该褶皱轴迹近东西向延伸，长约 70km，核部及两翼均由乌郁群火山岩组成，但产状变化明显，北翼产状为 180°～190°∠17°，南翼产状为 350°∠15°，轴面略向南倾，枢纽近于水平，为一平缓水平、轴面近于直立的褶皱。

(3) 中酸性岩浆岩带：该构造单元内中酸性岩浆岩发育，多呈近东西向带状分布，受断裂构造控制明显。主要岩石类型有巨斑状花岗闪长岩、二云母花岗岩、黑云母花岗岩、白云母花岗岩、花岗闪长斑岩、花岗斑岩等，它们侵入于古生代构造层内，并被新生界覆盖(见图 5-6)。岩石化学分析结果表明，区内的花岗岩多属 I 型花岗岩，部分白云母花岗岩和二云母花岗岩属 S 型花岗岩，同位素年龄测试结果表明，它们形成于印支期至喜马拉雅期，是新特提斯洋盆闭合在北侧形成岩浆弧的一部分。

该构造单元内构造变形以断层为主，褶皱少见。有 4 个断层规模较大(表 5-4)，其中以娘热藏布断层(F_{46})规模最大。该断层沿东西—北东向延伸，横贯全区，长约 140km，切割不同时代的地层和岩体(见图 5-6)，所经之处显示了不同程度的负地形。断层两侧的山崖上可见断层三角面，断层带内可见挤压透镜体，断层面产状 12°∠55°，沿走向波状延伸。在点 639、点 574 等可见石炭系永珠组($C_{1-2}y$)逆冲于喜马拉雅期花岗岩($N_1\gamma\pi$)之上(图 5-13)，说明该断层为一形成较新、规模较大的逆断层。

表 5-4　冈底斯岩浆弧内断裂构造表

编号	位置	长度(km)	性质	平均走向	简述
F_{44}	扎弄曲	12.5	扭性	10°	南北向延伸的负地形，断层西侧为古生代地层，东侧为花岗岩岩体，在接触带上常见破碎带及断层角砾岩；在古生代地层可看到一些较明显的擦痕
F_{45}	赤臧空马	13	压性	10°	在地貌上表现为明显的负地形，断层北侧为花岗斑岩，南侧为石炭系长石石英砂岩；在石炭系砂岩一侧可见断层三角面及断层崖
F_{46}	娘热藏布	140	压性	10°	该断层规模较大，长达140km，在地貌上表现为东西延伸的负地形；断层两侧均可看到断层三角面；在某些岩壁上可见擦痕；由于该断层的规模较大，切断了多个岩层单元；局部见有构造角砾岩及透镜体；断层附近见到较为明显的牵引褶皱
F_{47}	勒弄曲	18	压扭性	10°	在地貌上表现为近东西向延伸的负地形，该断层的西端错断了乌郁群与花岗岩之间的不整合界线；在接触带附近见到断层角砾岩

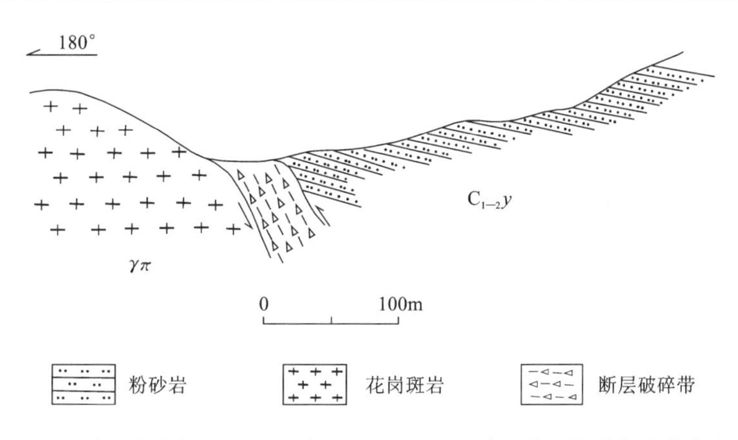

图 5-13　娘热藏布断层(F_{46})上永珠组($C_{1-2}y$)逆冲于喜马拉雅期花岗岩之上

4. 格仁错-查藏错南北向断陷带

该构造带位于测区的西侧，东部由格仁错-查藏错南北向大断裂与其他 3 个构造单元分开，主要由古生代构造层、古近纪构造层及新近纪构造层组成。西部边缘出露白垩纪花岗岩及花岗闪长岩，东部大部分地区被第四系覆盖。

受东侧格仁错-查藏错南北向大断层的影响，靠近断层附近，古生代地层走向呈南北向，地层产状较陡，倾向东，倾角 38°～45°。远离断层，地层产状正常，并形成轴迹呈东西走向的小型褶皱。如洗布炫嘎褶皱。该褶皱核部由 P_2x 的灰岩组成，两翼由(C_2—P_1)l 灰色薄层粉砂岩构成，北翼产状为 187°～201°∠30°～15°，南翼产状为 345°∠21°，枢纽向西倾伏，产状为 275°∠14°，显然仍受南北向正断层的影响。

该构造单元面积小，断层、褶皱也不发育，不具区域划分意义，但申扎-谢通门南北向大断裂的存在及其内充填的第四纪沉积物对于认识青藏高原在第四纪期间的活动具有重要意义。

格仁错-查藏错大断裂地表特征明显，在打个隆弄巴沟口附近，断层两侧可见第四系未固结的砂砾岩层、粉砂粘土层，已倾斜，倾角在 11°左右，在申扎县城南，可见较为明显的断层三角面，在将给淌附近，见该断层切割乌郁群的砂砾岩。沿格仁错南端—查藏错一带，断裂带通过处大部分为湖泊、沼泽相连，并有断续出露的断层泉，沿此断层延伸的折线部分，均可见其与北北西向和北北东向断裂的复合特征。该断裂是一条强地震活动带，自有记录以来，该地震带发生了 6 级以上地震 9 次，5 级以上地震 9 次，最近的两次是 1998 年和 2000 年，分别发生了 5.5 级和 5.1 级地震。断裂带内第四系发育，湖泊呈串珠状分布。沿该断层带，泉水呈条带断续分布。在郎夺断层带内采集了泉华及砂的热释光年龄样，其年龄值为 6 530a，这一年龄值从某种意义上反映了该断层的活动时代。

三、构造单元边界断层及性质

1. 普强断层(F_{20})

该断层西起哈布相目，东至节雄拉车，全长80余千米，近东西向延伸，所经之处，地貌显示不同程度的负地形。断层带之北出露前震旦纪变质岩石，并有基性—超基性岩体(蛇绿岩)出露，断层之南则分布中新生代构造层。断层两侧的岩石类型、变质程度、岩浆活动等明显不同，显示出该断层为一条区域性分割不同构造单元的分界断层。该断层带宽为50～100m，断层带内岩石破碎强烈，局部地段可见断层三角面。在点D110～D111构造控制点上，可见念青唐古拉群变质岩系逆冲于奥陶系柯尔多组灰绿色粉细砂岩之上。同时柯尔多组砂岩逆冲于下白垩统则弄群火山岩之上(图5-14)，说明该断层为一系列断面北倾的逆断层组成的断层带。根据与地层的切割关系，它可能形成于燕山晚期。

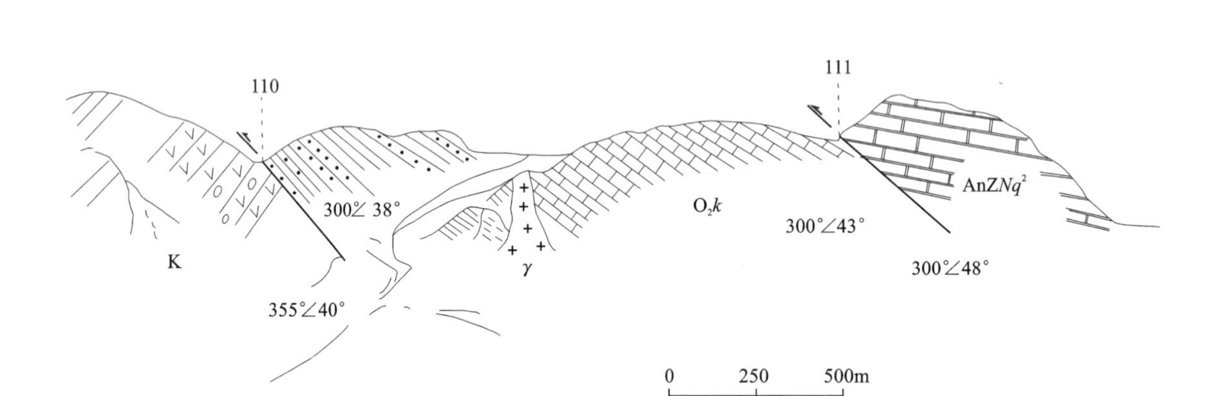

图5-14 普强断层(F_{20})构造特征素描图(点D110～D111)

2. 空金下嘎断层(F_{43})

空金下嘎断层位于测区南侧，西起雪嘎，东至煮穷东，全长140余千米，近东西向延伸横贯全区。该断层之北为不同程度出露的古生代构造层、中生代构造层、古近纪构造层、新近纪构造层及第四纪冲洪积物，零星出露晚白垩世花岗岩、花岗闪长岩体。断层南侧为大面积出露的中新生代中酸性岩体及新生代火山岩。由此可见，该断层同样为一条具有构造单元分界作用的区域性大断层。断层带宽度在100～200m之间，带内岩石破碎强烈，形成碎裂岩与断层角砾岩。沿断层可见新近系乌郁群砂砾岩逆冲于下石炭统永珠组粉细砂岩之上(图5-15)，或乌郁群下部碎屑砂砾岩逆冲于上部的火山岩之上(图5-16)。在中西段，该断层切割中生代花岗岩，在东部，切割晚白垩世花岗岩，可见该断层是一条活动时间较晚的逆断层；在西段，该断层被申扎南北向正断层所截。

3. 格仁错-查藏错断陷带

该断陷带呈近南北向展布，折线状延伸(见图5-6)，全长约110km，向南、北穿越测区。断裂在申扎以南发育较好，地表特征明显，沿断层有保存很好的断层三角面。在断层延伸折线部位，局部可见沿北北东向和北北西向两组扭裂面延伸的痕迹，显示该断层具追踪张性断层的特点，两侧的地质体基本无大的侧向位移，在西侧受其影响，出现与主体地层延伸(北西西—东西向)不协调的南北向古生代地层。该断层穿切东西向地层和构造线，且沿断层带地震活动频繁，其间充填的多为第四纪冲洪积物和湖相沉积，显然是一条规模较大且形成较新的正断层群。

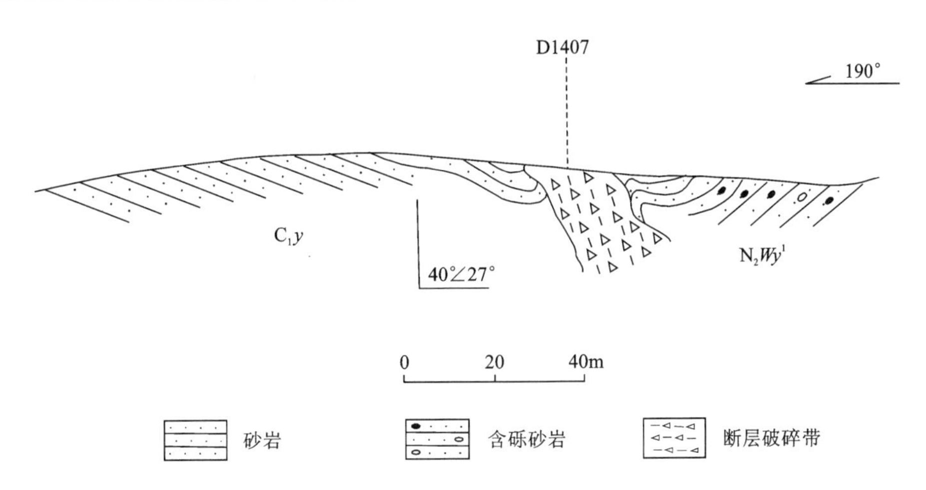

图 5-15 空金下嘎断层(F_{43})中乌郁群(N_2Wy^1)逆冲于石炭系之上(点 D1407)

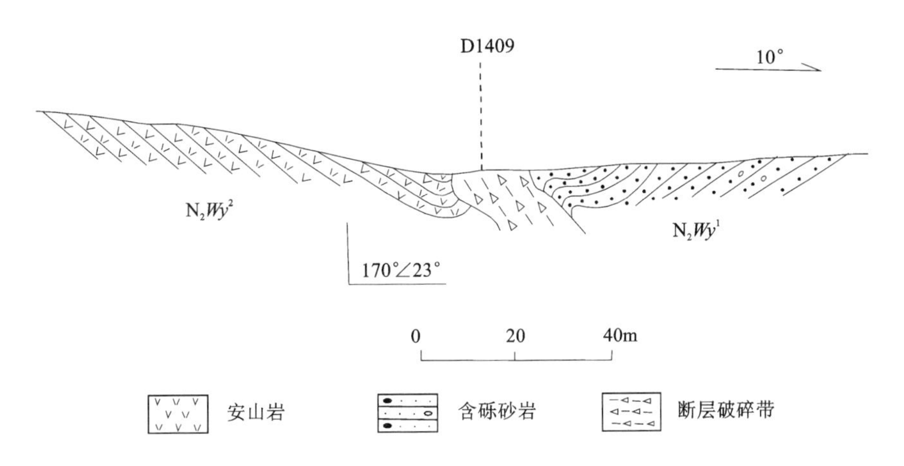

图 5-16 空金下嘎断层(F_{43})中 N_2Wy^1 逆冲于 N_2Wy^2 之上(点 D1409)

第四节 新构造的表现形式与特点

新构造泛指挽近时期高原地貌、活动断裂、地热活动、新生代断陷盆地、地震活动等。根据本区的地质构造发展过程,具体时限应指喜马拉雅板块与冈底斯-念青唐古拉板块碰撞后新近纪以来发生的构造事件。

测区内新构造(活动构造)表现最强烈的是图幅西侧的 E88°30′—89°南北向范围内的构造活动,主要表现形式为申扎-查藏错南北向断陷盆地,古湖泊、现代湖泊,呈南北向分布,南北向的甲岗山的快速隆起,地震震中和地热(温泉群)的南北向密集分布,现代河流呈"Z"形拐弯等。

一、活动断层

测区内大规模的活动断层主要为近东西向和近南北向两组,规模均较大。

1. 尼勒-则固断层(见活动构造与湖泊退缩图)

该断层呈 110°~290°延伸,图幅内延伸达 150 余千米,断层的主要表现在 ETM 卫片上(7.4.1 波段合成)呈现连续的浅色条带,在地貌上反映出北盘高、南盘低的连续反坎,巴勒东约 3km 处,准布藏布形成了一个直角拐弯,显示了北盘向西、南盘向东的水平错动,断距约 500m。

统勒以东为古统勒湖的堰塞堤。获得的最新热释光年龄为 1 070a,推测可能这一时期发生的地震作用导致了堰塞堤的形成。统勒湖堰塞堤与尼勒-则固断层可能均为同一次地震活动的产物。

2. 仁错南活动断层

该断层为东西向，平面上呈波状，平行于仁错古湖岸方向。东西向长约 50km，地貌上处于山脉北坡与平坦仁错古湖底相接转折部位。显著的特点是沿该断裂带有现代积水沼泽和冷泉的连续分布，在卫片上有明显的反映，众多支流水系(南北向)，在断层通过处多发生"Z"形转折，尤以下吴弄巴曲最为明显，河流横向转折达 1km 以上。反映出断层北盘向东、南盘向西平移的特点。

3. 查藏错-格仁错南北向张性断裂带

该断裂带近南北走向，图幅内延伸达 110 余千米，图幅以南延伸至青都、谢通门而止于雅鲁藏布江断裂。这条南北向断裂贯穿了冈底斯山脉，在图幅内最大宽度达 15km。

这条断裂带平面上表现为"Z"字形，由一系列北东向、北西向两组断裂构成的追踪张性断裂形式，东、西两侧边界断裂之间有一系列南北向展布的第四系和现代湖盆构成的地堑，西侧断裂带特征尤为显著，在遥感图像上反映出北东向与北西向两组线性断裂相交，西侧的南北向甲岗山脉的东部边缘呈巨大齿状形态。

该断裂活动性很强，表现为西侧甲岗山脉的快速隆升和东侧地堑相对下降，在遥感图像上可以观察到 3 个不同时代的洪积扇互相叠置，而且早期的扇体位置最高，被后期扇体破坏和覆盖，最新的扇体规模大、位置最低。据地形资料和遥感解译可知，早期扇体扇根在 5 200m 左右，而最新扇体在 4 950m 左右，相差达 250 余米。除扇体变化外，两组(北西向、北东向)断裂明显切割扇体，体现了甲岗山脉快速和脉动性隆升的特点。

4. 格布洛玛沟张性断层

表现最为明显的活动断层主要集中在查藏错-格仁错南北向断陷盆地的两侧，如图 5-17 所示的断裂就是其中的一种类型，在格布洛玛沟谷南侧可见到多条这种断层。该断层切断了地表第四系，西侧盘下降，断距达 4m 左右(图 5-18)，断层走向近南北向，断层面陡直。发育在第四系冲洪积堆(沉)积物中的这组断层沿走向规模一般较小，延伸数百米至数千米，为由数条平行断层组成的一组张性断裂带，或呈雁列形排列，尤以越恰错西的甲岗山脉山前地带最为明显。由断陷盆地向甲岗山方向张性断裂呈阶梯状排列。

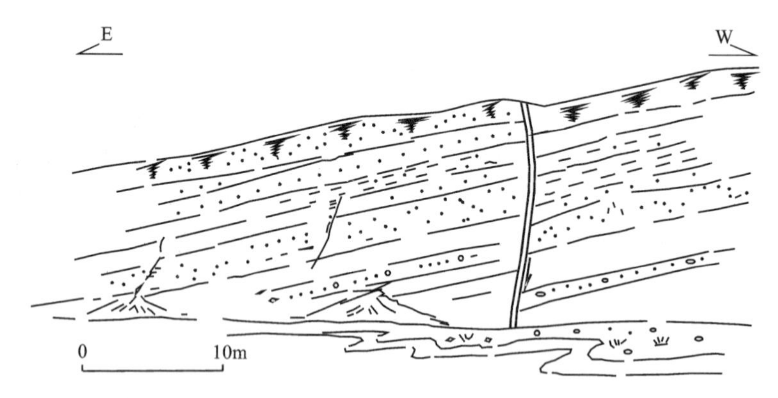

图 5-17　申扎县格布洛玛沟南侧发育在第四系中的活动断层

5. 新沟南北向活动断层

新沟断层发育在波洛淌东侧，南北向，延伸约 10km，地表显示为南北向分布的一系列温泉群和冷泉，小型湖泊也呈南北向沿断层带展布，同一阶地发生了错断，西侧下降，东侧上升，相对高差 5m 以上，在东侧阶地上端取样，热释光年龄 6 530a，可以确定，该断裂发生在 6 530a 之后(图 5-18)。这组断层在查藏错-格仁错断陷盆地内较有代表性，5 处地热泉区都有近乎相同的构造背景。

二、第四系变形特点

测区内第四系的分布集中于几个较大湖盆区及周围，仁错地区和茶日俄玛-新吉地区分布的第四系以湖积为主，产状稳定，变化不大，受新构造的破坏和变形均较弱。第四系堆（沉）积物变化较大，在查藏错-仁错南北向裂堑带内发育较明显。

第四系堆（沉）积物之间的不整合，明显地见于甲岗山东侧的数条近东西向沟谷两侧。图 5-19 是甲岗山东侧格布洛玛沟南侧的第四系堆（沉）积物之间的不整合，不整合面之下为冲洪积及少量沼泽堆积物，已轻微变形，层理面东倾，倾角为 10°～15°，并见有数条近南北向的正断层，断距一般 2～5m，东盘下落，层理有牵引现象，断层均为高角度，倾角 70°～80°。不整合面之上的第四系堆（沉）积物为洪积物，层理较平缓，东倾，倾角为 2°～5°，可能为原始堆积物产状。上下层界面平整，上、下两套堆（沉）积物之间的夹角约 8°～10°。下层冲洪积物热释光年龄 5 740a（Osl_1）。显然这一不整合发生在 5 740a 以来。结合甲岗山脉快速隆起，以及野外实地观察，这个不整合可能是两个洪积扇之间的叠置关系。同样，由于上覆堆（沉）积物覆盖了轻微变形并发生断裂现象的下伏堆（沉）积物，从另一侧面反映了东西向伸展的断陷盆地特点。

这一现象在查藏错-仁错断陷盆地内，尤其是盆地西侧是普遍存在的，但也仅限于这个盆地边缘，在区域上不具普遍意义。

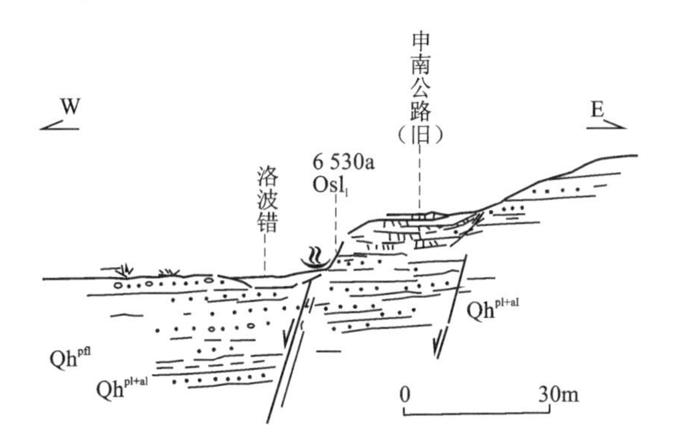

图 5-18 申扎县新沟洛波错断层素描图

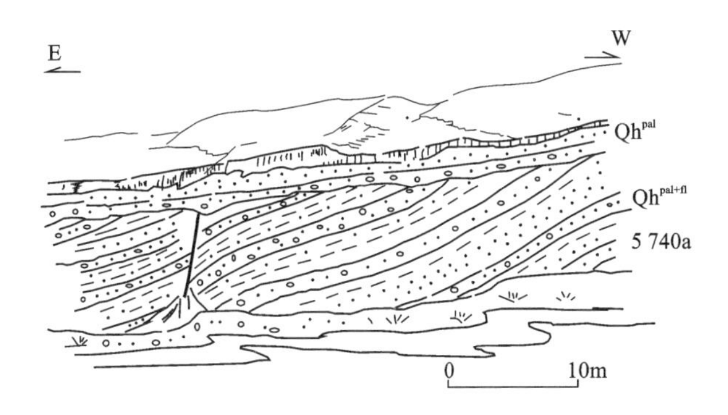

图 5-19 甲岗山东格布洛玛沟第四系不整合素描图

三、断陷盆地

测区内断陷盆地仅发育在图幅西侧，呈南北向展布（图 5-20），南北长 110 余千米，最宽处达 15km，向南延入谢通门地区，北侧则被仁错北西向断裂所截。整个断陷盆地断续分布达 200 余千米。

图幅内呈一近南北向断续相连追踪张形态的断陷盆地，西侧为甲岗山脉，平均海拔近 6 000m，东侧为高原丘陵地区，盆地中部为南北向分布的查藏错、越恰错、木地达拉玉错、统勒湖、洛波错和格仁错等大小不等的湖泊，历史上可能为一个连通的古湖。

盆地内堆积物西侧以冰碛砂砾、洪积物等组成的巨大扇体为主，并多次叠加，厚度巨大，在申扎电站可见多层扇体组成的阶地厚达 200 余米。断陷盆地东侧则主要由较小的冲积扇砂砾组成，盆地中间部位主要为湖积、沼泽沉积。盆地中心的水体表面与西侧甲岗山脉的高差达 1 200～1 800m。

该盆地的形成与南北向的断裂活动有关，断层切割几乎所有的地质体。地震、地热分布以及活动断层等资料表明，其为至今仍在活动着的断陷盆地。

四、地震和地热活动特点

1. 地震活动

测区范围内有记录以来共发生了 44 次地震，最早为 1719 年，其余 43 次均为 20 世纪发生的（表 5-5）。

据已有资料记载，图幅内，包括在图廓线上，$M \geqslant 6$ 的地震共发生了 4 次，$M \geqslant 5$ 的地震 8 次。地震震中主要集中在 88°30′～89°范围内，共记录地震 29 次，大级别震中也主要分布在这一区域之内，与其他地质现象相吻合，证明了查藏错-格仁错为近现代强烈构造活动区域(图 5-20)。

表 5-5　申扎县幅地震数据表

编号	地震时间		震中位置			震级、震中、烈度	震源深度(km)	震中地名
	年-月-日	时:分:秒	北纬	东经	精度			
01	1719		30° 54′	89° 42′				申扎
02	1934-12-18	19:22:20	31° 00′	89° 18′	4	5.6	20	申扎东
03	1934-12-21	14:34:42	30° 54′	89° 06′	4	5.2		申扎
04	1936-02-18	22:30:32	31° 00′	89° 00′	4	5.5		申扎
05	1949-08-12	04:59:05	31° 00′	89° 00′	5	5.3		申扎
06	1963-12-27	00:47:57	31° 00′	89° 00′	4	4		申扎
07	1980-02-22	11:02:45	30° 58′	88° 58′		6.6		洛波
08	1980-02-22	11:20:48	30° 48′	88° 36′		3.9L		申扎
09	1980-02-22	11:20:53	30° 36′	88° 42′		3.9L		巴扎
10	1980-02-22	12:16:43	30° 42′	88° 36′		3.5L		申扎
11	1980-02-22	15:05:07	30° 54′	88° 36′		4.1L		申扎
12	1980-02-22	15:05:42	30° 42′	88° 48′		4.5	15	申扎南
13	1980-02-22	19:07:14	31° 00′	88° 48′		3.5L		申扎
14	1980-02-22	19:07:21	30° 36′	88° 42′		3.5L		巴扎
15	1980-02-28	19:36:41	30° 30′	88° 36′		4.4		巴扎
16	1980-03-04	15:16:44	30° 54′	88° 42′		4.5	15	申扎
17	1980-06-04	04:32:11	31° 00′	88° 48′		5.6	33	申扎
18	1980-06-10	15:48:33	30° 42′	89° 00′		4.0		申扎
19	1981-01-08	10:30:49	30° 36′	88° 30′		4.2	33	巴扎
20	1981-10-08	07:52:53	30° 48′	89° 48′		3.5L		申扎东
21	1963-12-19	16:19:01	30° 30′	89° 30′	4	4.5		新吉
22	1982-01-22	12:30:02	30° 54′	90° 00′		5.7	33	班戈南
23	1984-01-23	04:22:44	30° 24′	89° 54′		4.0		德庆
24	1984-10-09	00:41:47	30° 42′	89° 36′		3.6L		德庆
25	1989-03-09	05:26:14	30° 04′	89° 59′	2	3.0L		德庆
26	1989-04-20	07:20:28	30° 06′	90° 00′		4.4	33	德庆
27	1989-04-25	19:13:07	30° 03′	90° 00′	2	3.3L		德庆
28	1990-02-22	22:45:51	30° 26′	89° 52′	2	3.0L		德庆
29	1990-05-15	23:27:14	30° 06′	90° 00′		3.3L		德庆
30	1991-03-04	08:55:24	30° 05′	89° 55′	2	3.5L		德庆
31	1994-07-13	14:50:11	30° 20′	90° 00′		3.0L		纳木错
32	1995-07-28	22:45:40	30° 00′	88° 42′		4.4	66	龙桑
33	1995-01-13	07:39:42	30° 00′	88° 32′	2	3.9L		龙桑
34	1995-04-24	19:07:54	30° 10′	88° 38′	3	3.3L		龙桑
35	1995-04-24	19:09:36	30° 10′	88° 30′		3.0L		龙桑

续表 5-5

编号	地震时间		震中位置			震级、震中、烈度	震源深度(km)	震中地名
	年-月-日	时:分:秒	北纬	东经	精度			
36	1995-07-30	15:04:00	30°05′	88°34′	2	4.2L		龙桑
37	1995-10-06	01:40:13	30°05′	88°32′	2	4.5	31	龙桑
38	1995-10-07	00:09:51	30°00′	88°30′	3	3.1L		龙桑
39	1924-10-09	04:32:00	30°00′	90°00′		6.5		南木林
40	1932-03-25	12:29:32	30°00′	89°12′	5	5.5	32	南木林
41	1935-03-04	06:46:08	30°06′	89°00′	5	5		南木林
42	1955-12-05	15:27:24	30°00′	89°30′		4.8		南木林
43	1991-03-04	08:55:24	30°05′	89°55′	2	3.5L		南木林
44	1992-06-21	16:07:47	30°15′	89°20′	3	4.2L	4	南木林

2. 地热

沿查藏错-格仁错断裂带南北向分布有5处地热温泉区，分别为德达勒温泉区、洛康温泉区、统勒温泉区、新沟温泉区和打个隆弄巴温泉区。地热泉温区的集中有规律的分布，同样也是新构造活动的直接显示(地热分布见图5-20)。

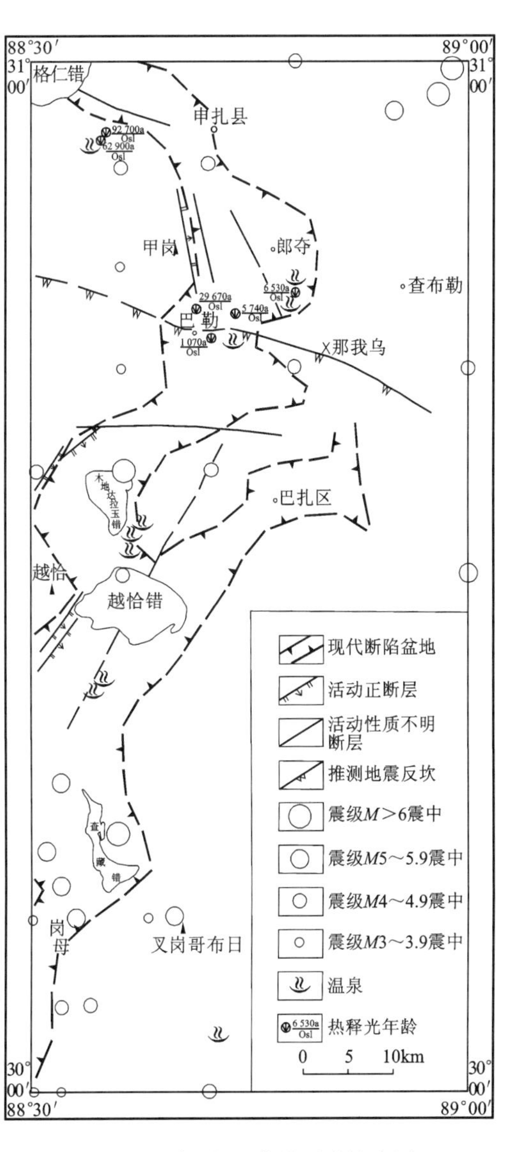

图 5-20　格仁错-查藏错活动构造图

五、新构造快速隆升的其他资料

1. 湖盆萎缩及抬升

查藏错-格仁错等一系列湖泊全处于萎缩之中，可能在某一时期这些湖泊曾是一个古大湖体系。从南向北现代湖面高程依次为查藏错(4 828m)、越恰错(4 810m)、木地达拉玉错(4 804m)、洛波错(4 794m)、格仁错(4 650m)，最大湖面高差达178m，可能反映了南北向不均匀抬升或掀斜作用引起湖面高度的变化。另外，古茶日俄玛湖南北古湖面高程的变化也反映出南高北低的特点。

2. 植物的变化

图幅内仅见到一处残留的硬叶柳(*Salix sclerophylla*)灌木丛，面积约2km²，分布海拔高度约4 700m，是目前已知藏北海拔最高的木本植物群落，显然是高原隆升作用造成的物种孑遗与变种。

在冈底斯南坡较为广泛的巨柏和圆柏分布区，其中圆柏的分布达到5 400m的最高海拔，在4 700m左右可见一些孤立的巨柏分布，它们的分布是西藏常绿针叶树种中分布的最高限，而且呈强烈的退化趋势，显然是快速抬升的孑遗种群。

第五节　区域构造发展史

根据测区内物质记录和同位素定年等资料，初步建立起测区内自元古宙以来地质构造演化的时空框架。结合区域地质资料，将测区的构造演化历史划分为6个阶段：①元古宙—前奥陶纪基底形成阶段；②古生代台地—古特提斯边缘海发展阶段；③早中三叠世大规模抬升剥蚀阶段；④晚三叠世—早白垩世新特提斯主动大陆边缘及弧后盆地发展阶段；⑤晚白垩世—上新世陆内造山阶段；⑥第四纪发展中的东西向伸展—差异隆升阶段(表5-6)。

表5-6　申扎县幅地质事件序列表

事件序列		构造运动性质	沉积作用	岩浆活动	变质作用	地质时代	对应构造层
Ⅵ		造山后伸展作用，念青唐古拉群可能转变为变质核杂岩。东西向伸展，南北向断陷盆地形成	河流、湖泊、冰川、沼泽沉积及洪积	没发现火山岩浆活动	无区域变质作用	Q	
Ⅴ	3	超碰撞末期形成的弧后断陷与伸展	河流相、湖泊相沉积、火山沉积	大规模火山活动	无区域变质作用	N_2	Ⅴ
	2	相对稳定时期，可能是一次重要夷平期	仅局部山前磨拉石沉积	未见岩浆活动	无区域变质作用	E_3	Ⅳ
	1	陆-陆碰撞，高原快速隆升大规模逆冲推覆	山间磨拉石、河湖沉积与火山堆积	大规模火山活动和中酸性重熔岩浆侵入	广泛发生热接触变质作用	$K_2—E_2$	
Ⅳ	2	弧后盆地形成扩张发展与闭合	中晚侏罗世以碎屑沉积为主(斜坡相)，早白垩世为火山岩-碳酸盐岩建造	大规模中酸性花岗岩侵入与火山活动	广泛发生热接触变质作用	$J_2—K_1$	Ⅲ
	1	冈底斯弧后形成早期小型扩张中心和冈底斯岩浆弧早期雏形	木纠错一带接受海相沉积(潮间-潮坪相)	较大规模的花岗岩侵位，年龄217Ma	热接触变质	T_3	
Ⅲ		整体抬升、剥蚀	未见沉积	未见火山作用	未见变质作用	T_{1-2}	
Ⅱ		稳定的冈瓦纳北部被动大陆边缘	晚二叠世闭塞残留海湾，$O_2—P_2$稳定台型沉积，O_1类复理石沉积	晚石炭世有基性岩浆活动，见玄武岩夹层	低绿片岩相变质作用，埋深变质作用	$O_1—P_3$	Ⅱ
Ⅰ	2	褶皱基底形成	海相细碎屑岩-碳酸盐岩建造	未见明显岩浆活动	绿片岩相变质作用	AnO—845Ma	Ⅰ
	1	结晶基底演化形成	含有大量基性物质的火山-沉积建造	大量中元古代中酸性岩浆侵入	角闪岩相变质作用	>845Ma—Pt_1	

一、元古宙—前奥陶纪基底形成阶段

以念青唐古拉群为代表的基底，经历了复杂的地质历史过程。测区内念青唐古拉群分为上、下两套岩系。下部以斜长角闪岩、石榴斜长角闪岩、角闪斜长变粒岩、透辉斜长角闪岩、阳起绿帘片岩、石榴蓝晶黑云母片岩、石榴白云母片岩、石榴二云母片岩、石榴长石石英岩、石英片岩、石榴角闪黑云斜长片麻岩、长石石英岩、石英大理岩、透闪大理岩等组成，是一套含有大量基性火山物质的火山-沉积建造，经历了角闪岩相变质作用；上部为正常海相陆源碎屑、细碎屑-碳酸盐岩建造，变质程度与下部存在明显差异。据相邻地区资料，有关念青唐古拉群的同位素年龄结果主要有①许荣华(1985)测得的羊八井西北冷青拉附近眼球状黑云母片麻岩锆石 U-Pb 法等时年龄值 1 250Ma；②潘杏南(1988)测得的念青唐古拉群锆石 U-Pb 法等时年龄值 20 亿年；③西藏工业电力厅水利电力勘查设计院(1993)测得的桑日县沃卡电站附近相当于念青唐古拉群片麻岩 U-Pb 同位素年龄值 1 920Ma；④西藏区调队一分队(1995)采自南木林县堪珠乡的二云斜长片麻岩一组(16 个样)Sm-Nd 等时模式年龄值为 2 210～(2 420±47)Ma 之间；⑤我们在班戈县红旗乡扁前浦获得了角闪石(845±1)Ma 的 $^{40}Ar/^{39}Ar$ 坪年龄。前 4 组年龄的测定对象基本相同，可能为念青唐古拉群中的变质侵入体。通过以上 5 个地区，用不同方法针对念青唐古拉群不同岩性、矿物进行的定年工作，可以得出念青唐古拉群下段的原岩年代至少大于 845Ma。由此推测，至少有一部分念青唐古拉群成分的年代为古、中元古代。845Ma 代表了念青唐古拉群最新的一期变质作用时间，也可能是念青唐古拉群的主变质期。出露于班戈县红旗乡一带的中深变质岩系构成了测区内最老的“结晶基底”。念青唐古拉群上段浅变质的碎屑岩系，时代要比“结晶岩系”年轻，根据扎扛一带与下奥陶统之间的接触关系，时代限定于前奥陶世。

通过与喜马拉雅地区的前奥陶系对比，我们认为，念青唐古拉群上段可能相当于震旦系—寒武系肉切村群，岩性上也有相近之处；下段应与聂拉木群相当。构造部位应同属印度大陆北缘的增生体系。从原岩建造、变质变形、岩浆活动、岩相特征及年代资料分析，念青唐古拉群可能是一个包含了整个元古宙沉积与岩浆活动、变质作用等构造杂岩组合，早期可能遭受地壳伸展作用，中期则经历了大陆汇聚岩浆活动等事件影响，晚期可能与 Rodinia 大陆裂解作用相关，并在其被动边缘上形成念青唐古拉群上段的碎屑岩离散型增生体。

二、古生代台地—古特提斯边缘海发展阶段

在经历了元古宙—前奥陶纪复杂的地壳运动以后，整个青藏高原南部地区处于稳定阶段。测区内自早奥陶世晚期开始接受稳定的沉积直至晚二叠世。早奥陶世晚期是一个重要的构造-岩相变动期，扎扛组下部表现出具有类复理石的特点，以砂、泥质岩石为主，化石极少，韵律特征明显，厚度较大，底部碎屑岩中见有少量的火山碎屑物质，其下与念青唐古拉群上段呈不整合关系。中奥陶统柯尔多组以后转为碳酸盐台地相沉积。志留纪末整个青藏高原存在一次整体抬升运动，与泥盆系下部可能存在一个短暂的间断。晚古生代测区位于冈瓦纳大陆北部边缘海发展时期，为典型的大陆被动边缘浅海陆棚环境，沉积了一套稳定的碳酸盐岩、陆缘碎屑岩、冰海杂砾岩、含冰碛石砂板岩等，从早泥盆世—晚二叠世形成了碳酸盐岩—陆缘碎屑岩—碳酸盐岩巨大的沉积旋回，生物特征由暖水型—冷水型、冷温型—暖水型的演化序列，代表着冈瓦纳大陆北缘边缘海古特提斯洋演化的基本特征。值得提出的是：

(1) 早古生代沉积在冈底斯地区虽仅分布于申扎县幅北部和多巴区幅南部地区，但根据其岩性组合、建造特征、窄盐度生物分布以及浮游生物特征，其分布范围可能很大，整个冈底斯地区可能都有分布，受覆盖和构造运动影响其出露很局限。

(2) 测区内石炭系广泛分布，这个特点在整个冈底斯-念青唐古拉板块上具普遍意义，在巨大的火山-岩浆弧中出露众多的构造窗或大型捕虏体多为石炭系碎屑岩，由此可见古生代台地分布的广泛与稳定。

(3) 新发现和建立的上二叠统木纠错组为以白云岩为主体的碳酸盐岩建造，化石稀少，厚度大于2 400m，分布仅限于木纠错南侧约200km^{2}范围内，多巴区幅有极少分布。在整个青藏高原南部地区是唯一的白云岩建造的上二叠统，与中二叠统下拉组为连续过渡关系，其成因可能为封闭、半封闭海湾环境。冈底斯部分地区出现了陆相沉积——坚扎弄组，并含混生植物群，更多地区则缺失上二叠统，说明在晚二叠世时期冈底斯地区大地构造环境已发生了重大变化。

三、早中三叠世地壳抬升及大规模剥蚀阶段

冈底斯地区缺少早中三叠世沉积、岩浆活动和变质作用记录，可能自晚二叠世以后处于一个整体抬升和剥蚀阶段，古生代地层褶皱以大型宽缓背、向斜为主，褶皱宽缓反映出地壳运动不强烈，是中二叠世以后冈底斯地区整体抬升作用的延续，多数地区二叠系保存或发育不全，应与这一时期的剥蚀作用有关。

四、晚三叠世—早白垩世新特提斯主动大陆边缘及弧后盆地发展阶段

这一时期是青藏高原地壳运动极为复杂的阶段，晚二叠世—晚三叠世沿雅江带逐步扩张形成新特提斯洋，北侧的班公湖-怒江带于晚三叠世打开，形成大致与雅鲁藏布江带平行的洋(海)盆，这两条新特提洋(海)盆的逐渐扩张，促使了其北侧龙木错-双湖-澜沧江、西金乌兰-金沙江两个古特提斯洋(海)盆的闭合。中侏罗世班公湖-怒江洋(海)盆闭合，始新世雅江洋(海)盆闭合，新特提斯演化终止。在新特提斯演化过程中，沿冈底斯弧后地区发生了大规模的扩张，形成规模巨大的弧后盆地，并于早白垩世末，弧后盆地关闭，形成了狮泉河-阿索-永珠-纳木湖-嘉黎-波密规模超过1 000km的蛇绿岩带。

1. 晚三叠世岩浆活动与沉积作用

南木林县折无乡(冈底斯南坡)巨斑状花岗闪长岩获得217Ma的单颗粒锆石年龄，首次在冈底斯地区确定了晚三叠世(相当于印支期)中酸性侵入岩的存在，测区内圈定了两个较大侵入体，推测相邻的日喀则市幅北部也应有同期岩体的存在，地球化学特征反映出火山弧花岗岩特点。西藏区调队开展的1∶5万琼果幅等区调时，根据大量统计资料确定上三叠统碎屑岩的物源来自北方。结合所获得的同位素定年结果，推测晚三叠世冈底斯地区已经存在隆起，并发育了岩浆活动。

多巴区幅木纠错一带，发现了一套下部为碎屑岩夹薄层砂屑灰岩，上部为灰岩(含珊瑚等)夹细碎屑岩的一套潮间带-障蔽海湾环境的沉积，时代初步定为晚三叠世，这在冈底斯地区也属首次发现，其底部与二叠系为角度不整合。晚三叠世沉积的发现，确定了冈底斯板块内部存在一个小型的扩张中心，其时期与雅江带和班公湖-怒江带是同时，只不过没有发展成为洋(海)盆地，但为侏罗纪—白垩纪弧后盆地的形成发展奠定了基础。

2. 中晚侏罗世—早白垩世弧后盆地发展时期

图幅内没发现早侏罗世沉积，推测中上侏罗统与上三叠统之间存在不整合关系。中晚侏罗世—早白垩世，新特提斯南支(雅江洋)正处于扩张并向北消减的高峰时期，而北支(班公湖-怒江洋)此时正值闭合时期，受两个洋(海)盆共同演化的影响，在狮泉河-永珠-纳木湖带产生了弧后扩张，形成了一个东西展布的大规模的弧后盆地，并形成局部洋壳。在图幅的北部地区即沿班公湖-怒江板块缝合带以南形成了东西向展布的大规模的弧后前陆盆地，即川巴-色林错前陆盆地。

由于南侧雅江带的闭合和向北消减作用的持续，在测区的南部地区形成了大面积的花岗岩基和中部地区的钙碱性火山岩系，并最终导致了弧后盆地的关闭，这一地区全部结束海侵。

五、晚白垩世—上新世陆内造山阶段

区域上这一阶段表现为陆内汇聚-碰撞造山作用。晚白垩世末，喜马拉雅板块与冈底斯-念青唐古

拉板块发生了陆-陆碰撞，导致了冈底斯-念青唐古拉地区上升成陆。主要变形作用为褶皱和大规模逆冲断层的发育。测区内几条大型近东西向逆冲断层可能主要为这一时期形成或进一步活动。由于陆壳缩短增厚、褶皱变形，林子宗群与下伏岩层形成区域性的角度不整合。受消减与重熔作用的影响，在冈底斯火山岩浆弧背弧后断隆区形成大规模的钙碱性火山喷发和中酸性岩浆的侵入活动。晚白垩世—始新世是火山-侵入活动的高峰期，在林子宗群中见到多个区域性的火山喷发不整合，林子宗群中每个组内部也存在多个火山喷发间断，晚白垩世中酸性侵入岩共有 7 种岩石类型，它们共同的特点是反映了这一时间火山-岩浆作用的脉动性，对应冈底斯地区的非线性隆升作用。

渐新世是测区内构造-岩浆活动相对稳定期，这一时期可能为高原上最重要的夷平面产生时间，在图幅内未见有这一时期岩浆活动的记录，只在甲岗山北侧有零星的日贡拉组（E_3r）出露，为陆相山前磨拉石复陆屑建造，可能与甲岗山的局部抬升相关。

新近纪是冈底斯地区最后一次大规模火山-岩浆作用的高峰。中新世大面积 S 型重熔花岗岩侵入，呈岩基状，共见有 6 种岩石类型。火山活动记录为乌郁群上段（N_2Wy^2），总厚 2 300 余米，夹有多层碎屑岩，分布范围广，形成了近东西向的带状火山岩盆地，与下伏岩层均呈角度不整合关系。

晚白垩世—上新世发生了两次大规模的构造-岩浆事件，第一次应与雅鲁藏布江带的闭合，喜马拉雅板块与冈底斯-念青唐古拉板块的陆-陆碰撞、消减和深熔作用相关；第二次除与喜马拉雅板块向冈底斯-念青唐古拉板块之下进一步俯冲外，与印度板块继续向北沿西瓦里克带发生的 A 型俯冲相关，这一时期也是整个高原快速隆升期。

六、第四纪发展中的东西向伸展-差异隆升阶段

由于南北向的挤压作用以及高原隆升是非线性过程，高原隆升的后期效应反映在两个方面。

（1）造山后伸展作用：脉动造山过程中的松弛阶段，沿先期的逆冲-推覆带上，可能产生反向伸展滑脱、剥离，基底岩石形成变质核杂岩，念青唐古拉群的出露可能与这种成因相关。

（2）南北向第四纪断陷盆地东西向伸展作用：测区内最典型的为申扎-查藏错南北向断陷盆地。在整个冈底斯地区有数条南北向的第四纪断陷盆地，规模巨大，南北向贯穿整个冈底斯山脉。其中申扎-查藏错-谢通门断陷带达 200 余千米，宽 10 余千米。冈底斯地区广泛发育的南北向张性活动断裂，是超碰撞阶段青藏高原隆升过程中，继地壳褶缩叠覆和物质侧向滑移构造应变之后，在弹滞场应变中产生的最明显的构造变形之一，也是高原隆升变形应力释放形式之一。南北向张性断裂带的形成，一是与来自南部板块碰撞所产生的近程应力直接作用有关；二是与地幔物质向东南侧向滑移作用有关，特别是与新构造活动期高原快速隆升到一定程度，周边约束应力作用减弱，而出现东西向"松弛"状有关。南北向张性断裂的产生是高原隆升过程中的必然表现。同时南北向张性断裂新构造活动产生的强烈应力释放，减弱了南北向挤压对地壳褶皱叠置、加厚隆起作用。南北向张性活动断裂是影响高原有限隆升的主要因素之一。

图 5-21 为冈底斯板块形成和发展模式图，申扎县幅处于冈底斯板块之上的弧背-弧后盆地位置。

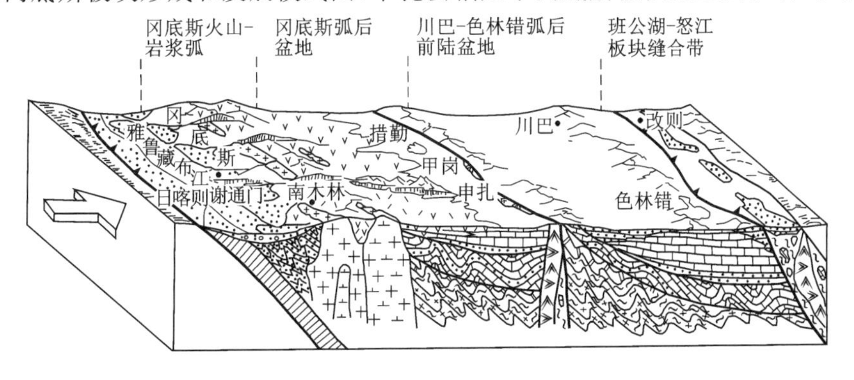

图 5-21　冈底斯板块形成与发展模式图

第六节 遥感地质解译

一、遥感资料

本次申扎县幅地质调查应用的遥感资料为美国陆地卫星 Landsat-7 ETM 数字图像。成像时间1999年9月19日。经几何和光谱校正,选用7.4.1波段合成处理,制成申扎县幅1:10万、1:25万彩色图像。

二、图像质量

Landsat-7是美国陆地卫星系列最新的一颗资源卫星,增强型专题制图仪(ETM)获得的地球信息量大、准确。选用7.4.1波段合成不仅含有多种类地质信息,而且图像色彩丰富,影像清晰,总体评价质量较好。

区内出露规模较大的几大类地质体之间有较明显的影像差异,各自有较稳定的解译标志,易从图像中识别。如泥盆系和二叠系的灰岩、石炭系的砂岩、新近系的火山岩和第四系的冲积层,以及图幅南部的侵入岩体等。此外,断裂构造仍是解译效果最佳的地质现象,往往提供了预先的构造信息,尤其是野外难观察的构造信息。

总体评价该图幅内北部沉积岩分布区解译效果最好,中部火山岩区次之,南部侵入岩分布地区最差,特别是南部高山有很多冰雪和云层覆盖,严重影响了解译效果。

三、重要地质单元和构造解译标志

受图像比例尺、空间分辨率、地质体出露规模及岩性之间差异的影响,本节所论述的仅限于出露规模较大,有较明显、稳定的影像特征的大类地质单元和构造形迹。

(一)地质体解译标志

1. 念青唐古拉群(AnZ*Nq*)

该群分布于仁错南侧,出露面积不大。图像显示为淡紫色,地形较低缓,水系较稀,沟谷较浅。可见近东西向小冲沟,组成似“丰”字形水系,可间接反映出该地质体的结构特征。总体评价该单元图像特征不明显,与周围地质体无明显影像差异,解译效果较差。

2. 奥陶系—志留系(O—S)

该套地层出露面积较少,在塔尔玛乡东可见,图像上无明显标志,不能解译出来。

3. 泥盆系(D)

泥盆系主要分布于测区北部塔尔玛乡以北。该套地层影像特征较明显。色调呈浅紫—黄绿色。地形略低缓,山脊多呈尖棱状,沟谷较开阔,水系密度中等,主要山脊受地层走向控制呈东西向分布。该套地层影像边界清晰,与周围地质体差异明显,解译效果好。

4. 石炭系(C)

石炭系在测区内分布较广，岩层出露较好。图幅北部的石炭系影像特征明显，有较好的解译标志，南部由于冰雪和云层掩盖，解译效果不好，很难从图像中较准确勾绘出出露边界。

石炭系图像上色调为紫—暗紫色，色彩较稳定。地形较低缓，山脊多呈尖棱状或半浑圆状。水系较密集，冲沟浅短，受岩层走向控制，该处水系均呈东西或近东西向分布，能较好地反映出地层的走向特征。该套地层是本区古生界解译标志最好的地质单元。

5. 二叠系(P)

二叠系在区内分布较广，出露好，不同地段的影像有差异。图幅北部木纠错以南的二叠系标志最明显。图像上显示浅紫—黄绿色。地势较低缓，山脊次棱角状，沟谷多开阔，水系密度中等，无明显方向性。该处的二叠系与南侧石炭系有较明显的影像差异，二者影像边界清晰。解译效果较好。区内中部恰木曲南侧的二叠系图像色调呈紫色，地形低缓，水系较密，小冲沟多呈北西西向，与岩层走向一致，解译效果一般。

6. 白垩系(K)

白垩系主要为则弄群二段($K_1 Zn^2$)火山岩。该单元主要分布于普强断裂南侧，呈东西带状分布。该单元岩性特征明显，地面出露良好，在图像上有很明显的图像特征。图像上总体呈黄绿色，沟谷呈绿色，山体多呈紫黄色。地形多低缓，山体多呈浑圆状山丘，沟谷在周围环绕，总体呈环形、弧形影像结构。上述图像特征表现出该单元具有十分明显的解译标志，而且与周围地质体呈现清晰影像边界，是区内解译效果最好的地质单元。

7. 古近纪火山岩

工作区火山岩广泛分布，主要为古近纪和新近纪中—中酸性火山岩。这些火山岩有相似的图像特征，不易再细分，这里一并描述其图像特征。古近系划分为4个组，其中日贡拉组和年波组碎屑岩在区内出露很少，也无明显或特征的图像可描述，不易在图像中圈绘出其分布。典中组和帕那组在区内较广泛出露，岩性以安山岩、英安岩为主，具有较明显的图像特征，但在南部山区由于云和高山积雪覆盖，图像特征不明显，解译效果较差。图像显示该套岩层总体为浅灰紫色，色调较稳定。地形一般较高陡，山脊尖棱状，沟谷成“V”形，水系较密集，且有似树枝状水系特点。总体评价该套岩层解译效果较好，但边缘影像不清晰，不能很准确地从图像上全部解译和勾绘出边界。

8. 新近系乌郁群碎屑岩段

该套岩层主要分布于工作区中部。图像显示为淡紫色，较均匀。地形较低缓，水系稀疏，冲沟多呈较开阔的“V”形，水系呈树枝状。由于这套地层分布较零散，图像特征不明显，解译效果较差。

9. 第四纪沉积物

第四纪沉积物是区内图像特征明显、解译效果最好的一类地质体。根据沉积物的成因和分布位置，可划分为几大类沉积物。

1) *湖沼物*(Qh^{fl})

区内湖沼物包括湖泊沉积和沼泽沉积物。这类沉积物的分布位置和色调是最特征、最主要的解译标志。湖积物主要分布于区内几大湖盆内，如仁错、加仁错、越恰错等，湖沼物分布在湖水周围，与湖有明显的空间分布关系。湖沼物在图像上多为鲜绿色，色调很均一，水系多呈深蓝色，平面呈网状。这类沉积物很容易从图像中勾绘出来。

2）冲洪积物（Qh^{pal}）

冲洪积物是区内发育最好的一类第四纪沉积物。主要分布于区内几大水系河谷中。根据分布位置和水系形态，还可划分出洪积物和冲洪积物。

洪积物　分布于沟谷两侧山口位，如准部藏布和若褥藏布西侧的洪积扇，具十分明显的图像特征，平面上多呈扇形，多为淡紫色，扇形水系，与河谷中的冲积物有较清晰的影像边界。

冲洪积物　分布于区内大沟谷中，有些仅是由河流冲积形成，大部由冲积、洪积物共同组成，所以统称为冲洪积物。这类冲洪积物在图像上多呈灰绿—灰紫色，这与沉积物物质的来源有关。水系多呈似平行网脉状。典型的冲积物分布于几个大河谷中，多组成河流的边滩、心滩，沿河流呈弯曲带状分布。在图像上色调多为鲜绿色，少数为浅紫色。水系呈辫状或曲流状。

区内的残坡积物和冰积物分布较少，无明显图像特征，解译效果不好。

（二）侵入岩地质解译

1. 酸性侵入岩

区内酸性侵入岩很发育，多呈岩株、岩枝状产出，大部分分布于工作区南部冈底斯山脉，多为东西走向，以酸性侵入岩为主。野外地质调查将其划分为不同类型的侵入岩或不同期次的侵入体，但其岩性和时代都很接近，因而在图像上将其划分出不同类型是十分困难的。再加上这类地质体多为高陡山体，山上积雪和云层覆盖很严重，所以不可能如前述沉积地层那样建立不同岩石的解译标志，这时仅能根据侵入岩宏观、总体的图像特征进行描述。

区内侵入岩在图像上主体色调为浅紫色，但受雪、云干扰，宏观色调不均。地形均为高陡山体，山脊尖棱状，沟谷深切呈“V”形。小冲沟很密集，水系形态具有花岗岩典型的树枝状水系类型。虽然各类岩石无差异性标志，但侵入岩总体图像特征明显，与火山岩、沉积岩有较清晰的影像边界，在图上基本可以圈定出其分布范围。

2. 蛇绿岩(超基性岩)

这类岩石分布于仁错南侧，东西走向。图像上表现为浅紫色，较均一。地形较低缓，沟谷多呈“V”形，水系较密集，地形细碎，与周围岩石无明显影像差异和清晰边界。解译效果较差。

（三）断裂构造解译

受区域大地构造影响，工作区内褶皱、断裂等构造都较发育，1∶10 万和 1∶25 万的遥感图像上都能清楚地展现出区内构造格架特征。断裂构造是区内最明显的构造形迹，在遥感图像上具有十分明显的线性构造特点。

1. 普强断裂

该断裂是区内规模最大、图像上线性构造特征最明显的断裂。该断裂为东西走向。图像显示为直线形的水系、地形和影纹的线性构造。沿该线性构造水系呈直线对头河谷、线性异常水系、直线性延伸的山脊等。由于该断裂是控制两侧不同类型岩石的构造边界，因而在图像上显示出南、北两套影纹结构的差异。该断裂实际是一波及较宽的断裂带，图像显示平行该线性构造，还有多条规模较小的线性构造。

2. 塔尔玛乡北断裂

该断裂为东西走向，图像显示线性构造特征明显，主要表现为东西向的直线形水系和东西向角状异常水系。地貌特征表现出南、北两侧差异性的地貌异常。北侧是由碎屑岩组成较高陡山体，南侧由灰岩组成的较低缓的山地。由于该断层是控制两套不同岩性的接触边界,所以该断裂在遥感图像上表现为色调异常分界线。该断裂解译效果较好。

3. 恰木曲断裂(图像上的名字)

该断裂延伸方向变化较大,西段为北西西向,东段为近东西向。断裂规模较大,但图像显示延伸不连续。西段多表现为色调、地貌形态的线性异常。向东延伸表现为直线状的大沟谷,如恰木曲。在水系特征上也多以直线形沟谷,东西向线性断续延伸,再向东是较开阔的东西向大沟谷,如布曲,显然是该断裂控制东西向河谷和冲洪积物的发育。该断裂解译效果一般。

4. 空金下嘎断裂

该断裂规模大,东西向横贯全区。该断裂宏观地貌特征明显,图像明显是控制区内念青唐古拉山脉北侧的东西向山前断裂。断裂南侧是高陡的念青唐古拉山,北侧是近东西向河谷,为较明显的东西向线性构造。南侧高山、积雪和深切的沟谷与北侧广布的冲洪积物、河谷相比较,形成色调特征和图像及结构明显差异的东西向线性断裂带。该断裂解译效果较好。

5. 娘热藏布断裂

该断裂规模较大,发育在工作区南部高山中,图中最明显的标志是沿该断裂线性分布着多条直线形水系,如娘热藏布、罗扎藏布、面模曲等。这些东西向河谷一般都是狭长深切的沟谷,延伸上东段多显北东东向,并有波状弯曲的特点,表明该断裂具有东西向剪切的特征。该断裂解译效果较好。

6. 申扎县北西向断裂

该断裂在工作区内北起申扎县城,向南东延伸过塔尔玛乡,是一条宽近7km的断裂带,控制乌郁群碎屑岩的北西向分布。图像显示有北西向的异常山体、河谷和线性延伸的水体,如瓦昂错和西北方向的湖泊。该断裂向南东向延伸,显示为线性异常的对头沟谷十分明显,如查龙藏布和其南侧的河谷。该断裂解译效果较好。

7. 申扎-查藏错南北向张性断裂带

该断裂带发育在工作区西部。区内北起申扎县,南至查藏布以南,南北纵贯全区,东西涉及宽约10余千米。该断裂也是区域上规模较大的一条南北向构造带,由于该断裂规模大,其宏观图像特征十分明显,主要表现为南北延伸上具有明显的“之”字形线性构造特点。沿该线性构造开阔的河谷呈明显的“之”字形折线状分布,其内冲洪积物十分发育,河谷两侧山前一系列的洪积扇南北向线性分布十分明显,河谷内受断裂带控制,水体也多呈南北向“之”字形展布。河谷两侧山体多为南北向折线分布,与区域东西地貌呈明显差异。该断裂的图像特征明显表现出具有形成时代较晚、南北向张性活动的特点,解译效果很好。

8. 仁错南北向断裂

该断裂分布在工作区北部仁错东部湖区湖积物中,图像显示为湖积物中出现明显的南北向色调异常和南北向直线形水系。该断裂解译效果较好。

以上是工作区内主要断裂构造的图像特征。除此之外,其他断裂规模一般较小,也无明显的图像特征,仅根据遥感图像很难一一解译出来。即使上述断裂图像标志明显,但其力学性质、活动方式等地质特征还必须结合野外观测来确定。

综合评价区内沉积地层,由于各组是以岩石特征为其主要划分依据,因而地层解译较好,时代上应属古生代地层标志最明显、稳定,空间上工作区北部各组地层图像特征差异较明显,边界也较清晰。大套地层的解译与实际分布特征较一致。地层中当然是第四纪堆积物是解译效果最好的一类,可以较准确地把冲积物、洪积物、冲洪积物和湖积物划分开,效果很好。

构造中只能从图像中解译出有一定规模的断裂构造,小规模或图像上无明显特征的断裂解译效果较差。褶皱构造在卫星图像上很难解译。

侵入岩、火山岩中火山岩解译效果好,尤其是则弄群二段(K_1Zn^2)的火山岩。分布在南部山地的岩体虽有多种类型,但大多是中酸性侵入岩,岩性、时代相近,相互间无明显的影像差异,不可能在图像上将每个侵入岩体解译出来,只能勾绘出侵入岩体的总体分布。

第六章　矿产资源

测区内矿产主要为砂金、非金属矿产，并具有一定规模，其他还有铬矿化线索和化石、药物资源。

第一节　砂金概况

测区内已知砂金矿点较多，集中分布于甲岗、下吴弄巴、扁前东西向百余千米的范围内。砂金线索有13处之多，登记过的矿点见表6-1。在矿点检查的基础上，只有下吴弄巴砂金矿具有开采价值，由西藏第五地质大队与申扎县共同组建的羌塘黄金公司进行开采。

表6-1中所列矿点均进行了检查工作，其中部分矿点进行过开采，如准布藏布砂金点，1997年西藏地质二队进行过开采，后因平均品位低、砾石过大等原因放弃。在两年的野外工作中我们注意到原生金找矿，共采集了80件金单项分析样品，但均没有发现原生金线索。

表6-1　测区砂金矿(化)点情况登记表

序号	矿点名称	矿种	类型	产地	规模	开采情况	工作程度	登记单位
1	下吴弄巴砂金矿	金	砂金矿	下吴弄巴	中型	正在开采	评价	西藏第五地质大队
2	甲弄砂金矿点	金	砂金矿	甲弄			检查	西藏第五地质大队
3	长纳尼勒砂金矿点	金	砂金矿	长纳尼勒			检查	西藏第五地质大队
4	扁前浦砂金矿点	金	砂金矿	扁前浦			检查	西藏第五地质大队
5	洞洞砂金矿点	金	砂金矿	洞洞			检查	西藏第五地质大队
6	准布藏布	金	砂金	准布藏布			检查	西藏第五地质大队
7	色龙雄曲	金	砂金	色龙雄曲			检查	西藏第五地质大队
8	朗洞沟	金	岩金	朗洞沟			检查	西藏第五地质大队
9	恰木曲	金	砂金	恰木曲			检查	西藏第五地质大队
10	那龙拉	金	砂金	那龙拉			检查	西藏第五地质大队
11	查翁曲	金	砂金	查翁曲			检查	西藏第五地质大队
12	扎确	金	砂金	扎确			检查	西藏第五地质大队
13	多让	金	砂金	多让			检查	西藏第五地质大队

第二节　下吴弄巴砂金矿①

一、自然地理

下吴弄巴砂金矿位于申扎县境内，隶属塔尔玛乡管辖。地理坐标：E89°27′30″—89°28′30″，

① 依据西藏第五地质大队有关资料。

N30°47′00″—30°51′45″，面积 11.7km²。

矿区距申扎县城 110km，旱季可通行汽车，雨季有多处陷车，通行十分不便。

矿区位于藏北湖区，属高原中低山丘陵地形，山脊主体呈东西向展布，地形切割较浅，山顶多呈浑圆状。水系较发育，河谷近南北向展布，属于以湖盆为中心的向心水系，沿水系两侧有大面积的积水沼泽分布。海拔高程为 4 676～5 486m，相对高差 200～800m，矿区内纵向坡降较大。

二、矿床地质特征

（一）成因类型及矿体形态

矿区第四纪砂金矿床赋存于下吴弄巴河谷的中上游冲洪积物中。冲洪积含粘土砂砾层沿下吴弄巴河谷连续稳定分布，层理清楚，分选性较差，砾石磨圆度中等，多呈次棱角—次圆状，成分较复杂。砂金多分布于该冲洪积层中下部，并形成富集层。由于成矿初期基岩直接露于河谷谷底，加之基岩裂隙发育、岩石破碎及砂金比重大等原因，导致谷底风化残积形成的含粘土砂碎石层上部含金。成矿后期被现代冲洪积物及沼泽堆积物覆盖，除沼泽堆积外普遍含金，大多数达不到工业品位。依据上述砂金矿床的形成和产出条件，本区砂金矿按成因类型划分属冲洪积型，其形态类型属支谷型。

（二）矿体特征

区内圈出砂金矿体 1 个，矿体位于下吴弄巴中上游及支沟崇朗现代河谷中。

矿体沿下吴弄巴及崇朗河谷呈不规则带状展布，矿体内有分枝复合现象。其形态受河谷形态控制明显，随河谷的变化而变化，形态较规整，内部结构简单，矿体在空间上呈自上而下缓倾斜的层状或似层状产出。

矿体长 8 248m，平均宽 96.69m，长宽比为 85.30∶1，平均厚 6.56m。

1. 矿体宽度变化

矿体在平面上呈宽窄相间的不规则带状，最宽为 226.30m，位于开门山下方下吴弄巴与崇朗交汇处；最窄处仅 40m，位于崇朗上游，平均宽度为 96.69m。宽度变化系数为 61.72%。

2. 矿体厚度变化

矿体厚度变化幅度不大，仅局部受谷底基岩面起伏变化的影响，导致矿体变厚或变薄。最厚为 12.40m，最薄为 3.60m，平均厚度为 6.56m。矿体厚度变化系数为 30.90%。

3. 矿体品位及其变化

矿体单工程品位最高为 9.256 6g/m³，最低为 0.110 7g/m³，平均品位为 0.461 1g/m³，单样品位最高为 39.625g/m³，品位变化系数为 127.32%，为很不均匀型。矿体品位在横向上变化较大，呈跳跃式变化。矿体品位变化存在共同的规律性，即只存在一个峰值区，矿体中心线部位品位较高，向东、西两侧递减。纵向上，矿体品位由上游至下游呈不均匀波状起伏变化；垂向上，矿体品位变化规律性较明显，总体上砂金品位在冲洪积成因的含粘土砂砾层的中下部最高，向上向下砂金品位变低。

（三）矿石类型

1. 矿石自然类型

下吴弄巴砂金矿矿石由砂砾层、含粘土砂砾层及含粘土砂碎石层组成。总体上矿石中粘土含量较少，且巨砾率低，属非冻结、无胶结、易洗易选的单一矿石类型。

2. 矿石特征

根据钻孔、浅井以及开采断面的资料，将矿床内砂金矿石特征自上而下分述如下。

砂砾层矿石 分布于矿体的上部，一般为灰—青灰色，砾石 70%～75%，砂 25%～30%，含有少量粘土。砾石砾径以 0.2～4.0cm 为主，少数大于 4.0cm。砾石成分主要为变质砂岩，次为砂质板岩，另有少量的闪长岩、脉石英、火山岩等。砾石磨圆中等，一般为次圆状—次棱角状，略具分选。砂为中粗砂，其成分主要为岩屑。该层在垂向上和纵向上粒度变化不大。该类型矿石砂金品位较低，金的形态以片状为主，粒度以细粒为主。

含粘土砂砾层矿石 此类矿石一般分布于矿体的中部，砂砾层矿石之下，为土黄色、紫红色、褐黄微带红色。粘土含量 10%～20%，砂 30%，砾石 50%～60%。微具压实，但仍属易洗易选型。砾石砾径以 0.2～2.0cm 为主，少量在 2.0～10cm 之间，极少量可大于 30cm。砾石成分主要为变质砂岩、砂质板岩，另有少量的脉石英、闪长岩、花岗岩、灰岩、凝灰岩等。砾石磨圆中等，为次圆状—次棱角状，略具分选。砂以中—粗粒岩屑为主。该层分布稳定，为矿区的主要矿石。其中下部砂金品位相对较高。金的形态多呈板状，粒度以中细粒为主。

含粘土砂碎石层矿石 分布于矿体下部，是基岩风化残积的产物，为土黄色、褐黄色、紫红色、灰色。由于基岩性质的差异，导致组成残积层的碎屑物岩性不同，一般砂质板岩、泥质板岩、凝灰岩风化破碎后形成含粘土砂碎石层、粘土碎石层，而灰岩、砂岩风化破碎后形成砂碎石层。该层的下部碎石互相紧嵌，保留有原岩的结构，只是在成矿期中砂金沉入碎块之间的缝隙，使其上部局部地段成为重要的含金层位之一。该类矿石中砂金品位低。金的形态以板状为主，粒度以中细粒为主。

三、砂金特征及重矿物组合特征

（一）砂金特征

1. 砂金颜色

该区砂金为金黄色，强金属光泽，硬度小，富延展性。金粒表面粗糙不平，边部常见有卷曲现象，偶见金粒与石英、赤铁矿的连生体，部分金粒表面见有氧化铁薄膜附着。

区内砂金的颜色随粒级、形态的不同略有差异。一般金粒较大者颜色浅，金粒较小者颜色深；砂金形态与颜色的关系一般为粒状金颜色浅，片状金颜色深。

2. 砂金粒度及形态特征

1）砂金粒度及形态特征

区内砂金有板状、粒状、片状、棒状和树枝状，以板状为主，占总数的 73.11%；粒状、片状次之，分别为 13.15%和 12.90%；棒状和树枝状较少，分别为 0.71%和 0.13%。砂金的粒度按粒径大小分为 4 级。其中细粒金占总数的 52.73%，其形态以板状为主，片状、粒状次之；中粒金占总数的 27.80%，其形态以板状为主，粒状、片状次之；粗粒金占总数的 15.58%，其形态以板状为主，粒状、片状、棒状次之；巨粒金占总数的 3.89%，以板状为主，粒状、片状次之。该区砂金以细粒为主，其次为中粒金和大粒金，巨粒金较少。

2）砂金粒度、形态分布

各粒级砂金数量及其形态的分布特征为中至巨粒的板状、粒状、片状金几乎全部分布在矿体范围内；而细粒的板状、粒状、片状金，尤其是细粒片状金，则分布较为分散，个别剖面受物源供给的影响，或受矿体分支因素的影响，在矿体内中至大粒的板状、片状、粒状金形成两个高峰区。

3. 砂金成色

该区砂金含量为830.00‰～857.10‰，平均为845.29‰；银的含量为129.13‰～155.85‰，平均为141.43‰；金银含量为955.07‰～985.85‰，平均为986.72‰。另外含有少量的其他杂质。

（二）重矿物组合特征

该区与砂金伴生的重矿物有20多种，其中以赤铁矿、褐铁矿、磁铁矿为主，其次为锆石、石榴石、辉石、绿帘石、角闪石、电气石、榍石、磷灰石、白钛石、金红石、锐钛矿、黄铁矿、红柱石、锡石、钛铁矿、闪石类、方铅矿等。

该区的伴生有用矿物主要有白钛石、金红石、锐钛矿、锡石、钛铁矿等。但因含量普遍偏低，均无综合利用价值。

四、砂金矿的形成条件与富集规律

矿源是砂金成矿的物质基础。矿区内发现有一处岩金矿（化）点，分布于郎洞沟脑下白垩统则弄群第一岩性段的构造蚀变岩中，它的风化剥蚀无疑是本区砂金的重要来源。

据西藏古气候资料，第四纪曾经过几次大的冰期和间冰期。大理冰期之前，岩石遭受到长期而强烈的物理和化学风化作用，导致岩石强烈破碎或粘土化，为松散沉积提供了大量碎屑物，并发育了较厚的风化壳。同时，原岩中的金粒被解离出来，这些碎屑松散物在流水、冰川等外地质营力的作用下，被搬运到地势低洼地段。大理冰期后，随着气候的变暖，冰雪消融，水量充沛，导致水系发育。适度的水动力条件有利于碎屑物中的金和重矿物分选和富集。同时，载金体在迁移过程中，金的化学和表生作用可提供一部分新生金。

纵观下吴弄巴河谷，形态较规整，谷地坡降：上游在38.31‰～42.82‰之间，中上游为28.15‰～30.42‰，下游为19.70‰～21.91‰。这种河谷地貌所控制的流水动力条件，似天然溜槽，为砂金的富集提供了有利的地貌条件。

砂金富集规律：

(1) 由于砂金的比重远大于砂砾的比重，使金多富集在中—巨砾的含粘土砂砾层中，且多在其中下部富集，构成富集层位。

(2) 砂金矿体的延长方向与河谷地貌方向一致，并严格受河谷地貌的控制。

(3) 在关门山上方以及开门山下方，均富集了品位相对较高的砂金。

(4) 在河流交汇处下方，砂金品位相对较高。

(5) 河谷基岩地形起伏不平整，坡降陡缓交替变化大时，在底板出现凹坑或相对低凹处是砂金富集处。

五、矿石可选性

(1) 矿石中砾石含量平均在58%～64%之间，其中巨砾含量在6%～8%之间，个别砾径最大者有47cm；含泥量在9%～13%之间变化，可选性较好。

(2) 砂金粒度以小于0.25mm的细粒金为主，占总数的52.73%，大于0.25mm的中粒以上的占总粒数的47.27%。砂金的形状以板状、粒状为主，占总数的86.28%。同时选矿实验表明，砂金回收率在80%左右，说明分选条件较好。

(3) 砂金的伴生有用矿物中，锆石、白钛石、石榴石、锐钛矿、金红石等分布较广，但含量均极低，没有综合利用的价值，选矿工艺流程单一。

六、矿床经济价值分析

该矿床经普查提交D级表内砂金储量为2 916kg,矿体砂金含量平均为845.29‰,为中型砂金矿床。

该矿床按1999年10月20日中国人民银行公布的黄金收购价格80.9元/克(含量99.9%)计算,矿床D级表内砂金的潜在价值为:80.9元/克×2 916 000克×845.29‰=19 940.76万元,该矿床具有较好的开发前景。

第三节　其他矿产线索

1. 申扎县勒斤粘土矿线索

该矿化点位于申扎县仁错南岸的靳斤,海拔高度为4 700m,含矿层分布面积大,在整个仁错南岸的湖积阶地均有分布,在东西向约20余千米,南北约5km的范围内多处见到较好的粘土层露头。粘土矿分布区域在遥感卫星图像上有清楚的反映。

粘土矿层在剖面上的分布特点是呈多层出现,在P_5剖面(详见第四系一节)分布于下部的第1—第8层,第1层与第8层质地较纯,分别厚1.0m和1.2m,剖面未见底,底部情况不清。

由于目前经济价值不大,交通不便,没有进一步工作的价值。

2. 铬矿线索

在扁前曲的蛇绿岩带边缘,辉长岩体中夹有含铬铁矿的超基性岩断块,矿化层宽仅数十厘米,目估品位小于10%,规模小,不具进一步工作的价值。

3. 化石矿物资源

在藏药中有龙骨,即腕足动物化石,申扎地区的石炭纪和泥盆纪地层中含有丰富的腕足类动物化石,资源丰富。

第七章　结束语

第一节　取得的主要成果

(1) 在测区内从前震旦系—第四系共划分了31个填图单位，充实、完善了地层系统，首次发现并测制了藏北地层区最完整、连续的古生界剖面，采集了丰富的化石，并进行了多重地层划分对比与层序地层专题研究，为今后藏北古生代地层研究奠定了良好的基础。

(2) 在中奥陶统柯尔多组之下首次发现了世界性分布的早奥陶世阿雷尼格阶最底部笔石化石带的代表，从而确认了下奥陶统的存在并新创建了扎扛组；在木纠错南岸中二叠统之上发现了一套整合于其上的白云岩、白云质灰岩夹薄层灰岩，该套地层近底部采到的 *W-L-L* 珊瑚组合带确定为晚二叠世早期沉积，并新建木纠错组，是藏北地区古生代地层古生物研究的突破性进展。

(3) 在测区填出66个侵入体和4个火山岩浆活动期，划分出1个东西向、1个南北向构造-岩浆带；发现晚三叠世(217Ma)巨斑花岗闪长岩和一批含白云母的过铝质花岗岩，对特提斯演化和重塑冈底斯构造-岩浆活动历史有重要意义；用多种方法对各期各类花岗岩的岩石学、岩石地球化学、同位素年代学、副矿物、就位机制、演化方向和成因类型等领域进行了深入、全面的研究，大大提高了测区的研究程度。

(4) 对念青唐古拉群变质岩的变质作用类型、特点、原岩和变质温压条件的深入研究取得了重要进展。确定了该套变质岩上部达绿片岩相、下部达角闪岩相，变质程度和下部变质温度为540～690℃，压力在0.4～0.67kPa，属中压中低温区域动热流变质作用；获得的角闪石Ar-Ar法845Ma的变质年龄，确定了念青唐古拉群属晋宁期产物。

(5) 基本查明了测区的构造格架，进行了构造和构造层的划分，研究了各构造层主要断裂的基本特征；根据地质记录和同位素测年资料，建立了测区元古宙以来的地质构造演化时空框架，并分6个阶段论述了区域构造发展史，对冈底斯构造演化研究具有重要价值。

(6) 重视新构造运动的调查研究，从活动断裂、第四系变形、甲岗山快速隆升与格仁错-查藏断陷盆地、地震与地热活动、湖盆的萎缩抬升及植物群落的变化等方面的丰富实际资料及测年数据，论述了测区新构造运动的存在与强度，确定了现代强烈活动构造带。

(7) 具有区域调查为社会全方位服务的明确观念，在工作中注意了生态环境、草原鼠害和湿地分布与演化等关系人民生活、牧业发展等重要问题的调查研究，编制了鼠害程度图、湿地分布与演化趋势图和活动构造与湖泊萎缩3份图件。为草场规划与鼠害防治提供了依据。

(8) 地质图图面结构合理、负担适度，色标选择恰当，图旁附件齐全；调查报告章节齐全、文图并茂，图版内容丰富、清晰美观，文字论述逻辑性强，全面反映了丰富的调研资料和分析研究的进展。

第二节　存在的问题及对今后工作的建议

一、存在的问题

测区内古生界的研究虽然取得了重大的突破，但受项目周期短和工作量的限制，扎扛组以下浅变质岩由于缺少可靠的化石依据，其时代归属研究还不够深入。

二、对今后工作的建议

扎扛-木纠错剖面是藏北地区出露最好、发育最全的古生界剖面，古生物门类齐全、蕴藏丰富，若能进一步深入研究，为青藏高原古生代地层划分、对比建立一个典型剖面，将为研究青藏高原古生代时期大地构造演化、古生物群特征和古地理格局提供新的信息，对研究整个青藏高原的早古生代地壳演化和沉积作用具有重要意义。下奥陶统扎扛组之下存在一套含三叶虫碎片的浅变质岩段，可能为寒武纪沉积。建议对该典型剖面开展专项研究，有望取得重大成果。

参考文献

陈挺恩. 西藏奥陶、志留纪头足类动物群特征，兼论大陆漂移的一些问题[A]. 北京：科学出版社，1981

陈挺恩. 西藏一些鹦鹉螺化石//西藏地层古生物丛书(第三分册)[M]. 北京：科学出版社，1981a

陈挺恩. 西藏南部奥陶纪头足类动物群特征及奥陶系再划分[J]. 古生物学报，1984，23(4)：452-471

陈旭，韩乃仁. 江西玉山早奥陶世笔石地层[J]. 地质论评，1964，22，(2)：81-90

程立人，王天武，李才，等. 藏北申扎地区上二叠统木纠错组的建立及皱纹珊瑚组合[J]. 地质通报，2002，21(3)：140-143

程立人，武世忠，张予杰，等. 藏北申扎地区晚二叠世早期的皱纹珊瑚[J]. 地质通报，2002，21(1)：24-28

程立人，杨日红，王天武，等. 西藏申扎地区四笔石科(Tetragraptidae)分子的发现[J]. 中国区域地质，2001，20(3)：333-335

王鸿祯，史晓颖. 沉积层序及海平面旋回的分类级别——旋回周期的成因讨论[J]. 现代地质，1998，12(1)：1-15

丁蕴杰，夏国英，等. 中国石炭—二叠系界线[M]. 北京：地质出版社，1992

董得源，穆西南，孙立东，等. 西藏东部江达青泥洞早奥陶世地层[J]. 地层学杂志，1979，3(3)

范和平，杨金泉，张平. 藏北地区的晚侏罗世地层[J]. 地层学杂志，1988，12(1)：66-70

范影年. 西藏的石炭系[M]. 重庆：重庆出版社，1988

范影年. 中国西藏石炭—二叠纪皱纹珊瑚的地理区系//青藏高原地质文集(16)[D]. 北京：地质出版社，1985

高秉璋，洪大卫，郑基俭，等. 花岗岩类区 1:5万区域地质填图方法指南[M]. 武汉：中国地质大学出版社，1991

郝诒纯，苏德英，等. 中国地层(12)//中国的白垩系[M]. 北京：地质出版社，1986

侯鸿飞，王士涛，等. 中国地层(7)//中国的泥盆系[M]. 北京：地质出版社，1988

侯鸿飞，等. 中国的泥盆系//中国地层(1)，中国地层概论[M]. 北京：地质出版社，1982

侯鸿飞，等. 泥盆系//中国地层典[M]. 北京：地质出版社，2000

江啸凤，陈旭，陈孝红，等. 中国地层典(奥陶系)[M]. 北京：地质出版社，1996

金玉玕，范影年，王向东，等. 中国地层典(石炭系)[M]. 北京：地质出版社，2000

金玉玕，尚庆华，侯静鹏，等. 中国地层典(二叠系)[M]. 北京：地质出版社，2000

靳是琴，李鸿超. 成因矿物学概论[M]. 长春：吉林大学出版社，1984

赖才根. 西藏古生代头足类新材料//青藏高原论文集(7)[M]. 北京：地质出版社，1982

赖才根. 西藏申扎奥陶纪头足类[J]. 古生物学报，1982，21(5)：553-560

李积金，陈旭. 黔南三都寒武纪及奥陶纪笔石[J]. 古生物学报，1962，10(1)：12-35

李璞，等. 西藏东部地质矿产调查资料[M]. 北京：科学出版社，1959

李善姬. 西藏申扎地区奥陶—志留系三叶虫及其地质意义[J]. 地层古生物文集，1988(1)：172-184

李星学，吴一民，付在斌，等. 西藏改则县、夏岗江二叠纪混合植物群的初步研究及其古生物地理区系意义[J]. 古生物学报，1985，24(2)：150-176

李学森，程立人. 藏北申扎、班戈地区奥陶纪和志留纪的一些头足类化石[J]. 吉林大学学报，1988，18(3)：241-249

梁寿生，夏金宝. 藏北班戈地区海相白垩系//青藏高原地质文集(3)[D]. 北京：地质出版社，1983

林宝玉. 西藏申扎地区古生代地层的新认识[J]. 地质论评，1981，27(4)：353-354

林宝玉. 西藏申扎地区古生代地层//青藏高原地质文集(8)[D]. 北京：地质出版社，1983

林宝玉. 西藏晚古生代若干床板珊瑚化石//青藏高原地质文集(2)[D]. 北京：地质出版社，1983

林宝玉. 西藏中南部雅鲁藏布江两侧早二叠世地层和珊瑚动物群//青藏高原地质文集(8)[D]. 北京：地质出版社，1983

林宝玉. 青海古生代床板珊瑚化石的性质与地理分布//青藏高原文集(16)[D]. 北京：地质出版社，1985

林宝玉. 苏养正、朱秀芳. 中国地典(志留系)[M]. 北京：地质出版社，1998

林宝玉，王乃文，王思恩，等. 喜马拉雅岩石圈构造演化//西藏地层，中华人民共和国地质矿产部地质专报(二)，地层古生物(第八号)[M]. 北京：地质出版社，1989

林宝玉，王乃文，等. 喜马拉雅岩石圈构造演化//西藏地层，中华人民共和国地质矿产部地质专报(二)地层古生物(第十一号)[M]. 北京：地质出版社，1989

林景仟，等. 岩浆岩成因导论[M]. 北京：地质出版社，1987

林景仟，等. 火成岩岩类学和岩理学[M]. 北京：地质出版社，1995

林尧坤,陈旭.青藏高原东部缘的下奥陶统笔石//川西、藏东地区地层与古生物论文集2[D].成都:四川人民出版社,1982
刘森,李才,杨德明,等.西藏措勤盆地晚中生代构造-岩相演化[J].长春科技大学学报,2000,30(2):134-138
马孝达.青南、藏北海相侏罗系划分的讨论//青藏高原地质文集(3)[D].北京:地质出版社,1983
穆恩之,李立新,葛梅钰.中国奥陶纪笔石序列及生物地理分区//国际交流地质学术论文集,第四集(地层,古生物)[D].北京:地质出版社,1980
倪寓南,许汉奎,陈挺恩.西藏申扎地区奥陶系与志留系的分界[J].地层学杂志,1981,5(2):146-147
潘桂棠,李兴振,王立全,等.青藏高原及邻区大地构造单元初步划分[J].地质通报,2002,21(11):701-707
邱家骧,林景仟,等.岩石化学[M].北京:地质出版社,1991
饶清国,张正贵,杨曾荣.西藏志留系、泥盆系及二叠系[M].成都:四川科学技术出版社,1988
盛莘夫.中国奥陶系划分和对比[M].北京:地质出版社,1974
四川区调队,南京地质古生物研究所.川西、藏东地区地层与古生物(1)[M].成都:四川人民出版社,1982
王连捷,崔军文,王薇.青藏高原构造变形与热应力场[J].地质力学学报,1999,5(3):1-7
王乃文.藏北湖区中生代地层发育及其板块构造含义//青藏高原地质文集(8)[D].北京:地质出版社,1983
王天武,李才,杨德明.西藏冈底斯地区早第三纪林子宗群火山岩地球化学特征及成因[J].地质论评,1999,45(增):966-971
王增吉,侯鸿飞,杨式溥,等.中国的石炭系//中国地层(8)[M].北京:地质出版社,1990
王增吉,刘世坤.西藏仲巴、萨噶、纳木湖地区早二叠世的四射珊瑚//青藏高原地质文集(7)[D].北京:地质出版社,1982
王增吉,吴让荣,陈世俊.西藏早二叠世两个四射珊瑚新属//青藏高原地质文集(2)[D].北京:地质出版社,1983
魏家庸,卢重明,徐怀艾,等.沉积岩区1:5万区域地质填图方法指南[M].武汉:中国地质大学出版社,1991
魏振声,谭岳岩.西藏地层概况//青藏高原地质文集(2)[D].北京:地质出版社,1983
吴望始,赵嘉明,姜水根.华南地区邵东组的珊瑚化石及其地质时代[J].古生物学报,1981,20(1):1-14
吴祥和.黔南泥盆-石炭系界线层层序和海退事件[J].地层学杂志,1986,10(3):204-211
吴祥和.贵州石炭纪生物地层//地质学报,第61卷,第4期[M].北京:科学出版社,1987
武汉地质学院岩石教研室.岩浆岩岩石学[M].北京:地质出版社,1980
西藏地质矿产局.西藏自治区区域地质志[M].北京:地质出版社,1993
西藏区调队.西藏申扎地区古生代地层的新发现[J].地质论评,1980,26(2):150-151
夏代祥.藏北湖区申扎一带的古生代地层//青藏高原地质文集(2)[D].北京:地质出版社,1983
夏代祥,刘世坤.全国地层多重划分对比研究//西藏自治区岩石地层[M].武汉:中国地质大学出版社,1997
夏凤生,章炳高.西藏申扎班戈地区地层和古生物专题研究报告//中国科学院南京地质古生物研究所丛刊(10期)[D].南京:江苏科学技术出版社,1986
肖承协,薛春汀,黄学涔.江西崇义早奥陶世笔石地层[J].地质学报,1975(2):112-126
肖伟民,王洪第,等.贵州南部早二叠世地层及其生物群[M].贵阳:贵州人民出版社,1985
许汉奎,倪寓南,陈挺思,等.藏北申扎地区的志留-泥盆系[J].地层学杂志,1981,5(4):316-320
许杰,黄枝高.新疆霍城县果子沟地区下奥陶统的笔石动物群[J].地质学报,1979(1):1-28
杨式溥,范影年.西藏申扎地区石炭系及古生物特征//青藏高原地质文集(10)[D].北京:地质出版社,1982
詹立培,吴让荣.西藏申扎地区早二叠世腕足动物群//青藏高原地质文集(7)[D].北京:地质出版社,1982
张文堂.中国的奥陶系//全国地层会议学术报告汇编[D].北京:科学出版社,1962
张正贵,陈继荣,喻洪津.西藏申扎早二叠世地层及生物群特征//青藏高原地质文集(16)[D].北京:地质出版社,1985
赵金科,梁希洛,邹西平,等.中国的头足类化石[M].北京:科学出版社,1965
赵政章,李永铁,等.青藏高原地层//青藏高原石油地质学丛书[M].北京:科学出版社,2001
中国科学院青藏高原综合科学考察队.西藏地层[M].北京:科学出版社,1984
周铁明,盛金章,王玉净.云南广南小独山石炭系—二叠系界线地层及䗴类分带//微体古生物学报[M].北京:科学出版社,1987
庄寿强.贵州盘县系达拉上石炭统—下二叠统含䗴地层//地层学杂专[M].北京:科学出版社,1987

图版说明及图版

图版Ⅰ

1　似湖南南京䗴 *Nankinella quasihunanensis* Sheng
　轴切片×20　野外编号:P_2H_{155-1}　室内编号:$P_2H_{155-1-8}$②
　产地及层位:申扎中二叠统下拉组
2　小泽䗴未定种 *Ozawainella* sp.
　轴切片×20　野外编号:P_2H_{146-3}　室内编号:$P_2H_{146-3-8}$②
　产地及层位:申扎中二叠统下拉组
3　假宽松南京䗴 *Nankinella pseudolata* Chu
　轴切片×20　野外编号:P_2H_{155-1}　室内编号:$P_2H_{155-1-8}$④
　产地及层位:申扎中二叠统下拉组
4　伏芝加尔小泽䗴 *Ozawainella vozhgalica*
　轴切片×30　野外编号:P_2H_{146-3}　室内编号:$P_2H_{146-3-4}$②
　产地及层位:申扎中二叠统下拉组
5　龙格南京䗴 *Nankinella longgensis* Ni et Song
　轴切片×30　野外编号:P_2H_{146-7}　室内编号:$P_2H_{146-7-6}$④
　产地及层位:申扎中二叠统下拉组
6　中华朱森䗴 *Chusenella sinensis* Sheng
　轴切片×20　野外编号:P_2H_{156-1}　室内编号:$P_2H_{156-1-3}$①
　产地及层位:申扎中二叠统下拉组
7　申扎小泽䗴 *Ozawainella xianzaensis* Chu
　轴切片×30　野外编号:P_2H_{146-3}　室内编号:$P_2H_{146-3-9}$①
　产地及层位:申扎中二叠统下拉组
8　似规则希瓦格䗴 *Schwagerina quasiregularis* Shang
　轴切片×40　野外编号:P_2H_{156-1}　室内编号:$P_2H_{156-1-3}$②
　产地及层位:申扎中二叠统下拉组
9　申扎希瓦格䗴 *Schwagerina xianzaensis*
　轴切片×40　野外编号:P_2H_{156-1}　室内编号:$P_2H_{156-1-4}$②
　产地及层位:申扎中二叠统下拉组
10　希瓦格䗴未定种 *Schwagerina* sp.
　轴切片×20　野外编号:P_2H_{164-1}　室内编号:$P_2H_{164-1-1}$
　产地及层位:申扎中二叠统下拉组
11　申扎希瓦格䗴短小变种 *Schwagerina xianzaensis* var. *brevis*
　轴切片×30　野外编号:P_2H_{147-1}　室内编号:$P_2H_{147-1-1}$
　产地及层位:申扎中二叠统下拉组
12　申扎希瓦格䗴 *Schwagerina xianzaensis* Chu
　轴切片×30　野外编号:P_2H_{108-7}　室内编号:$P_2H_{108-7-1}$
　产地及层位:申扎下二叠统拉嘎组
13　希瓦格䗴未定种 1 *Schwagerina* sp. 1
　轴切片×20　野外编号:P_2H_{148-1}　室内编号:$P_2H_{148-1-3}$
　产地及层位:申扎下二叠统拉嘎组
14　希瓦格状朱森䗴 *Chusenella schwagerinaeformis* Sheng
　轴切片×30　野外编号:P_2H_{146-3}　室内编号:$P_2H_{146-3-1}$

产地及层位:申扎下二叠统拉嘎组

15 栖霞希瓦格䗴规则变种 *Schwagerina chihsiaensis* var. reg Wlaris Chen

轴切片×30 野外编号:P_2H_{155-1} 室内编号:$P_2H_{155-1-3}$②

产地及层位:申扎下二叠统拉嘎组

16 申扎南京䗴 *Nankinella xianzaensis* Chu

轴切片×40 野外编号:P_2H_{147-1} 室内编号:P_2H_{147-1}④

产地及层位:申扎下二叠统拉嘎组

17 球形史塔夫䗴 *Staffella sphaerica* Ozawa

轴切片×40 野外编号:P_2H_{108-2} 室内编号:$P_2H_{108-2-3}$①

产地及层位:申扎下二叠统拉嘎组上部

18 幕阜山䗴未定种 1 *Mufushanella* sp. 1

轴切片×40 野外编号:$P_2H_{踏-12}$ 室内编号:$P_2H_{踏-12-1}$

产地及层位:申扎中二叠统下拉组

19 南京南京䗴 *Nankinella nanjiangensis*

轴切片×40 野外编号:P_2H_{148-1} 室内编号:$P_2H_{148-1-4}$④

产地及层位:申扎中二叠统下拉组

20 湖南南京䗴 *Nankinella hunanica*

轴切片×40 野外编号:P_2H_{153-1} 室内编号:$P_2H_{153-1-3}$①

产地及层位:申扎中二叠统下拉组

21 幕阜山䗴未定种 2 *Mufushanella* sp. 2

轴切片×40 野外编号:P_2H_{156-2} 室内编号:$P_2H_{156-2-2}$①

产地及层位:申扎中二叠统下拉组

22 南京南京䗴 *Nankinella nanjiangensis* Chang et Wang

轴切片×40 野外编号:P_2H_{146-3} 室内编号:$P_2H_{146-3-12}$

产地及层位:申扎中二叠统下拉组

23 南京䗴未定种 *Nankinella* sp.

轴切片×40 野外编号:P_2H_{147-3} 室内编号:$P_2H_{147-3-2}$③

产地及层位:申扎中二叠统下拉组

图版Ⅱ

1 厚型纳多塔珊瑚相似种 *Nadotia* cf. *crassa* Yü et Kuang

横切面×5 标本号:H_{63-2}

产地及层位:西藏申扎扎扛,中泥盆统

2 切珊瑚未定种 *Temnophyllum* sp.

横切面×2 标本号:H_{73-10}

产地及层位:西藏申扎扎扛,中上泥盆统

3 卷曲脊切珊瑚未定种 *Truncicarinulum* sp.

横切面×3 标本号:H_{73-13}

产地及层位:西藏申扎扎扛,中上泥盆统

4 杯珊瑚未定种 *Cyathophyllum* sp.

横切面×2 标本号:H_{56-4}

产地及层位:西藏申扎扎扛,下泥盆统达尔东组

5 爱莱斯梅尔板珊瑚未定种 *Ellesmerelasma* sp.

横切面×2 标本号:H_{54-10}

产地及层位:西藏申扎扎扛,下泥盆统达尔东组

6 多隔壁假石珊瑚相似种 *Pseudopetraia* cf. *multiseptata* Cao

横切面×5 标本号:H_{73-8}

产地及层位:西藏申扎扎扛,中上泥盆统

7 泡沫轴珊瑚未定种 *Aphraxonia* sp.

横切面×3　标本号:H_{73-12}

产地及层位:西藏申扎扎扛,中上泥盆统

8　等隔壁楔叶珊瑚相似种 *Embolophyllum* cf. *aeguiseptatum* (Hill)

横切面×5　标本号:H_{56-13}

产地及层位:西藏申扎扎扛,下泥盆统达尔东组

9　申扎星柱分珊瑚(新种)*Asterodisphyllum shenzaensis* (sp. nov.)

a、b、c 横切面×2　标本号:H_{73-1}(正型)

产地及层位:西藏申扎扎扛,中上泥盆统

10　中国分珊瑚未定种 *Sinodisphyllum* sp.

横切面×3　标本号:H_{73-3}

产地及层位:西藏申扎扎扛,中上泥盆统

11　柱型棱壁珊瑚 *Gurievskiella cylindrical* Zheltonogova

横切面×2　标本号:H_{56-21}

产地及层位:西藏申扎扎扛,下泥盆统达尔东组

12　岷堡沟轴环珊瑚相似种 *Axocricophyllum* cf. *minbugouensis* Cao

横切面×2　标本号:H_{52-23}

产地及层位:西藏申扎扎扛,下泥盆统达尔东组

13　针珊瑚未定种 *Acnthophyllum* sp.

横切面×2　标本号:H_{52-5}

产地及层位:西藏申扎扎扛,下泥盆统达尔东组

14　甘肃古杯珊瑚相似种 *Palaeocyathus* cf. *gansuensis* Cao

横切面×3　标本号:H_{52-21}

产地及层位:西藏申扎扎扛,下泥盆统达尔东组

15　薄隔壁弦板珊瑚相似种 *Lyrielasma* cf. *tenuiseptatum* Cao

横切面×2　标本号:H_{52-27}

产地及层位:西藏申扎扎扛,下泥盆统达尔东组

16　西藏湖南轴珊瑚(新种)*Hunanaxonia xizangensis* (sp. nov.)

a、b 横切面×2　标本号:H_{52-27}

产地及层位:西藏申扎扎扛,下泥盆统达尔东组

图版Ⅲ

1、2、3　西藏犬齿内沟珊瑚(新属、新种)*Caninophyllum xizangensis* (gen. et sp. nov.)

1　a. 横切面×15,b. 纵切面×15　标本号:H_{107-1}(正型);

2　另一标本成年晚期横面×15　标本号:H_{107-2}(副型);

3　又一标本成年中期横面×15　标本号:H_{107-17}(副型)。

产地及层位:申扎,下石炭统

4　包珊瑚未定种 *Amplexus* sp.

a. 横切面×2,b. 纵切面×2　标本号:H_{107-7}

产地及层位:申扎,下石炭统

5　平珊瑚未定种 *Homalophyllites* sp.

横切面×4　标本号:H_{107-16}

产地及层位:申扎,下石炭统

6　厚壁轮珊瑚(新种)*Ratiphyllum crassothetum* (sp. nov.)

横切面×4　标本号:H_{107-20}(正型)

产地及层位:申扎,下石炭统

7　杯轴珊瑚未定种 *Cyathaxonia* sp.

横切面×4　标本号:H_{107-12}

产地及层位:申扎,下石炭统

8　威宁脊板包珊瑚相似种 *Amplexocarinia* cf. *weiningensis* Wu et Zhao

a. 横切面×3，b. 纵切面×3　标本号：H_{107-19}
产地及层位：申扎，下石炭统

9 伊吹珊瑚未定种（相似于赛克伊吹珊瑚）*Ibukiphyllum* sp. cf. *Ibukiphyllum sekii*（Minato，1955）
横切面×15　标本号：H_{121-15}
产地及层位：申扎，上石炭统下部

10 大柱型费伯克珊瑚（新种）*Verbeekiella megacolumnaris*（sp. nov.）
a. 横切面×3，b. 纵切面×3　标本号：H_{140-2}（正型）
产地及层位：申扎，下二叠统

11 藏北假牡丹珊瑚简单亚种（新种、新亚种）*Pseudopavoma zangbeiensis simplex*（sp. et subsp. nov.）
a. 横切面×2，b. 纵切面×2　标本号：H_{121-6}（正型）
产地及层位：申扎，上石炭统下部

12 藏北脊板包珊瑚（新种）*Amplexocarinia zangbeiensis*（sp. nov.）
a. 横切面×2，b. 纵切面×2　标本号：H_{107-4}（正型）
产地及层位：申扎，下石炭统下部

13 扁体珊瑚相似种 *Complanophyllum* cf. *compressum* Wu et Zhao
横切面×4　标本号：H_{107-15}
产地及层位：申扎，下石炭统下部

14 小型杯轴珊瑚 *Cyathaxonia minor* He et Weng
横切面×4　标本号：H_{107-16}
产地及层位：申扎，下石炭统下部

15 束状顿河珊瑚（新种）*Donophyllum fasciatum*（sp. nov.）
a. 横切面，b、c. 纵切面，均×2　标本号：H_{121-8}（正型）
产地及层位：申扎，上石炭统下部

16 希尔珊瑚未定种 *Hillia* sp.
a. 横切面，b、c. 纵切面，均×2　标本号：H_{121-5}
产地及层位：申扎，上石炭统下部

图版Ⅳ

1 中间型四川珊瑚（新种）*Szechuanophyllum intermedium*（sp. nov.）
a. 横切面×15，b. 纵切面×15　标本号：$H_{147-2-5}$（正型）
产地及层位：申扎，中二叠统下拉组

2 藏北朱日和珊瑚（新种）*Zhurihephyllum zangbeiense*（sp. nov.）
a. 横切面×2，b. 纵切面×2　标本号：$H_{143-1-28}$（正型）
产地及层位：申扎，中二叠统下部

3 板档关伊泼雪珊瑚 *Ipciphyllum bandangguanensis* H. D. Wang
a. 横切面×15，b. 纵切面×15　标本号：$H_{147-1-5}$
产地及层位：申扎，中二叠统中部下拉组

4 海绵状托马斯珊瑚 *Thomasiphyllum spongigalium*（Smith，1941）
a. 横切面×15，b. 纵切面×15　标本号：$H_{149-1-3}$
产地及层位：申扎，中二叠统中部下拉组

图版Ⅴ

1 精美伊朗珊瑚（新种）*Iranophyllum exguisitum*（sp. nov.）
a. 横切面×3，b. 纵切面×3　标本号：H_{148-2}（正型）
产地及层位：申扎，中二叠统下拉组

2 小轴脊板杯轴珊瑚（新种）*Cyathocarinia parvaxis*（sp. nov.）
a. 横切面×6，b. 纵切面×6　标本号：H_{140-29}（正型）
产地及层位：申扎，中二叠统中部

3 拟内沟珊瑚型双瓣珊瑚 *Duplophyllum zaphrentoides* Koker
a. 横切面×3，b. 纵切面×3　标本号：$H_{147-2-4}$

产地及层位:申扎,中二叠统下拉组中部

4 结节脊板杯轴珊瑚 *Cyathocarinia tuberculata* Soshnina

a. 横切面×3,b. 纵切面×3 标本号:H_{140-7}

产地及层位:申扎,中二叠统下部

5 假卫根珊瑚未定种 *Pseudowaagenophyllum* sp.

横切面×2 标本号:$H_{149-1-2}$

产地及层位:申扎,中二叠统中下拉组

6 花状前文彩尔珊瑚(新种)*Praewentzelella floriformis* (sp. nov.)

a. 横切面×2,b. 纵切面×2 标本号:$H_{167-2-1}$(正型)

产地及层位:申扎,中二叠统中下拉组

7 印度卫根珊瑚厚隔壁变种 *Waagenophyllum indicum* var. *crassiseptatum* Wu et Chao

a. 横切面×3,b. 纵切面×3 c. 玄切面×2 标本号:$P_2H_{171-1-3}$

产地及层位:申扎,上二叠统木纠错组下部

8 轮状伊朗珊瑚 *Iranophyllum rotibarme* Wu et Chao

a. 横切面×2,b. 纵切面×2 标本号:$H_{156-2-4}$

产地及层位:申扎,中二叠统下拉组

9 巨柱型卫根珊瑚(新种)*Waagenophyllum megacolumetum* (sp. nov.)

a、c. 横切面×2,b、d. 纵切面×2 标本号:H_{171-1}(正型)

产地及层位:申扎,上二叠统木纠错组下部

10 弯曲隔壁梁山珊瑚 *Liangshanophyllum streptoseptatum* H. D. Wang

a. 横切面×3,b. 纵切面×3 标本号:H_{171-3}

产地及层位:申扎,上二叠统木纠错组下部

11 扎扛裂片珊瑚(新属、新种)*Lobatophyllum zakangense* (gen. et sp. nov.)

a. 横切面×25,b. 纵切面×25 标本号:H_{171-5}(正型)

产地及层位:申扎,上二叠统木纠错组下部

图版Ⅵ

1 扎扛鳞巢珊瑚(新种)*Sguameobavosites zakangensis* (sp. nov.)

纵切面×15 标本号:H_{59-2}(正型)

产地及层位:申扎,下泥盆统达尔东组

2 埃菲尔蜂巢珊瑚相似种 *Favosites* cf. *eifeliensis* Nicholson

横、纵切面×15 标本号:H_{62-1}

产地及层位:申扎,下泥盆统达尔东组

3 微小中国管珊瑚 *Sinopora minima* Lin

横、纵切面×2 标本号:$H_{151-1-1}$

产地及层位:申扎,中二叠统下拉组

4 密集小笛管珊瑚(新种)*Syringoporella densa* (sp. nov.)

横切面×4 标本号:H_{56-2}(正型)

产地及层位:申扎,下泥盆统达尔东组

5 厚槽珊瑚未定种 *Orassialveolites* sp.

横切面×4 标本号:H_{56-19}

产地及层位:申扎,下泥盆统达尔东组

6 稀疏厚通道珊瑚(新种)*Pachycanalicula sparcula* (sp. nov.)

a. 横切面×3,标本号:H_{54-8}(横切面);b. 纵切面×3,标本号:H_{54-11}(纵切面)(副型)

产地及层位:申扎,下泥盆统达尔东组

7 扎扛准日射珊瑚(新种)*Paraheliolites zakangensis* (sp. nov.)

横、纵切面×3 标本号:H_{56-5}(正型)

产地及层位:申扎,下泥盆统达尔东组

8 稀疏厚通道珊瑚小型亚种(新种、新亚种)*Pachycanalicula sparcula minor* (sp. et subsp. nov.)

a. 横切面×3，b. 纵切面×3　标本号：H_{56-11}（副型）
产地及层位：申扎，下泥盆统达尔东组

9 达尔东中巢珊瑚(新种) *Mesobavosites daerdangensis* (sp. nov.)
横、纵切面×15　标本号：H_{54-4}（正型）
产地及层位：申扎，下泥盆统达尔东组

图版Ⅶ

1 厚壁似中国喇叭孔珊瑚 *Metasinopora crassa* Yang
a. 横切面×4，b. 纵切面×4　标本号：$H_{142-1-4}$
产地及层位：申扎，中二叠统下部

2 分离-中间型准日射珊瑚 *Paraheliolites interstinctus-intermedias* (Wentzel)
横、纵切面×3　标本号：H_{58-4}
产地及层位：申扎，下泥盆统达尔东组

3 刺瘤状原来契林珊瑚(新种) *Protomichelinia spinotuberculosa* (sp. nov.)
a. 横切面×3，b. 纵切面×3　标本号：H_{121-12}（正型）
产地及层位：申扎，上石炭统下部

4 应棠粗孔珊瑚 *Trachypora yingtangensis* Zhou
纵切面×5　标本号：H_{63-1}
产地及层位：申扎，中上泥盆统查果罗玛组下部

5 秀山似中国喇叭孔珊瑚 *Metasinopora xiushanensis* Kin
a、b 横、纵切面×4　标本号：$H_{142-2-2}$
产地及层位：申扎，中二叠统下拉组底部

6 丁山岭树枝孔珊瑚 *Dendropora dingshanlingensis* Zhou
a、b 横、纵切面×4　标本号：H_{56-19}
产地及层位：申扎，下泥盆统达尔东组

7 巨大拟灌木孔珊瑚 *Parathamnopora grandissima* (Dubatolov)
横、纵切面×15　标本号：H_{52-25}
产地及层位：申扎，下泥盆统达尔东组

8 扎扛鳞巢珊瑚(新种) *Squameofavosites zakangensis* (sp. nov.)
横切面×15　标本号：H_{59-2}（正型）
产地及层位：申扎，下泥盆统达尔东组

9 中间型克拉曼氏孔珊瑚(新种) *Klaamannipora intermedia* (sp. nov.)
横、纵切面×15　标本号：H_{52-19}（正型）
产地及层位：申扎，下泥盆统达尔东组

10 乌拉尔巢孔珊瑚 *Caliapora uralica* Yanet
横、纵切面×3　标本号：H_{54-2}
产地及层位：申扎，下泥盆统达尔东组

图版Ⅷ

（本图版均为原大）

1 斯皮通笋海螂 *Pholadomya speetonensis* Woods
右侧视，采集号：D121-10
时代：K_1^2

2 扭翼海扇(未定种) *Streblopteria* sp.
左侧视，采集号：P2H119-1-8
时代：C—P

3 东方等盘蛤 *Isognomon orientalis* (Hamlin)
左内视，采集号：D019-9
时代：K_1^2

4 申扎似荚蛤 *Gervillaria xainzaensis* Wen

4a 右侧视，4b 右内视，采集号：D019-12

时代：K_1^2

5 似荚蛤（未定种）*Gervillaria* sp.

右侧视，采集号：D121-12

时代：J—K

6 尾翼三角蛤 *Pterotrigonia* (*Pterotrigonia*) *caudate* (Agassiy)

左侧视，采集号：D121-4

时代：K_1^2

图版Ⅸ

1、2 丹氏小海峨螺 *Nerinella dayi* Blanckanhorn

1 轴切面×5，2 背视×5，野外采集号：Y-7

时代：K_1(Aptian)

3、4 新圆筒螺未定种 *Trochactaeon* (*Neocylindrites*) sp.

3 口视×5，4 背视×5，野外采集号：D121

时代：K

5、6 周角假黑螺 *Pseudomelania periangula* Wang et Yang

5 口视×1，6 背视×1，野外采集号：D019-29

时代：K

7 兰慈岩鬚螺比较种 *Cassiope* cf. *lancingensis* (Mennessier)

侧视×2，野外采集号：D019-53

时代：K

图版Ⅹ

1 保氏海峨螺 *Nerinea pauli* Coquand

轴切面×1，野外采集号：D019-45

时代：K_1(Aptian)

2 小海峨螺未定种 *Nerinella* sp.

侧视×2，野外采集号：D019-53

时代：K

3 伊氏螺未定种 1 和 2 *Itruvia* sp. 1 和 *I.* sp. 2

轴切面×1，野外采集号：D019-42

时代：K

4、5 班戈中银锥螺 *Mesoglauconia bagoinensis* (Yü)

4 口视×2，5 背视×2，野外采集号：Y-6

时代：K_1(Aptian)

6、7 亚福假暗螺 *Pseudamaura subfournaeti* (Pcelincev)

6 口视×1，7 背视×1，野外采集号：D121-1

时代：K_1

8、9 轮捻螺未定种 *Trochactaeon* sp.

8 口视×2，9 背视×2，野外采集号：D019-35

时代：K

图版Ⅺ

1 种属未定 Gen et sp. indet

自然风化面×0.6，标本编号：D006-6

产地及层位：申扎县塔尔玛桥东柯尔多组中部

2 亚湾形汶南角石（新种）*Wennanoceras subcurvatum*(sp. nov.)

纵切面×0.6，标本编号：D006-8(正型)

产地及层位：申扎县塔尔玛桥东柯尔多组中部

3 优角石（未定种）*Columenoceras* sp.

纵切面×1,标本编号:D009-1

产地及层位:申扎县塔尔玛桥东柯尔多组中部

4 密壁霍旦角石 *Sinoceras densum*

纵切面×1,标本编号:D006-3

产地及层位:申扎县塔尔玛桥东柯尔多组中部

5、18 中华震旦角石偏心变种 *Sinoceras chinense* var. *eccentrica*

纵切面×1,标本编号:D006-39

产地及层位:申扎县塔尔玛桥东柯尔多组中部

6 古檐角石未定种 *Archigeisonoceras* sp.

纵切面×0.6,标本编号:D006-15

产地及层位:申扎县塔尔玛桥东柯尔多组中部

7 细长米契林角石 *Michelinoceras elongatum* Yü

切面×1,标本编号:D006-16

产地及层位:申扎县塔尔玛桥东柯尔多组中部

8 内模米契林角石 *Michelinoceras intima* Qi

纵切面×8,标本编号:D006-28

产地及层位:申扎县塔尔玛桥东柯尔多组中部

9、17 精美古檐角石 *Archigeisonoceras elegatum* Chen

纵切面×1,标本编号:D006-26

产地及层位:申扎中奥陶统刚木桑组

10 杆状震旦角石 *Sinoceras rudum*

纵切面×0.6,标本编号:D006-17

产地及层位:申扎中奥陶统刚木桑组

11 粗大石檐角石 *Archigeisonoceras robustum* Chen

纵切面×0.6,标本编号:D006-23

产地及层位:申扎中奥陶统柯尔多组

12 卵形塔尔玛角石(新属、新种)*Taremaoceras ovatum*(gen. et sp. nov.)

纵切面×0.6,标本编号:D006-20(正型)

产地及层位:申扎上奥陶统刚木桑组

13 申扎俄恩角石(新属、新种)*Enenoceras xainzansis*(gen. et sp. nov.)

纵切面×1,标本编号:D006-5

产地及层位:申扎上奥陶统刚木桑组

14 拟阿门角石未定种 *Armenocerina* sp.

纵切面×1,标本编号:D006-41

产地及层位:申扎上奥陶统刚木桑组

15 简单星形角石 *Actinomorpha simples* Chen

纵切面×0.6,标本编号:P_4H_{65-10}

产地及层位:申扎上奥陶统刚木桑组

16 反常四川角石(新种)*Sichuanoceras abnormalis*(sp. nov.)

纵切面×1,标本编号:P_4H_{65-9}

产地及层位:申扎上奥陶统刚木桑组

19 赵氏米契林角石 *Michelinoceras chaoi* chang

纵切面×1,标本编号:D006-20

产地及层位:申扎中奥陶统柯尔多组

20 过渡四川角石 *Sichuamoceras intermedium* Chen et Liu

纵切面×1,标本编号:D006-21

产地及层位:申扎上奥陶统刚木桑组

21 规则塔尔玛角石(新属、新种)*Taermaoceras regnlare*(gen. et sp. nov.)

纵切面×0.6，标本编号：D006-12（正型）

产地及层位：申扎塔尔玛桥东中奥陶统柯尔多组

图版Ⅻ

1　狭体贝未定种 *Stenoeciama* sp.

背视×1　5，野外编号：P_2H_{167-2}

产地及层位：申扎县扎扛下拉组

2　东方美围脊贝（此属有的学者译成美丽的缘贝）*Callimarginatia orientalis* Zhan et Wu

腹视×1，野外编号：$P_2H_{163-1-2}$

产地及层位：申扎县扎扛下拉组

3　线纹长身贝未定种 *Linoproductus* sp.

腹视×1　5，野外编号：$P_2H_{149-1-2}$

产地及层位：申扎县扎扛下拉组

4　有喙纹窗贝亲缘种 *Phricodothysis* cff. *rostrata* (Kuterga)

腹视×1，野外编号：$P_2H_{149-1-5}$

产地及层位：申扎县扎扛下拉组

5、7　蕉叶贝未定种 *Leptodus* sp.

5 腹内模×1，野外编号：$P_2H_{157-1-2}$

7 腹视×1，野外编号：P_2H_{154}（这是一个新属，目前暂以此属代之）

产地及层位：申扎县扎扛下拉组

6　可变假古长身贝 *Pseudoantiguatonia mutafilis* Zhan et Wu

背外模×1，野外编号：$P_2H_{142-2-3}$

产地及层位：申扎县扎扛下拉组

8　库北新石燕贝 *Neospirifer cubeienaie* Ting

背视×1，野外编号：$P_2H_{142-2-2}$

产地及层位：申扎县扎扛下拉组

9　德比贝未定种 *Derbyia* sp.

腹视×1，野外编号：$P_2H_{167-2-2}$（也可能是 167-1-2）

产地及层位：申扎县扎扛下拉组

10　单石燕未定种 *Unispirifer* sp.

腹视×1　5，野外编号：P_2H_{128-1}

产地及层位：申扎，下二叠统拉嘎组

11　库北新石燕贝 *Neospirifer Kubeieneis* Ting.

腹视×1　5，野外编号：$P_2H_{137-1-5}$

产地及层位：申扎县扎扛昂杰组

12　蟹形贝未定种 *Cancrinella* sp.

腹视×3，野外编号：P_2H_{128}无号

产地及层位：申扎，扎扛拉嘎组上部

13　东方美围脊贝 *Callimarginatia orientalis* Zhan et Wu

腹视×1，野外编号：P_2H_{107-94}

产地及层位：申扎，永珠组上部

14　萨尔特小石燕 *Spiriferella salteri* Tschernyschew

腹视×1，野外编号：P_2H_{107-89}

产地及层位：申扎，永珠组上部

15　假管孔贝未定种 *Pseudosyringothyris* sp.

腹视×1　5，野外编号：$P_2H_{137-1-3}$

产地及层位：申扎县扎昂杰嘎组

16　链石燕未定种 *Alispinifes* sp.

背视×1　5，野外编号：P_2H_{119}

产地及层位：申扎昂杰

图版ⅩⅢ

1 英斯桥平伸笔石 *Didymograptus* (*Expansograptus*) *ensjoensis* Monsew

×3，野外编号：P_4H_{52-3}

产地及层位：申扎县下奥陶统扎扛组

2、3 "V"字形巅峰笔石(近似种)*Corymbograptus* cf. *V-fractus* Salter

×3，野外编号：P_2H_{28-6}，P_2H_{28-3}

产地及层位：申扎县下奥陶统扎扛组

4 近似拟四笔石 *Tetragraptus* (*Paratetragraptus*) *approximatus* (Nicholson)

×3，野外编号：P_2H_{28-11}

产地及层位：申扎县下奥陶统扎扛组

5 上攀拟四笔石 *Tetragraptus* (*Paratetragraptus*) *scandens* Ruedemann

×3，野外编号：P_2H_{28-19}

产地及层位：申扎县下奥陶统扎扛组

6 八枝均分笔石 *Dichograptus octobrachiatus* (Hall)

×3，野外编号：P_4H_{52-1}

产地及层位：申扎县下奥陶统扎扛组

7 细小巅峰对笔石 *Didymograptus* (*Corymbograptus*) *parvus* Chen et Xia

×3，野外编号：P_4H_{52-10}

产地及层位：申扎县下奥陶统扎扛组

8 原齿状远对笔石 *Didymograptus* (*Didymograptellus*) *protoindentus* Monsen

×6，野外编号：P_4H_{52-3}

产地及层位：申扎县下奥陶统扎扛组

9 对笔石未定种 *Didymograptus* sp.

×6，野外编号：P_2H_{28-21}

产地及层位：申扎县下奥陶统扎扛组

10 始两分远对笔石 *Didymograptus* (*Didymograptellus*) *ensjoensis* Chen et Xia

×3，野外编号：P_2H_{28-17}

产地及层位：申扎县下奥陶统扎扛组

11 四枝四笔石 *Tetragraptus quadribrachiatus* (Hall)

×3，野外编号：P_4H_{52-6}

产地及层位：申扎县下奥陶统扎扛组

图版ⅩⅣ

1 扎扛组建组剖面顶部露头

2 扎扛组建组剖面底部露头

图版ⅩⅤ

1 小型交错层理

乌郁群下段中部

2 粒序层理

乌郁群下段中部

3 斜层理

接奴群下段中、上部

4 龟裂

拉嘎组下、中部灰岩夹层

5 波痕

日贡拉组中部灰绿色钙质砂岩

6 小透镜状泥灰岩夹层

扎扛组中、下部

7 层间揉皱
念青唐古拉群下段
8 虫迹
乌郁群下段中、上部

图版 XVI

1 北东向的走滑断层错开了石炭纪—二叠纪地层(嘎日弄巴勒)
2 典中组火山岩柱状节理(路岗)
3 日贡拉组(E_3r)碎屑岩不整合于则弄群火山岩之上(那扎)
4 中上侏罗统的厚层砾岩(灰岩砾石中含有古生代珊瑚化石)(瓦昂错)
5 乌郁群火山岩不整合覆于白垩纪花岗闪长岩之上(查藏错)
6 成带的断层泉(洛波淌)
7 含砂岩捕虏体的白云母花岗岩(勒布弄南)
8 含细晶闪长岩包体的花岗闪长岩(甲岗山)

图版 XVII

1 巨斑花岗闪长岩含砂岩捕虏体(甲莫)
2 二云母花岗岩侵入于石炭系砂岩中(得舍松多)
3 仁错约玛北岸的硅质岩层(仁错)
4 片岩中的褶曲 $S_1//S_0$(扁前浦)
5 年波组英安岩中的柱状节理(查吉)
6 云母片岩中的折劈理,与片理有较大的交角(扁前浦)
7 乌郁群砂岩中的斜层理(日卡莫)
8 硅质岩上部为含砾细砂岩(巴尔果)

图版 XVIII

1 流纹岩(+)×40
2 黑云母花岗岩,钾长石中包含斜长石(+)×40
3 斑状花岗闪长岩(+)×40
4 斜长花岗岩(+)×40
5 花岗质碎斑岩(+)×40
6 花岗闪长岩中斜长石的环带结构(+)×40
7 白云母花岗岩(+)×40
8 细粒花岗闪长岩(+)×40

图版 XIX

1 细粒二云母花岗岩(+)×40
2 花岗闪长岩中的细晶闪长岩包体(+)×40
3 闪长岩(+)×40
4 安山岩具交织结构(+)×100
5 含黑榴石的英安岩(+)×100
6 橄榄玄武岩具间粒结构(+)×40
7 玄武岩气孔中充填的葡萄石(+)×100
8 晶屑凝灰岩

图版 XX

1 石榴蓝晶黑云片岩中的蓝晶石(—)×100
2 斜长角闪岩(+)×40
3 石榴白云片岩(+)×40
4 阳起绿帘绿泥片岩(+)×40
5 斑点状二云片岩(+)×40
6 云母角岩(+)×40
7 云母片岩中沿片理被压扁的石榴石及压力影(—)×40
8 强变形域中的石英呈拔丝状(石榴黑云片岩)(—)×40

图版 I

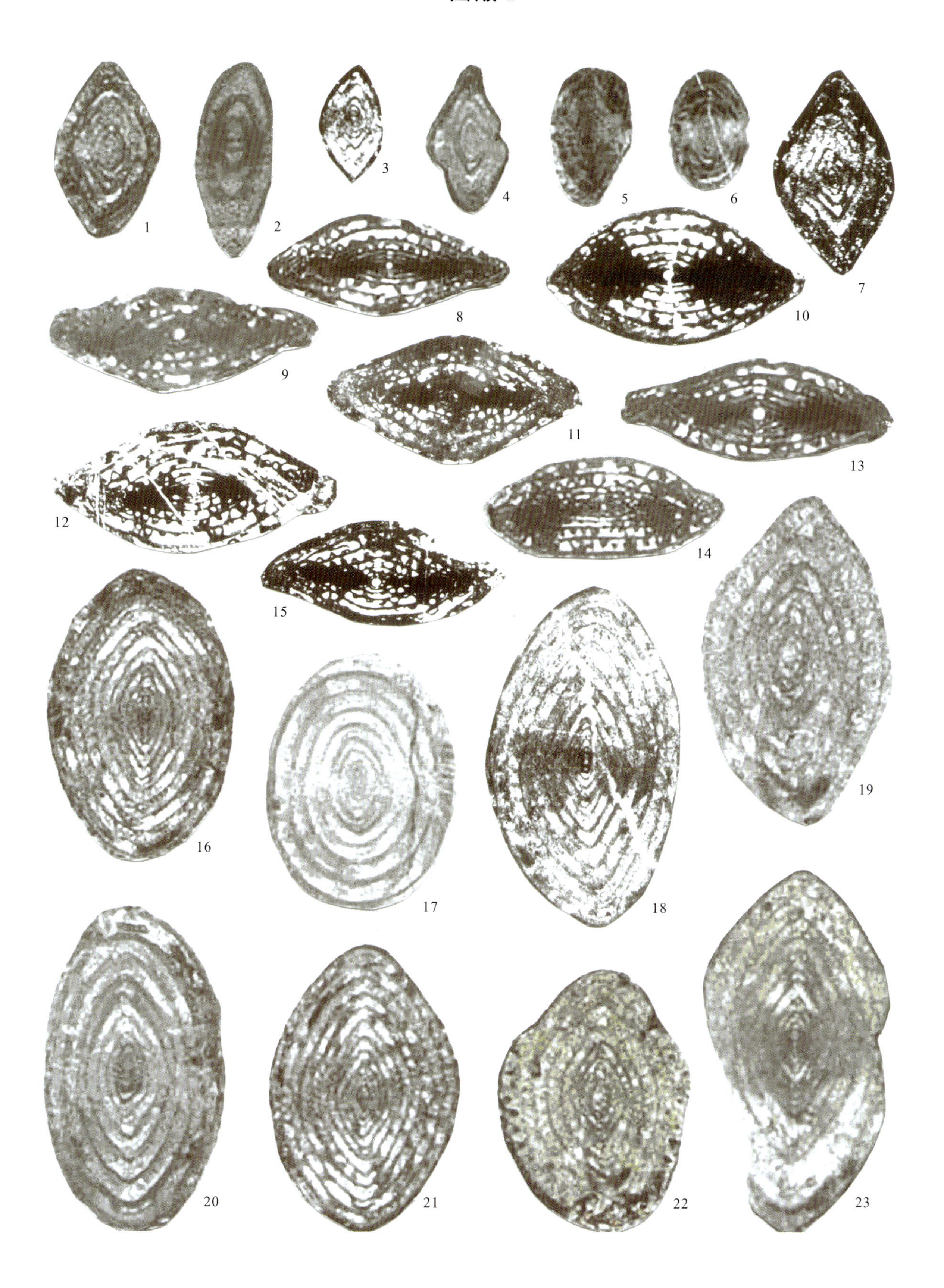

图版Ⅱ

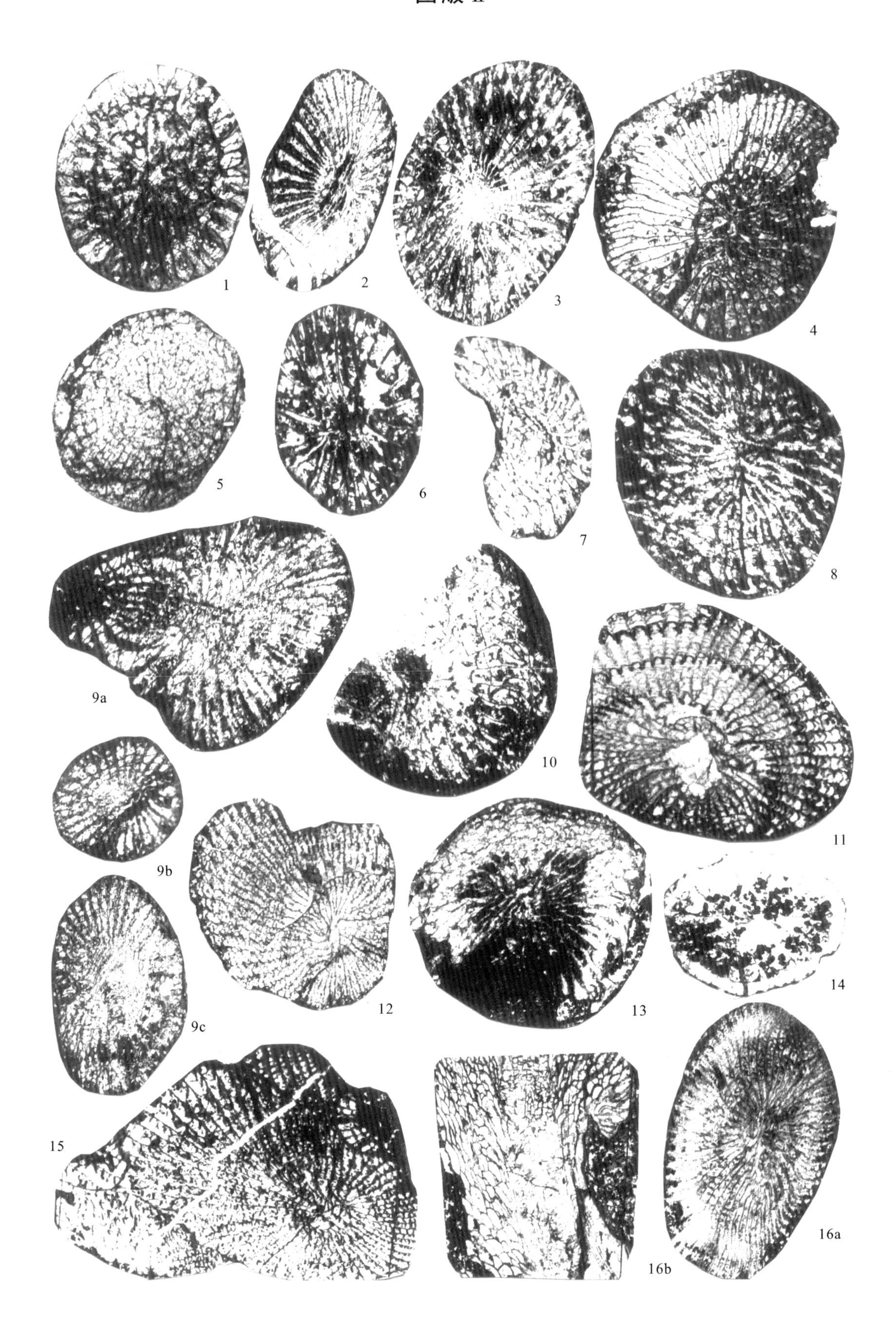

图版Ⅲ

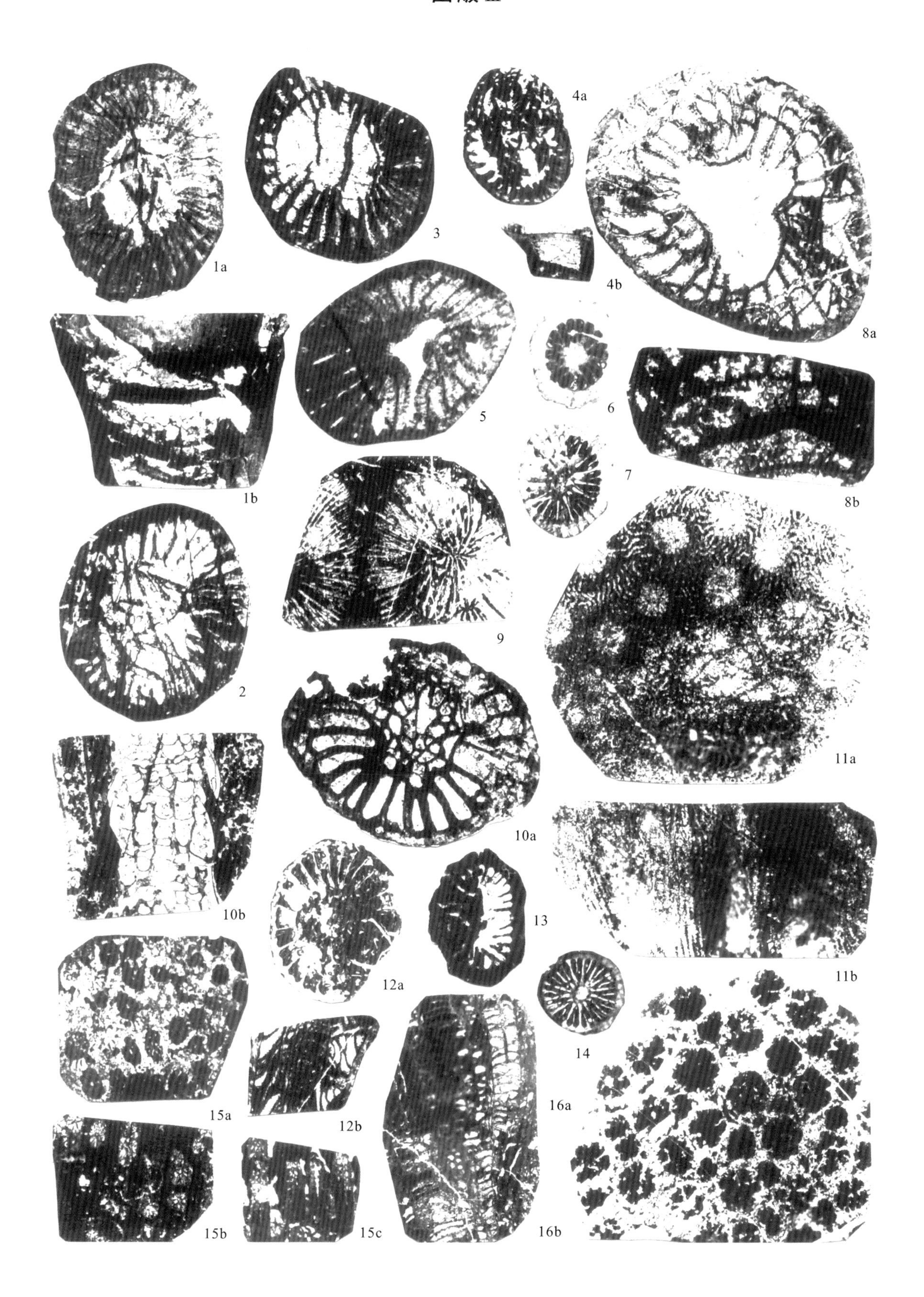

1a
1b
2
3
4a
4b
5
6
7
8a
8b
9
10a
10b
11a
11b
12a
12b
13
14
15a
15b
15c
16a
16b

图版Ⅳ

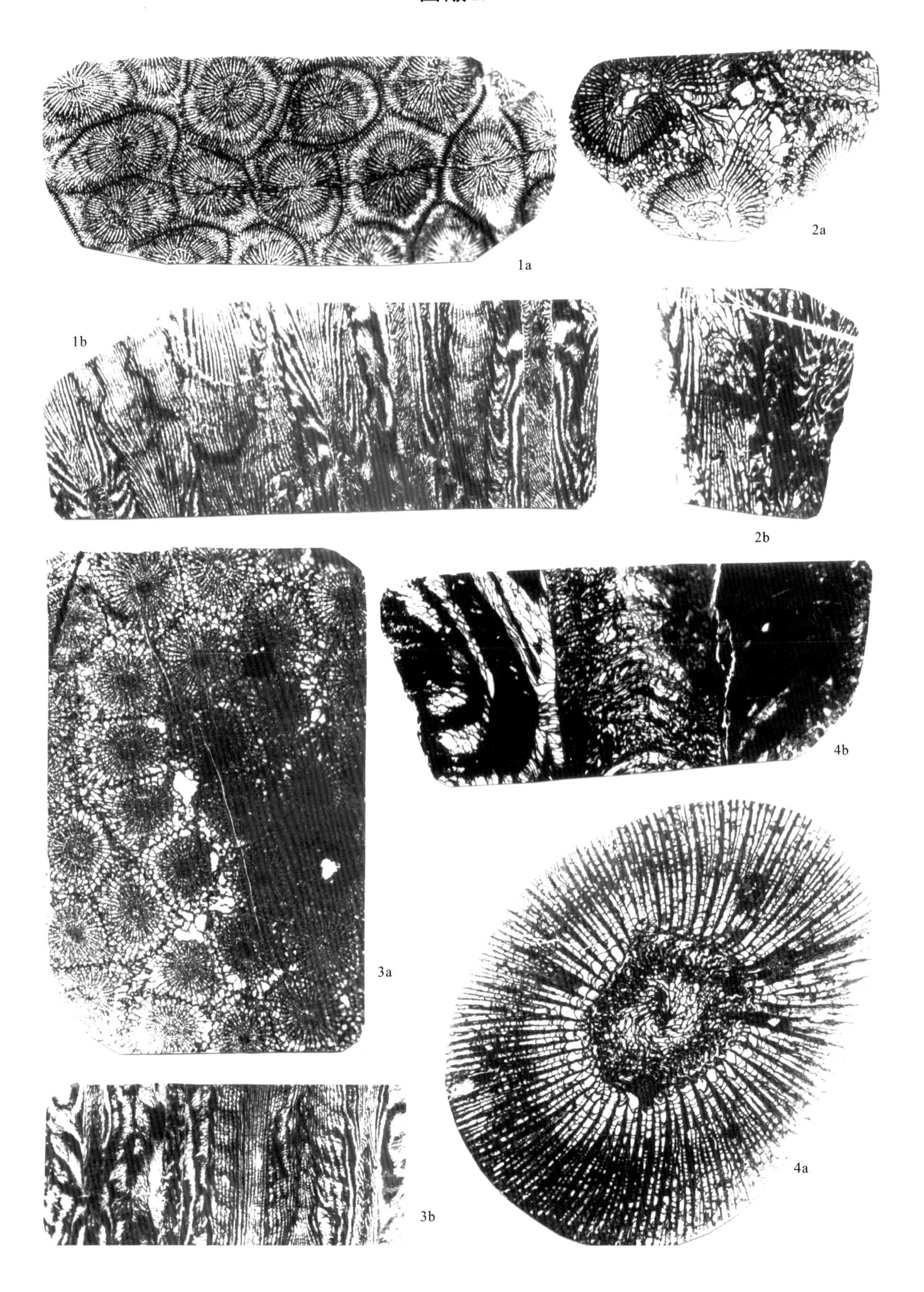

图版Ⅴ

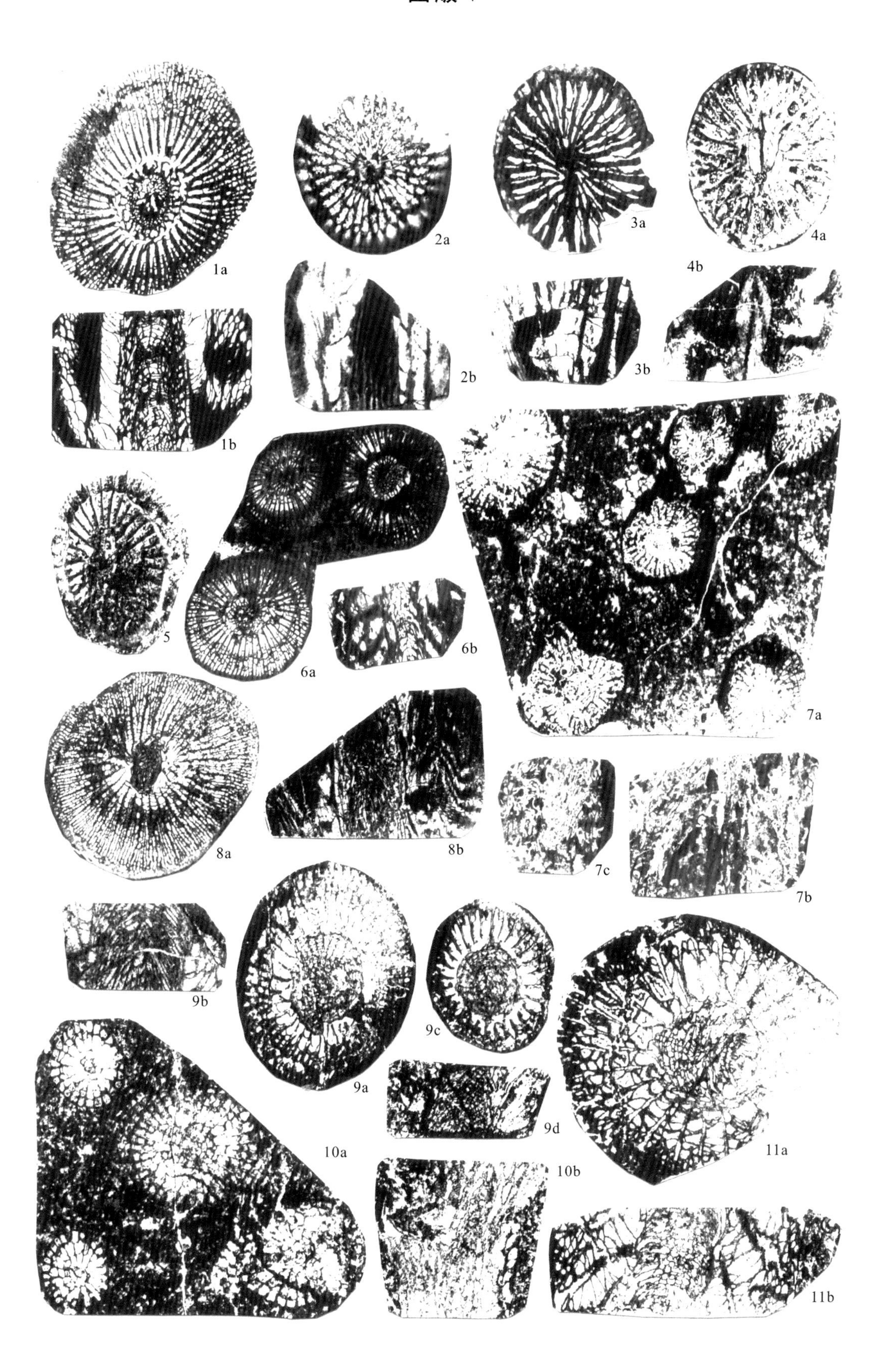
1a
2a
3a
4a
4b
1b
2b
3b
5
6a
6b
7a
8a
8b
7c
7b
9b
9c
9a
9d
10a
10b
11a
11b

图版Ⅵ

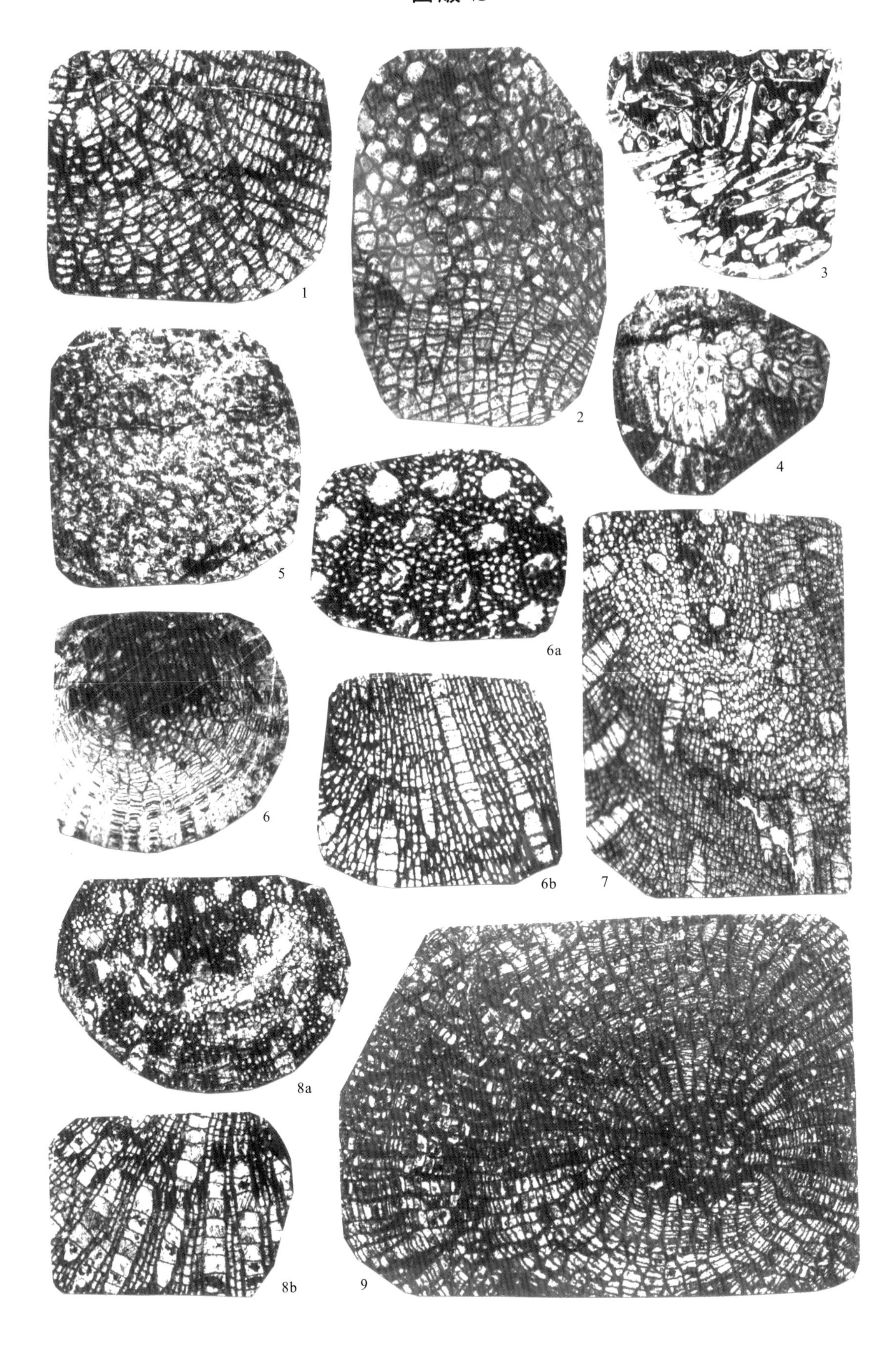

图版Ⅶ

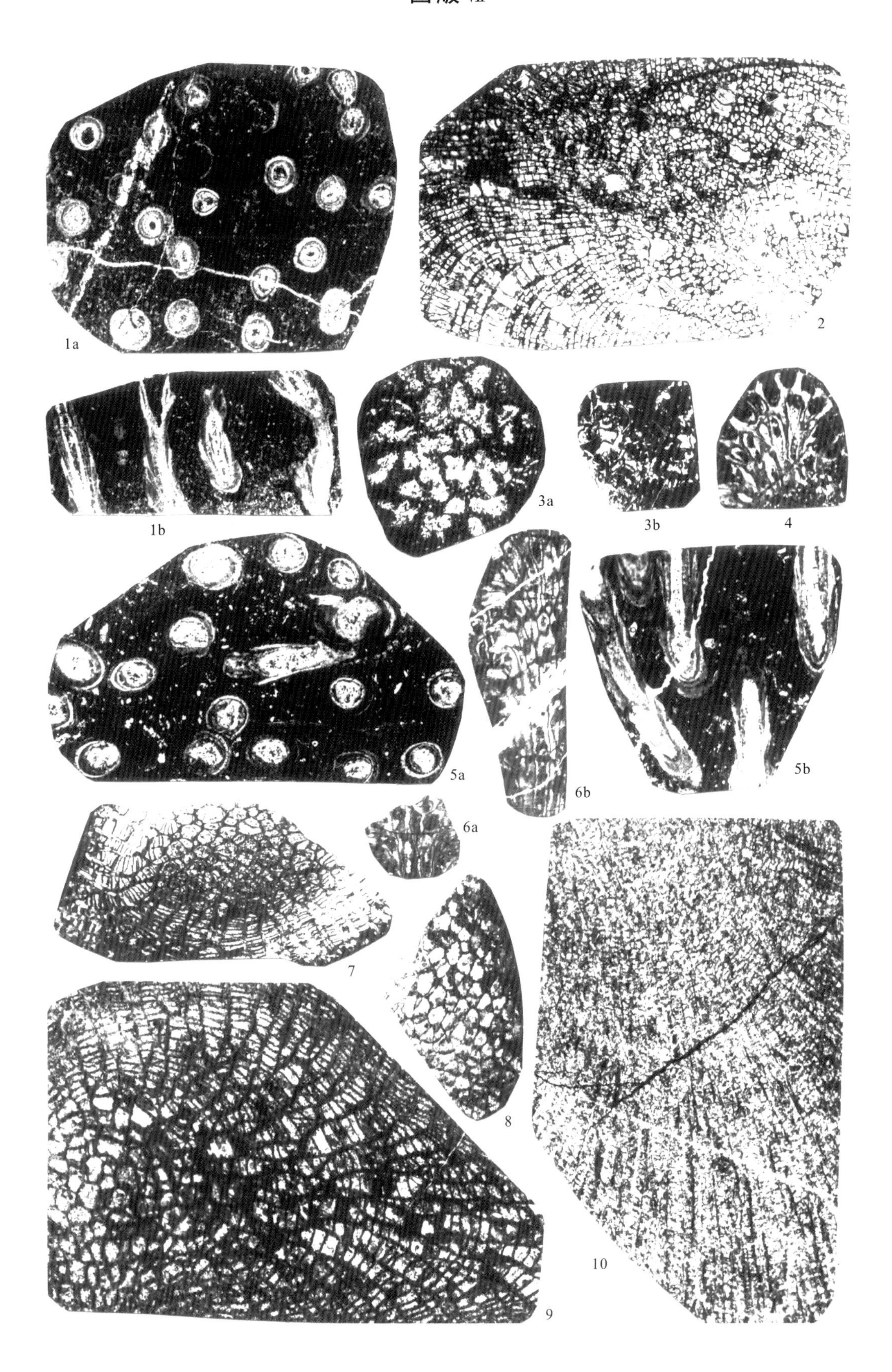

图版Ⅷ

图版Ⅸ

图版 X

图版XI

图版XII

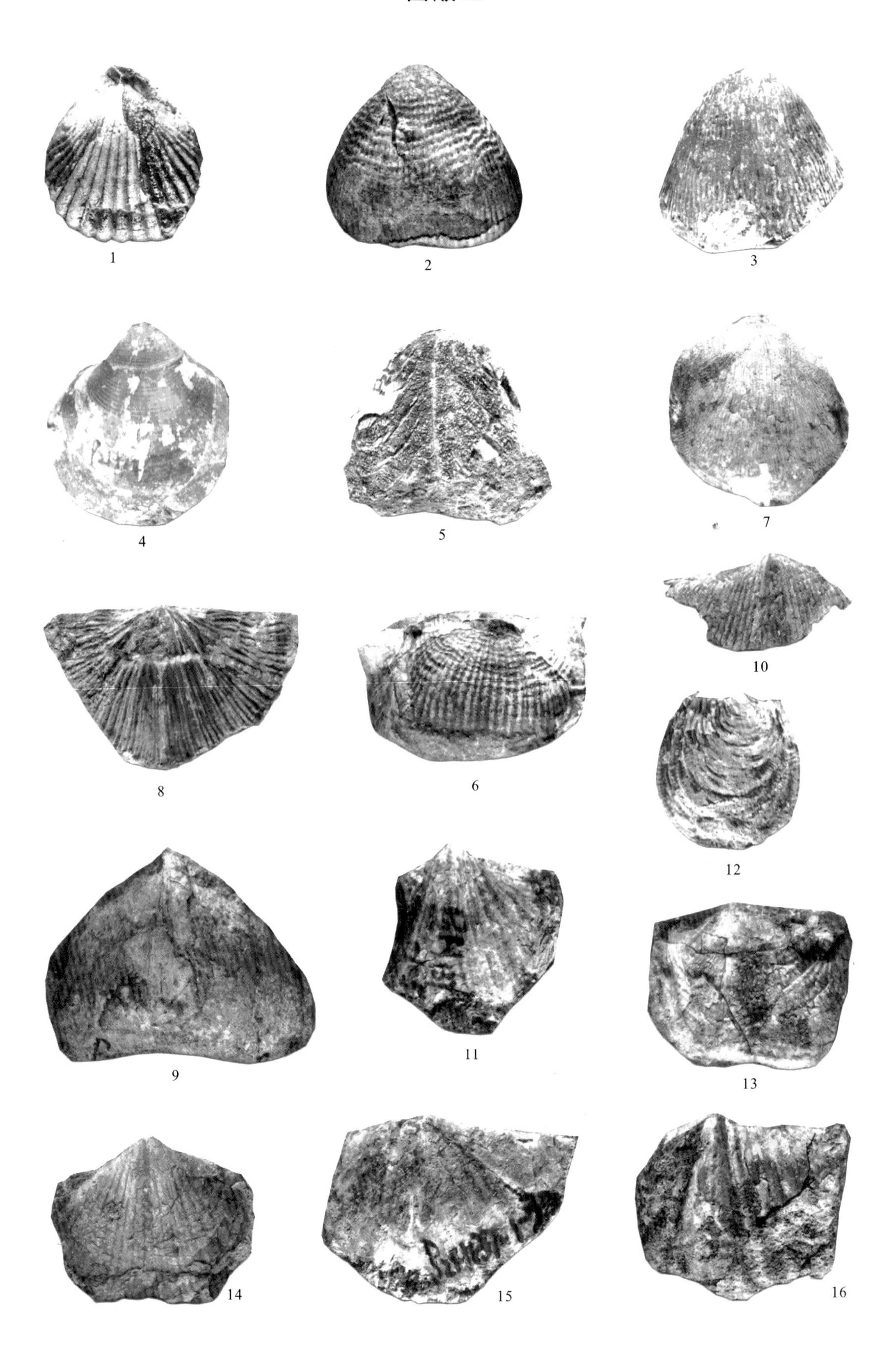

图版XIII

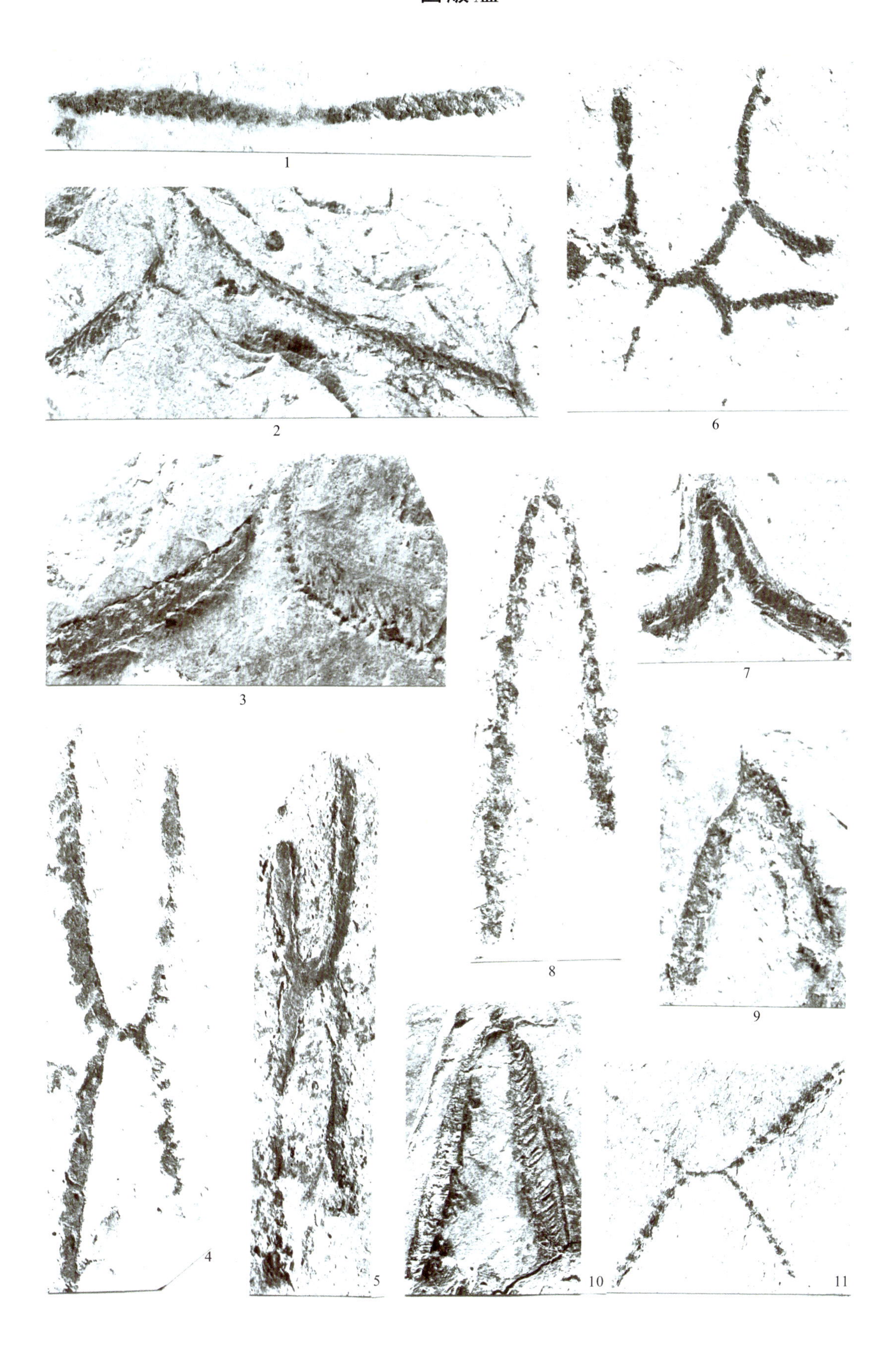

图版 XIV

图版XV

图版XVI

P_2x
P_1a
P_1a
$(C_2—P_1)l$
1
$(K_2—E_1)d$
2
K_1z^2
E_3r
3
4
N_2Wy^2
$K_2\gamma\delta$
5
6
7
8

图版XⅦ

图版XVIII

Kfs
Q
Q
Kfs
1
Bit
Pl
Q
Kfs
2
Pl
Q
Bit
Kfs
3
Pl
Bit
Pl
Q
Q
4
Pl
Q
Q
Bit
5
Q
Pl
Q
6
Q
Kfs
Pl
Mus
Pl
7
Bit
Q
Pl
Pl
8

图版XIX

Bit
Q
Mus
Pl
1
Hb
Kfs
Hb
2
Hb
Pl
Hb
3
Pl
Bit
Hb
4
Mel
Q
Pl
5
Cpx
Ol
Pl
Cpx
Pl
6
Pl
Cpx
Pre
7
Q
Pl
8

图版XX

Ky
Bit
1
Hb
Pl
2
Gt
Mus
Q
3
Act
Chl
Ab
4
Bit
Mus
Q
5
Bit
Q
Mus
6
Q
Bit
Gt
7
Bit
Q
Gt
8